国防科技图书出版基金

"十三五"国家重点出版物出版规划项目
无人系统科学与技术丛书

无人潜航器导航技术

Navigation Technology of Unmanned Underwater Vehicle

赵玉新 李倩 常帅 著

国防工业出版社
·北京·

图书在版编目(CIP)数据

无人潜航器导航技术/赵玉新,李倩,常帅著.—
北京:国防工业出版社,2023.1
(无人系统科学与技术丛书)
ISBN 978-7-118-12615-0

Ⅰ.①无… Ⅱ.①赵… ②李… ③常… Ⅲ.①可潜器
-导航 Ⅳ.①U674.941

中国国家版本馆 CIP 数据核字(2023)第 033582 号

※

国防工业出版社出版发行
(北京市海淀区紫竹院南路 23 号　邮政编码 100048)
北京龙世杰印刷有限公司印刷
新华书店经售

*

开本 710×1000　1/16　**插页** 7　**印张** 18½　**字数** 325 千字
2023 年 1 月第 1 版第 1 次印刷　**印数** 1—2000 册　**定价** 108.00 元

国防书店:(010)88540777　　书店传真:(010)88540776
发行业务:(010)88540717　　发行传真:(010)88540762

前言

无人潜航器在人类认知和开发海洋过程中发挥着重要作用,而水下导航技术作为无人潜航器关键技术之一也得到迅猛发展。由于水下特殊的工作环境,卫星导航及天文导航等水面舰船常用导航定位方式无法为无人潜航器长时间提供稳定的导航定位信息。因此,如何为无人潜航器提供长航时、高精度的导航定位信息,从而使其安全自主航行至关重要。考虑到无人潜航器技术特点以及水下应用环境,惯性导航、水声导航以及基于地形、重力与地磁的地球物理场匹配辅助导航是无人潜航器可用的导航技术。但是,在系统复杂度、成本、技术条件等因素的限制下,目前单一水下导航技术很难在大范围内为无人潜航器提供长航时、高精度的导航定位信息。因此,如何融合不同导航技术的优势,构建水下多源融合导航系统进而有效弥补单一导航技术的缺陷是无人潜航器导航技术亟需解决的问题。

本书是作者从事导航技术科研与教学工作多年的总结,着重论述了作者及其团队多年来在无人潜航器导航技术方面所做过的工作和取得的进展,重点讨论了适于无人潜航器的常用导航技术基本原理与特点,并在此基础上论述了以惯性导航系统为核心的水下导航多源数据融合技术及其应用。全书共7章:第1章主要介绍了无人潜航器导航技术的基本概念,阐述了相关技术的发展历程、现状以及趋势;第2章主要介绍了导航技术的基础知识,为后续章节的展开提供必要的知识储备;第3~7章分别介绍了无人潜航器相关的重要导航定位技术,包括惯性导航、水声导航、地形匹配导航、重力和地磁匹配导航以及水下导航多源数据融合技术,通过详细介绍各种导航技术的系统构成与基本原理,阐释了各自特点与优势。

本书能够顺利出版要感谢哈尔滨工程大学海洋运载器导航技术研究所相关教师和研究生给予的帮助和支持,感谢哈尔滨工程大学袁赣南老师、马腾老师对本书提出的修改意见,感谢国防科技图书出版基金的资助。另外,书中相关研究课题获得国家自然科学基金项目(编号:41676088)、国防973项目(编号:

613317)以及国家高层次人才特殊支持计划青年拔尖人才项目(编号:W03070193)的资助,在此一并感谢。

由于作者水平有限,书中难免存在不足之处,敬请同行专家和广大读者批评指正。

作 者

2022年12月

目　录

Contents

第1章
绪　论

无人潜航器主要包括自主水下航行器(Autonomous Underwater Vehicle, AUV)以及遥控水下航行器(Remotely Operated Vehicle, ROV)两种。无人潜航器在人类认知和开发海洋的过程中发挥着越来越重要的作用,无论是在国民经济领域的海底资源探测、海洋环境调查与水下作业,还是在军事国防领域的战场监视、隐蔽打击、战略威慑中均有广泛应用。在无人潜航器开发过程中,导航定位技术则是其核心关键技术之一,只有借助于有效的导航定位技术,无人潜航器才能在航行过程中感知自身运动信息,并按照规划航线指引自己正确航行,从而到达目的地。

完整的导航问题包括三个核心要素:一是“我要去哪里”,即导航目的地,通常在导航任务开始之前确定;二是“我在哪儿”,这是导航过程中的定位问题,也是本书研究的核心问题;三是“怎么去那里”,这是基于定位结果的路径规划问题。因此,可以看出对自身位置信息的准确估计以及对周围环境的精确感知是实现无人潜航器导航的关键。

现代导航技术自20世纪初进入快速发展阶段,惯性导航技术、水声导航技术、基于地形以及重力、地磁等地球物理场的辅助导航技术相继得到快速发展,为无人潜航器导航需求提供了重要的技术支撑。无人潜航器导航技术从不同角度可以分为多种类型:根据导航平台是否主动发送信号,可以分为“无源”和“有源”导航技术。“无源”导航技术包括惯性导航技术、重力与地磁匹配导航技术,“有源”导航技术包括水声导航技术、地形匹配导航技术,这种分类方式通常与导航平台的隐蔽性需求紧密相关。根据导航技术是否需要外界信息辅助,可以分为“自主”和“非自主”导航技术。惯性导航技术属于“完全自主”的导航方式,而地形、重力以及地磁匹配导航技术由于对环境特征具有绝对依赖性,因此属于“非自主”导航技术。水声导航技术则需要接收海底反射的声学回波信号进行速度或位置测量,因此也具有较强的“非自主”特性。综合来说,因为目前尚不存在某项单一导航技术能够满足无人潜航器在广域范围、长航时以及高精度等方面的全部导航需求,所以通常以多种导航传感器组合的形式开展其导航定位服务。

1.1 无人潜航器导航技术

考虑到无人潜航器技术特点以及水下应用环境,惯性导航、水声导航、基于地形以及重力与地磁的地球物理场匹配辅助导航是无人潜航器可用导航技术,本节将主要针对这几种导航定位技术介绍其基本概念以及发展现状。

1.1.1 无人潜航器导航技术分类

无人潜航器导航技术目前大致可以分为三类,分别是惯性导航技术、水声导航技术以及地球物理场匹配辅助导航技术。在此基础上,以惯性导航系统为核心,辅以其他导航定位方式的水下导航多源数据融合则是无人潜航器的主要导航方式,关于水下导航多源数据融合技术将在第7章介绍。

1. 惯性导航技术

惯性导航技术是惯性技术发展的核心以及标志,惯性导航系统(Inertia Navigation System,INS)利用惯性仪表,即陀螺仪以及加速度计测量载体机动角速度以及线加速度信息,同时利用导航计算机解算载体俯仰角、横滚角、航向角、速度以及位置等导航定位信息。根据是否有实体稳定平台,可以将惯性导航系统分为平台式惯性导航以及捷联式惯性导航两类实现方案。在平台式惯性导航系统中,惯性仪表安装在跟踪导航坐标系的实体物理稳定平台上,利用加速度计信号通过积分运算可以得到速度以及位置信息,同时可以从框架轴拾取载体姿态以及航向等信息。由于实体物理稳定平台可以隔离载体角运动,因此可以有效减小动态误差,但其存在体积大、可靠性低、成本高以及不易维护等缺点。特别是考虑到潜航器自身体积限制,导致平台式惯性导航系统在无人潜航器应用中受到一定限制。与平台式惯性导航系统相比,捷联式惯性导航系统没有实体物理稳定平台,因此陀螺仪以及加速度计直接与载体固连。在导航计算机中,利用软件算法实现捷联姿态矩阵这一“数学平台”,其功能与平台式惯性导航系统中的实体物理稳定平台类似。由于取消了实体物理稳定平台,因此捷联式惯性导航系统具有体积小、功耗低、成本低以及易于维护等优点。但是,由于捷联式惯性导航系统中的惯性仪表直接固连在载体上,故其要承受载体角运动影响,因此对惯性仪表的动态测量范围以及环境适应性提出较高需求。总的来说,捷联式惯性导航系统易于与其他导航系统或设备实现集成化、一体化设计，在许多应用领域中已取代平台式惯性导航系统。

与其他导航方式相比，惯性导航具有导航信息丰富、自主性强、隐蔽性好以及完全不受时间、地域、外界环境干扰等优点，能够在空中、水下以及地下等多种应用环境中工作。特别是在无人潜航器中，惯性导航系统已成为其核心导航设备。

2. 水声导航技术

随着 20 世纪后期军用导航定位需求以及民用水下定位需求的逐步增长，长基线（Long Baseline，LBL）水声定位系统（Acoustic Positioning System，APS）、短基线（Short Baseline，SBL）水声定位系统以及超短基线（Ultra Short Baseline，USBL）水声定位系统逐渐形成。水声定位系统可以在局部海域对潜航器进行导航定位。除此之外，随着水声导航与惯性导航集成技术的不断发展，利用惯性导航系统、多普勒计程仪（Doppler Velocity Log，DVL）以及水声定位系统三者构成的组合导航系统已成为水下导航作业主要工作模式。在水声定位系统覆盖范围以外，“惯性导航 + 多普勒”的组合导航方式弥补了惯性导航系统存在累积误差的缺陷，提高了无水声定位情况下的导航定位精度；进入水声定位系统覆盖范围后，通过水声定位系统提供的绝对位置信息可以有效抑制“惯性导航 + 多普勒”的漂移误差。这项技术早期由欧美研究机构提出，发展至今已成为声学导航的国际热点研究方向。同时，各声学导航设备生产厂商也相应推出其声学导航设备与惯性导航系统的组合应用方案，如法国 iXblue 公司在其 Ramses 长基线声学定位系统中设计了“惯性导航 + 水声定位”组合方案，不仅可以减少对海底应答器的依赖，同时有效保证其定位精度；挪威 Kongsberg 公司也将此技术应用于其各型自主水下航行器导航系统中。

水声定位系统一般需要事先在拟工作海域布设应答器基阵，因此在复杂战争环境以及某些未知海域应用会受到较大限制。基于声学原理的测速与计程导航技术则没有该限制，因此成为一种非常重要的水下导航技术。通过测量潜航器相对海底的绝对速度信息，无人潜航器可以利用其绝对速度信息以及罗经系统提供的航向信息进行航位推算，或者直接利用该速度信息与惯性导航系统构建组合导航系统，进而可以实现无人潜航器导航定位目的。声学测速设备主要包括声相关速度声纳（Acoustic Correlation Log，ACL）以及多普勒计程仪两种。声相关速度声纳的主要特点是其发射换能器波束较宽，且朝向正下方发射信号；接收时采用多个水听器接收海底回波，并且通过各接收器接收信号的相关特性推算载体速度。这种测速声纳的基阵尺寸较小，甚至在低频时基阵尺寸也不大。但是，声相关速度声纳在浅水、低速等情况下测速误差一般较大。与声相关速度声纳相比，多普勒计程仪在无人潜航器中比较常用，也是比较可靠的声学测速设备,其具体工作原理将在第4章中介绍。

3. 地球物理场匹配辅助导航技术

相比于惯性导航技术和水声导航技术,基于地球物理场的匹配辅助导航技术是一个比较新的研究领域,而且因为传统卫星导航技术、惯性导航技术以及水声导航技术各自局限性使其得到广泛关注。基于海底地形以及重力、地磁的地球物理场匹配辅助导航技术具有很强的相似性,都是利用实时测量数据与先验地图(或数据库)进行匹配实现潜航器导航定位,而区别主要在于匹配特征场、特征量的不同以及测量方式的不同。

基于地形以及重力、地磁匹配辅助的导航方式利用的是地球物理场静态空间分布特征,如地形的高程特征、重力、重力异常、重力异常梯度、磁场强度、磁异常、磁异常梯度等。地球物理场匹配辅助导航的前提是导航平台需要配备足够精度与分辨率的先验地图(或数据库),并能够利用高性能传感器对相应地球物理场特征信息进行实时测量,关键技术手段则是借助有效的匹配算法实现精确匹配定位。在地球物理场匹配导航过程中,可以通过特征匹配获取无累积误差的位置估计,因此这种导航方式通常作为惯性导航系统的辅助导航方式存在。具体地说,利用惯性导航系统解算输出的粗略位置信息为特征匹配提供区域约束,可以有效提高匹配效率;另外,准确的匹配定位结果又可以为惯性导航系统累积误差提供校正观测量。地球物理场匹配辅助导航系统基本结构模型如图1-1所示。该模型中共包括5个功能模块,分别是惯性导航模块、匹配模块、导航信息数据融合模块、虚拟显示模块以及操控模块。其中,惯性导航模块主要提供潜航器位置、速度等导航定位信息;匹配模块通过地球物理场特征信息匹配给出潜航器位置估计;导航信息数据融合模块实现多源导航数据融合;虚拟显示

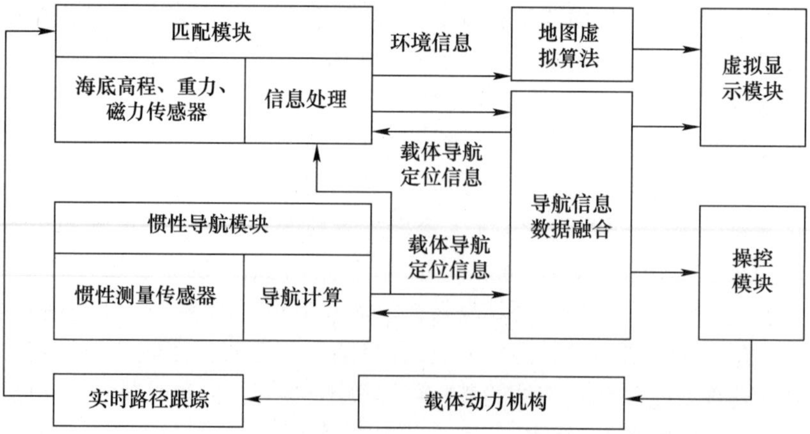

图1-1　地球物理场匹配辅助导航系统基本结构模型

模块提供航迹以及平台操控信息;操控模块则根据实时导航定位信息以及航迹规划信息给定平台控制参数。

1.1.2　无人潜航器导航技术发展现状

本小节针对惯性导航技术、水声导航技术以及基于海底地形与重力、地磁的地球物理场匹配辅助导航技术介绍其发展历程、现状以及趋势。

1. 惯性导航技术

惯性导航系统是无人潜航器核心导航设备。自 1908 年第一台摆式陀螺罗经被研制出来,惯性导航技术已历经 100 余年的研究以及发展,其主要发展历程见表 1－1。

表 1－1　惯性导航技术主要发展历程

时间	主要事件
1687 年	牛顿提出“力学三大定律”,奠定了惯性技术的理论基础
1765 年	欧拉提出“刚体绕定点运动理论”,为转子式陀螺仪研究提供了理论基础
1835 年	哥里奥利提出“哥氏效应”,为振动陀螺仪研究提供了理论基础
1852 年	傅科利用转子式陀螺仪在地球上验证地球自转现象同时确定当地北向
1908 年	安修茨研制成功世界上第一台摆式陀螺罗经
1909 年	斯佩里研制成功船用陀螺罗经
1913 年	萨格奈克提出“萨格奈克效应”,为光学陀螺仪研究提供了理论基础
1923 年	舒勒提出“舒勒调谐原理”,为现代惯性导航技术研究奠定了理论基础
1942 年	德国在 V2 导弹上首次实现惯性制导
1949 年	“捷联式惯性导航”概念第一次提出
1958 年	美国“鹦鹉螺”号潜艇利用惯性导航系统在水下航行 21 天并穿越北冰洋
1959 年	美国 Litton 公司研制出液浮陀螺仪,并将其用于舰船及飞机惯性导航系统中
1961 年	第一台 He－Ne 气体激光器问世,在此基础上激光陀螺仪研制成功
1968 年	美国 Autonetic 公司成功研制动压支承陀螺仪
1969 年	美国“阿波罗”13 号飞船利用捷联式惯性导航技术实现其导航定位,自此捷联式惯性导航系统逐渐得到应用
1980 年以后	激光陀螺仪惯性导航系统逐渐投入使用,同时微机电系统(Micro－Electro－Mechanical System,MEMS)技术的发展与突破为基于微机电系统的惯性器件研制提供了技术支撑
1990 年以后	光纤陀螺仪惯性导航系统逐渐投入使用,同时数据融合理论与技术的不断发展为组合导航系统实现提供了理论基础
2000 年以后	光学陀螺仪实现批量实用化,同时微机电系统惯性器件也开始投入使用;之后,代表当前技术前沿的半球谐振式陀螺仪、原子陀螺仪等新型陀螺仪技术水平不断得到发展与突破

如表1－1所示,20世纪30年代以前的惯性技术被称为第一代惯性技术,起点可追溯至1687年牛顿提出“力学三大定律”为惯性技术奠定理论基础,期间代表性事件包括:1908年安修茨研制出世界上第一台可实用化摆式陀螺罗经,以及1923年舒勒提出“舒勒调谐原理”;第二代惯性技术从20世纪30年代至60年代得到快速发展,惯性技术率先在火箭、飞机等载体上得到应用。随着1958年美国“鹦鹉螺”号装备N6－A和MK－19惯性导航设备进行潜航并成功到达目的地,惯性导航技术在水下导航领域的应用也得到快速发展。另外,为提高陀螺仪表精度,静电陀螺仪、磁悬浮陀螺仪以及气浮陀螺仪概念也相继被提出。20世纪60年代,激光技术的发展也为激光陀螺仪研制提供了技术支撑,同时捷联式惯性导航理论的研究也日渐完备;随着70年代新型陀螺仪以及加速度计技术发展,惯性技术进入到第三个发展阶段。这一阶段比较具有代表性的陀螺仪包括静电陀螺仪、环形激光陀螺仪以及干涉式光纤陀螺仪。当前,正处于惯性技术发展第四个阶段,这一阶段的发展目标主要是进一步提高惯性导航系统精度、可靠性,同时降低其成本以及体积,从而获得更加广泛的应用。

根据以上分析可以看出,惯性技术的重要发展历程经常伴随陀螺仪关键技术的突破。为了更加清晰地理解陀螺仪技术发展历程,图1－2展示了陀螺仪技术的发展和应用概况。

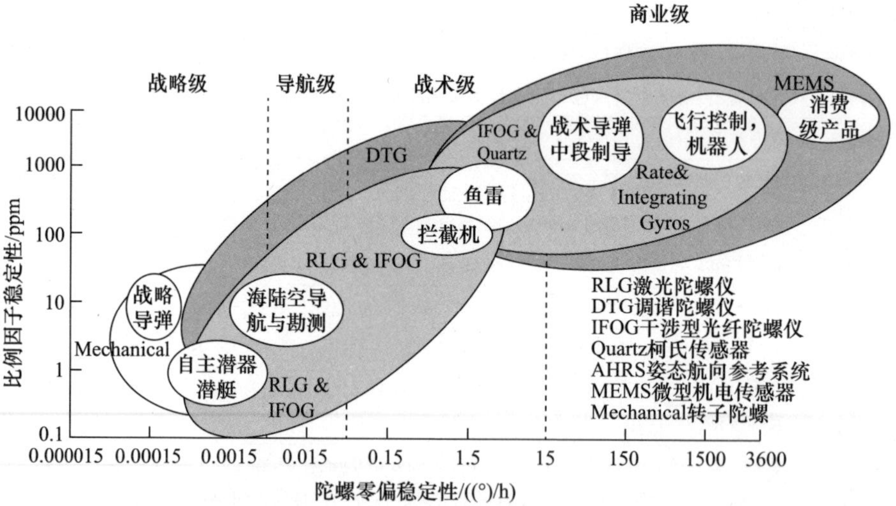

图1－2　陀螺仪技术的发展和应用概况

综合来看,高精度机械转子类陀螺仪主要应用于远程导弹、军用飞机、舰船以及潜艇的导航定位系统,中等精度机械转子类陀螺仪则主要应用在平台罗经、导弹、飞船及卫星中。除此之外，国外还发展了三浮陀螺仪应用于战略武器和航天领域。另外，静电陀螺仪则是目前可应用惯性器件中精度最高的机械转子类陀螺仪，典型精度为$10^{-4}\sim10^{-5}$(°)/h，主要用于潜艇等高精度国防军事应用领域。

在光学陀螺仪方面，结构固态、全数字、低功耗的光纤陀螺仪技术已经非常成熟，同时覆盖了高、中、低不同精度范围，并在海、陆、空、天等各领域得到广泛应用。国外典型产品如法国iXblue公司研制的Phins和Marins船用光纤陀螺捷联惯性导航系统。近年来，光子晶体光纤等新材料、新技术的突破推动了光纤陀螺仪向高精度、小型化方向不断发展，而光纤陀螺仪也已成为新一代主流陀螺仪表。

在微机电系统陀螺仪方面，基于微机电系统工艺的振动陀螺仪主要包括石英音叉陀螺仪以及硅微机械陀螺仪。1990年，国外开始研制石英音叉陀螺仪，目前已实现批量生产。微机电系统陀螺仪主要在战术武器、交通、机器人等中、低精度领域具有广泛应用。

整体来看，目前光学陀螺仪以及微机电系统陀螺仪仍在惯性导航技术研究与应用中占据主流地位。另外，在未来发展中新型惯性传感器技术不断出现，例如光子晶体光纤陀螺仪、集成光学/微光机电陀螺仪、原子干涉/自旋陀螺仪等，研究重点将是新原理、新方法、新工艺的探索与实践。

对于水下导航应用来说，长航时、高精度显然是指引惯性导航技术发展的核心方向，基于原子干涉技术的惯性导航装备研究将成为水下导航技术研究的核心方向之一。原子干涉技术利用激光冷却操控原子分束、合束实现原子干涉，从而实现对角速度以及加速度的测量。将原子干涉技术应用在惯性导航领域具有如下优势：可以敏感绝对重力，从而完成重力误差实时补偿和高精度重力图绘制；基于原子能级的内在绝对标度因数使原子干涉陀螺仪惯性导航系统具有非常低的随机游走系数以及稳定的标度因数；因为原子物质波波长短，所以可以在更小的萨格奈克面积下敏感微小的转动量。原子干涉陀螺仪常用的^{87}Rb原子质量为1.433×10^{-25}kg，室温速度为300m/s，其对应的德布罗意波长$\lambda=1.53\times10^{-11}$m，远小于光波波长；由于原子传播速度小，可以在相同干涉环路面积内具有更大路程差，从原理上讲原子干涉测量转动灵敏度要超过光学方法10个数量级。基于以上优势，国外研究学者认为5～10年后，原子干涉技术将推动惯性导航系统定位精度达到全球定位系统(Global Positioning System，GPS)水平。美国国防高级研究计划局制定的"精确惯性导航系统"(Precision Inertial Navigation System，PINS)计划将原子干涉惯性传感器视为下一代主导惯性技术。以美国斯坦福大学、法国国家天文台以及德国洪堡为代表的国外研究机构和以清华大学、北京航空航天大学、华中科技大学为代表的国内研究机构已完成实验室样机研制,并验证陀螺效应。目前,国际研究热点主要集中在如何解决原子干涉陀螺仪工程实用化难题,即:

(1) 死区时间。原子干涉陀螺仪工作过程分为原子团冷却囚禁、干涉以及探测三部分。其中,只有原子团干涉过程的转动信息会被陀螺仪敏感,而冷却囚禁和探测过程的转动信息丢失称为死区时间,因此死区时间将制约原子干涉陀螺仪惯性导航系统的精度。

(2) 小型化问题。原子干涉陀螺仪系统组成主要包括真空系统、激光系统以及控制系统,由于相应技术发展水平的制约导致原子陀螺仪在向小型化、高适装性方向发展时具有一定技术难度。

(3) 带宽限制。原子传播速度慢虽然可以提高测量精度,但同时也限制了陀螺仪带宽。通常情况下,陀螺仪中原子冷却囚禁时间要求百毫秒量级,而原子干涉的越渡时间在 1 ~ 100ms,这些共同限制原子干涉陀螺仪数据更新率为 0.1 ~ 10Hz。

(4) 原子陀螺仪惯导。惯性导航系统需要测量三轴角速度以及加速度信息,传统惯性器件性能不受摆放方向影响,但原子团由于受到重力影响,使原子陀螺仪和加速度计处于不同朝向时其性能也不同,因此带来磁场干扰、轴系对准、激光污染等问题。

综上所述,原子干涉陀螺仪若要应用于水下导航领域,仍需要很多基础理论与关键技术的突破。

毫无疑问,惯性导航系统在无人潜航器导航技术的发展中将长期处于核心地位。理论上,当惯性导航系统精度足够高时,无须其他任何导航技术辅助就可以获取无人潜航器精确的绝对位置信息。但是,显然这一目标还需要超高精度陀螺仪的技术突破才能够实现。另外,未来利用海底大地基准网可以实现对水下惯性导航系统校正。海底大地基准网建设的一个准则是以水下载体惯性导航容差布局接力型海底大地网,即在惯性导航累积误差超限边缘区域布设接力型海底大地基准网,以便及时标校惯性导航系统累积误差,实现潜航器长航时精确导航定位。

2. 水声导航技术

从广义上讲,一切利用水声信号进行导航定位的系统均属于水声导航系统,例如目标的探测定位声纳和水下成像声纳等。从为载体提供导航和定位功能的角度来说,水声导航系统可以分为水声定位系统、声学测速系统以及海底地形、地貌测量系统三类。由于本书主要针对水声定位系统以及声学测速系统开展研究,所以本节主要介绍前两者的发展现状。

水声定位系统主要指可用于局部区域精确定位和导航的系统,该技术已在无人潜航器导航系统中得到广泛应用。水声定位系统需要在海域中布防多个声接收器或应答器构成基元。根据基元间基线的长度，可将其分为长基线水声定位系统、短基线水声定位系统以及超短基线水声定位系统。长基线系统、短基线系统可理解为通过时间测量得到距离测量，从而解算目标位置信息的水声定位系统，而超短基线定位系统则通过相位测量实现定位解算。根据工作方式不同，水声定位方法可以分为两种，即海底路标定位法以及水声基阵定位法。海底路标定位法通过在海底布放多个声应答器，从而构成海底路标辅助无人潜航器导航定位。当无人潜航器通过应答器覆盖范围区域时，路标装置被激活并按照约定通信方式发送声信号，声纳接收到路标信号后迅速完成定位，进而利用该定位信息对惯性导航系统累积误差进行修正。水声基阵定位方法则是采取在海域中布防多个声应答器阵，通过声纳对多应答器远距离精确测量，从而实现潜航器方位、位置信息确定。国外对水声定位技术研究较深入的是挪威 Kongsberg 公司，该公司产品包括长基线、短基线以及超短基线三种不同类型的声学定位系统，有一系列成熟的水声导航产品投入到军用及民用领域中，定位水深几乎能达到全海域。

除水声定位系统以外，航位推算也是当前无人潜航器最为常用的一种导航定位方式。航位推算的核心是实时获取潜航器绝对速度信息以及方位信息，而测速仪器发展至今已经历了叶轮式测速、水压式测速、电磁式测速以及声学式测速四个阶段。其中，前三种测速方式由于测速误差大、稳定性差等原因而逐渐被淘汰，声学式测速系统由于其能提供高精度的对底或对流速度而逐渐成为无人潜航器的主要选择。因此，声学式测速系统在无人潜航器导航技术的发展中占据了重要地位。

美国从 20 世纪 60 年代开始围绕声学测速原理开展研究。70 至 80 年代，进入窄带测速技术研究阶段，此阶段的发射信号形式为单频脉冲信号，主要采用脉冲相干和非相干信号处理方式。脉冲非相干技术可以独立使用信号信息，获得较大作用距离，但其时频分辨率较低，因此只适用于对测速精度要求不高的应用环境。随着相应技术水平成熟，美国最早将窄带测速设备安装在大学－国家海洋实验室体系（University－National Oceanographic Laboratory System，UNOLS）包括的绝大部分大中型调查船上。美国 TRDI 公司与约翰斯·霍普金斯大学应用物理实验室在海军资助下于 1985 年开展“小型企业创新研发”（Small Business Innovation Research，SBIR）计划研究，并分别于 1986 年、1989 年以及 1991 年进行宽带测速技术可行性研究、原理样机研制以及商业化应用。自 90 年代中后期，相控阵雷达技术被引入到声纳产品中，开展基于相控阵多普勒测速技术研究，同时实现了宽、窄带测速技术与相控阵技术的结合，例如 1999 年 TRDI 公司推出的 Phased Array Ocean Surveyor 等产品。与常规阵型相比，相控阵具有以下特点:通过信号处理方法实现相控发射和相控接收波束;在工作频率与波束宽度相同的情况下,基阵尺寸和质量都相应减小;从工作机理上降低了深度、温度以及海水盐度对测速性能的影响,从而无须进行额外声速补偿;平面阵流线型好,且不易于海洋生物附着,因此受航行水动力噪声影响较小。

下面通过介绍若干成熟的声学多普勒计程仪来了解当前声学测速技术的发展现状。

美国 TRDI 公司是水下声学导航产品的专业设计生产商,目前全球 95% 军用和民用水下航行器中均装备该公司的声学测速设备。该公司产品类型可以分为水利资源、海洋测量以及导航三大系列,包括相控阵型和活塞阵型(即常规阵型)两种。相控阵型主要包括 38kHz、150kHz、300kHz 三个频率产品;常规阵型有 Workhorse Navigator、Explorer、Custom Engineered Solutions 以及 Diver Navigation 等多个系列,其中代表性的 Workhorse Navigator 系列有 300kHz、600kHz 和 1200kHz 三个频率产品,主要技术参数如表 1-2 所示。

表 1-2 美国 TRDI 公司导航型水声测速设备主要参数

主要参数		中心频率/kHz		
		WHN 300	WHN 600	WHN 1200
底跟踪	测深范围/m	1~200	0.7~90	0.5~25
	测速范围/(m/s)	-10~10	-10~10	-10~10
	长期精度/(cm/s)	±0.4% ±0.2	±0.2% ±0.1	±0.2% ±0.1

TRDI 公司的技术优势主要体现在:利用宽带编码信号体制提高单次测速精度;利用四个波束实现三维速度解算,提高速度信息冗余性以及复杂地形环境适应性;独有相控阵技术;采用信号强度的自动增益控制技术及其针对性的信号处理控制逻辑等技术。

美国 LinkQuest 公司主要生产近海和海洋应用水声设备,开发了具有底跟踪功能的 NavQuest 300/600 常规阵型多普勒计程仪,与 TRDI 公司产品相比,该公司产品在体积、功耗及重量方面略有优势,但产品种类较少,主要技术参数如表 1-3所示。

表 1-3 美国 LinkQuest 公司导航型水声测速设备主要参数

主要参数		中心频率/kHz		
		NavQuest 300	NavQuest 600	NavQuest 600 Micro
底跟踪	测深范围/m	0.6~300	0.3~140	0.3~110
	测速范围/kn	-20~20	-20~20	-20~20
	长期精度/(mm/s)	0.4% ±2	0.4% ±2	0.4% ±2

除利用声学测速设备构建航位推算系统实现潜航器导航定位以外，利用多普勒计程仪测速信息辅助惯性导航系统，从而抑制惯性导航系统累积误差也是无人潜航器一种常见工作模式。利用多普勒计程仪与惯性导航系统进行组合，主要有松耦合与紧耦合两种组合方式。如图1-3所示，多普勒计程仪原始数据指每个波束方向上的相对速度，松耦合模式下多普勒计程仪解算速度用于在滤波融合中直接和惯性导航系统解算速度进行对比，这种方法的优势是信息融合方式简单。但是，根据多普勒计程仪原始数据解算速度的前提是至少有3个波束才能有效地进行底跟踪，这限制了松耦合模式的适用性。在紧耦合模式下，多普勒计程仪原始数据被直接用于导航滤波，从而多普勒计程仪每个波束的测量信息都被用来和惯性导航系统估计的波束测速信息相对比。因此，即使只有一个波束仍可对惯性导航系统起辅助作用。但是，紧耦合模式的应用受限于多普勒计程仪是否提供原始数据输出。

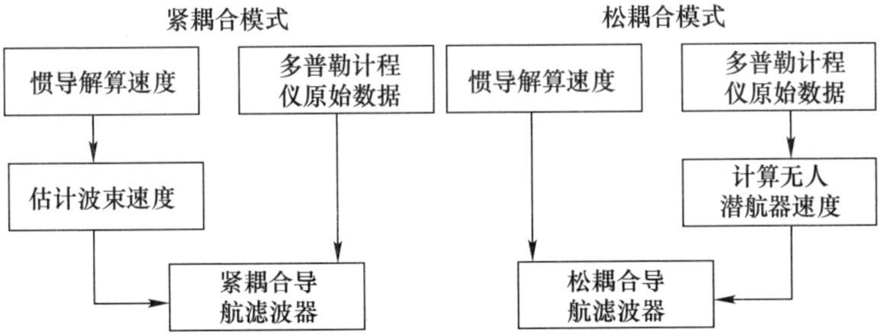

图1-3　声学测速辅助惯性导航方式

值得一提的是，近年来基于声学导航的海底大地基准网建设技术也得到大力发展。海底大地基准网是一组布放在海底的声学基准站，借助声学基准站组建类似全球卫星导航星座的定位系统，既可以对水面及水下各类载体提供时间和空间基准信息，也可用来监测海底板块及水体环境动态变化。美国、加拿大、俄罗斯等发达国家已开启海底大地基准网研究，并基本掌握海底大地基准网建立与维护技术。尽管中国陆地大地基准网建设相对完善，但海底大地基准网建设尚属空白。针对这一问题，2016年我国科技部重点研发计划启动了“海洋大地测量基准与海洋导航新技术”项目，该项目由中国科学院杨元喜院士担任首席科学家，联合西安测绘研究所、国家海洋局第一海洋研究所、武汉大学等20多家单位组织实施。该项目研究内容主要包括：①发展海洋大地测量基准建立理论与方法。突破陆海一致、连续动态的海洋大地测量基准构建瓶颈技术问题，发展海洋高精度位置服务理论、模型和方法。②发展海洋基准与陆地基准无缝链接技术与方法。突破海底三维基准精密传递、复杂多源数据的陆海大地水准面精化、海洋及水下无缝垂直基准实现等技术难题。③发展水下参考框架点建设与维护技术。突破海底参考点勘选、方舱研制、校准等关键技术，解决深水方舱的抗压、防腐、布放和回收等技术瓶颈。④发展海洋重力匹配导航技术。突破重力场信息与地理位置信息相关匹配技术，研制重力匹配导航样机，发展声纳、惯性导航辅助的重力匹配导航方法。⑤发展海洋多传感器融合导航核心技术。突破水下导航定位装备研制与标定技术、海洋及水下高精度导航定位关键技术，形成国家自主多源传感器导航定位装备与数据处理平台。

3. 地形匹配辅助导航技术

利用海底地形特征辅助无人潜航器进行导航定位的核心是对海底地形进行精确探测以及高精度地形匹配，水下地形匹配辅助导航的基本模式如图 1－4 所示。开展水下地形匹配辅助导航时，匹配导航精度受水下地形基准图直接影响，因此基于海底地形探测技术的高精度水下地形基准图建立方法研究至关重要。20 世纪 20 年代出现的单波束回波测深仪利用安装在船底的换能器垂直向下发射声脉冲信号，测量该信号经海底反射到换能器的往返传播时间可以达到测量海底深度的目的。20 世纪 60 年代出现的多波束回波测深仪为海底地形测量带来革命性变化，它是一种“面”式测量方式，可以一次给出与航线相垂直平面内几十个甚至上百个测深点水深值，或者是具有一定宽度的全覆盖式水深条带。1976 年，随着数字化计算机处理及控制硬件技术应用于多波束系统，产生了第一台真正意义的多波束扫描测深系统。80 年代以后，先后出现了适应不同深度的多波束测深系统，使得海底地形测量技术走向成熟阶段。随着高分辨率测深侧扫声纳的发展和推广应用，利用无人潜航器搭载侧扫声纳进行地形地貌测量已逐步成为高精度水下地形测量和定位的一个重要手段。

十余年来，地形匹配辅助导航方法得到比较充分的研究，尤其在航空飞行器和巡航导弹应用中已得到充分验证。面向无人潜航器的地形匹配辅助导航方法是基于陆上研究基础发展得来的，但具有明显不同之处：无人潜航器航行速度远远低于飞行器，因此遍历地形范围有限，从而导致地形匹配特征较少，匹配更加困难；水下地形基准图建立比较困难，利用多波束测深方式可以进行高精度地形测量，但开展全面水下地形测量需要巨大的人工和经济成本，通过电子航海图数据插值只能得到精度较低的水下地形图；无人潜航器自身体积较小，受海流和其他环境动力因素影响较大，所测得的地形数据需要进行校正；需要考虑声学测量仪器误差，而且必须采用具有容错性的数据处理方法。

适合于水下地形特征的匹配导航算法是决定匹配导航精度的另一项关键因素。目前，水下地形匹配导航算法主要包括地形轮廓匹配（Terrain Contour Matc-

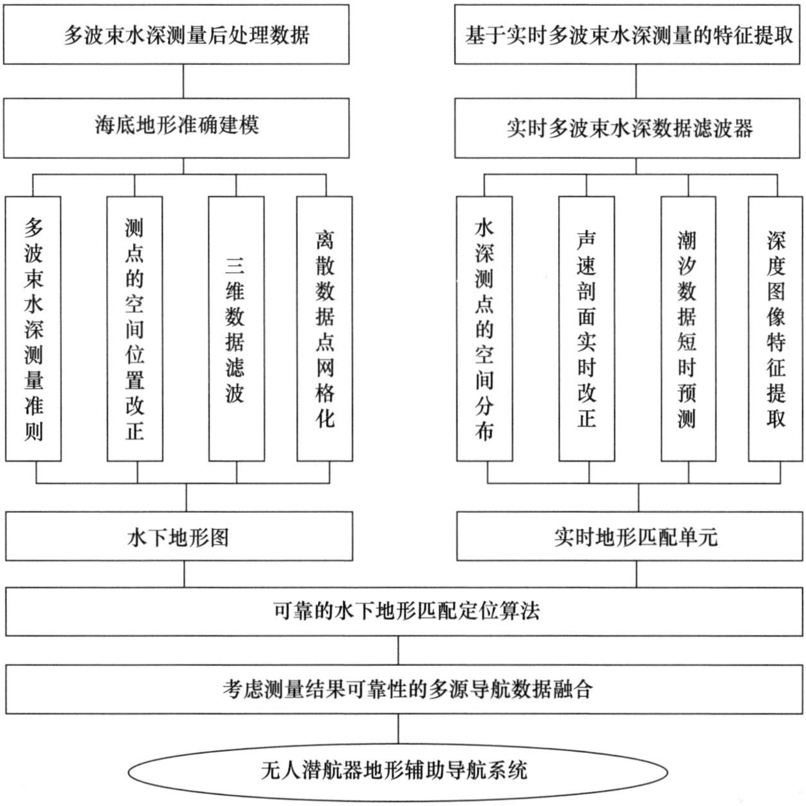

图1-4 水下地形匹配辅助导航模式

hing,TERCOM)算法、桑地亚惯性地形辅助导航(Sandia Inertial Terrain Aided Navigation,SITAN)算法以及基于直接概率准则匹配算法的三种方法。除此之外,多波束声纳图像可以看作灰度图像,因此水下地形匹配也可以看作一种特殊的图像匹配方法,有学者探索了基于侧扫声纳图像进行地形匹配导航的可行性,基于卡尔曼滤波(Kalman Filter,KF)的匹配方法和基于仿射校正的等值线迭代最近点(Iterative Closest Contour Point,ICCP)匹配方法也被用于基于地形图像信息的无人潜航器位姿估计研究中。这些方法虽然和传统基于深度信息的水下地形匹配导航方法有所不同,但本质上仍是基于地形特征信息。

随着水下定位精度需求的不断提升,基于地形匹配辅助的导航方式得到快速发展,若干研究机构和组织在此方面开展了大量工作,如挪威防务研究中心、瑞典皇家理工学院、斯坦福大学和南安普敦大学等。挪威防务研究中心研制的HUGIN自主水下航行器在海洋工程领域得到广泛应用,并基于该自主水下航行器开展了相关地形匹配导航技术的理论和试验研究。为验证实际效果，该机构在2009年和2010年开展了两次海试试验。2009年，在挪威海岸和白令岛之间的公开海域进行了50km的水下航行试验，该试验完全基于地形匹配导航系统进行定位，定位结果与水声定位结果之间仅有4m差距；2010年，在奥斯陆湾开展第二次海试试验，由于该次试验中多波束测深系统突然失效，所以利用多普勒计程仪短暂进行水深测量，5h航行后定位误差在5m左右。瑞典皇家理工学院通过改装鱼雷壳体制作了两个型号的自主水下航行器，分别是AUV62F和Sapphires。AUV62F使用400个以上的波束实时测量地形，Sapphires则使用合成孔径声纳开展测量工作。在2002年10月开展的海试工作中，他们在65km的距离上选取了8个匹配点，最终测得定位误差小于10m。斯坦福大学和蒙特雷湾水族馆研究所合作研发了一种长航程、低成本自主水下航行器地形匹配导航方法，相比于传统地形匹配导航方式，他们使用了低成本声纳和低成本惯性导航系统，研究了惯性导航系统漂移误差和航向不确定性影响下的地形匹配导航性能。2008年4月，他们使用MBARI Dorado自主水下航行器在蒙特雷湾开展海试试验，该试验使用多波束回波测深设备、多普勒计程仪和深度传感器进行地形辅助导航，导航定位精度可达4~10m。

4. 重力与地磁匹配辅助导航技术

重力场和地磁场均为地球空间位场，除自身具有矢量特性以外，由于受局部地形、地质结构影响，两者又具有明显的中小尺度局部变化特性，因此可以为无人潜航器提供重要的导航定位参考信息。与地形匹配辅助导航方法类似，重力与地磁匹配辅助导航同样依赖于重磁测量和匹配导航算法这两方面关键因素。相比于静态测量技术，水下动态重磁测量技术并不成熟，尚未达到商业化实用水平。其中，重力测量的关键在于如何有效隔离载体干扰加速度，而磁力测量的关键则在于如何屏蔽载体壳体及电子设备产生的磁干扰场。

无源重力导航是在研究重力扰动及垂线偏差对惯性导航系统精度影响的基础上发展起来的一种利用重力测量仪表实现的匹配导航技术，它要求事先制作好重力基准图并存储在导航计算机中，利用重力测量仪表测定重力场特性来搜索期望路线。20世纪90年代初，利用重力匹配导航技术辅助惯性导航系统的概念被提出。美国贝尔实验室、洛克希德·马丁公司等机构对重力匹配导航技术开展了专项研究，其中，贝尔实验室研发了重力梯度仪导航系统和重力辅助惯性导航系统。重力梯度仪导航系统通过将重力梯度仪测量出的重力梯度与重力梯度基准图进行匹配后得到位置信息，并利用该匹配位置信息对惯性导航系统进行累积误差修正。重力辅助惯性导航系统利用重力测量系统、静电陀螺惯性导航系统、重力图和深度探测仪，通过与重力图匹配提供位置坐标，以无源方式抑制惯性导航累积误差。美国洛克希德·马丁公司研制的通用重力模块(Universal Gravity Module,UGM)包括重力仪和三个重力梯度仪两种重力传感器,可实现无源重力导航和地形估计两种功能,并于 1998 年和 1999 年分别在水面舰船和潜艇上得到试验验证。经过近 20 年研究,重力匹配导航逐渐成为无源自主导航领域的研究热点。由重力梯度、重力异常和垂线偏差构成了重力场物理特性,其中用在辅助导航系统中的重力梯度和重力异常基准数据及其实测数据可由重力梯度仪和重力仪测出,重力场基准数据一般通过卫星测高、卫星跟踪、航空重力测量、地面重力测量以及海洋重力测量等方式获得,具有数据全面、精度和可靠性高等优点。另外,重力梯度与重力异常相比具有更加独特的优势,这主要表现在重力梯度具有九个梯度分量,其中包括五个独立分量,这为重力梯度辅助导航系统提供了更加全面、可靠的基准数据。对于地表地形来说,重力梯度比重力异常更加敏感,因此使得重力梯度匹配辅助导航系统能够获得更高精度的定位信息。除此之外,国外卫星、船载、机载重力梯度仪的测量精度已基本达到军事应用、地质勘探等领域的技术需求,这为重力梯度辅助导航系统的应用奠定了技术基础。对我国而言,目前高精度重力梯度仪的研制尚不十分成熟,未来几年内有望获得突破。在利用重力测量传感器获取实测数据时,不需要潜航器浮出或接近水面,且测量时不向外辐射能量,使潜航器具有很好的隐蔽性。因此,重力场辅助导航是一种真正意义上的无源导航方式。

地磁导航的应用可追溯至春秋战国时期,我们的祖先根据磁现象制成指南针用于指引方位。在水下导航技术研究中,地磁场的空间指向性仍然可以作为水下导航的重要参照。随着磁场测量技术的不断发展,地磁匹配辅助导航方式也得到了扩展。20 世纪 80 年代,瑞典 Lund 学院开展了舰船地磁导航的海上验证工作,通过将实测的地磁强度测量数据与地磁基准图进行比对确定舰船位置信息。2003 年 8 月,美国国防部军事关键技术名单里提到地磁数据参考导航系统,并宣称他们所研制的水下纯地磁导航系统导航精度优于 500m(CEP)。十几年来,舰船地磁导航方法在国内得到广泛重视与积极探索,目前公开研究成果仍主要以理论为主,相关成果包括匹配算法、滤波组合算法、磁场延拓、磁场模型构建等。任治新等对地磁异常场匹配算法进行了系列研究,采用扇形扫描法搜索最优匹配以提升迭代最近点(Iterative Closest Point,ICP)算法的全局最优迭代效率,通过对野值数据的剔除提升算法鲁棒性,并利用扩展卡尔曼滤波(Extended Kalman Filter,EKF)实现地磁异常测量信息对惯导系统的辅助校正。赵建虎等研究了局域地磁场建模方法,提出了一种基于 Hausdorff 距离匹配准则的改进型匹配导航算法,提高了水下地磁匹配导航的精度和可靠性。杨功流等研究了基于无迹卡尔曼滤波(Unscented Kalman Filter,UKF)的惯性/地磁导航数据融合算法，结果表明当系统非线性较大时，无迹卡尔曼滤波性能相比于扩展卡尔曼滤波具有明显优势。陈龙伟、徐世浙等研究了基于迭代法的地磁数据向下延拓方法，利用航空磁测数据对水面和水下地磁数据进行延拓，取得了良好效果。张辉等根据国际地磁与高空物理联合会公布的145个地面地磁台观测数据，建立了基于球面泊松小波的全球地磁场模型，验证了模型可行性和优越性。黄玉针对地磁背景场下目标磁场大小难以测量的问题，提出了载体潜深辅助磁场梯度的水下定位新方法，由两次潜深量测值直接计算载体垂向相对位置，分析了潜深测量误差对定位精度的影响。

总体而言，相比于地形匹配辅助导航技术，水下重力与地磁匹配辅助导航技术的发展成熟度较低，目前仍以理论研究为主。国际上开展的水下重磁导航实践研究也比较有限，但基于航空重磁测量的导航技术可以充分支撑在水下开展重磁导航实践的可行性。

1.2 无人潜航器导航系统配置实例分析

下面以典型自主水下航行器为例，对当前无人潜航器导航技术进行介绍。

1. Aries 自主水下航行器

美国海军研究生院 Naval Postgraduate School（NPS）针对自主水下航行器的研究始于1987年，NPS Aries 自主水下航行器为其最新一代低成本自主水下航行器，主要用于浅水海域通信服务。其导航单元包括一个1200kHz的RDI导航级多普勒计程仪以及一个TCM2磁罗经。该导航单元可以用于测量载体对地绝对速度、深度和磁航向，而载体角速率和加速度可以利用低成本战术级惯性测量单元 Systron Donner 进行测量。当自主水下航行器上浮至水面时，40cm定位精度的差分全球定位系统（Differential Global Positioning System，DGPS）用于对其进行位置校准。此外，由于TCM2磁罗经精度有限，利用霍尼韦尔HMR3000磁罗经作为首选航向参考。NPS Aries 自主水下航行器整体结构如图1－5所示。

NPS Aries 自主水下航行器导航系统采用扩展卡尔曼滤波器对INS/DVL/DGPS组合导航系统进行多源导航数据融合。系统导航状态包括位置、对底速度、航向角、横摇角速率以及磁罗经偏差等。航向角状态采用磁罗经航向进行初始化，并利用预先确定的偏差表进行改正。

2. HUGIN 系列自主水下航行器

HUGIN 自主水下航行器在民用和军用领域的应用分别始于1997年和2001年，并取得巨大成功。目前，HUGIN 系列自主水下航行器包括 HUGIN 1000、HUGIN3000、HUGIN 4500 以及最新的 HUGIN Superior 四个型号，分别应用于1000m

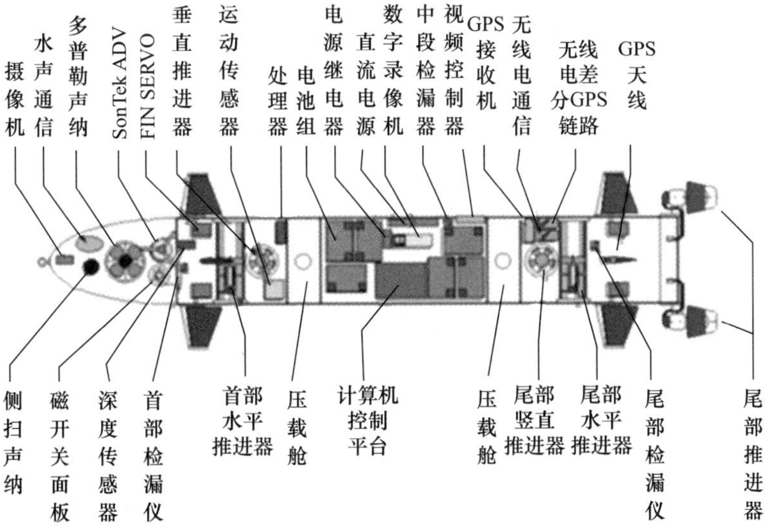

图 1－5　NPS Aries 自主水下航行器整体结构

和 3000m、4500m 以及 6000m 深度的海洋作业应用。

HUGIN Superior 自主水下航行器配备了先进的实时辅助惯性组合导航系统（Aided Inertial Navigation System，AINS），航行器实物及导航系统框图如图 1－6 所示。其中，惯性导航系统用于解算航行器位置、速度以及姿态等导航定位信息，利用卡尔曼滤波器实现惯性导航系统输出、多普勒计程仪输出以及磁罗经和压力传感器多源导航数据融合，从而获得最优导航定位信息。

针对有隐蔽性作业或深海作业需求的应用场景，利用全球定位系统进行水面校准受到一定制约。为此，HUGIN 提供了地形匹配辅助功能为水下位置更新提供了重要技术途径。通过将实时水深测量数据和先验地形基准图进行对比可以实现精确位置校准。HUGIN 自主水下航行器可以根据任务使命调整所需导航模块，表 1－4 给出了 HUGIN 自主水下航行器典型导航系统精度。

(a) HUGIN Superior自主水下航行器实物

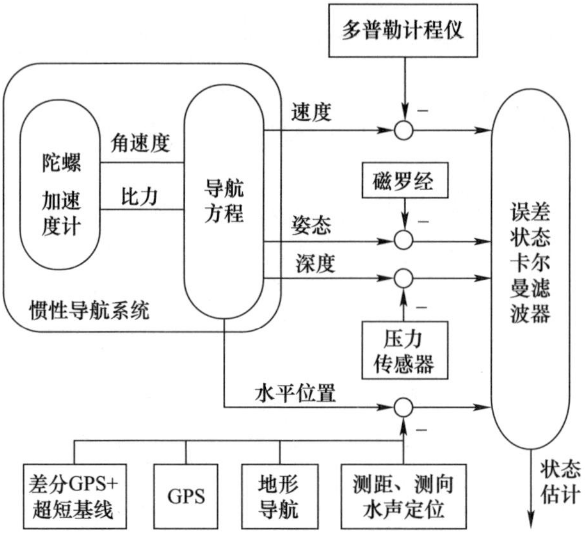

(b) HUGIN Superior自主水下航行器导航系统框图

图 1 – 6　HUGIN Superior 自主水下航行器

（图片（a）来源：https://www.kongsberg.com/maritime/products/marine – robotics/）

表 1 – 4　HUGIN 自主水下航行器典型导航系统精度

场景	导航误差（1σ）	
	实时	后处理
无位置更新，直线航行	航程的 0.25%	小于航程的 0.25%
无位置更新，往复式（割草机式）航行	航程的 0.025%	小于航程的 0.025%
使用 HiPAP 超短基线进行位置更新（可选）	2m（200m 水深）	1m（200m 水深）
NavP UTP（可选）	5m	2m
地形辅助导航（可选）	10m	5m

3. REMUS 系列自主水下航行器

Kongsberg REMUS 系列自主水下航行器包括 REMUS 100、REMUS 600、REMUS 6000 三个型号，分别适应 100m、600m 以及 6000m 水深作业需求。REMUS 100 自主水下航行器可以配置标准或用户自定义传感器满足不同自主作业需求。REMUS 100 的性能使其非常适于海洋科研、防卫、水文和近海/能源市场。它尺度较小，可由两人搬运，但包含了丰富的传感器组合，包括导航、能源等模块来支撑大范围海洋调查。操控者可以通过水声通信对 REMUS 100 航行进程及状态进行控制，这使得在对自主水下航行器进行位置更新的同时，也可进行任务传送。惯性导航系统位于一个灵活的载荷舱内，可以根据作业需要调整设备配置级别。主导航系统为惯性导航系统和多普勒计程仪航位推算的组合形式，同时利用水声定位导航系统 HiPAP 提供辅助，以提高定位精度。当自主水下航行器位于水面时，可以利用全球定位系统进行定位并对惯性导航系统位置进行校准。REMUS 600 系统结构如图 1－7 所示，其导航系统包括惯性导航系统、长基线水声定位系统、星基增强全球定位系统、超短基线水声定位系统。REMUS 6000 的导航系统则主要为 7～15kHz 的长基线水声定位系统、基于多普勒流速剖面仪的航位推算和惯性导航系统。

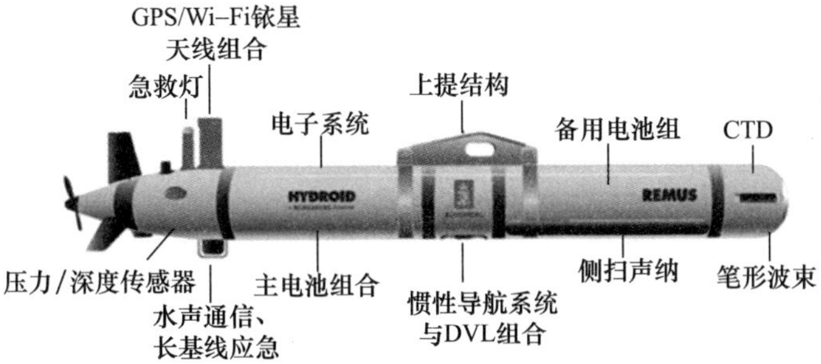

图 1－7 Kongsberg REMUS 600 系统结构
（图片来源：https://www.sohu.com/a/112131624_465915）

第2章
导航技术基础

无人潜航器运动是相对地球进行导航定位的，因此在研究潜航器导航定位技术时要了解与导航相关的一些地球特性与参数，例如经度和纬度的定义。在本章里还要建立各种导航常用坐标系以及它们之间的转换关系。除此之外，海图也是海洋导航领域所需要的重要工具，因此本章也介绍了一些常用海图。

2.1　导航坐标、导航方位与距离

本节主要介绍无人潜航器在导航定位过程中所涉及的常用导航定位参数。

2.1.1　导航坐标

地球围绕太阳公转，同时绕其自转轴自转。地球的自转轴称作极轴，通过地心并与地球椭球体表面有两个交点，这两个交点分别为北极 P_N 和南极 P_S。通过地心的平面与地球表面相截的交线称作大圆，通过南北极的大圆称作子午圈，由北极到南极的半个椭圆称作子午线或经线，通过英国格林尼治天文台的子午线称作格林尼治子午线，也称作本初子午线，它把地球分为东西两个半球。与地轴垂直并且过地心的大圆是赤道，它把地球分为南北两个半球。和赤道平行的平面与地球椭球体表面的交线称作纬度圈。以上定义如图 2-1 所示。

地球椭球体表面上任意一点的位置，可以用地理坐标来描述。地理坐标的原点是赤道与本初子午线的交点，经线和纬度圈构成坐标线图网。地理坐标是建立在地球椭球体上的，用纬度和经度来表示。

地球上某点所在子午面与格林子午面在赤道上所夹的劣弧长，或该劣弧所对应的球心角，称为该点的地理经度，简称经度 λ。经度一般在赤道上自地理坐标原点向东西两个方向度量，本初子午线以东称作东经（以字母 E 表示），本初

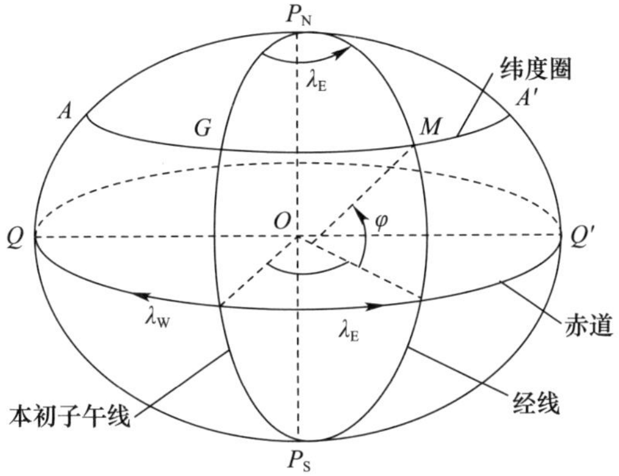

图 2－1　地球参考椭球体模型及其定义

子午线以西称作西经(以字母 W 表示),两者范围均为 0°～180°。

根据定义的不同,纬度可以分为地理纬度和地心纬度。其中,地理纬度 φ 定义为地球椭球体表面上一点的法线与赤道平面的夹角;地心纬度则定义为地球椭球体表面上一点的地心向径(该点与地心的连线)与赤道平面的夹角。在航海领域中,人们通常关心的是与当地水平面之间的关系,而不是地心所在的方向,因此一般情况下使用地理纬度描述载体位置信息。

与水面航行器最大不同之处在于,无人潜航器是在水下三维空间进行航行,因此除了水平位置,还必须考虑纵向位置信息。对于无人潜航器导航定位,所用到的纵向位置信息通常包括深度、对底高度和地理坐标系下的高程信息。

深度指潜航器当前位置与水面之间的距离,由于海水表面高度受潮汐、海浪等作用影响而具有明显时变性,因此无人潜航器需要实时测量深度信息,而采用压力传感器进行测量是最常用的技术手段。潜航器与海底之间的距离对航行安全、作业效率也有着极为重要的影响,因此当无人潜航器在浅海或者近海底区域航行时,进行对底高度测量同样至关重要。采用水声技术进行对底高度测量是当前主要的技术手段,相关设备主要包括单波束回波测深仪、多波束地形测量系统等。考虑到无人潜航器载荷能力的局限性,通常采用单波束回波测深仪作为测量传感器。对于高程信息,由于无人潜航器导航系统的位置估计通常需要在特定坐标系下进行,因此高程位置需要和水平位置一起在特定地理坐标系下进行数学描述。

2.1.2　导航方位与距离

方位与距离是无人潜航器导航定位过程中的重要参数,下面介绍其定义方式与计算方法。

1. 航向与方位

圆周法和半圆法是目前表示方向的两种最常用方法。圆周法以正北方向为基准000°,按顺时针方向计量得到正东为090°,正南为180°,正西为270°,再计量正北方向为360°或000°。半圆法以正北(或正南)为基准,分别向东或向西计量到正南(或正北),计量范围为0°～180°。利用半圆法表示方向时,除度数以外,还必须标明起算点和计量方向,如30°NE与150°SE、45°SW与135°NW分别表示同一方向,度数后面的两个字母,前者表示该方向是由北点(N)还是由南点(S)起算的,后者则表示该方向是向东(E)还是向西(W)计算的。

以真北为基准按圆周法计算无人潜航器航行方向(航向)和目标方向(方位),需了解以下几个相关的重要定义。

(1) 航向线:当潜航器无倾斜时,首尾方向的连线在真地平平面上的投影称作首尾线。潜航器首尾线朝首向的延长线称作航向线。

(2) 真航向:潜航器航行时,从真北方向顺时针计算到航向线的角度称作真航向,角度范围为000°～360°。

(3) 方位线:连接潜航器到某个物标的大圆称作方位圈。物标的方位圈平面与测者真地平平面的交线称作物标方位线。

(4) 真方位:在测者地面真地平平面上,从真北方向顺时针计算到物标方位线的角度,称作物标的真方位,按000°～360°计算。

2. 距离

对于无人潜航器来说,当需要量测距离的两个点相距较近时,在纵向的距离可以通过深度差来获取;当需要量测距离的两个点相距较远时,两点的距离将主要从平面位置上进行考虑,即两者经纬度坐标之间的几何差值。利用经度λ和纬度φ可以确定潜航器在任意点的位置,潜航器从出发地$A(\lambda_1,\varphi_1)$到达目的地$B(\lambda_2,\varphi_2)$的位置变化,通常用经度差和纬度差来表示。

经度差是表示两地之间经度的代数差,用符号$D\lambda$表示,具体计算公式为

$$D\lambda = \lambda_2 - \lambda_1 \tag{2-1}$$

经度差有方向性,其确定的原则:以起始点经度为基准,当到达点在起始点东面时称作东经差,用E表示;反之,当到达点在起始点的西面时称作西经差,用W表示。运算中规定东经差符号为"+",西经差符号为"-"。当$D\lambda=0$时表示潜航器沿子午线南北方向航行,经度差绝对值不能大于180°。

纬度差是表示两地之间纬度的代数差,用符号$D\varphi$表示,具体计算公式为

$$D\varphi = \varphi_2 - \varphi_1 \tag{2-2}$$

与经度差类似，纬度差同样也有方向性。纬度差方向的确定原则：以起始点纬度为基准，当到达点在起始点北面时称作北纬差，用 N 表示；反之，当到达点在起始点南面时称作南纬差，用 S 表示。运算中规定北纬差符号为“+”，南纬差符号为“-”。当 $D\varphi=0$ 时表示潜航器沿纬度圈作等纬度航行。

2.2　导航常用坐标系及相互转换关系

本节主要介绍无人潜航器导航定位中常用的导航坐标系定义方式以及不同坐标系之间的转换关系。

2.2.1　导航常用坐标系

无人潜航器的运动必须在特定参考坐标系内进行数学描述才有意义，而导航定位任务就是确定潜航器在参考坐标系内的位置、姿态及其变化等运动参数。

坐标系分类有多种，按照坐标系相对惯性空间是否运动，可以将坐标系分为惯性坐标系和非惯性坐标系；按照选取的坐标系原点位置不同，可以将坐标系分为银心坐标系（以银河中心为原点）、日心坐标系（以太阳中心为原点）、地心坐标系（以地球质心为原点）、站心坐标系（以地面上测站为原点）等；按照坐标系是否与地球自转同步运动，可以将坐标系分为地固坐标系和非地固坐标系；按照坐标系表征参数不同，可以将坐标系分为空间直角坐标系（笛卡儿坐标系）和空间大地坐标系；按照地球参考椭球体定位方法不同，可以将坐标系分为参心坐标系和地心坐标系。除此之外，还有其他坐标系分类方法，由于篇幅限制本书不再赘述。下面介绍无人潜航器导航定位中常用的导航坐标系。

1. 惯性坐标系

把相对惯性空间静止或做匀速直线运动的参考坐标系称作惯性坐标系。把坐标系原点取在太阳质心的惯性坐标系称作太阳中心惯性坐标系（或称作日心惯性坐标系），而把坐标系原点取在地球质心的惯性坐标系称作地心惯性坐标系。两者定义具体如下。

1）日心惯性坐标系

日心惯性坐标系（以符号 s 表示）根据坐标轴的取向不同，又可以分为太阳中心赤道坐标系和太阳中心黄道坐标系。恒星周日视运动可以定义地球的自转轴，从而确定赤道；同样，由太阳周年视运动可以定义黄道。赤道和黄道有两个交点，其中太阳从南向北穿过赤道的一点称作春分点。太阳中心赤道坐标系的 z_s 轴垂直于地球赤道平面，即平行于地球自转轴，x_s 轴在赤道平面和黄道平面的交线且经过春分点，y_s 轴与 x_s 轴、z_s 轴构成右手直角坐标系。太阳中心黄道坐

标系的 z_s'轴垂直于黄道平面,x_s'轴在赤道平面和黄道平面内与 x_s 轴重合,y_s'轴与 x_s'轴、z_s'轴构成右手直角坐标系。

2)地心惯性坐标系

把太阳中心赤道坐标系原点移动到地球质心,就成为地心惯性坐标系(以符号 i 表示),地心惯性坐标系 z_i 轴与地球自转轴一致,x_i 轴和 y_i 轴在赤道平面内,构成右手直角坐标系。地心惯性坐标系不参与地球自转运动,其坐标轴在惯性空间的方向保持不变,但原点位置随地球绕太阳公转而移动。当忽略地球的公转角速度时,可将它近似看成一个惯性坐标系,这种假设通常适用于地球表面的导航定位问题。但是,地球绕太阳和太阳绕银河系中心都不是固定不动或匀速直线运动的。坐标轴的指向也难以固定在惯性空间某一方向上,所有的恒星和其他星系也都在转动,以地心或日心为坐标原点的坐标系并不是惯性坐标系。理想的惯性坐标系并不存在,在实际应用中只要坐标系原点和参照物的移动或转动远远小于惯性测量对参数要求的精确度,就可以将其近似看作惯性坐标系。

2. 地球坐标系

地球坐标系(以符号 e 表示)以地球质心 O 为坐标系原点,z_e 轴与地球自转轴方向一致,x_e 轴和 y_e 轴在地球赤道平面内,x_e 轴与格林尼治子午面和赤道平面的交线重合,y_e 轴与 x_e 轴、z_e 轴构成右手直角坐标系。地球坐标系与地球固连在一起转动,因此也称作地心地固坐标系。

3. 地理坐标系

地理坐标系(以符号 t 表示)是载体水平和方位的基准,它的原点 o 位于载体重心在地球表面的投影点,z_t 轴沿地心与坐标系原点的连线并指向天顶,垂直于当地水平面,x_t 轴和 y_t 轴在当地水平面内,分别指东向和北向,且三轴构成右手直角坐标系。地理坐标系不仅随地球自转相对惯性空间运动,而且还随载体运动而发生变化,其原点位置由纬度 φ 和经度 $\boldsymbol{\lambda}$ 确定。该坐标系也可称作东北天(E-N-U)地理坐标系,经常作为导航坐标系使用。除此之外,还有北东地(N-E-D)等地理坐标系定义,此处不再赘述。

4. 载体坐标系

载体坐标系(以符号 b 表示)是固连在载体上的坐标系,它的原点 o 位于载体重心,x_b 轴沿载体横轴指向右,y_b 轴沿载体纵轴指向前,z_b 轴垂直于 ox_by_b 平面指向上。

5. 导航坐标系

导航坐标系(以符号 n 表示)是一种导航基准坐标系,通常情况下选为与地理坐标系一致。对于选取东北天(E-N-U)地理坐标系为导航坐标系的惯性导航系统，通常将其称作当地水平指北惯性导航系统。当然，也可以将其他坐标系选为导航坐标系，例如惯性坐标系。

6. 平台坐标系

平台坐标系（以符号 p 表示）是惯性导航系统复现导航坐标系时获得的坐标系。当惯性导航系统不存在误差时，平台坐标系与导航坐标系相重合；当惯性导航系统存在误差时，平台坐标系与导航坐标系之间存在误差角。需要注意的是，对于平台式惯性导航系统，其平台坐标系由实体物理稳定平台实现；对于捷联式惯性导航系统，其平台坐标系由导航计算机中的捷联姿态矩阵实现。

7. 地心坐标系和参心坐标系

大地坐标系建立在一定大地基准上，用于描述地球表面空间位置及其相对关系的数学参照系，这里所说的大地基准指的是能够最佳拟合地球形状的地球椭球体参数及其定位定向。椭球体定位是指确定椭球体中心的位置，可分为局部定位和地心定位两类。局部定位要求在一定范围内椭球体表面与大地水准面有最佳吻合，而对椭球体中心位置无特殊要求。地心定位要求在全球范围内椭球体表面与大地水准面有最佳吻合，而且要求椭球体中心与地球质心重合。椭球体定向是指确定椭球体旋转轴的方向，不论是局部定位还是地心定位，椭球体短轴都必须平行于地球自转轴。具有确定参数（长半轴和扁率），经过局部定位和定向，同某一地区大地水准面最佳拟合的地球椭球体称作参考椭球体。除了满足地心定位和平行条件外，在确定椭球体参数时能使它在全球范围内与大地体最佳拟合的地球椭球体，称作总地球椭球体。以总地球椭球体为基准的坐标系，称作地心坐标系。以参考椭球体为基准的坐标系，称作参心坐标系。

地心坐标系通常采用协议地极（Conventional Terrestrial Pole，CTP）和国际时间局经度零点来定义。虽然协议地心坐标系的定义是唯一的，但要精确建立这样一个坐标系却需要全球实测数据，并满足三个条件：①确定地球椭球体，椭球的大小要同地球体最佳吻合，同时它具有能代表地球质量和引力常数的物理特性，而且椭球扁率 f 等价于地球二阶带谐系数 J_2，椭球旋转角速度等于地球旋转角速度；②地心定位与定向，坐标系原点应建立于地球质心，x 轴指向经度零点，z 轴同国际协议地极的极轴重合；③尺度，采用标准国际米作为测量长度的基本单位。

参心坐标系是为了处理大地测量数据、测绘地图，各国家或地区需要建立一个适合本国或本地区的大地坐标系。建立的方法通常是选用一个大小和形状与地球相近、与本国或本地区地表最为接近的椭球作为基本参考面，选择一个参考点作为大地测量的参考点（大地原点），按椭球体短轴与地球自转轴相平行、椭球面与地球的大地水准面充分密合的条件，将椭球体在地球内部的位置和方向确定下来。这样建立的坐标系是以椭球中心为坐标原点，一般不会与地球质心重合。

2.2.2 坐标系相互转换关系

定义空间坐标系的三个要素是坐标系原点、坐标系轴向和在所属坐标系中以什么样的参数确定某点位置。在导航定位过程中，需要用到多种坐标系，这些坐标系之间的相互转换关系可以用同一位置坐标在不同坐标系之间的转换间接获得。

1. 大地坐标系与笛卡儿坐标系的转换关系

根据坐标系所选取的参数不同，坐标系有两种表示方式，即笛卡儿坐标系与大地坐标系，如图 2－2 所示。

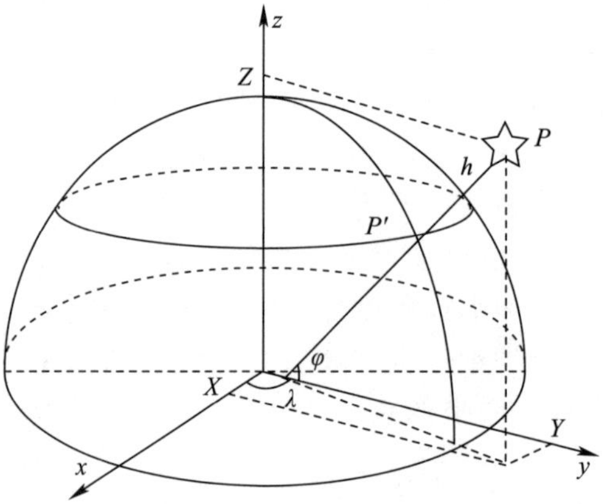

图 2－2 笛卡儿坐标系和大地坐标系

图2－2 中，任意一点 P 在笛卡儿坐标系和大地坐标系中的坐标可分别表示为 (X,Y,Z) 和 (φ,λ,h)，由两者的等价性可以得到大地坐标系与笛卡儿坐标系之间的转换关系。

1） 大地坐标系转换到笛卡儿坐标系

$$\begin{cases} X=(R_{\mathrm{N}}+h)\cos\varphi\cos\lambda \\ Y=(R_{\mathrm{N}}+h)\cos\varphi\sin\lambda \\ Z=[R_{\mathrm{N}}(1-e^2)+h]\sin\varphi \end{cases} \tag{2-3}$$

2）笛卡儿坐标系转换到大地坐标系

$$\begin{cases}\varphi=\arctan\left[\dfrac{Z}{\sqrt{X^2+Y^2}}\left(1+\dfrac{ae^2}{Z}\dfrac{\tan\varphi}{\sqrt{1+(1-e^2)\tan^2\varphi}}\right)\right]\\ \lambda=\arctan\left(\dfrac{Y}{X}\right)\\ h=\dfrac{\sqrt{X^2+Y^2}}{\cos\varphi}-R_N\end{cases}\tag{2-4}$$

式中：R_N 为地球椭球体卯酉圈曲率半径；e 为地球椭球体偏心率；a 为地球椭球体长轴半径。

根据式(2-4)可知，纬度 φ 无法得到显式表示，所以一般需要通过迭代方法计算。

2. 不同大地坐标系之间的转换关系

不同国家和地区，采用相对定位时建立了各自的坐标系，而由于选定的地球椭球体形状、大小和定位不同，形成了各自独立的大地坐标系统。同一点位在不同大地坐标系中，其经纬度值也不相同。若已知某点在第一坐标系内坐标为$(\varphi_1,\lambda_1,h_1)$，两组坐标系的椭球体参数为$(e_1,a_1)$、$(e_2,a_2)$，以及两组坐标系参考椭球中心的坐标原点位置分别为$(X_{01},Y_{01},Z_{01})$、$(X_{02},Y_{02},Z_{02})$。由于两坐标系椭球体参数以及定位都不同，所以必须进行转换计算该点在第二坐标系内的坐标$(\varphi_2,\lambda_2,h_2)$才能在第二坐标系中使用。

首先，将该点位置坐标在第一个大地坐标系中的位置参数转化为笛卡儿坐标，即

$$\boldsymbol{R}_i=\begin{bmatrix}X\\Y\\Z\end{bmatrix}=\begin{bmatrix}X_{01}\\Y_{01}\\Z_{01}\end{bmatrix}+\begin{bmatrix}(R_{N1}+h_1)\cos\varphi_1\cos\lambda_1\\(R_{N1}+h_1)\cos\varphi_1\sin\lambda_1\\(R_{N1}b_1^2/a_1^2+h_1)\sin\varphi_1\end{bmatrix}\tag{2-5}$$

假设位置坐标$(\varphi_2,\lambda_2,h_2)$已知，此时可按上式进行转化，即

$$\boldsymbol{R}_i=\begin{bmatrix}X\\Y\\Z\end{bmatrix}=\begin{bmatrix}X_{02}\\Y_{02}\\Z_{02}\end{bmatrix}+\begin{bmatrix}(R_{N2}+h_2)\cos\varphi_2\cos\lambda_2\\(R_{N2}+h_2)\cos\varphi_2\sin\lambda_2\\(R_{N2}b_2^2/a_2^2+h_2)\sin\varphi_2\end{bmatrix}\tag{2-6}$$

式中：a_1、b_1 与 a_2、b_2 分别为两组坐标系的椭球体长、短轴半径。

利用式(2-5)与式(2-6)等价关系，可以求解该点在第二个大地坐标系中坐标$(\varphi_2,\lambda_2,h_2)$。

3. 坐标系轴向的转换

在无人潜航器导航解算过程中，常用的一种坐标系转换是空间两组正交坐标系之间的轴向转换。例如，载体坐标系、地理坐标系、地球坐标系、惯性坐标系之间的相互转换。当两坐标系原点不同时，可以通过整体平移到同一坐标原点实现；当两坐标系原点相同而坐标轴指向不同时，需要进行绕坐标轴的转动进行转换。

如图 2－3 所示，两坐标系旋转顺序为：$ox_0y_0z_0$（绕 z_0 轴旋转 ψ 角度）→$ox_1y_1z_0$（绕 x_1 轴旋转 θ 角度）→ox_1yz_1（绕 y 轴旋转 ϕ 角度）→$oxyz$，对应 3 次旋转的坐标变换矩阵分别为 $\boldsymbol{C}_0$、$\boldsymbol{C}_1$、$\boldsymbol{C}_2$。设空间一矢量 $\boldsymbol{r}$ 在 $oxyz$ 和 $ox_0y_0z_0$ 坐标轴上的分量分别为(r_x,r_y,r_z)和(r_{x0},r_{y0},r_{z0})，则矢量 $\boldsymbol{r}$ 在两坐标系中分量表达式之间的关系可用坐标变换矩阵($\boldsymbol{C}_2\cdot\boldsymbol{C}_1\cdot\boldsymbol{C}_0$)描述，即

$$\begin{bmatrix} r_x \\ r_y \\ r_z \end{bmatrix} = \begin{bmatrix} \cos\phi\cos\psi - \sin\phi\sin\theta\sin\psi & \cos\phi\sin\psi - \sin\phi\sin\theta\cos\psi & -\sin\phi\cos\theta \\ -\cos\theta\sin\psi & \cos\theta\cos\psi & \sin\theta \\ \sin\phi\cos\psi + \cos\phi\sin\theta\sin\psi & \sin\phi\sin\psi - \cos\phi\sin\theta\cos\psi & \cos\theta\cos\psi \end{bmatrix} \begin{bmatrix} r_{x0} \\ r_{y0} \\ r_{z0} \end{bmatrix} \tag{2-7}$$

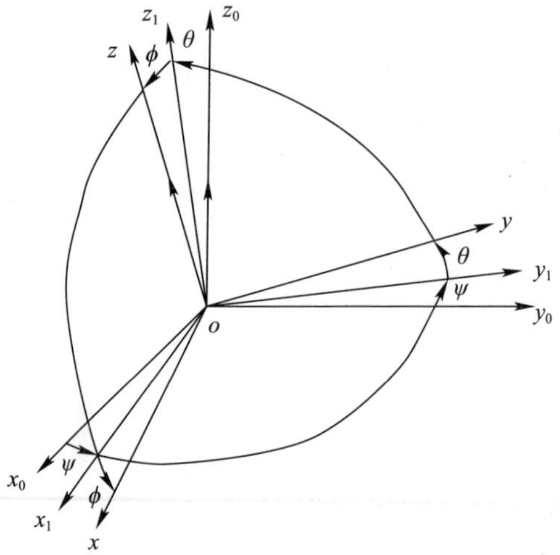

图 2－3　坐标系轴向转换示意图

注意，两坐标系旋转顺序不同，所得到的坐标变换矩阵也不同。

4. 几种常用大地坐标系

1）WGS－84 坐标系

全球定位系统自 1985 年 10 月起采用 WGS－84 坐标系，它是美国国防部确

定的全球性大地坐标系,其坐标系原点在地球质心,Z 轴指向 BIH1984.0 定义的协议地极方向,X 轴指向 BIH1984.0 的零子午面和协议地极赤道的交点,Y 轴与 X 轴、Z 轴构成右手直角坐标系。对应于 WGS-84 坐标系的地球椭球体基本常数为:

长半轴:$a = 6378137\text{m} \pm 2\text{m}$

椭球扁率倒数:$1/f = 298.257223563$

地球(含大气层)引力常数:$\text{GM} = (3986005 \pm 0.6) \times 10^8 \text{m}^3/\text{s}^2$

2)1980 年国家大地坐标系

我国 1980 年国家大地坐标系(China Geodetic Coordinate System 1980,C80),也称西安 80 坐标系,是为进行全国天文大地网平差而建立的。其大地原点在陕西省泾阳县永乐镇,位于西安市西北方向约 60km 处,基准面采用青岛大港验潮站 1952—1979 年确定的黄海平均海平面(即 1985 国家高程基准)。该坐标系是参心坐标系,在我国境内椭球面和大地水准面最佳密合。地球椭球体参数选用 IUGG-75 参数:

长半轴:$a = 6378140\text{m} \pm 2\text{m}$

椭球扁率倒数:$1/f = 298.257$

地球(含大气层)引力常数:$\text{GM} = (3986005 \pm 3) \times 10^8 \text{m}^3/\text{s}^2$

二阶带谐系数:$J_2 = (108263 \pm 1) \times 10^{-8}$

地球自转角速度:$\omega = 7.292115 \times 10^{-5} \text{rad/s}$

3)2000 国家大地坐标系

2000 国家大地坐标系(China Geodetic Coordinate System 2000,CGCS2000)是和国际通用大地测量参考系一致的现代化大地测量坐标系,2008 年 7 月 1 日由中国政府颁布实施。国家大地坐标系是地心坐标系,原点、坐标尺度、坐标轴定向的定义和国际地球参考系(International Terrestrial Reference System,ITRS)的定义原则上保持一致,其参考椭球体的定义常数和西安 80 坐标系基本一致,考虑到空间技术的新成就,对引力常数做出一些改变,同时在保持椭球体扁率不变的前提下,对二阶带谐系数进行了一些修正,主要参数如下:

长半轴:$a = 6378137.0\text{m}$

椭球扁率倒数:$1/f = 298.257222101$

地心引力常数:$\text{GM} = (3986004.418 \pm 3) \times 10^8 \text{m}^3/\text{s}^2$

二阶带谐系数:$J_2 = 108262.9832226 \times 10^{-8}$

地球自转角速度:$\omega = 7.292115 \times 10^{-5} \text{rad/s}$

2.3 海图技术

海图是为满足航海需求而绘制的一种地图，它以海洋及其毗邻的陆地为描述对象，详细标绘了和航海有关的各种资料，如海岸线、港口、岛屿、礁石、浅滩、障碍物、海流、潮汐、水深、底质及助航标志等。海图可用于研究航海和作战海区的水文地理情况，在无人潜航器航行前可用于拟定计划航线、制定航行计划；航行中可用于航迹推算、定位与导航；航行结束后可用于总结航行经验。可见，海图是航海人员必备的航行资料和不可缺少的工具。

2.3.1 地图的投影与分类

地球是一个旋转椭球体，其表面是一个曲面。要在平面上绘制出地球表面地理信息，必须把曲面图形转化到平面上。地图投影就是按照一定数学法则，把地球表面一部分或全部按照一定比例尺绘制到平面上，形成地图经纬线图网的方法。用投影的方法把曲面上地球表面图形绘制到平面上，解决了地球曲面与地图平面之间的转化问题，但投影必然会产生某种变形。采用不同的投影方法，产生的变形也不一样。地图投影可以根据投影变形或绘制图网的方法进行分类。

1. 按变形的性质分类

地图投影按变形的性质可以分为 3 类。

1）等角投影

等角投影是指投影面上任意两方向的夹角与地面上对应的夹角相等的投影方法，又称正形投影，如图 2-4 所示。可以看出，这种投影的地图对于具有一定面积的图形，只满足对应角相等的条件，而对应边成比例的条件并不满足。所以，等角投影只在无限小的面积上同时满足等角和对应边成比例的条件。常用的墨卡托海图属于等角投影。

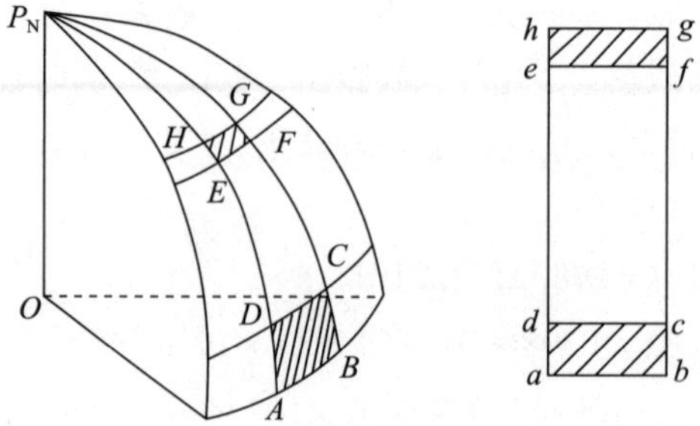

图 2-4　等角投影示意图

2）等积投影

等积投影是保持地球上图形的面积与地图上图形的面积成恒定比例的投影。如图2-5所示，假设地球表面上图形 A 的面积是图形 B 面积的4倍，在投影图上图形 a 的面积仍然是图形 b 面积的4倍。但需要注意的是，图形相似与面积相等不能同时满足。有关自然和经济地理图形等常采用这种等积投影。

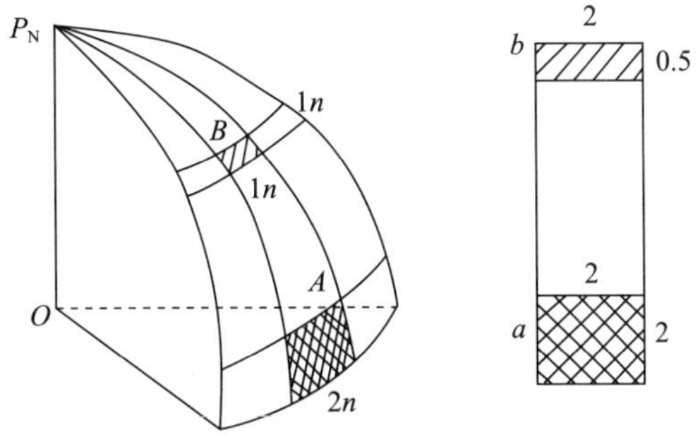

图2-5　等积投影示意图

3）任意投影

任意投影是指既不满足等角条件也不满足等面积条件的其他投影，如日晷投影图就不具备等角、等面积的特性，但它具有球面上大圆弧在投影图上是直线的特性。航海上采用“大圆航法”时，就需要这种海图。

2. 按绘制地图网方法分类

1）平面投影

平面投影是将地面上的经线和纬线直接投影到与地面相切或相割的平面上。由于各种平面投影有一个共同特性，就是从投影中心到任何一点的方位角均保持与实地相等，所以又称为方位投影。平面投影属于透视投影，即以某一点为视点，将球面上的图像直接投影到与球面相切或相割的平面上。图2-6是以 P_N（北极点）为切点（投影中心）在极点的方位投影图。在这种投影图上，经线为交汇于地球极点的直线，纬线为二次曲线。

方位投影的视点一般在球心或在切点与球心连线的延长线上，如图2-6所示，根据视点位置不同可分为以下几种投影。

（1）心射投影：视点在球心上，又叫日晷投影。因为这种投影图上任意的直线都是地球上的大圆，所以航海上常用它来设计大圆航线，某些大比例尺港湾图及极区海图也可采用心射投影。

（2）极射投影：视点位于与投影中心点对称的另一侧球面上。

（3）正射投影：视点位于离球心无限远处。

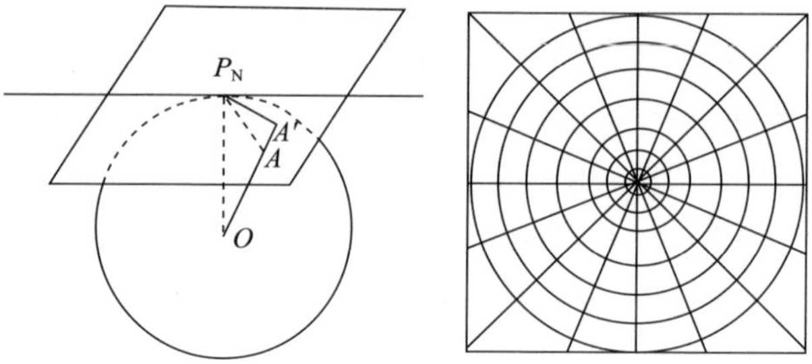

图 2－6　平面投影示意图

2）圆锥投影

用一个圆锥面与地球相切或相割，以球心为视点将地面上的经线和纬线投影到圆锥面上，再沿圆锥面母线切开展平，即为圆锥投影。根据圆锥轴与地球自转轴重合、垂直或斜交 3 种不同的位置关系，可将圆锥投影分为正圆锥投影、横圆锥投影以及斜圆锥投影 3 种投影，如图 2－7 所示。

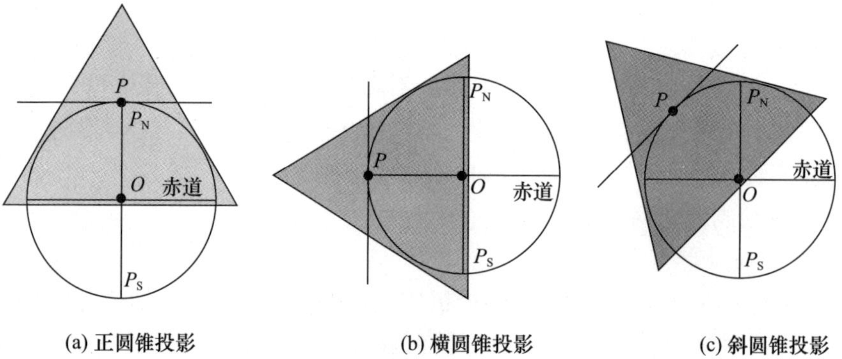

图 2－7　圆锥投影示意图

实际使用中，圆锥投影一般是将一定图网形状与一定的变形性质结合起来一起使用，如等积正圆锥投影或等角正圆锥投影等，如中华人民共和国地图、天气图等常采用圆锥投影方式。

3）圆柱投影

圆柱投影相当于用一圆柱筒套于地球上，并与地球表面相切（或相割），视点位于球心，将地球经线和纬线投影到圆柱筒上，然后沿圆柱筒母线切开展平，即为圆柱投影图网。根据圆柱轴与地球自转轴重合、垂直或斜交 3 种不同的位置关系，可将圆柱投影分为纵圆柱投影、横圆柱投影以及斜圆柱投影 3 种投影，如图 2－8 所示。

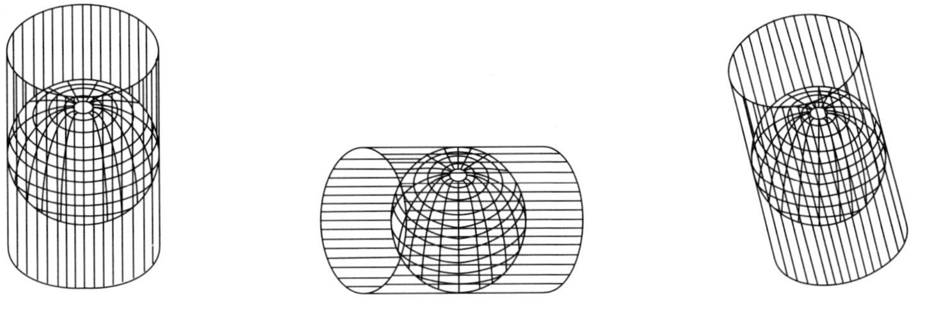

(a) 纵圆柱投影　(b) 横圆柱投影　(c) 斜圆柱投影

图 2 - 8　圆柱投影示意图

如图 2 - 9(a)所示,在纵轴圆柱投影中,经线被描绘成互相平行的等间隔的直线,纬线被描绘成和赤道平行的直线,且与经线垂直相交,常用的墨卡托海图就是纵轴圆柱投影图。如果圆柱筒和某个子午圈相切(或相割),这种投影称作横轴圆柱投影,如图 2 - 9(b)所示。在横轴圆柱投影图上,地球极点 P_N、P_S 将形成两个中心点,纬线圈是以极点为中心的椭圆族,经线是连接两中心的曲线。横轴圆柱投影图常被用于某些军用地图、港湾图中。

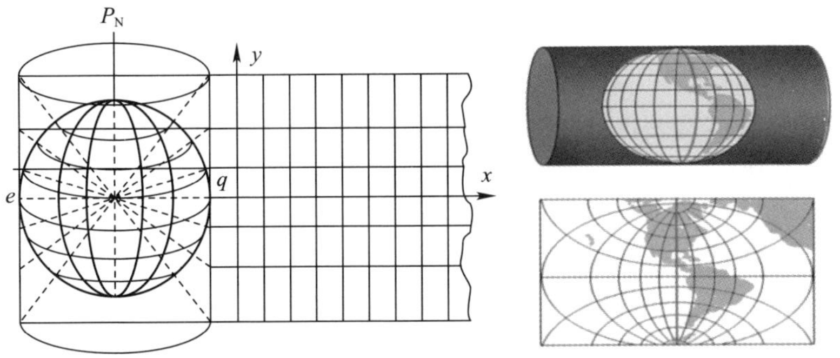

(a) 纵轴圆柱投影　(b) 横轴圆柱投影

图 2 - 9　圆柱投影经纬线网格示意图

2.3.2　海图比例尺和海图分类

任何一张地图都是把实际的地球表面缩小以后经投影绘制而成的,其缩小的程度用比例尺表示。比例尺的定义:设在图上任意点 a,沿一定方向作任意小的线段 ab,与图上 ab 相对应的地面线段为 AB,当 AB 趋于零时,ab 与 AB 的比值称为 a 点在 ab 方向上的局部比例尺,即

$$c = \lim_{AB \to 0} \frac{ab}{AB} \tag{2-8}$$

比例尺有数字或线段两种表达形式。自然比例尺是用分数或比例式表示的比例尺，如 1∶250000 或 $\frac{1}{250000}$，表示图上 1mm 长度等于地面实际长度 250m（250000mm）。图示比例尺是用线段长度表示的比例尺，在地图上画有一定长度的线段，用截线将之分割成许多部分，每一部分代表地面对应的实际长度。应用图示比例尺可直接度量图上两点间的距离。

由于把地球表面图形投影到平面图上不可避免地存在投影变形，因此图上各点缩小的程度是不相同的，即图上各点的比例尺并不相等，有些图上甚至同一点各方向上的比例尺也不一样，在绘制地图时必须规定以某点或某条线的局部比例尺作为计算和表达的基准，而把作为计算和表达基准的局部比例尺称为基准比例尺。在海图中往往以某一纬度的局部比例尺作为基准比例尺，除标明比例尺数值以外，一般还注明作为基准比例尺的纬度，它称为该图的主纬度或基准纬度。我国比例尺小于 1∶100000 的海区海图均以北纬 30°作为基准纬度。

航海保证部门根据航海的需要，绘制出版了多种不同比例尺的海图。海图比例尺越小，同样面积的一幅海图所包含的海区范围就越大，标绘的图形越简要；反之，海图比例尺越大，则包含的海区范围越小，标绘的图形也越详细和精确。

海图按用途可分为航用海图和非航用海图两大类。其中，航用海图通常简称海图，供海洋运载器进行航迹推算、船位测绘和航迹规划等。非航用海图一般比例尺较小，如供拟定大洋航线参考的气象、海流、海区磁差图等。各国航用海图分类方法大同小异，以我国为例，海图可分为海区总图、航行图以及港湾图三类。

2.3.3 墨卡托海图

1. 恒向线

载体航行时，为操纵方便，在一段时间内总是保持航向不变。保持航向不变（即保持航向线与经线之间的夹角不变）的航线称作恒向线或等角航线。可见，子午线是航向为000°或180°时的恒向线，而赤道或者纬度圈是航向为090°或270°时的恒向线。除上述情况，恒向线在地球表面表现为一条与所有子午线相交成恒定角度、具有双重曲率的对数螺旋曲线，它趋向地球极点，但不能到达地球极点，如图 2－10(a) 所示。将地球视为圆球体时，地面上两点之间的最短连线，并不是通过这两点的恒向线，而是连接这两点的大圆航线，如图 2－10(b) 所示。但是，大圆航线与所有的子午线交成不等的角度，也就是说，如果载体沿着大圆航线航行，就必须不断改变航向。在航程不太长和纬度不太高的海区航行时，一般采用沿着两点之间恒向线航行的方法，只有在横跨大洋航行时才考虑是否采用大圆航线航行。即使采用大圆航线，它也是由局部分段的恒向线构成的。

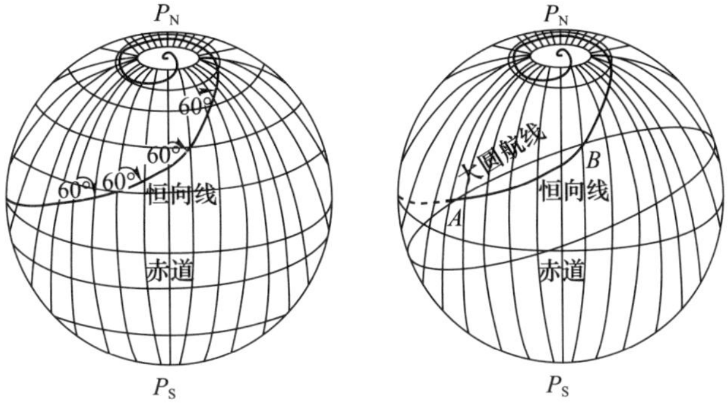

(a) 恒向线　　(b) 大圆航线

图 2－10　恒向线与大圆航线

2. 航用海图应具备的条件

对于航海上使用的海图，有两个基本要求：

（1）恒向线在海图上是一条直线。在实际航海中，载体在一定时间段内都是按固定航向航行的，一般情况下为载体设计的航线也是恒向线，而且在海图上绘制直线既是最简便的也是最经常的，所以要求航用海图上的恒向线是直线。

（2）海图投影性质是等角的，即正形投影。在海图上进行航海作业时，无论是画航向线，还是画目标方位线，都要用到角度。如果在海图上量得的角度与地面上对应角度保持相等，那么就可以直接根据求得的真航向角或真方位的读数，在海图上画出航向线或目标的方位线。

如果要求载体的恒向线在海图上画成一条直线，那么当航向为 0°或180°时，恒向线应当是子午线，这就要求子午线在海图上的投影必须是直线。当载体以一固定航向航行时，航向线与经线构成的夹角是一个固定值。如果要求恒向线是一条直线，且与经线的夹角不变，则经线必然是一组互相平行的直线。另外，赤道与子午线相垂直，纬度圈又与赤道平行，这就要求在海图上赤道线与纬度线相平行，且与经度线相垂直。

1569 年，荷兰制图学家墨卡托发现能同时满足上述两个条件的投影方法，即纵轴圆柱投影。为纪念这位伟大的制图先驱，凡是用这种投影方法制成的海图，都被称为墨卡托海图。

3. 渐长纬度

墨卡托海图的图网线，纵向是互相平行的经度线，横向是互相平行的纬度线，纵向线与横向线互相垂直。投影时，纵轴圆柱筒与地球赤道相切，地球赤道上1′的长度就是海图上赤道1′的长度。在海图赤道上，每隔1′画出与赤道垂直的平行线，就得到经线图网。但经过投影变换后，纬线已不像经线那样是一簇等间隔平行线了，其间距将随纬度的升高而逐渐变大。

设椭球体表面上任一点 $B(\varphi_B,\lambda_B)$，如图2-11所示，P_NGBE 为过 B 点的经线，BC 为过 B 点的纬线，EH 为赤道，b 为 B 点在海图上的投影点，$be=D$。设 B 点的纬度和经度有无限小的增量 $d\varphi$ 和 $d\lambda$，画出新的经线 P_NFCH 和新的纬线 GF，$BCFG$ 构成椭球面上一个无限小的梯形。为满足等角条件，图上经纬线要互相垂直，且两个方向的长度比要相等，即两个无限小的矩形的对应边成比例，两个矩形相似。于是有

$$\frac{bg}{BG}=\frac{bc}{BC} \tag{2-9}$$

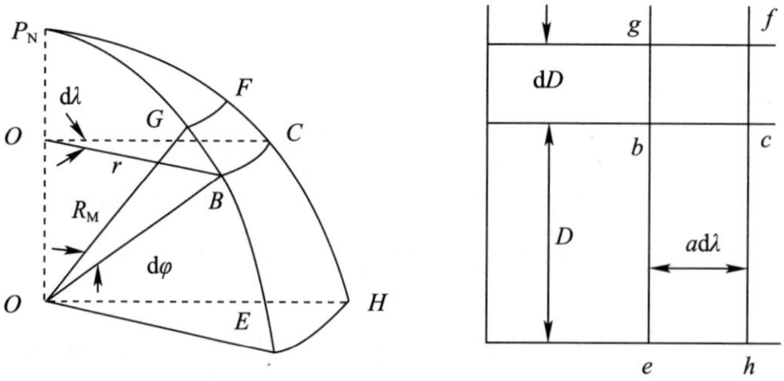

图2-11　渐长纬度计算示意图

因为

$$\begin{cases}BG=R_M\cdot d\varphi\\ bg=dD\\ BC=r\cdot d\lambda\\ bc=eh=a\cdot d\lambda\end{cases} \tag{2-10}$$

所以

$$bg=dD=\frac{a}{r}R_M\cdot d\varphi \tag{2-11}$$

式中：r 为 B 点所在纬度圆半径；R_M 为地球椭球体子午圈曲率半径。

把纬度圈半径 r 表达式和子午圈曲率半径 R_M 表达式代入式(2-11)，得到

$$\mathrm{d}D=\frac{a(1-e^2)}{(1-e^2\sin^2\varphi)\cos\varphi}\mathrm{d}\varphi \tag{2-12}$$

对式(2-12)左右两边同时求积分，得到

$$D=\int_0^D \mathrm{d}D=a\int_0^{\varphi}\frac{(1-e^2)}{(1-e^2\sin^2\varphi)\cos\varphi}\mathrm{d}\varphi \tag{2-13}$$

因为

$$\frac{(1-e^2)}{(1-e^2\sin^2\varphi)\cos\varphi}=\frac{1}{\cos\varphi}-\frac{e^2}{1-e^2\sin^2\varphi}=\frac{1}{\cos\varphi}-\frac{e^2\cos\varphi}{2(1-e\sin\varphi)}-\frac{e^2\cos\varphi}{2(1+e\sin\varphi)}$$

代入式(2-13)，得到

$$\begin{aligned}D&=a\left[\int_0^{\varphi}\frac{\mathrm{d}\varphi}{\cos\varphi}-\frac{e}{2}\int_0^{\varphi}\frac{e\cos\varphi\mathrm{d}\varphi}{(1-e\sin\varphi)}-\frac{e}{2}\int_0^{\varphi}\frac{e\cos\varphi\mathrm{d}\varphi}{(1+e\sin\varphi)}\right]\\&=a\left[\int_0^{\varphi}\frac{\mathrm{d}\varphi}{\cos\varphi}+\frac{e}{2}\int_0^{\varphi}\frac{\mathrm{d}(1-e\sin\varphi)}{(1-e\sin\varphi)}-\frac{e}{2}\int_0^{\varphi}\frac{\mathrm{d}(1+e\sin\varphi)}{(1+e\sin\varphi)}\right]\end{aligned}$$

进一步，得到

$$D=a\ln\left[\left(\frac{1-e\sin\varphi}{1+e\sin\varphi}\right)^{e/2}\tan\left(45^\circ+\frac{\varphi}{2}\right)\right] \tag{2-14}$$

如果把赤道上 1′的长度记作 1 赤道海里，则 1 赤道海里 $=a\times\mathrm{arc}1'$。如果用赤道海里作 D 的单位，将它代入式(2-14)并把自然对数换为常用对数，则得

$$D=7915.70447'\lg\left[\left(\frac{1-e\sin\varphi}{1+e\sin\varphi}\right)^{e/2}\tan\left(45^\circ+\frac{\varphi}{2}\right)\right] \tag{2-15}$$

该公式在海图制作时非常重要，墨卡托海图上任意纬度线到赤道的子午线图长符合由式(2-15)计算的 D 赤道海里。可以看出，在墨卡托海图上每 1′经度的图长是相等的，即 1 赤道海里，但图上每 1′纬度的图长是不等的，而是随着纬度的升高逐渐变长的，所以一般将 D 称为渐长纬度，而墨卡托海图也被称为纬度渐长图。可以证明，在墨卡托海图上除了能保持等角正形外，图上的直线是恒向线。

如果将地球当作正圆球体，可以用类似的方法推导出渐长纬度的公式为

$$D=7915.70447'\lg\tan\left(45^\circ+\frac{\varphi}{2}\right) \tag{2-16}$$

2.3.4　高斯投影图

我国沿海及港口某些大比例尺海图或航道图采用高斯投影法，它是等角

横圆柱投影，如图 2－9(b) 所示。圆柱筒和某一经线相切，该经线称为中央经线。平行于中央经线作一系列平行圆，垂直于中央经线作一系列大圆，则地球上任一点 A 的位置都可以用纵坐标 x 和横坐标 y 表示。采用横轴投影的方法，将球面等角投影到圆柱面且把圆柱面展开成平面，这时与中央经线平行的小圆投影成纵向的直线，球面上的 X、Y 坐标投影到图上成平面直角坐标 x、y，称为高斯直角坐标，如图 2－12 所示。图上这种正交的坐标网，称为高斯公里网。

1. 高斯投影的特点

高斯投影具有如下特性：

(1) 投影是等角的。图上无限小图形的形状与椭球体表面上相应的形状相似。

(2) 中央经线描绘成直线。在中央经线上无投影变形，离中央经线越远，投影变形越大。在同一条经线上离赤道越远，变形越大。

(3) 公里线网(x,y 坐标网)是相互垂直的直角坐标网。

(4) 除了中央经线和赤道是正交的直线外，其他的经线、纬线被投影成正交的曲线。经线是凹向中央经线的曲线，以中央经线为对称轴东西对称；纬线是凸向赤道的曲线，以赤道为对称轴南北对称。如图 2－12 所示。

(5) 中央经线附近长度变形很小，适合描绘经差小而纬差大的狭长地带。

(6) 图上极区的变形较小，适合描绘高纬度地区的地图。

(7) 图上有两种图网：经纬线图网与公里线图网，后者主要用在测量和军事用途上。

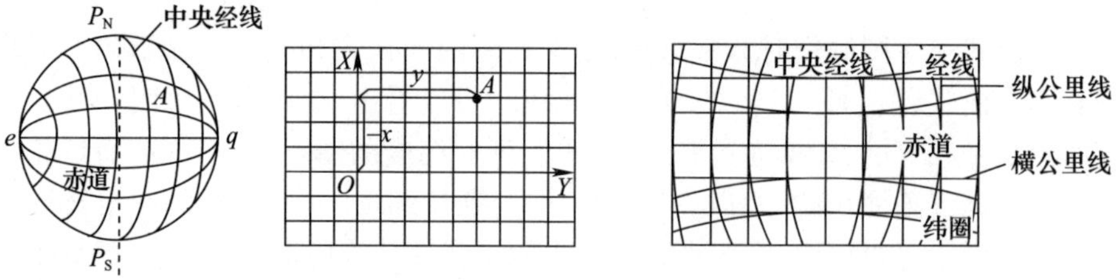

图 2－12 高斯投影与高斯公里网

因为高斯投影图上经纬线的投影是曲线，恒向线也不是直线，所以一般不宜作航海用图。对于 1 : 25000 或更大比例尺的图，由于图的范围很小，在此范围内经、纬线接近于直线。陆地上地形测量一般都是用高斯坐标，为了与测量的坐标系统一致，在不妨碍使用的原则下，大比例尺的港湾图或江河图一般采用高斯投影。

2. 高斯直角坐标

高斯图上的位置用高斯直角坐标 x 和 y 来表示，纵坐标 x 表示通过该点的横坐标线与中央经线的交点沿中央经线到赤道的距离(m)，如图 2－12 所示。x 坐标值从赤道算起，向北为正，向南为负。我国位于北半球，纵坐标值恒为正号。通常正号可以省略，但负号不能省略。横坐标 y 表示该点沿横坐标线到中央经线的距离(m)。从中央经线算起，向东为正，按常理，向西则为负。为了避免出现负值，人为规定把横坐标值加上 500km 的数值，即横坐标原点不为零，而为 500km。于是中央经线以东的横坐标 y 值都大于 500km，中央经线以西各点的横坐标 y 值都小于 500km。

理论上，采用横轴圆柱投影可以取任一条经线与圆柱筒相切作为中央经线，不过距中央经线越远，变形越大。为了将高斯投影的变形控制在允许的范围内，高斯投影采用分带投影的方法，国际上采用 6°分带制，把全球按经度分割成 60 个带。每个带的顺序编号是第 1 带 0°～6°E，第 2 带 6°～12°E，……，第 60 带 6°W～0°，并规定在每一带中，取中间的经度值为中央经线，如第 1 带取 3°E，第 2 带取 9°E，……，第 60 带取 3°W 为中央经线。

采取分带投影的方法，控制高斯投影的变形。为区分某点在不同带内的坐标值，规定横坐标 y 用 7～8 位数字表示，前 1 位或 2 位表示该点所在的带号，后 6 位表示横坐标值(m)。例如，某点坐标为 $x = 4560240$m，$y = 17640200$m，则 x 值表明该点在北半球，通过该点的横坐标线与中央经线的交点，沿中央经线至赤道的距离是 4560240m；y 值表明该点位于第 17 带，再把 640200m 减去 500000m，得 140200m，表示该点位于中央经线以东，沿横坐标到中央经线的距离是 140200m。

为进一步减小变形，在绘制大比例尺图时，有时把投影带宽缩小到 3°，这时边缘离中央经线只有 1.5°，变形更小。

第3章
惯性导航技术

惯性导航是一种不依赖于外部信息也不向外部辐射能量的完全自主式导航方式。惯性导航系统的基本工作原理是以牛顿力学定律为基础，通过测量载体加速度信息并将它对时间进行一次积分与二次积分，从而可以得到载体的速度以及位置等导航定位信息。对于无人潜航器来说，其特殊的工作环境限制使得惯性导航成为无人潜航器的主要导航方式。

3.1 惯性导航系统分类与工作原理

早期的惯性导航系统分类方式是按照惯性导航设备所采用的平台进行分类，可分为平台式惯性导航系统(Platform Inertial Navigation System, PINS)和捷联式惯性导航系统(Strapdown Inertial Navigation System, SINS)。

平台式惯性导航系统主要由包含陀螺仪以及加速度计的三轴稳定平台、导航计算机、控制显示器等部分组成，基本工作原理如图3－1所示。

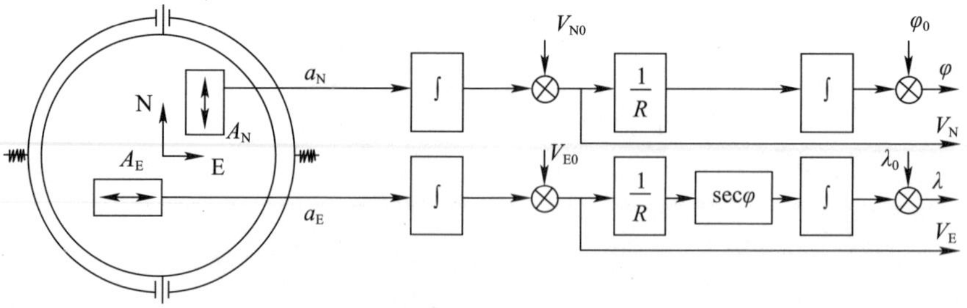

图3－1　平台式惯性导航系统基本工作原理

如图3－1所示，将加速度计测量得到的加速度信号 a_E、a_N 进行一次积分，

与初始速度 V_{E0}、V_{N0} 相加，可以得到载体速度分量，即

$$\begin{cases} V_N = \int_0^t a_N \mathrm{d}t + V_{N0} \\ V_E = \int_0^t a_E \mathrm{d}t + V_{E0} \end{cases} \tag{3-1}$$

将速度 V_N、V_E 进行变换并再次积分，就可以得到载体位置变化量，与初始经纬度 λ_0、φ_0 相加，可以得到载体所在地理位置经纬度 λ、φ 信息，提供给载体导航定位使用，即

$$\begin{cases} \varphi = \frac{1}{R}\int_0^t V_N \mathrm{d}t + \varphi_0 \\ \lambda = \frac{1}{R}\int_0^t V_E \sec\varphi \mathrm{d}t + \lambda_0 \end{cases} \tag{3-2}$$

式中：R 为地球半径（将地球假设为圆球模型）。

除此之外，可以利用计算出的东向、北向速度 V_E、V_N 按 $V = \sqrt{V_N^2 + V_E^2}$ 进行合成计算，从而得到载体首尾向运动速度。

在平台式惯性导航系统中，三轴稳定平台起到重要作用，其作用包括：

（1）给加速度计提供测量基准。平台通过加给陀螺仪的施矩信息可以稳定在预定的坐标系内，正交安装在平台上的加速度计分别测量出沿坐标轴向的加速度分量，这样可以简化导航参数解算的工作量。

（2）平台隔离惯性元件与载体角运动。安装在不受运载体角运动干扰的平台上的惯性元件工作环境相对稳定，可以放松对惯性元件某些动态性能指标的要求。

（3）从框架轴拾取载体姿态角信息。通过读取框架轴输出，可以得到载体的姿态角信息。

进一步，平台式惯性导航系统又可以分为以下三类：

（1）半解析式：也称作当地水平惯性导航系统，系统包含三轴稳定平台，台面始终与当地水平面平行，方向指向地理北向或其他方位。加速度计放置在三轴稳定平台上，测量值为载体相对惯性空间沿当地水平面的分量，消除地球自转、载体速度等引起的有害加速度以后，可以计算得到载体相对于地球的速度和位置等信息。

（2）几何式：该系统有两个平台，一个装有陀螺仪相对惯性空间稳定；另一个装有加速度计跟踪地理坐标系。利用陀螺平台和加速度计平台之间的几何关系可以确定载体的经纬度，故称几何式惯性导航系统。该类型的平台式惯性导

航系统精度较高,可长时间工作,计算量小,但平台结构较为复杂。

(3) 解析式:陀螺仪和加速度计安装于统一平台,平台相对于惯性空间稳定。加速度计测量包含重力分量,在导航解算前必须先消除重力加速度影响。解算出的参数相对于惯性空间,因此需要进一步计算转化为相对导航坐标系的参数。该类型的平台式惯性导航系统平台结构较简单,但是计算量较大。

与平台式惯性导航系统相比,捷联式惯性导航系统中平台为导航计算机中的方向余弦矩阵(也称为捷联姿态矩阵),惯性元件直接固连在载体上,它测量的相对惯性空间的角速度和加速度是沿载体坐标系轴向的分量,经过导航计算机中的方向余弦矩阵坐标转换,可以转换成所需要的导航坐标系内的分量,比如由载体坐标系转换到地理坐标系,这样就将沿载体坐标系轴向测量的加速度分量经过转换得到地理坐标系上的分量,再经过导航计算机解算可以得到各导航参数。捷联式惯性导航系统基本工作原理如图 3 -2 所示。

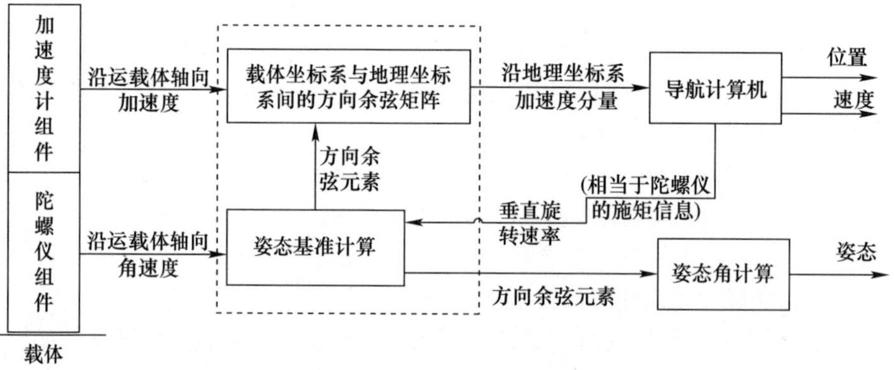

图 3 -2　捷联式惯性导航系统基本工作原理

从图 3 -2 可以看出,导航计算机向姿态基准计算提供相当于陀螺仪的施矩信息,以便根据载体当时的速度与位置信息,将导航计算机中建立的导航坐标系跟踪上当地地理坐标系。另外,图中虚线框部分起到相当于平台式惯性导航系统中三轴稳定平台的作用。

捷联式惯性导航系统和平台式惯性导航系统一样,能够精确提供载体的姿态、地速、经纬度等导航定位参数。但平台式惯性导航系统结构较复杂、可靠性较低、故障间隔时间较短、造价较高。在捷联式惯性导航系统中,由于计算机中的方向余弦矩阵取代了平台式惯性导航系统的实体物理稳定平台,而以数学平台的形式实现。因此,捷联式惯性导航系统与平台式惯性导航系统相比具有以下独特优点:

(1) 去掉了复杂的平台机械系统,系统结构极为简单,减小了系统的体积和重量,同时降低了成本,简化了维修,提高了系统可靠性。

(2) 无机械平台,缩短了整个系统的启动准备时间,也消除了与平台系统有关的误差。

(3) 无框架锁定系统,允许全方位(全姿态)工作。

(4) 除能提供平台式惯性导航系统所能提供的所有参数以外,还可以提供沿载体三个轴向的角速度和加速度信息。

但是,由于捷联式惯性导航系统中惯性元件与载体直接固连,其工作环境恶劣,因此对惯性元件及计算机等部件也提出了较高的要求:

(1) 要求加速度计在宽动态范围内具有高性能、高可靠性,且能数字输出。

(2) 因为要保证大动态情况下的计算精度,所以对导航计算机的速度和容量都提出了较高的要求。

需要注意的是,由于捷联式惯性导航系统在体积、成本以及集成化程度等方面具有一定优势,因此是无人潜航器首选导航设备。

3.2 平台式惯性导航系统

本节主要针对半解析式平台惯性导航系统介绍其基本工作原理。在半解析式平台惯性导航系统中,三轴稳定平台的台面始终与当地水平面平行,即将平台坐标系 $ox_py_pz_p$ 的 z_p 轴指向天。对于 x_p、y_p 两轴的指向,根据其指向不同又可将半解析平台惯性导航系统分为指北方位惯性导航系统、自由方位惯性导航系统以及游动方位惯性导航系统三种。下面分别针对这三种平台式惯性导航系统介绍其机械编排。

3.2.1 指北方位惯性导航系统

在指北方位惯性导航系统中,平台坐标系 $ox_py_pz_p$ 应与地理坐标系 $ox_ty_tz_t$ 重合,平台坐标系 y_p 轴指向地理北向,这种惯性导航系统也因此而得名。

对于指北方位惯性导航系统,其平台要跟踪地理坐标系,就要在陀螺仪上施矩从而使平台坐标系跟踪地理坐标系。如果平台式惯性导航系统经过初始对准以后,平台坐标系在导航定位初始时刻能跟踪地理坐标系,那么只需要施加给陀螺仪一个与地理坐标系相对惯性空间旋转相同的角速度,就能保证平台坐标系具有与地理坐标系相同的旋转角速度,即平台坐标系始终跟踪地理坐标系。因此,平台控制角速度应由两部分组成,分别是由于地球转动引起的角速度 $\boldsymbol{\omega}_{ie}^p$ 与载体运动引起的角速度 $\boldsymbol{\omega}_{ep}^p$,两者表达式如式(3-3)所示。

$$\boldsymbol{\omega}_{ip}^{p}=\boldsymbol{\omega}_{ie}^{p}+\boldsymbol{\omega}_{ep}^{p}=\begin{bmatrix}0\\ \omega_{ie}\cos\varphi\\ \omega_{ie}\sin\varphi\end{bmatrix}+\begin{bmatrix}-\dfrac{V_{\mathrm{N}}^{t}}{R_{\mathrm{M}}}\\ \dfrac{V_{\mathrm{E}}^{t}}{R_{\mathrm{N}}}\\ \dfrac{V_{\mathrm{E}}^{t}}{R_{\mathrm{N}}}\tan\varphi\end{bmatrix}=\begin{bmatrix}-\dfrac{V_{\mathrm{N}}^{t}}{R_{\mathrm{M}}}\\ \omega_{ie}\cos\varphi+\dfrac{V_{\mathrm{E}}^{t}}{R_{\mathrm{N}}}\\ \omega_{ie}\sin\varphi+\dfrac{V_{\mathrm{E}}^{t}}{R_{\mathrm{N}}}\tan\varphi\end{bmatrix}\tag{3-3}$$

式中：ω_{ie}为地球自转角速率；R_{M} 为子午圈曲率半径；R_{N} 为卯酉圈曲率半径；V_{E}^{t}、V_{N}^{t}分别为地理坐标系东向、北向速度；φ 为当地纬度。

按照平台控制角速度式(3－3)对陀螺仪进行施矩，即可令平台始终跟踪当地地理坐标系。在这种情况下，正交安装在平台上的加速度计就可以分别测出载体加速度在地理坐标系各轴向的投影分量。进一步，根据牛顿第二运动定律、加速度计测量原理和哥氏定理可以得到惯性导航系统的导航定位基本方程为

$$\dot{\boldsymbol{V}}_{ep}=\boldsymbol{f}-(2\boldsymbol{\omega}_{ie}^{p}+\boldsymbol{\omega}_{ep}^{p})\times\boldsymbol{V}_{ep}+\boldsymbol{g}\tag{3-4}$$

式中：$\boldsymbol{f}$为加速度计测量比力输出；$\boldsymbol{V}_{ep}$为载体相对于地球的速度；$\boldsymbol{g}$ 为重力加速度。

将式(3－3)代入式(3－4)，并将其写成分量形式得到

$$\begin{cases}\dot{V}_{\mathrm{E}}^{t}=f_{\mathrm{E}}^{t}-\left(2\omega_{ie}\cos\varphi+\dfrac{V_{\mathrm{E}}^{t}}{R_{\mathrm{N}}}\right)V_{\mathrm{U}}^{t}+\left(2\omega_{ie}\sin\varphi+\dfrac{V_{\mathrm{E}}^{t}}{R_{\mathrm{N}}}\tan\varphi\right)V_{\mathrm{N}}^{t}\\ \dot{V}_{\mathrm{N}}^{t}=f_{\mathrm{N}}^{t}-\left(2\omega_{ie}\sin\varphi+\dfrac{V_{\mathrm{E}}^{t}}{R_{\mathrm{N}}}\tan\varphi\right)V_{\mathrm{E}}^{t}-\dfrac{V_{\mathrm{N}}^{t}}{R_{\mathrm{M}}}V_{\mathrm{U}}^{t}\\ \dot{V}_{\mathrm{U}}^{t}=f_{\mathrm{U}}^{t}+\left(2\omega_{ie}\cos\varphi+\dfrac{V_{\mathrm{E}}^{t}}{R_{\mathrm{N}}}\right)V_{\mathrm{E}}^{t}+\dfrac{V_{\mathrm{N}}^{t}}{R_{\mathrm{M}}}V_{\mathrm{N}}^{t}-g\end{cases}\tag{3-5}$$

式中：f_{E}^{t}、f_{N}^{t}、f_{U}^{t}为加速度计测量比力输出$\boldsymbol{f}$在地理坐标系上的三轴投影；V_{U}^{t}为地理坐标系天向速度。

利用式(3－5)通过积分运算即可解算得到潜航器速度信息。进一步，当潜航器运动时，其所在的地理位置必然随之发生变化。为了便于描述位置控制方程，首先考虑潜航器沿子午线方向运动，潜航器所在纬度将发生变化，而经度不变。显然，纬度变化与载体的北向速度 V_{N}^{t}相关，由此得到纬度变化率为

$$\dot{\varphi}=\frac{V_{\mathrm{N}}^{t}}{R_{\mathrm{M}}}\tag{3-6}$$

当潜航器在纬度为 φ 的纬度圈运动时，潜航器所在位置经度将发生变化，

而纬度不变。显然，经度变化与潜航器东向速度 V_{E}^{t} 相关，由此得到经度变化率为

$$\dot{\lambda}=\frac{V_{\mathrm{E}}^{t}}{R_{\mathrm{N}}\cos\varphi} \tag{3-7}$$

若已知无人潜航器初始位置(φ_0,λ_0)，便可按式（3-8）计算潜航器位置信息

$$\begin{cases}\dot{\varphi}=\dfrac{V_{\mathrm{N}}^{t}}{R_{\mathrm{M}}}, & \varphi(0)=\varphi_0\\[2ex] \dot{\lambda}=\dfrac{V_{\mathrm{E}}^{t}}{R_{\mathrm{N}}\cos\varphi}, & \lambda(0)=\lambda_0\end{cases} \tag{3-8}$$

综上所述，利用式（3-5）和式（3-8）即可解算得到潜航器速度与位置信息，而潜航器姿态信息可以通过读取平台框架轴输出得到。值得一提的是，采用指北方位惯性导航系统机械编排进行导航解算时，由于平台要跟踪地理北向，而当潜航器在极区航行时方位变化较快，因此要求平台必须具有较快的跟踪角速度。对于平台式惯性导航系统，则要求陀螺仪具有较大的力矩器系数，这就造成了硬件上的困难。为了克服这一缺点，研究人员提出了自由方位惯性导航系统机械编排以及游动方位惯性导航系统机械编排。

3.2.2　自由方位惯性导航系统

自由方位惯性导航系统指其方位轴指向惯性空间某一个方向，和地理北向成任意夹角，而平台台面仍保持在当地水平面内。这样，平台上的方位陀螺仪将不需要施加控制信号，只给控制平台保持在当地水平面内的陀螺仪施加控制指令即可。自由方位惯性导航系统机械编排克服了指北方位惯性导航系统在高纬度地区方位施矩及方位稳定回路设计困难的问题。

在自由方位惯性导航系统中，平台坐标系满足

$$\omega_{ipz}^{p}=0 \tag{3-9}$$

即平台坐标系相对惯性空间绕 z 轴不转动。这样，对于平台式惯性导航系统方位轴陀螺仪就不需要施矩，从而克服了指北方位惯性导航系统在高纬度地区使用时遇到的困难。然而，由于平台坐标系相对惯性空间绕 z 轴不转动，则相对地理坐标系 $ox_ty_tz_t$ 就存在着表观运动，即平台坐标系 y 轴不再指北，而与 y_t 轴之间存在自由方位角 α，如图 3-3 所示。

根据图 3-3 可以得到平台坐标系 $ox_py_pz_p$ 与地球坐标系 $Ox_ey_ez_e$ 之间的转动关系

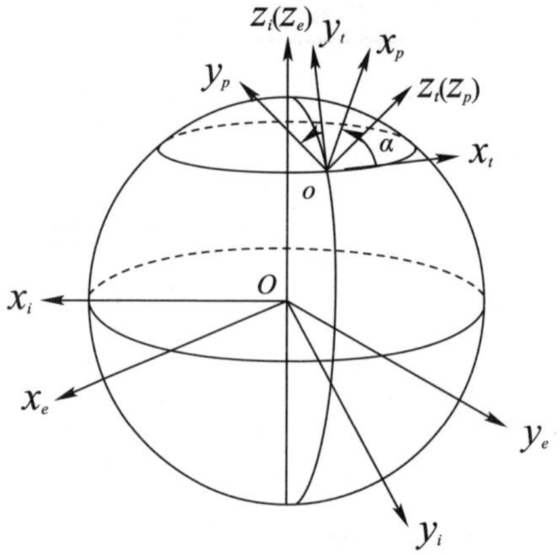

图 3-3 自由方位惯性导航系统的平台坐标系

$$\begin{bmatrix} x_p \\ y_p \\ z_p \end{bmatrix} = \boldsymbol{C}_e^p \begin{bmatrix} x_e \\ y_e \\ z_e \end{bmatrix} \tag{3-10}$$

式中:$\boldsymbol{C}_e^p$ 为由地球坐标系转换到平台坐标系的位置矩阵。具体表达式为

$$\begin{aligned} \boldsymbol{C}_e^p &= \begin{bmatrix} C_{11} & C_{12} & C_{13} \\ C_{21} & C_{22} & C_{23} \\ C_{31} & C_{32} & C_{33} \end{bmatrix} \\ &= \begin{bmatrix} -\sin\alpha\sin\varphi\cos\lambda - \cos\alpha\sin\lambda & -\sin\alpha\sin\varphi\sin\lambda + \cos\lambda\cos\alpha & \sin\alpha\cos\varphi \\ -\cos\alpha\sin\varphi\cos\lambda + \sin\alpha\sin\lambda & -\cos\alpha\sin\varphi\sin\lambda - \sin\alpha\cos\lambda & \cos\alpha\cos\varphi \\ \cos\varphi\cos\lambda & \cos\varphi\sin\lambda & \sin\varphi \end{bmatrix} \end{aligned} \tag{3-11}$$

如式(3-11)所示,位置矩阵 $\boldsymbol{C}_e^p$ 是纬度 φ、经度 λ 与自由方位角 α 的函数,所以由 $\boldsymbol{C}_e^p$ 可以单值地确定潜航器位置以及自由方位角。根据式(3-11),可知潜航器位置以及自由方位角的主值分别为

$$\varphi = \arcsin C_{33} \quad \lambda = \arctan\frac{C_{32}}{C_{31}} \quad \alpha = \arctan\frac{C_{13}}{C_{23}} \tag{3-12}$$

根据纬度、经度以及自由方位角与反三角函数定义域,可进一步确定其真值。下面来分析自由方位惯性导航系统机械编排。根据位置矩阵 $\boldsymbol{C}_e^p$ 可以得到地球自转角速度在平台坐标系上的投影为

$$\boldsymbol{\omega}_{ie}^{p}=\boldsymbol{C}_{e}^{p}\boldsymbol{\omega}_{ie}^{e}=\begin{bmatrix}C_{11}&C_{12}&C_{13}\\C_{21}&C_{22}&C_{23}\\C_{31}&C_{32}&C_{33}\end{bmatrix}\begin{bmatrix}0\\0\\\omega_{ie}\end{bmatrix}=\begin{bmatrix}C_{13}\omega_{ie}\\C_{23}\omega_{ie}\\C_{33}\omega_{ie}\end{bmatrix}=\begin{bmatrix}\omega_{ie}\sin\alpha\cos\varphi\\\omega_{ie}\cos\alpha\cos\varphi\\\omega_{ie}\sin\varphi\end{bmatrix}\tag{3-13}$$

由于在自由方位惯性导航系统中，存在如式(3－9)所示的关系，所以

$$\omega_{ipz}^{p}=\omega_{iez}^{p}+\omega_{epz}^{p}=0\tag{3-14}$$

根据式(3－13)、式(3－14)可以得到平台坐标系相对地球坐标系角速度在z轴投影为

$$\omega_{epz}^{p}=-\omega_{ie}\sin\varphi\tag{3-15}$$

另外，根据平台坐标系和地理坐标系之间的关系可知潜航器地速分量在平台坐标系上的投影和地理坐标系上的投影关系为

$$\begin{bmatrix}V_{\mathrm{E}}^{t}\\V_{\mathrm{N}}^{t}\end{bmatrix}=\begin{bmatrix}\cos\alpha&-\sin\alpha\\\sin\alpha&\cos\alpha\end{bmatrix}\begin{bmatrix}V_{x}^{p}\\V_{y}^{p}\end{bmatrix}\tag{3-16}$$

下面推导平台控制角速度，即

$$\begin{bmatrix}\omega_{epx}^{p}\\\omega_{epy}^{p}\end{bmatrix}=\begin{bmatrix}\cos\alpha&\sin\alpha\\-\sin\alpha&\cos\alpha\end{bmatrix}\begin{bmatrix}\omega_{etx}^{p}\\\omega_{ety}^{p}\end{bmatrix}\tag{3-17}$$

联立式(3－16)、式(3－17)，进一步推导可以得到

$$\begin{bmatrix}\omega_{epx}^{p}\\\omega_{epy}^{p}\end{bmatrix}=\begin{bmatrix}\cos\alpha&\sin\alpha\\-\sin\alpha&\cos\alpha\end{bmatrix}\begin{bmatrix}-\dfrac{V_{\mathrm{N}}^{t}}{R_{\mathrm{M}}}\\\dfrac{V_{\mathrm{E}}^{t}}{R_{\mathrm{N}}}\end{bmatrix}=\begin{bmatrix}\cos\alpha&\sin\alpha\\-\sin\alpha&\cos\alpha\end{bmatrix}\begin{bmatrix}\dfrac{-V_{x}^{p}\sin\alpha-V_{y}^{p}\cos\alpha}{R_{\mathrm{M}}}\\\dfrac{V_{x}^{p}\cos\alpha-V_{y}^{p}\sin\alpha}{R_{\mathrm{N}}}\end{bmatrix}$$

$$=\begin{bmatrix}-\left(\dfrac{1}{R_{\mathrm{M}}}-\dfrac{1}{R_{\mathrm{N}}}\right)\sin\alpha\cos\alpha&-\left(\dfrac{\cos^{2}\alpha}{R_{\mathrm{M}}}+\dfrac{\sin^{2}\alpha}{R_{\mathrm{N}}}\right)\\\dfrac{\cos^{2}\alpha}{R_{\mathrm{N}}}+\dfrac{\sin^{2}\alpha}{R_{\mathrm{M}}}&\left(\dfrac{1}{R_{\mathrm{M}}}-\dfrac{1}{R_{\mathrm{N}}}\right)\sin\alpha\cos\alpha\end{bmatrix}\begin{bmatrix}V_{x}^{p}\\V_{y}^{p}\end{bmatrix}\tag{3-18}$$

联立式(3－13)、式(3－18)可以得到平台控制角速度为

$$\boldsymbol{\omega}_{ip}^{p}=\boldsymbol{\omega}_{ie}^{p}+\boldsymbol{\omega}_{ep}^{p}\tag{3-19}$$

$$\boldsymbol{\omega}_{ip}^{p}=\begin{bmatrix}\omega_{ipx}^{p}\\ \omega_{ipy}^{p}\\ \omega_{ipz}^{p}\end{bmatrix}=\begin{bmatrix}\omega_{ie}\sin\alpha\cos\varphi-\left(\dfrac{1}{R_{\mathrm{M}}}-\dfrac{1}{R_{\mathrm{N}}}\right)V_{x}^{p}\sin\alpha\cos\alpha-\left(\dfrac{\cos^{2}\alpha}{R_{\mathrm{M}}}+\dfrac{\sin^{2}\alpha}{R_{\mathrm{N}}}\right)V_{y}^{p}\\ \omega_{ie}\cos\alpha\cos\varphi+\left(\dfrac{\cos^{2}\alpha}{R_{\mathrm{N}}}+\dfrac{\sin^{2}\alpha}{R_{\mathrm{M}}}\right)V_{x}^{p}+\left(\dfrac{1}{R_{\mathrm{M}}}-\dfrac{1}{R_{\mathrm{N}}}\right)V_{y}^{p}\sin\alpha\cos\alpha\\ 0\end{bmatrix}\tag{3-20}$$

需要注意的是,对于自由方位惯性导航系统仍然遵循惯导基本方程。

3.2.3 游动方位惯性导航系统

游动方位惯性导航系统与自由方位惯性导航系统类似,都是使三轴稳定平台的台面跟踪当地水平面,但是方位轴只跟踪地球自转。

采用自由方位惯性导航系统机械编排,虽然可以避免方位轴陀螺仪施矩困难的问题,但平台坐标系相对地理坐标系存在表观运动。为此,游动方位惯性导航系统中平台坐标系满足:

$$\omega_{epz}^{p}=0\tag{3-21}$$

在游动方位惯性导航系统中,平台坐标系的方位轴既不稳定在地理北向,也不稳定在惯性空间,而是相对地球没有绕 z 轴的转动,则平台坐标系 y 轴与地理北向之间的夹角不为零,是一个随时间变化的游动方位角 α。从理论上说,游动方位惯性导航系统和自由方位惯性导航系统属于一类,其工作原理也相似。但是,由于平台坐标系相对地球绕 z 轴不转动,因此平台坐标系相对惯性坐标系的控制角速度 $\boldsymbol{\omega}_{ip}^{p}$ 可以表示为

$$\boldsymbol{\omega}_{ip}^{p}=\boldsymbol{\omega}_{ie}^{p}+\boldsymbol{\omega}_{ep}^{p}\tag{3-22}$$

$$\boldsymbol{\omega}_{ip}^{p}=\begin{bmatrix}\omega_{ipx}^{p}\\ \omega_{ipy}^{p}\\ \omega_{ipz}^{p}\end{bmatrix}=\begin{bmatrix}\omega_{ie}\sin\alpha\cos\varphi-\left(\dfrac{1}{R_{\mathrm{M}}}-\dfrac{1}{R_{\mathrm{N}}}\right)V_{x}^{p}\sin\alpha\cos\alpha-\left(\dfrac{\cos^{2}\alpha}{R_{\mathrm{M}}}+\dfrac{\sin^{2}\alpha}{R_{\mathrm{N}}}\right)V_{y}^{p}\\ \omega_{ie}\cos\alpha\cos\varphi+\left(\dfrac{\sin^{2}\alpha}{R_{\mathrm{M}}}+\dfrac{\cos^{2}\alpha}{R_{\mathrm{N}}}\right)V_{x}^{p}+\left(\dfrac{1}{R_{\mathrm{M}}}-\dfrac{1}{R_{\mathrm{N}}}\right)V_{y}^{p}\sin\alpha\cos\alpha\\ \omega_{ie}\sin\varphi\end{bmatrix}\tag{3-23}$$

由式(3-23)中第三分量 ω_{ipz}^{p} 可知,在游动方位惯性导航系统中方位轴不再相对惯性坐标系绕 z 轴不动,而是跟踪地球旋转,这也是游动方位惯性导航系统和自由方位惯性导航系统的主要不同之处。注意,在游动方位惯性导航系统中

仍然遵循惯导基本方程。除此之外，游动方位惯性导航系统中其他导航参数的处理方法与3.2.2节自由方位惯性导航系统一样，这里不再赘述。

值得一提的是，自由方位惯性导航系统机械编排与游动方位惯性导航系统机械编排虽然可以解决高纬度地区方位轴陀螺仪施矩困难的问题，但仍然无法解决极点处无北向定义以及随着纬度升高定位误差迅速增大的问题。为了解决这个问题，近年来有学者提出适用于极区工作使用的横（逆）坐标系惯性导航机械编排以及相应误差抑制方案，具体原理可以参考其他资料。

3.3　捷联式惯性导航系统

捷联式惯性导航系统具有体积小、成本低、功耗低以及可靠性高等优势，在无人潜航器导航领域占有重要地位。本节主要介绍捷联式惯性导航系统导航解算方法与系统误差特性，捷联式惯性导航系统的导航解算主要包括姿态更新、速度更新以及位置更新。

3.3.1　捷联式惯性导航系统的姿态更新

捷联姿态矩阵是描述载体坐标系 $o_bx_by_bz_b$ 与导航坐标系 $o_nx_ny_nz_n$ 之间转换关系的方向余弦矩阵，而载体姿态角实际是载体坐标系和导航坐标系之间的方位关系。这里选取东北天（E－N－U）地理坐标系作为导航坐标系，则捷联姿态矩阵 $\boldsymbol{C}_b^n$ 具体表达式为

$$\boldsymbol{C}_b^n=\begin{bmatrix}\cos\psi\cos\gamma-\sin\psi\sin\theta\sin\gamma & -\sin\psi\cos\theta & \cos\psi\sin\gamma+\sin\psi\sin\theta\cos\gamma\\ \cos\psi\sin\theta\sin\gamma+\sin\psi\cos\gamma & \cos\theta\cos\psi & \sin\psi\sin\gamma-\cos\psi\sin\theta\cos\gamma\\ -\cos\theta\sin\gamma & \sin\theta & \cos\theta\cos\gamma\end{bmatrix}\tag{3-24}$$

式中：ψ,θ,γ 是潜航器的姿态角，分别为潜航器纵轴轴向在水平面内投影与北向基准线之间的夹角（即航向角）ψ，潜航器纵轴与水平面之间的夹角（即纵摇角）θ 和潜航器横轴与水平面之间的夹角（即横摇角）γ。

下面介绍捷联姿态矩阵的即时修正方法，包括欧拉角法、四元数法、等效旋转矢量法以及基于辅助旋转坐标系的姿态更新算法。

1. 欧拉角法

动坐标系和定坐标系之间的相对方位关系，可以看作定坐标系依次绕三个坐标轴转动三个转角后得到动坐标系。将载体坐标系 $o_bx_by_bz_b$ 看作动坐标系，导航坐标系 $o_nx_ny_nz_n$ 看作定坐标系（即参考坐标系）时，导航坐标系绕三个坐标

轴 z 轴、x 轴、y 轴依次转过的角度称作欧拉角 ψ、θ、γ，则载体坐标系与导航坐标系之间的关系可用方向余弦矩阵表示为

$$\begin{bmatrix} x_b \\ y_b \\ z_b \end{bmatrix} = \boldsymbol{C}_n^b \begin{bmatrix} x_n \\ y_n \\ z_n \end{bmatrix} \tag{3-25}$$

以 $\boldsymbol{\omega}_{nb}^b$ 表示载体坐标系相对导航坐标系旋转角速度矢量在载体坐标系的投影，则 $\boldsymbol{\omega}_{nb}^b$ 可以表示为

$$\boldsymbol{\omega}_{nb}^b = \dot{\boldsymbol{\psi}} + \dot{\boldsymbol{\theta}} + \dot{\boldsymbol{\gamma}} \tag{3-26}$$

进一步，可以将 $\boldsymbol{\omega}_{nb}^b$ 写成沿载体坐标系的投影形式，即

$$\begin{bmatrix} \omega_{nbx}^b \\ \omega_{nby}^b \\ \omega_{nbz}^b \end{bmatrix} = \boldsymbol{C}_\gamma \boldsymbol{C}_\theta \begin{bmatrix} 0 \\ 0 \\ \dot{\psi} \end{bmatrix} + \boldsymbol{C}_\gamma \begin{bmatrix} \dot{\theta} \\ 0 \\ 0 \end{bmatrix} + \begin{bmatrix} 0 \\ \dot{\gamma} \\ 0 \end{bmatrix} \tag{3-27}$$

式中：$\boldsymbol{C}_\gamma$ 和 $\boldsymbol{C}_\theta$ 分别为

$$\boldsymbol{C}_\gamma = \begin{bmatrix} \cos\gamma & 0 & -\sin\gamma \\ 0 & 1 & 0 \\ \sin\gamma & 0 & \cos\gamma \end{bmatrix} \tag{3-28}$$

$$\boldsymbol{C}_\theta = \begin{bmatrix} 1 & 0 & 0 \\ 0 & \cos\theta & \sin\theta \\ 0 & -\sin\theta & \cos\theta \end{bmatrix} \tag{3-29}$$

进一步整理得到

$$\begin{bmatrix} \omega_{nbx}^b \\ \omega_{nby}^b \\ \omega_{nbz}^b \end{bmatrix} = \begin{bmatrix} -\sin\gamma\cos\theta & \cos\gamma & 0 \\ \sin\theta & 0 & 1 \\ \cos\gamma\cos\theta & \sin\gamma & 0 \end{bmatrix} \begin{bmatrix} \dot{\psi} \\ \dot{\theta} \\ \dot{\gamma} \end{bmatrix} \tag{3-30}$$

对式(3-30)实施矩阵求逆运算可得

$$\begin{bmatrix} \dot{\psi} \\ \dot{\theta} \\ \dot{\gamma} \end{bmatrix} = \frac{1}{\cos\theta} \begin{bmatrix} -\sin\gamma & 0 & \cos\gamma \\ \cos\gamma\cos\theta & 0 & \sin\gamma\cos\theta \\ \sin\theta\sin\gamma & \cos\theta & -\sin\theta\cos\gamma \end{bmatrix} \begin{bmatrix} \omega_{nbx}^b \\ \omega_{nby}^b \\ \omega_{nbz}^b \end{bmatrix} \tag{3-31}$$

式(3－31)即为欧拉角微分方程,对其求解即可得到 ψ、θ、γ 三个姿态角参数。求解欧拉角微分方程只需要解三个微分方程。但是,当 $\theta = 90°$时将出现奇点,因此欧拉角法的应用具有一定局限性。

2. 四元数法

四元数由四个元构成,其形式为

$$\boldsymbol{Q} = q_0 + q_1\boldsymbol{i} + q_2\boldsymbol{j} + q_3\boldsymbol{k} = q_0 + \boldsymbol{q} \tag{3-32}$$

式中:q_0 为标量;$\boldsymbol{q}$ 为矢量。

由欧拉旋转定理可知,在刚体进行定点转动时,共原点的动坐标系和定坐标系之间的位置关系,可以等价于动坐标系绕过原点的某一个固定轴旋转过一个角度 θ。将过原点的等效固定旋转轴方向的单位矢量表示为 $\boldsymbol{i}$,那么动坐标系的旋转可以由 $\boldsymbol{i}$ 和 θ 两个参数表示,即用一个包含 $\boldsymbol{i}$ 和 θ 的四元数表示为

$$\boldsymbol{Q} = \cos\frac{\theta}{2} + \boldsymbol{i}\sin\frac{\theta}{2} \tag{3-33}$$

可以求出式(3－33)中四元数的模方为

$$q_0^2 + q_1^2 + q_2^2 + q_3^2 = 1 \tag{3-34}$$

将模方为 1 的四元数称作规范四元数,也叫旋转四元数,是可以表示相对转动关系的四元数。这样就可以把三维空间和一个简单的超复数联系起来,从而可以利用超复数的性质和运算规则解决刚体在三维空间中定点转动问题。

若一个空间矢量 $\boldsymbol{r}$ 绕通过定点的某一固定轴进行旋转,旋转角度为 θ,则表示这个旋转关系的转动四元数为

$$\boldsymbol{Q} = \cos\frac{\theta}{2} + \boldsymbol{i}\sin\frac{\theta}{2} \tag{3-35}$$

如转动后的空间矢量用 $\boldsymbol{r}'$ 表示,则以四元数表示的 $\boldsymbol{r}'$ 和 $\boldsymbol{r}$ 之间的变换关系为

$$\boldsymbol{r}' = \boldsymbol{Q} \otimes \boldsymbol{r} \otimes \boldsymbol{Q}^* \tag{3-36}$$

式中:$\boldsymbol{Q}^*$ 为旋转四元数的共轭四元数,$\boldsymbol{Q}^* = \cos\frac{\theta}{2} - \boldsymbol{i}\sin\frac{\theta}{2}$;$\otimes$ 为四元数乘法符号。

设动坐标系绕过原点的某一固定轴相对定坐标系旋转过一个角度,那么在空间中的一个矢量在两个坐标系上投影的相互转换关系可以用转动四元数表示为

$$\begin{cases} \boldsymbol{R}_r = \boldsymbol{Q} \otimes \boldsymbol{R}_b \otimes \boldsymbol{Q}^* \\ \boldsymbol{R}_b = \boldsymbol{Q}^* \otimes \boldsymbol{R}_r \otimes \boldsymbol{Q} \end{cases} \tag{3-37}$$

空间矢量的坐标变换公式(3－37)可以用矩阵表示,将载体坐标系看作动坐标系,而将导航坐标系看作定坐标系(即参考坐标系),可以得到

$$\begin{bmatrix} x_r \\ y_r \\ z_r \end{bmatrix} = \begin{bmatrix} q_1^2+q_0^2-q_3^2-q_2^2 & 2(q_1q_2-q_0q_3) & 2(q_1q_3+q_0q_2) \\ 2(q_1q_2+q_0q_3) & q_2^2-q_3^2+q_0^2-q_1^2 & 2(q_2q_3-q_0q_1) \\ 2(q_1q_3-q_0q_2) & 2(q_2q_3+q_0q_1) & q_3^2-q_2^2-q_1^2+q_0^2 \end{bmatrix} \begin{bmatrix} x_b \\ y_b \\ z_b \end{bmatrix} \tag{3-38}$$

由此可见,两个坐标系之间的相对转动关系可以用四元数表示。如果转动四元数已知,则可以由转动四元数得到变换矩阵。转动四元数可以由求解四元数微分方程得到,下面进行四元数微分方程的推导。

设载体坐标系 $o_bx_by_bz_b$ 中存在固定点 M,其在 $o_bx_by_bz_b$ 中的位置可以用矢量 $\boldsymbol{r}$ 表示。因为其与 $o_bx_by_bz_b$ 固连,所以 $\boldsymbol{r}$ 可以表示 $o_bx_by_bz_b$ 的相对位置。在 t 时刻,$\boldsymbol{r}$ 在 $o_bx_by_bz_b$ 中的投影与在参考坐标系 $o_rx_ry_rz_r$ 中投影的关系为

$$\boldsymbol{r}^b(t) = \boldsymbol{Q}_1^* \boldsymbol{r}^r(t) \boldsymbol{Q}_1 \tag{3-39}$$

在 $t+\delta t$ 时刻,$\boldsymbol{r}$ 在 $o_bx_by_bz_b$ 中的投影与在 $o_rx_ry_rz_r$ 中的投影的关系为

$$\boldsymbol{r}^b(t+\delta t) = \boldsymbol{Q}_2^* \boldsymbol{r}^r(t+\delta t) \boldsymbol{Q}_2 \tag{3-40}$$

因为 $\boldsymbol{r}$ 相对 $o_bx_by_bz_b$ 固定,所以 $\boldsymbol{r}^b(t) = \boldsymbol{r}^b(t+\delta t)$,可得

$$\boldsymbol{r}^r(t+\delta t) = \boldsymbol{Q}_2\boldsymbol{Q}_1^* \boldsymbol{r}^r(t) \boldsymbol{Q}_1\boldsymbol{Q}_2^* \tag{3-41}$$

在极微小时间内,$\boldsymbol{r}^r(t)$ 与 $\boldsymbol{r}^r(t+\delta t)$ 之间的旋转矢量可以表示为

$$\lim_{\delta t \to 0} \Delta\theta(\delta t) = \lim_{\delta t \to 0} \boldsymbol{\omega} \cdot \delta t \tag{3-42}$$

式中:$\boldsymbol{\omega}$ 为旋转矢量对应的角速度,该旋转矢量可表示为三角函数形式,即

$$\boldsymbol{Q}_2\boldsymbol{Q}_1^* = \cos\frac{|\boldsymbol{\omega}|\delta t}{2} - \frac{\boldsymbol{\omega}}{|\boldsymbol{\omega}|}\sin\frac{|\boldsymbol{\omega}|\delta t}{2} \tag{3-43}$$

由式(3－43)得到

$$\boldsymbol{Q}_2 = \left(\cos\frac{|\boldsymbol{\omega}|\delta t}{2} - \frac{\boldsymbol{\omega}}{|\boldsymbol{\omega}|}\sin\frac{|\boldsymbol{\omega}|\delta t}{2}\right)\boldsymbol{Q}_1 \tag{3-44}$$

因此,四元数对时间求导数得

$$\begin{aligned} \dot{\boldsymbol{Q}}_1 &= \lim_{\delta t \to 0}\frac{\boldsymbol{Q}_2 - \boldsymbol{Q}_1}{\delta t} = \lim_{\delta t \to 0}\frac{\left(\cos\frac{|\boldsymbol{\omega}|\delta t}{2} - \frac{\boldsymbol{\omega}}{|\boldsymbol{\omega}|}\sin\frac{|\boldsymbol{\omega}|\delta t}{2}\right)\otimes\boldsymbol{Q}_1 - \boldsymbol{Q}_1}{\delta t} \\ &= \lim_{\delta t \to 0}\boldsymbol{Q}_1 \otimes \frac{\boldsymbol{\omega}}{\delta t|\boldsymbol{\omega}|}\sin\frac{|\boldsymbol{\omega}|\delta t}{2} = \frac{1}{2}\boldsymbol{Q}_1 \otimes \boldsymbol{\omega} \end{aligned} \tag{3-45}$$

式(3－45)即为四元数微分方程。四元数微分方程需要求解四个方程,虽然数量比欧拉角法多一个,但在数值积分时欧拉角法要进行超越函数的运算,而四元数法只需要进行简单的加减以及乘法运算,实际的计算量显然更小。因此,四元数法广泛应用于实际工程中。

3. 等效旋转矢量法

等效旋转矢量法是根据刚体定点转动理论得到的,其与四元数法的区别在于姿态更新周期内,四元数法直接通过对四元数微分方程求解得到姿态四元数,而旋转矢量法先通过求解旋转矢量微分方程得到表示转动的等效旋转矢量,再通过四元数和等效旋转矢量之间的关系得到转动四元数,然后求出姿态四元数。

若动坐标系在初始时刻与定坐标系重合,记为 $o_0x_0y_0z_0$,经过数次旋转后动坐标系变为 $o_1x_1y_1z_1$。由力学知识可知,不论旋转形式如何,都可以将这数次旋转等效为动坐标系绕三个坐标轴依次旋转三个角度得到转动后的坐标系 $o_1x_1y_1z_1$,这三个角度实际上是一组表示转动的欧拉角。这三次转动也可以等效地看成一次旋转,即动坐标系绕某一转动轴旋转某个角度得到转动后的坐标系 $o_1x_1y_1z_1$。若令旋转角度为 ϕ,沿固定轴方向的单位矢量为 $\boldsymbol{u}$,则矢量 $\boldsymbol{\phi}=\phi\boldsymbol{u}$ 称作描述刚体转动的等效旋转矢量,简称为等效旋转矢量。以下给出一种较为简略的等效旋转矢量微分方程推导方法。

由四元数定义可知,设对应的单位四元数为 $\boldsymbol{Q}$,则

$$\boldsymbol{Q}=\begin{bmatrix}\cos\dfrac{\phi}{2}\\ \dfrac{\boldsymbol{\phi}}{\phi}\sin\dfrac{\phi}{2}\end{bmatrix} \tag{3-46}$$

对式(3－46)两边求导,有

$$\dot{\boldsymbol{Q}}=\begin{bmatrix}-\dfrac{\dot{\phi}}{2}\sin\dfrac{\phi}{2}\\ \dfrac{\dot{\boldsymbol{\phi}}}{\phi}\sin\dfrac{\phi}{2}+\dfrac{\dot{\phi}\boldsymbol{\phi}}{2\phi}\cos\dfrac{\phi}{2}\end{bmatrix} \tag{3-47}$$

由四元数微分方程式(3－45)有

$$\dot{\boldsymbol{Q}}=\begin{bmatrix}-\dfrac{\sin\dfrac{\phi}{2}}{2\phi}\boldsymbol{\phi}\boldsymbol{\omega}\\ \dfrac{\sin\dfrac{\phi}{2}}{2\phi}\boldsymbol{\phi}\times\boldsymbol{\omega}+\dfrac{1}{2}\boldsymbol{\omega}\cos\dfrac{\phi}{2}\end{bmatrix} \tag{3-48}$$

由式(3-47)和式(3-48)得

$$\begin{bmatrix} -\dfrac{\sin\dfrac{\phi}{2}}{2\phi}\boldsymbol{\phi}\boldsymbol{\omega} \\ \dfrac{\sin\dfrac{\phi}{2}}{2\phi}\boldsymbol{\phi}\times\boldsymbol{\omega}+\dfrac{1}{2}\boldsymbol{\omega}\cos\dfrac{\phi}{2} \end{bmatrix}=\begin{bmatrix} -\dfrac{\dot{\phi}}{2}\sin\dfrac{\phi}{2} \\ \dfrac{\dot{\boldsymbol{\phi}}}{\phi}\sin\dfrac{\phi}{2}+\dfrac{\dot{\phi}\boldsymbol{\phi}}{2\phi}\cos\dfrac{\phi}{2} \end{bmatrix} \tag{3-49}$$

根据式(3-49)中左右相应分量相等得

$$\dot{\phi}=\frac{\boldsymbol{\phi}\boldsymbol{\omega}}{\phi} \tag{3-50}$$

$$\frac{\sin\dfrac{\phi}{2}}{2\phi}\boldsymbol{\phi}\times\boldsymbol{\omega}+\frac{1}{2}\boldsymbol{\omega}\cos\frac{\phi}{2}=\frac{\dot{\boldsymbol{\phi}}}{\phi}\sin\frac{\phi}{2}+\frac{\dot{\phi}\boldsymbol{\phi}}{2\phi}\cos\frac{\phi}{2} \tag{3-51}$$

根据矢量叉乘运算关系

$$\boldsymbol{a}\times(\boldsymbol{b}\times\boldsymbol{c})=\boldsymbol{b}(\boldsymbol{a}\boldsymbol{c})-\boldsymbol{c}(\boldsymbol{a}\boldsymbol{b}) \tag{3-52}$$

令式(3-52)中

$$\begin{cases} \boldsymbol{a}=\boldsymbol{\phi} \\ \boldsymbol{b}=\boldsymbol{\phi} \\ \boldsymbol{c}=\boldsymbol{\omega} \end{cases} \tag{3-53}$$

可以得到

$$\boldsymbol{\phi}\times(\boldsymbol{\phi}\times\boldsymbol{\omega})=\boldsymbol{\phi}(\boldsymbol{\phi}\boldsymbol{\omega})-\boldsymbol{\omega}\phi^2 \tag{3-54}$$

根据式(3-50)和式(3-54)可以得到

$$\boldsymbol{\phi}\dot{\phi}=\frac{\boldsymbol{\phi}\times(\boldsymbol{\phi}\times\boldsymbol{\omega})}{\phi}+\boldsymbol{\omega}\phi \tag{3-55}$$

将式(3-55)代入式(3-51)中,整理可以得到

$$\dot{\boldsymbol{\phi}}=\boldsymbol{\omega}+\frac{1}{2}\boldsymbol{\phi}\times\boldsymbol{\omega}+\frac{1}{\phi^2}\left(1-\frac{\phi\cos(\phi/2)}{2\sin(\phi/2)}\right)\boldsymbol{\phi}\times(\boldsymbol{\phi}\times\boldsymbol{\omega}) \tag{3-56}$$

式(3-56)即为等效旋转矢量微分方程,可以看出等效旋转矢量微分方程与等效旋转角度和旋转角速度矢量有关,又由于

$$
\phi\frac{\cos\frac{\phi}{2}}{2\sin\frac{\phi}{2}}=\frac{\phi}{2}\cot\frac{\phi}{2}
$$

$$
=\frac{\phi}{2}\left[\frac{2}{\phi}-\frac{1}{3}\left(\frac{\phi}{2}\right)-\frac{1}{45}\left(\frac{\phi}{2}\right)^3-\frac{2}{945}\left(\frac{\phi}{2}\right)^5-\frac{1}{4725}\left(\frac{\phi}{2}\right)^7-\cdots\right]
$$

$$
=1-\frac{\phi^2}{12}-\frac{\phi^4}{720}-\frac{\phi^6}{30240}-\cdots \tag{3-57}
$$

因为姿态更新周期 T_m 很小,等效旋转角度 ϕ 也很小,所以 ϕ 的高次幂可以省略,于是可以得到在实际应用中常用的近似公式为

$$
\dot{\boldsymbol{\phi}}=\boldsymbol{\omega}+\frac{1}{2}\boldsymbol{\phi}\times\boldsymbol{\omega}+\frac{1}{12}\boldsymbol{\phi}\times(\boldsymbol{\phi}\times\boldsymbol{\omega}) \tag{3-58}
$$

式(3－58)即为等效旋转矢量微分方程的常用形式。根据此微分方程利用角速度矢量可以得到等效旋转矢量 $\boldsymbol{\phi}$,可以看出等效旋转矢量法没有引入四元数法中的不可交换误差。等效旋转矢量微分方程还可以继续近似得到

$$
\frac{1}{2}\boldsymbol{\phi}\times\boldsymbol{\omega}+\frac{1}{12}\boldsymbol{\phi}\times(\boldsymbol{\phi}\times\boldsymbol{\omega})\approx\frac{1}{2}\boldsymbol{\alpha}\times\boldsymbol{\omega} \tag{3-59}
$$

式中：$\boldsymbol{\alpha}(t)=\int_{t_{m-1}}^{t}\boldsymbol{\omega}\mathrm{d}\tau$。

将式(3－59)代入式(3－58),等效旋转矢量微分方程可以简化为

$$
\dot{\boldsymbol{\phi}}=\boldsymbol{\omega}+\frac{1}{2}\boldsymbol{\alpha}\times\boldsymbol{\omega} \tag{3-60}
$$

4. 基于辅助旋转坐标系的姿态更新算法

常规的姿态更新算法对四元数或等效旋转矢量微分方程进行数值积分时存在近似,从而不可避免地存在近似误差。针对该问题,提出一种基于辅助旋转坐标系的姿态更新算法,此算法能够在典型圆锥环境下实现姿态无误差更新。

典型圆锥环境描述如下,当载体的两个正交轴有同频率但不同相位的正弦角振动输入时,与它们相垂直的第三轴做圆锥运动。正弦角振动的相位相差90°时,即所谓的典型圆锥运动。

如图3－4所示,在典型圆锥运动中,设 $OXYZ$ 为参考坐标系,$o_bx_by_bz_b$ 为载体坐标系,OL 为 YOZ 平面内的一条射线。参考坐标系绕射线 OL 旋转角度 ϕ 得到载体坐标系。当 OL 以角速度 $\boldsymbol{\Omega}$ 绕原点 O 在 YOZ 平面内旋转时,载体坐标系的 o_bx_b 轴的轨迹在空间中形成一个锥面,锥顶位于 O 点,对称轴为 OX 轴。锥面轨迹的锥半角为$\frac{\phi}{2}$。典型圆锥运动反映了载体运动状态最为恶劣的情况。在算

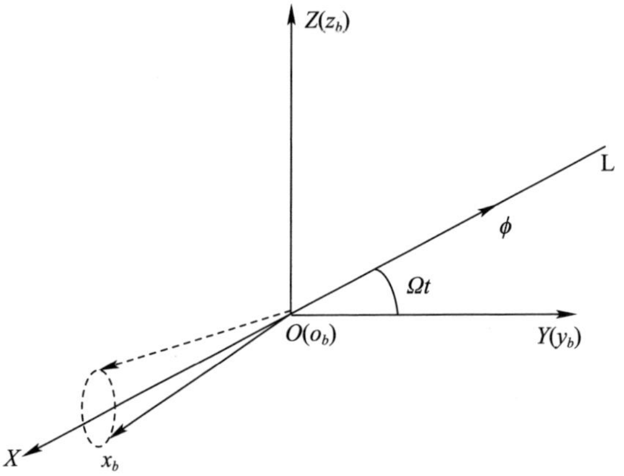

图 3－4　典型圆锥运动

法设计中，目前普遍将典型圆锥运动作为检验算法性能的测试输入环境。

设置与载体绝对角速度矢量 $\boldsymbol{\omega}_{ib}^{b}$ 同步旋转的辅助坐标系，将 $\boldsymbol{\omega}_{ib}^{b}$ 转换至同步旋转的辅助坐标系，之后对其进行数值积分（数值积分在与其同步旋转的辅助坐标系中进行），同时考虑辅助旋转坐标系在惯性空间的旋转，得到载体的姿态更新。在典型圆锥环境下运用这种新方法，数值积分的矢量方向不变，因此数值积分无误差，从而可实现姿态无误差更新。

辅助旋转坐标系在典型圆锥环境下更容易理解。辅助旋转坐标系 $o_s x_s y_s z_s$（即 s 系）与 $\boldsymbol{\omega}_{ib}^{b}$ 都以旋转角速度 $\boldsymbol{\Omega}_{bs}$ 相对于载体坐标系进行同步旋转。$\boldsymbol{\omega}_{ib}^{b}$ 在此相对于自身同步旋转的坐标系上的投影方向不变。由于 $o_s x_s y_s z_s$ 与 $\boldsymbol{\omega}_{ib}^{b}$ 有相同的旋转运动，因此 $\boldsymbol{\omega}_{ib}^{b}$ 在 $o_s x_s y_s z_s$ 上的投影 $\boldsymbol{\omega}_{ib}^{s}$ 为恒定值。这一特性是该方法在圆锥环境下无误差解算的根本原因。

当 $\boldsymbol{\omega}_{ib}^{s}$ 方向恒定时，$\boldsymbol{\phi}_{ib}^{s}$ 的方向也是恒定的，根据矢量运算法则，等效旋转矢量微分方程（3－56）将简化为

$$\dot{\boldsymbol{\phi}}_{ib}^{s} = \boldsymbol{\omega}_{ib}^{s} \tag{3-61}$$

此时等效旋转矢量 $\boldsymbol{\phi}_{ib}^{s}$ 可以通过直接积分角速度矢量 $\boldsymbol{\omega}_{ib}^{s}$ 获取，并且二者的方向一致，即

$$\boldsymbol{\phi}_{ib}^{s} = \int_{0}^{t} \boldsymbol{\omega}_{ib}^{s} \mathrm{d}t \tag{3-62}$$

因此，在这种情况下只需要简单的一次积分就可以获得相应的等效旋转矢量，用于姿态解算。当 $\boldsymbol{\omega}_{ib}^{s}$ 的大小和方向都不变时，式（3－62）可以进一步化简为

$$\boldsymbol{\phi}_{ib}^{s}=\boldsymbol{\omega}_{ib}^{s}t \tag{3-63}$$

在典型圆锥环境下，载体绝对角速度矢量 $\boldsymbol{\omega}_{ib}^{b}$ 的幅值不变，但是其以旋转角速度矢量 $\boldsymbol{\Omega}_{bs}$ 转动。此时，由 $o_sx_sy_sz_s$ 即 s 系的定义可知，它也以旋转角速度 $\boldsymbol{\Omega}_{bs}$ 同步运动。则 $\boldsymbol{\omega}_{ib}^{b}$ 在 $o_bx_by_bz_b$ 即 b 系中的投影可以表示为

$$\boldsymbol{\omega}_{ib}^{b}(t)=U(\boldsymbol{\Omega}_{bs}t)\boldsymbol{\omega}_{ib}^{s}(0) \tag{3-64}$$

并且有 $U(\boldsymbol{\Omega}_{bs}t)=\boldsymbol{C}_{s}^{b}$，$\boldsymbol{\omega}_{ib}^{s}(0)=\boldsymbol{\omega}_{ib}^{b}(0)$。因此，任意矢量 $\boldsymbol{X}$ 由 s 系投影到惯性坐标系即 i 系上的投影可以表示为

$$\boldsymbol{X}^{s}=U^{-1}(\boldsymbol{\Omega}_{bs}t)\boldsymbol{X}^{b}=U(-\boldsymbol{\Omega}_{bs}t)\boldsymbol{X}^{b} \tag{3-65}$$

式中：$U(-\boldsymbol{\Omega}_{bs}t)=\boldsymbol{C}_{b}^{s}$。

在 $o_sx_sy_sz_s$ 中，$\boldsymbol{\omega}_{ib}^{b}(t)$ 的投影固定为 $\boldsymbol{\omega}_{ib}^{b}(0)$，$o_sx_sy_sz_s$ 相对于惯性空间的绝对旋转角速度为

$$\boldsymbol{\omega}_{is}^{s}=\boldsymbol{\omega}_{ib}^{s}+\boldsymbol{\omega}_{bs}^{s}=\boldsymbol{\omega}_{ib}^{b}(0)+\boldsymbol{\Omega}_{bs} \tag{3-66}$$

任意矢量 $\boldsymbol{X}$ 由 $o_sx_sy_sz_s$ 投影到 $o_ix_iy_iz_i$ 的转换为

$$\boldsymbol{X}^{i}=U[(\boldsymbol{\omega}_{ib}^{b}(0)+\boldsymbol{\Omega}_{bs})t]\boldsymbol{X}^{s} \tag{3-67}$$

式中：$U[(\boldsymbol{\omega}_{ib}^{b}(0)+\boldsymbol{\Omega}_{bs})t]=\boldsymbol{C}_{s}^{i}$。

根据方向余弦矩阵的链式法则，由式(3-65)与式(3-67)可得

$$\boldsymbol{X}^{i}=U[(\boldsymbol{\omega}_{ib}^{b}(0)+\boldsymbol{\Omega}_{bs})t]U^{-1}(\boldsymbol{\Omega}_{bs}t)\boldsymbol{X}^{b} \tag{3-68}$$

坐标系相互转换关系如图3-5所示。

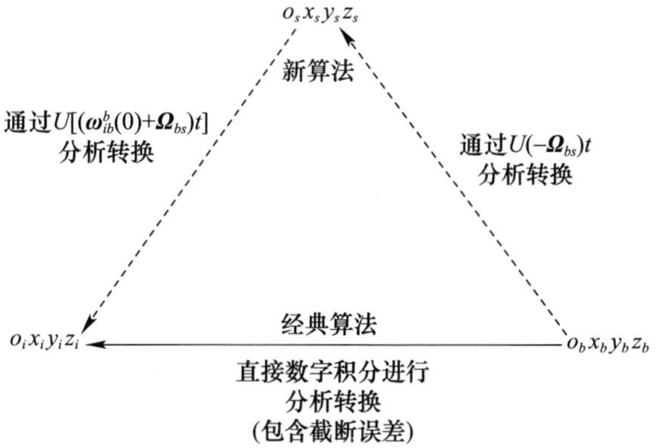

图3-5 坐标系之间相互转换关系图

实际工程中，载体绝对角速度矢量 $\boldsymbol{\omega}_{ib}^{b}$ 的幅值是变化的，且其旋转角速度矢量 $\boldsymbol{\Omega}_{bs}$ 难以一直保持恒定，所以应用这种方法时，在每个小时间段 $[t_{m-1},t_m]$ 内

近似为 $\boldsymbol{\omega}_{ib}^{b}$ 幅值恒定，$\boldsymbol{\Omega}_{bs}$ 恒定。然后利用链式法则将每小段更新结果联系起来，即

$$U = U_1 U_2 U_3 U_4 \cdots \tag{3-69}$$

基于辅助旋转坐标系的姿态更新算法在每个小时间段内都需要旋转角速度 $\boldsymbol{\Omega}_{bs}$ 与载体绝对角速度的初始值 $\boldsymbol{\omega}_{ib}^{b}(0)$，其中 $\boldsymbol{\omega}_{ib}^{b}(0)$ 为姿态更新周期 $\tau \in [t_{m-1}, t_m]$ 起始时刻陀螺采样值。$\boldsymbol{\Omega}_{bs}$ 的计算需要在姿态更新周期 $\tau \in [t_{m-1}, t_m]$ 时间间隔内，至少等间距对 $\boldsymbol{\omega}_{ib}^{b}(\tau_i)$，$i=1,2,3$ 进行如图 3-6 所示的三次采样，然后利用如图 3-7 所示的几何方法计算 $\boldsymbol{\Omega}_{bs}$。

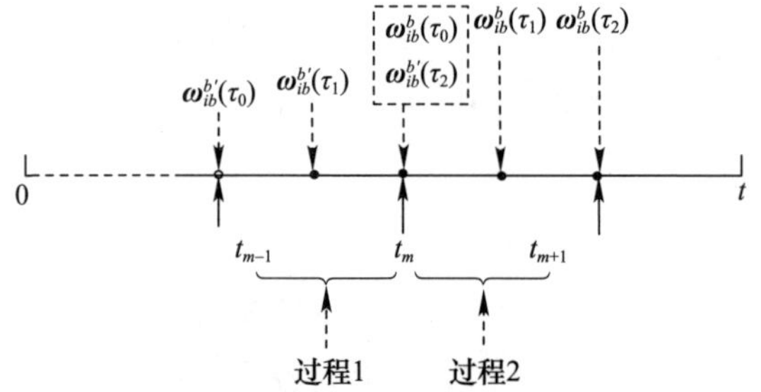

图 3-6　几何法的采样时刻

通过观察图 3-6 可以发现，$\tau \in [t_{m-1}, t_m]$ 时间间隔内的 $\boldsymbol{\omega}_{ib}^{b}(0)$（对应图中的 $\boldsymbol{\omega}_{ib}^{b}(\tau_0)$）是上一姿态更新周期内陀螺的最后一个采样值（对应图中的 $\boldsymbol{\omega}_{ib}^{b'}(\tau_2)$）。

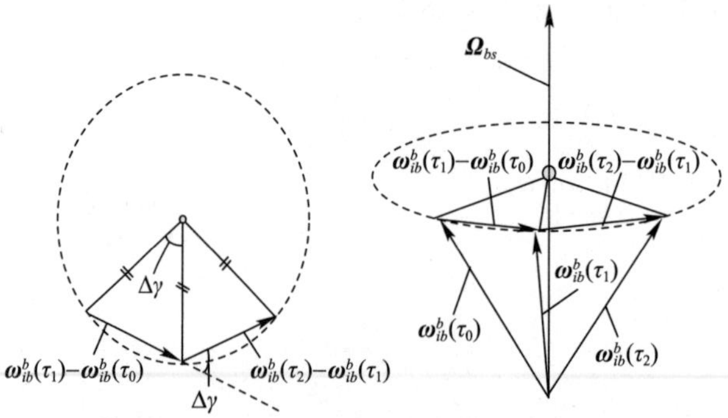

图 3-7　载体相对运动角速度矢量关系

利用三个连续采样的陀螺角速度 $\boldsymbol{\omega}_{ib}^{b}(\tau_0)$，$\boldsymbol{\omega}_{ib}^{b}(\tau_1)$，$\boldsymbol{\omega}_{ib}^{b}(\tau_2)$ 来计算旋转角速度矢量 $\boldsymbol{\Omega}_{bs}$，由图 3-7 可知 $\boldsymbol{\omega}_{ib}^{b}(\tau_1) - \boldsymbol{\omega}_{ib}^{b}(\tau_0)$ 与 $\boldsymbol{\omega}_{ib}^{b}(\tau_2) - \boldsymbol{\omega}_{ib}^{b}(\tau_1)$ 这两个矢量所在平面与 $\boldsymbol{\Omega}_{bs}$ 垂直，则 $[\boldsymbol{\omega}_{ib}^{b}(\tau_1) - \boldsymbol{\omega}_{ib}^{b}(\tau_0)] \times [\boldsymbol{\omega}_{ib}^{b}(\tau_2) - \boldsymbol{\omega}_{ib}^{b}(\tau_1)]$ 的方向与 $\boldsymbol{\Omega}_{bs}$ 平行。

假设

$$S_1=[\boldsymbol{\omega}_{ib}^b(\tau_1)-\boldsymbol{\omega}_{ib}^b(\tau_0)]\times[\boldsymbol{\omega}_{ib}^b(\tau_2)-\boldsymbol{\omega}_{ib}^b(\tau_1)] \tag{3-70}$$

则 $\boldsymbol{\Omega}_{bs}$ 的单位矢量可表示为

$$\frac{\boldsymbol{\Omega}_{bs}}{\|\boldsymbol{\Omega}_{bs}\|}=\frac{S_1}{\|S_1\|} \tag{3-71}$$

由图 3-7,结合平面几何知识,可得陀螺采样间隔内 $\boldsymbol{\Omega}_{bs}$ 对应的角度增量 $\Delta\gamma$。对式(3-70)两边取模并整理公式可得 $\Delta\gamma$ 为

$$\Delta\gamma=\arcsin\left(\frac{\|S_1\|}{\|\boldsymbol{\omega}_{ib}^b(\tau_1)-\boldsymbol{\omega}_{ib}^b(\tau_0)\|\cdot\|\boldsymbol{\omega}_{ib}^b(\tau_2)-\boldsymbol{\omega}_{ib}^b(\tau_1)\|}\right) \tag{3-72}$$

进一步,$\boldsymbol{\Omega}_{bs}$ 对应的角速度为

$$\|\boldsymbol{\Omega}_{bs}\|=\frac{\Delta\gamma}{T_m} \tag{3-73}$$

结合式(3-71)与式(3-73),旋转角速度矢量 $\boldsymbol{\Omega}_{bs}$ 为

$$\boldsymbol{\Omega}_{bs}=\frac{S_1\Delta\gamma}{\|S_1\|T_m} \tag{3-74}$$

3.3.2 捷联式惯性导航系统的速度更新

1. 速度更新算法

当导航坐标系 $o_nx_ny_nz_n$ 即 n 系选取为地理坐标系时,由惯性导航基本原理可知速度微分方程为

$$\dot{\boldsymbol{V}}^n=\boldsymbol{C}_b^n\boldsymbol{f}^b+\boldsymbol{g}_{\mathrm{P}}^n-(\boldsymbol{\omega}_{en}^n+2\boldsymbol{\omega}_{ie}^n)\times\boldsymbol{V}^n \tag{3-75}$$

$$\boldsymbol{\omega}_{ie}^n=\boldsymbol{C}_e^n\boldsymbol{\omega}_{ie}^e \tag{3-76}$$

式中:$\boldsymbol{V}$ 为载体相对地球的速度矢量;$\boldsymbol{g}_{\mathrm{P}}$ 为重力加速度矢量;$\boldsymbol{f}^b$ 为加速度计比力输出。

假设 T_m 为速度更新周期,ΔT 为陀螺和加速度计的采样周期,t_{m-1} 和 t_m 为速度更新时间点,T_m 与 ΔT 两者具体关系如图 3-8 所示。

对式(3-75)积分可以得到 t_m 时刻 $o_nx_ny_nz_n$ 导航系下的速度为

$$\boldsymbol{V}_m^n=\boldsymbol{V}_{m-1}^n+\boldsymbol{C}_{n(m-1)}^{n(m)}\boldsymbol{C}_{b(m-1)}^{n(m-1)}\int_{t_{m-1}}^{t_m}\boldsymbol{C}_{b(t)}^{b(m-1)}\boldsymbol{f}^b\mathrm{d}t+\int_{t_{m-1}}^{t_m}[\boldsymbol{g}_{\mathrm{P}}^n-(2\boldsymbol{\omega}_{ie}^n+\boldsymbol{\omega}_{en}^n)\times\boldsymbol{V}^n)\mathrm{d}t \tag{3-77}$$

式中:$\boldsymbol{V}_m$ 和 $\boldsymbol{V}_{m-1}$ 分别为 t_{m-1} 和 t_m 时刻的速度;$\boldsymbol{C}_{b(m-1)}^{n(m-1)}$ 为上一个速度更新周期的

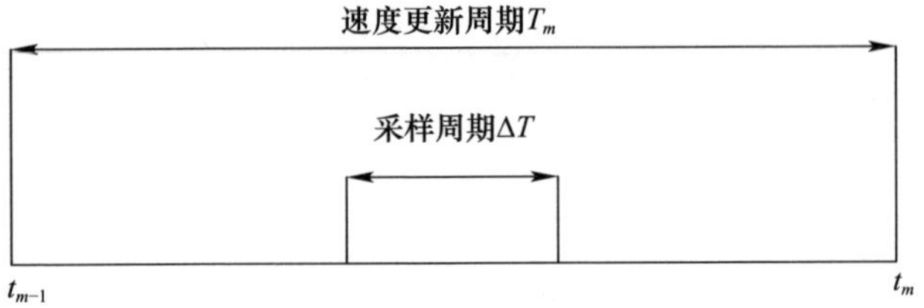

图 3 - 8　速度更新周期与采样周期关系图

捷联姿态矩阵。

进一步，式(3 - 77)可以改写成

$$\boldsymbol{V}_m^n = \boldsymbol{V}_{m-1}^n + \Delta\boldsymbol{V}_{\mathrm{SF}_m}^n + \Delta\boldsymbol{V}_{\mathrm{G/Cor}_m}^n \tag{3-78}$$

$$\Delta\boldsymbol{V}_{\mathrm{G/Cor}_m}^n = \int_{t_{m-1}}^{t_m} [\boldsymbol{g}_{\mathrm{P}}^n - (2\boldsymbol{\omega}_{ie}^n + \boldsymbol{\omega}_{en}^n) \times \boldsymbol{V}^n] \mathrm{d}t \tag{3-79}$$

$$\Delta\boldsymbol{V}_{\mathrm{SF}_m}^n = \boldsymbol{C}_{n(m-1)}^{n(m)} \boldsymbol{C}_{b(m-1)}^{n(m-1)} \int_{t_{m-1}}^{t_m} \boldsymbol{C}_{b(t)}^{b(m-1)} \boldsymbol{f}^b \mathrm{d}t \tag{3-80}$$

式中：m 为速度更新循环下标；$\Delta\boldsymbol{V}_{\mathrm{G/Cor}_m}^n$是在速度更新周期内由重力加速度和干扰加速度引起的速度增量；位置在数字算法 m 循环周期内均匀变化，幅度变化小，$\boldsymbol{g}_{\mathrm{P}}^n$ 可由它在 m 循环周期的初始值近似；$\Delta\boldsymbol{V}_{\mathrm{SF}_m}^n$是在速度更新周期内积分转换的比力增量，也就是由比力引起的速度增量。式(3 - 77)中 $\boldsymbol{g}_{\mathrm{P}}^n$ 是位置的函数，因为干扰加速度小(地球自转角速度与牵连角速度都较小)，且速度在 m 循环周期内均变化，所以干扰速度增量也可用它们在 m 循环周期的初始值近似。基于以上分析，可以将式(3 - 79)改写成

$$\Delta\boldsymbol{V}_{\mathrm{G/Cor}_m}^n \approx \{\boldsymbol{g}_{\mathrm{P}_{m-1}}^n - (\boldsymbol{\omega}_{en_{m-1}}^n + 2\boldsymbol{\omega}_{ie_{m-1}}^n) \times \boldsymbol{V}_{m-1}^n\} T_m \tag{3-81}$$

式中：T_m 表示第 m 个速度更新周期，其值等于

$$T_m = t_m - t_{m-1} \tag{3-82}$$

积分转换后的比力增量，即式(3 - 80)的数字积分算法需要考虑地理坐标系 $o_n x_n y_n z_n$ 以及载体坐标系 $o_b x_b y_b z_b$ 即 b 系在 t_{m-1}到 t_m 计算循环周期间的旋转。将式(3 - 80)写成如下形式

$$\Delta\boldsymbol{V}_{\mathrm{SF}_m}^n = \boldsymbol{C}_{n(m-1)}^{n(m)} \Delta\boldsymbol{V}_{\mathrm{SF}_m}^{n(m-1)} \tag{3-83}$$

$$\Delta\boldsymbol{V}_{\mathrm{SF}_m}^{n(m-1)} = \boldsymbol{C}_{b(m-1)}^{n(m-1)} \Delta\boldsymbol{V}_{\mathrm{SF}_m}^{b(m-1)} \tag{3-84}$$

$$\Delta\boldsymbol{V}_{\mathrm{SF}_m}^{b(m-1)} = \int_{t_{m-1}}^{t_m} \boldsymbol{C}_{b(t)}^{b(m-1)} \boldsymbol{f}^b \mathrm{d}t \tag{3-85}$$

式中：m 为 $o_b x_b y_b z_b$ 旋转周期的循环下标。

由方向余弦矩阵与等效旋转矢量之间的关系得

$$\boldsymbol{C}_{b_{(t)}}^{b_{(m-1)}}=\boldsymbol{I}+\frac{\sin\phi(t)}{\phi(t)}(\boldsymbol{\phi}(t)\times)+\frac{1-\cos\phi(t)}{\phi(t)^2}(\boldsymbol{\phi}(t)\times)^2 \tag{3-86}$$

式中：$\boldsymbol{\phi}(t)$是等效旋转矢量，表示 $o_bx_by_bz_b$ 在 t 时刻相对 t_{m-1}时刻的方位信息。

$$\begin{aligned}&\boldsymbol{\phi}(t)\approx\boldsymbol{\alpha}(t)=\int_{t_{m-1}}^{t}\boldsymbol{\omega}_{ib}^{b}\mathrm{d}\tau\\&\sin\phi(t)\approx\phi(t),\frac{1-\cos\phi(t)}{\phi(t)^2}\approx\frac{1}{2}\end{aligned} \tag{3-87}$$

将式(3－87)代入式(3－86)，作一阶近似，忽略$(\boldsymbol{\phi}(t)\times)^2$，并考虑$\boldsymbol{\phi}(t)$为小量，式(3－86)可简化成

$$\boldsymbol{C}_{b_{(t)}}^{b_{(m-1)}}=\boldsymbol{I}+(\boldsymbol{\alpha}(t)\times) \tag{3-88}$$

式中：$(\boldsymbol{\alpha}(t)\times)$表示由角增量$\boldsymbol{\alpha}$的分量组成的反对称阵。

式(3－83)中$\boldsymbol{C}_{n_{(m-1)}}^{n_{(m)}}$的计算采用式(3－88)亦可，由于导航坐标系的旋转为慢速旋转，其计算可采用直接一次积分方法。载体坐标系的旋转为快速旋转，其高精度计算（即式(3－88)的计算）是速度更新算法的重点与难点。

将式(3－88)代入式(3－85)得到一阶表达式，即

$$\Delta\boldsymbol{V}_{\mathrm{SF}_m}^{b_{(m-1)}}=\int_{t_{m-1}}^{t_m}[\boldsymbol{I}+(\boldsymbol{\alpha}(t)\times)]\boldsymbol{f}^b\mathrm{d}t=\int_{t_{m-1}}^{t_m}\boldsymbol{f}^b\mathrm{d}t+\int_{t_{m-1}}^{t_m}(\boldsymbol{\alpha}(t)\times\boldsymbol{f}^b)\mathrm{d}t \tag{3-89}$$

进一步，得到

$$\begin{gathered}\Delta\boldsymbol{V}_{\mathrm{SF}_m}^{b_{(m-1)}}=\boldsymbol{V}_m+\int_{t_{m-1}}^{t_m}(\boldsymbol{\alpha}(t)\times\boldsymbol{f}^b)\mathrm{d}t\\\boldsymbol{\alpha}(t)=\int_{t_{m-1}}^{t}\boldsymbol{\omega}_{ib}^{b}\mathrm{d}\tau,\boldsymbol{\alpha}_m=\boldsymbol{\alpha}(t_m),\boldsymbol{V}(t)=\int_{t_{m-1}}^{t}\boldsymbol{f}^b\mathrm{d}\tau,\boldsymbol{V}_m=\boldsymbol{V}(t_m)\end{gathered} \tag{3-90}$$

式(3－90)定义了式(3－85)中$\Delta\boldsymbol{V}_{\mathrm{SF}_m}^{b_{(m-1)}}$的计算方法，下面对其积分项计算做如下推导：

$$\frac{\mathrm{d}}{\mathrm{d}t}(\boldsymbol{\alpha}(t)\times\boldsymbol{V}(t))=\boldsymbol{\alpha}(t)\times\dot{\boldsymbol{V}}(t)+\dot{\boldsymbol{\alpha}}(t)\times\boldsymbol{V}(t)=\boldsymbol{\alpha}(t)\times\dot{\boldsymbol{V}}(t)-\boldsymbol{V}(t)\times\dot{\boldsymbol{\alpha}}(t) \tag{3-91}$$

$$\boldsymbol{\alpha}(t)\times\dot{\boldsymbol{V}}(t)=\frac{\mathrm{d}}{\mathrm{d}t}(\boldsymbol{\alpha}(t)\times\boldsymbol{V}(t))+\boldsymbol{V}(t)\times\dot{\boldsymbol{\alpha}}(t) \tag{3-92}$$

由于

$$\boldsymbol{\alpha}(t)\times\dot{\boldsymbol{V}}(t)=\frac{1}{2}\boldsymbol{\alpha}(t)\times\dot{\boldsymbol{V}}(t)+\frac{1}{2}\boldsymbol{\alpha}(t)\times\dot{\boldsymbol{V}}(t) \tag{3-93}$$

可以把式(3-93)代入式(3-92)的右半部分,得到

$$\boldsymbol{\alpha}(t)\times\dot{\boldsymbol{V}}(t)=\frac{1}{2}\frac{\mathrm{d}}{\mathrm{d}t}(\boldsymbol{\alpha}(t)\times\boldsymbol{V}(t))+\frac{1}{2}(\boldsymbol{\alpha}(t)\times\dot{\boldsymbol{V}}(t)+\boldsymbol{V}(t)\times\dot{\boldsymbol{\alpha}}(t)) \tag{3-94}$$

根据式(3-90)可知

$$\dot{\boldsymbol{\alpha}}(t)=\boldsymbol{\omega}_{ib}^{b},\quad \dot{\boldsymbol{V}}(t)=\boldsymbol{f}^{b} \tag{3-95}$$

将式(3-95)代入式(3-94),得到

$$\boldsymbol{\alpha}(t)\times\boldsymbol{f}^{b}=\frac{1}{2}\frac{\mathrm{d}}{\mathrm{d}t}(\boldsymbol{\alpha}(t)\times\boldsymbol{V}(t))+\frac{1}{2}(\boldsymbol{\alpha}(t)\times\boldsymbol{f}^{b}+\boldsymbol{V}(t)\times\boldsymbol{\omega}_{ib}^{b}) \tag{3-96}$$

将式(3-96)代入式(3-90)中被积函数$\boldsymbol{\alpha}(t)\times\boldsymbol{f}^{b}$项,得到下面的等价形式

$$\Delta\boldsymbol{V}_{\mathrm{SF}_m}^{b(m-1)}=\boldsymbol{V}_m+\frac{1}{2}\boldsymbol{\alpha}_m\times\boldsymbol{V}_m+\frac{1}{2}\int_{t_{m-1}}^{t_m}(\boldsymbol{\alpha}(t)\times\boldsymbol{f}^{b}+\boldsymbol{V}(t)\times\boldsymbol{\omega}_{ib}^{b})\mathrm{d}t \tag{3-97}$$

由式(3-97)可知,$\Delta\boldsymbol{V}_{\mathrm{SF}_m}^{b(m-1)}$主要由三部分构成:

(1) 从t_{m-1}到t_m期间,由加速度计测量速度增量$\boldsymbol{V}_m$。

(2) 从t_{m-1}到t_m期间,角度增量值与速度增量值的叉乘项,又称速度旋转补偿项$\Delta\boldsymbol{V}_{\mathrm{rot}_m}$。

(3) 动态积分项$\Delta\boldsymbol{V}_{\mathrm{scul}_m}$,通常又称为划船运动项。

通过上述定义,式(3-97)可重新写成

$$\Delta\boldsymbol{V}_{\mathrm{SF}_m}^{b(m-1)}=\boldsymbol{V}_m+\Delta\boldsymbol{V}_{\mathrm{rot}_m}+\Delta\boldsymbol{V}_{\mathrm{scul}_m} \tag{3-98}$$

$$\Delta\boldsymbol{V}_{\mathrm{scul}}(t)=\frac{1}{2}\int_{t_{m-1}}^{t}(\boldsymbol{\alpha}(\tau)\times\boldsymbol{f}^{b}+\boldsymbol{V}(\tau)\times\boldsymbol{\omega}_{ib}^{b})\mathrm{d}\tau,\quad \Delta\boldsymbol{V}_{\mathrm{scul}_m}=\Delta\boldsymbol{V}_{\mathrm{scul}}(t_m) \tag{3-99}$$

$$\Delta\boldsymbol{V}_{\mathrm{rot}_m}=\frac{1}{2}\boldsymbol{\alpha}_m\times\boldsymbol{V}_m \tag{3-100}$$

$$\begin{aligned}\boldsymbol{\alpha}(t)&=\int_{t_{m-1}}^{t}\boldsymbol{\omega}_{ib}^{b}\mathrm{d}\tau,\quad \boldsymbol{\alpha}_m=\boldsymbol{\alpha}(t_m)\\ \boldsymbol{V}(t)&=\int_{t_{m-1}}^{t}\boldsymbol{f}^{b}\mathrm{d}\tau,\quad \boldsymbol{V}_m=\boldsymbol{V}(t_m)\end{aligned} \tag{3-101}$$

式(3-100)称作速度旋转补偿项,由载体的线运动方向在空间旋转引起。只要载体旋转角速度与加速度不共线,速度旋转补偿项总不为零。$\Delta\boldsymbol{V}_{\mathrm{scul}_m}$是动

态积分项,即划船运动 Sculling 补偿项。

2. 划船补偿算法

假设在速度更新周期内,以三次多项式拟合载体角速度矢量和比力矢量,即

$$\boldsymbol{\omega}_{ib}^{b}=\boldsymbol{a}+\boldsymbol{b}(t-t_{m-1})+\boldsymbol{c}(t-t_{m-1})^{2}+\boldsymbol{d}(t-t_{m-1})^{3} \tag{3-102}$$

$$\boldsymbol{f}^{b}=\boldsymbol{a}_{1}+\boldsymbol{b}_{1}(t-t_{m-1})+\boldsymbol{c}_{1}(t-t_{m-1})^{2}+\boldsymbol{d}_{1}(t-t_{m-1})^{3} \tag{3-103}$$

则

$$\boldsymbol{\alpha}(t)=\int_{t_{m-1}}^{t}\boldsymbol{\omega}_{ib}^{b}\mathrm{d}\tau=\boldsymbol{a}(t-t_{m-1})+\boldsymbol{b}(t-t_{m-1})^{2}+\boldsymbol{c}(t-t_{m-1})^{3}+\boldsymbol{d}(t-t_{m-1})^{4} \tag{3-104}$$

$$\boldsymbol{V}(t)=\int_{t_{m-1}}^{t}\boldsymbol{f}^{b}\mathrm{d}\tau=\boldsymbol{a}_{1}(t-t_{m-1})+\boldsymbol{b}_{1}(t-t_{m-1})^{2}+\boldsymbol{c}_{1}(t-t_{m-1})^{3}+\boldsymbol{d}_{1}(t-t_{m-1})^{4} \tag{3-105}$$

设在第 m 更新周期上均匀取四个采样点:$t_1=t_{m-1}+i\Delta T$,$i=1,2,3,4$,其中 $\Delta T=T_m/4$。均匀采集四个角增量 $\Delta\boldsymbol{\theta}_m(1)$、$\Delta\boldsymbol{\theta}_m(2)$、$\Delta\boldsymbol{\theta}_m(3)$、$\Delta\boldsymbol{\theta}_m(4)$ 和速度增量 $\Delta\boldsymbol{V}_m(1)$、$\Delta\boldsymbol{V}_m(2)$、$\Delta\boldsymbol{V}_m(3)$、$\Delta\boldsymbol{V}_m(4)$,则

$$\Delta\boldsymbol{\theta}_m(1)=\boldsymbol{a}\Delta T+\boldsymbol{b}\Delta T^2/2+\boldsymbol{c}\Delta T^3/3+\boldsymbol{d}\Delta T^4/4 \tag{3-106a}$$

$$\Delta\boldsymbol{\theta}_m(2)=\boldsymbol{a}\Delta T+3\boldsymbol{b}\Delta T^2/2+7\boldsymbol{c}\Delta T^3/3+15\boldsymbol{d}\Delta T^4/4 \tag{3-106b}$$

$$\Delta\boldsymbol{\theta}_m(3)=\boldsymbol{a}\Delta T+5\boldsymbol{b}\Delta T^2/2+19\boldsymbol{c}\Delta T^3/3+65\boldsymbol{d}\Delta T^4/4 \tag{3-106c}$$

$$\Delta\boldsymbol{\theta}_m(4)=\boldsymbol{a}\Delta T+7\boldsymbol{b}\Delta T^2/2+37\boldsymbol{c}\Delta T^3/3+175\boldsymbol{d}\Delta T^4/4 \tag{3-106d}$$

$$\Delta\boldsymbol{V}_m(1)=\boldsymbol{a}_1\Delta T+\boldsymbol{b}_1\Delta T^2/2+\boldsymbol{c}_1\Delta T^3/3+\boldsymbol{d}_1\Delta T^4/4 \tag{3-106e}$$

$$\Delta\boldsymbol{V}_m(2)=\boldsymbol{a}_1\Delta T+3\boldsymbol{b}_1\Delta T^2/2+7\boldsymbol{c}_1\Delta T^3/3+15\boldsymbol{d}_1\Delta T^4/4 \tag{3-106f}$$

$$\Delta\boldsymbol{V}_m(3)=\boldsymbol{a}_1\Delta T+5\boldsymbol{b}_1\Delta T^2/2+19\boldsymbol{c}_1\Delta T^3/3+65\boldsymbol{d}_1\Delta T^4/4 \tag{3-106g}$$

$$\Delta\boldsymbol{V}_m(4)=\boldsymbol{a}_1\Delta T+7\boldsymbol{b}_1\Delta T^2/2+37\boldsymbol{c}_1\Delta T^3/3+175\boldsymbol{d}_1\Delta T^4/4 \tag{3-106h}$$

由式(3－106)整理后得到划船效应补偿的四子样算法式为

$$\begin{aligned}\Delta\hat{\boldsymbol{V}}_{\mathrm{scul}_m}=&k_1[\Delta\boldsymbol{\theta}_m(1)\times\Delta\boldsymbol{V}_m(2)+\Delta\boldsymbol{\theta}_m(3)\times\Delta\boldsymbol{V}_m(4)+\Delta\boldsymbol{V}_m(1)\times\Delta\boldsymbol{\theta}_m(2)+\\&\Delta\boldsymbol{V}_m(3)\times\Delta\boldsymbol{\theta}_m(4)]+\\&k_2[\Delta\boldsymbol{\theta}_m(1)\times\Delta\boldsymbol{V}_m(3)+\Delta\boldsymbol{\theta}_m(2)\times\Delta\boldsymbol{V}_m(4)+\Delta\boldsymbol{V}_m(1)\times\Delta\boldsymbol{\theta}_m(3)+\\&\Delta\boldsymbol{V}_m(2)\times\Delta\boldsymbol{\theta}_m(4)]+\\&k_3[\Delta\boldsymbol{\theta}_m(1)\times\Delta\boldsymbol{V}_m(4)+\Delta\boldsymbol{V}_m(1)\times\Delta\boldsymbol{\theta}_m(4)]+k_4[\Delta\boldsymbol{\theta}_m(2)\times\Delta\boldsymbol{V}_m(3)+\\&\Delta\boldsymbol{V}_m(2)\times\Delta\boldsymbol{\theta}_m(3)]\end{aligned} \tag{3-107}$$

式中：$k_1=\frac{736}{945}, k_2=\frac{334}{945}, k_3=\frac{526}{945}, k_4=\frac{654}{945}$。

同理，以二次多项式拟合载体角速度矢量和比力矢量，可以推导出三子样算法公式为

$$\Delta\hat{\boldsymbol{V}}_{\text{scul}_m}=k_1[\Delta\boldsymbol{\theta}_m(1)\times\Delta\boldsymbol{V}_m(3)+\Delta\boldsymbol{V}_m(1)\times\Delta\boldsymbol{\theta}_m(3)]+k_2[\Delta\boldsymbol{\theta}_m(1)\times\Delta\boldsymbol{V}_m(2)+\Delta\boldsymbol{\theta}_m(2)\times\Delta\boldsymbol{V}_m(3)+\Delta\boldsymbol{V}_m(1)\times\Delta\boldsymbol{\theta}_m(2)+\Delta\boldsymbol{V}_m(2)\times\Delta\boldsymbol{\theta}_m(3)] \tag{3-108}$$

式中：$k_1=\frac{33}{80}, k_2=\frac{57}{80}$。

以一次多项式拟合载体角速度矢量和比力矢量，可以推导出二子样算法公式为

$$\Delta\hat{\boldsymbol{V}}_{\text{scul}_m}=k_1[\Delta\boldsymbol{\theta}_m(1)\times\Delta\boldsymbol{V}_m(2)+\Delta\boldsymbol{V}_m(1)\times\Delta\boldsymbol{\theta}_m(2)] \tag{3-109}$$

式中：$k_1=\frac{2}{3}$。

根据以上推导，可以归纳出划船算法的一般形式为

$$\Delta\hat{\boldsymbol{V}}_{\text{scul}_m}=\sum_{i=1}^{N-1}\sum_{j=i+1}^{N}k_{ij}[\Delta\boldsymbol{\theta}_m(i)\times\Delta\boldsymbol{V}_m(j)+\Delta\boldsymbol{V}_m(i)\times\Delta\boldsymbol{\theta}_m(j)] \tag{3-110}$$

3.3.3 捷联式惯性导航系统的位置更新

1. 位置更新算法

一般情况下，位置更新和速度更新具有相同的更新周期 T_m，其中 $T_m=t_m-t_{m-1}$。

$$\begin{aligned}\Delta\boldsymbol{R}_m^n&=\int_{t_{m-1}}^{t_m}\boldsymbol{V}^n(t)\mathrm{d}t\\&=\left\{\boldsymbol{V}_{m-1}^n+\frac{1}{2}\Delta\boldsymbol{V}_{\text{G/Cor}_m}^n-\frac{1}{3}\boldsymbol{\eta}_m\times[\boldsymbol{C}_{b(m-1)}^{n(m-1)}\Delta\boldsymbol{V}_{\text{SF}_m}^b]\right\}T_m+\boldsymbol{C}_{b(m-1)}^{n(m-1)}\Delta\boldsymbol{R}_{\text{SF}_m}^b\end{aligned} \tag{3-111}$$

式中：$\Delta\boldsymbol{R}_m^n$ 为 $[t_{m-1},t_m]$ 时间段内的位置增量；$\Delta\boldsymbol{V}_{\text{G/Cor}_m}^n$ 为 $[t_{m-1},t_m]$ 时间段内有害加速度引起的速度增量；$\boldsymbol{\eta}_m=\int_{t_{m-1}}^{t_m}\boldsymbol{\omega}_{in}^n\mathrm{d}t\approx\boldsymbol{\omega}_{in_{m-1}}^n T_m$，$\boldsymbol{\omega}_{in_{m-1}}^n$ 为 t_{m-1} 时刻 $o_nx_ny_nz_n$ 相对于 $o_ix_iy_iz_i$ 转动的角速度矢量；$\Delta\boldsymbol{R}_{\text{SF}_m}^b$ 为 $[t_{m-1},t_m]$ 时间段内比力二次积分引起的位置增量，且有

$$\Delta\boldsymbol{R}_{\text{SF}_m}^b=\boldsymbol{S}_{V_m}+\Delta\boldsymbol{R}_{\text{rot}_m}+\Delta\boldsymbol{R}_{\text{scrl}_m} \tag{3-112}$$

$$\Delta \boldsymbol{R}_{\mathrm{rot}_m}=\frac{1}{6}[\boldsymbol{S}_{\alpha_m}\times\boldsymbol{V}_m+\boldsymbol{\alpha}_m\times\boldsymbol{S}_{V_m}] \tag{3-113}$$

$$\Delta \boldsymbol{R}_{\mathrm{scrl}_m}=\frac{1}{6}\int_{t_{m-1}}^{t_m}[6\Delta\boldsymbol{V}_{\mathrm{scul}}(t)-\boldsymbol{S}_{\alpha}(t)\times\boldsymbol{f}^b(t)+\boldsymbol{S}_V(t)\times\boldsymbol{\omega}_{ib}^b(t)+\boldsymbol{\alpha}(t)\times\boldsymbol{V}(t)]\mathrm{d}t \tag{3-114}$$

$$\boldsymbol{\alpha}(t)=\int_{t_{m-1}}^{t}\boldsymbol{\omega}_{ib}^b\mathrm{d}\tau,\boldsymbol{\alpha}_m=\boldsymbol{\alpha}(t_m),\boldsymbol{V}(t)=\int_{t_{m-1}}^{t}\boldsymbol{f}^b\mathrm{d}\tau,\boldsymbol{V}_m=\boldsymbol{V}(t_m) \tag{3-115}$$

$$\boldsymbol{S}_{\alpha}(t)=\int_{t_{m-1}}^{t}\boldsymbol{\alpha}(\tau)\mathrm{d}\tau,\boldsymbol{S}_{\alpha_m}=\boldsymbol{S}_{\alpha}(t_m),\boldsymbol{S}_V(t)=\int_{t_{m-1}}^{t}\boldsymbol{V}(\tau)\mathrm{d}\tau,\boldsymbol{S}_{V_m}=\boldsymbol{S}_V(t_m) \tag{3-116}$$

式中：$\Delta\boldsymbol{R}_{\mathrm{rot}_m}$为位置旋转补偿项；$\Delta\boldsymbol{R}_{\mathrm{scrl}_m}$为位置涡卷补偿项；$\boldsymbol{\alpha}(t)$为陀螺输出角增量；$\boldsymbol{V}(t)$为加速度计输出的速度增量。

2. 涡卷补偿算法

在位置更新周期$[t_{m-1},t_m]$内，以一次多项式拟合角速度矢量$\boldsymbol{\omega}_{ib}^b$和比力矢量$\boldsymbol{f}^b$，即

$$\boldsymbol{\omega}_{ib}^b=\boldsymbol{a}+\boldsymbol{b}(t-t_{m-1}) \tag{3-117}$$

$$\boldsymbol{f}^b=\boldsymbol{A}+\boldsymbol{B}(t-t_{m-1}) \tag{3-118}$$

由于更新周期$[t_{m-1},t_m]$内包含N个采样周期，有

$$\Delta\boldsymbol{\theta}_m(i)=\int_{t_{m-1}+\frac{i-1}{N}T_m}^{t_{m-1}+\frac{i}{N}T_m}\boldsymbol{\omega}_{ib}^b\mathrm{d}t\quad,i=1,2,\cdots,N \tag{3-119}$$

$$\Delta\boldsymbol{V}_m(i)=\int_{t_{m-1}+\frac{i-1}{N}T_m}^{t_{m-1}+\frac{i}{N}T_m}\boldsymbol{f}^b\mathrm{d}t\quad,i=1,2,\cdots,N \tag{3-120}$$

当取$N=2$时，则

$$\Delta\boldsymbol{\theta}_m(1)=\int_{t_{m-1}}^{t_{m-1}+\frac{T_m}{2}}\boldsymbol{\omega}_{ib}^b\mathrm{d}t=\boldsymbol{a}\left(\frac{T_m}{2}\right)+\frac{\boldsymbol{b}}{2}\left(\frac{T_m}{2}\right)^2 \tag{3-121}$$

$$\Delta\boldsymbol{\theta}_m(2)=\int_{t_{m-1}+\frac{T_m}{2}}^{t_{m-1}+T_m}\boldsymbol{\omega}_{ib}^b\mathrm{d}t=\boldsymbol{a}\left(\frac{T_m}{2}\right)+\frac{3\boldsymbol{b}}{2}\left(\frac{T_m}{2}\right)^2 \tag{3-122}$$

$$\Delta\boldsymbol{V}_m(1)=\int_{t_{m-1}}^{t_{m-1}+\frac{T_m}{2}}\boldsymbol{f}^b\mathrm{d}t=\boldsymbol{A}\left(\frac{T_m}{2}\right)+\frac{\boldsymbol{B}}{2}\left(\frac{T_m}{2}\right)^2 \tag{3-123}$$

$$\Delta\boldsymbol{V}_m(2)=\int_{t_{m-1}+\frac{T_m}{2}}^{t_{m-1}+T_m}\boldsymbol{f}^b\mathrm{d}t=\boldsymbol{A}\left(\frac{T_m}{2}\right)+\frac{3\boldsymbol{B}}{2}\left(\frac{T_m}{2}\right)^2 \tag{3-124}$$

由式(3－121)～式(3－124)得

$$\boldsymbol{a}=\frac{1}{T_m}[3\Delta\boldsymbol{\theta}_m(1)-\Delta\boldsymbol{\theta}_m(2)] \tag{3-125}$$

$$\boldsymbol{b}=\frac{4}{T_m^2}[\Delta\boldsymbol{\theta}_m(2)-\Delta\boldsymbol{\theta}_m(1)] \tag{3-126}$$

$$\boldsymbol{A}=\frac{1}{T_m}[3\Delta\boldsymbol{V}_m(1)-\Delta\boldsymbol{V}_m(2)] \tag{3-127}$$

$$\boldsymbol{B}=\frac{4}{T_m^2}[\Delta\boldsymbol{V}_m(2)-\Delta\boldsymbol{V}_m(1)] \tag{3-128}$$

又

$$\boldsymbol{\alpha}(t)=\int_{t_{m-1}}^{t}\boldsymbol{\omega}_{ib}^{b}\mathrm{d}\tau=\boldsymbol{a}(t-t_{m-1})+\frac{\boldsymbol{b}}{2}(t-t_{m-1})^2 \tag{3-129}$$

$$\boldsymbol{V}(t)=\int_{t_{m-1}}^{t}\boldsymbol{f}^{b}\mathrm{d}\tau=\boldsymbol{A}(t-t_{m-1})+\frac{\boldsymbol{B}}{2}(t-t_{m-1})^2 \tag{3-130}$$

$$\boldsymbol{S}_{\alpha}(t)=\int_{t_{m-1}}^{t}\int_{t_{m-1}}^{\mu}\boldsymbol{\omega}_{ib}^{b}\mathrm{d}\tau\mathrm{d}\mu=\frac{\boldsymbol{a}}{2}(t-t_{m-1})^2+\frac{\boldsymbol{b}}{6}(t-t_{m-1})^3 \tag{3-131}$$

$$\boldsymbol{S}_{V}(t)=\int_{t_{m-1}}^{t}\int_{t_{m-1}}^{\mu}\boldsymbol{f}^{b}\mathrm{d}\tau\mathrm{d}\mu=\frac{\boldsymbol{A}}{2}(t-t_{m-1})^2+\frac{\boldsymbol{B}}{6}(t-t_{m-1})^3 \tag{3-132}$$

$$\begin{aligned}\Delta\boldsymbol{V}_{\mathrm{scul}}(t)&=\frac{1}{2}\int_{t_{m-1}}^{t}[\boldsymbol{\alpha}(t)\times\boldsymbol{f}^{b}+\boldsymbol{V}(t)\times\boldsymbol{\omega}_{ib}^{b}]\mathrm{d}t\\&=\frac{1}{4}(\boldsymbol{a}\times\boldsymbol{A})(t-t_{m-1})^2+\left(\frac{1}{12}\boldsymbol{b}\times\boldsymbol{A}+\frac{1}{6}\boldsymbol{a}\times\boldsymbol{B}\right)(t-t_{m-1})^3+\\&\quad\frac{1}{16}(\boldsymbol{b}\times\boldsymbol{B})(t-t_{m-1})^4\end{aligned} \tag{3-133}$$

将上述各式代入式(3－114)可以得到二子样涡卷补偿算法式为

$$\begin{aligned}\Delta\hat{\boldsymbol{R}}_{\mathrm{scrl}_m}=&\left\{\Delta\boldsymbol{\theta}_m(1)\times\left[\frac{11}{90}\Delta\boldsymbol{V}_m(1)+\frac{1}{10}\Delta\boldsymbol{V}_m(2)\right]+\right.\\&\left.\Delta\boldsymbol{\theta}_m(2)\times\left[-\frac{7}{30}\Delta\boldsymbol{V}_m(1)+\frac{1}{90}\Delta\boldsymbol{V}_m(2)\right]\right\}T_m\end{aligned} \tag{3-134}$$

同理，当角速度矢量和比力矢量分别用二次多项式拟合时可推导出三子样涡卷补偿算法式为

$$\Delta\hat{\boldsymbol{R}}_{\mathrm{scrl}_m}=\left\{\Delta\boldsymbol{\theta}_m(1)\times\left[\frac{17}{140}\Delta\boldsymbol{V}_m(1)+\frac{16}{35}\Delta\boldsymbol{V}_m(2)-\frac{51}{560}\Delta\boldsymbol{V}_m(3)\right]+\right.$$
$$\Delta\boldsymbol{\theta}_m(2)\times\left[-\frac{227}{560}\Delta\boldsymbol{V}_m(1)+\frac{69}{560}\Delta\boldsymbol{V}_m(2)+\frac{2}{35}\Delta\boldsymbol{V}_m(3)\right]+$$
$$\left.\Delta\boldsymbol{\theta}_m(3)\times\left[-\frac{9}{70}\Delta\boldsymbol{V}_m(1)-\frac{73}{560}\Delta\boldsymbol{V}_m(2)-\frac{1}{280}\Delta\boldsymbol{V}_m(3)\right]\right\}T_m \tag{3-135}$$

同理,当角速度矢量和比力矢量分别用三次多项式拟合时可推导出四子样涡卷补偿算法式为

$$\Delta\hat{\boldsymbol{R}}_{\mathrm{scrl}_m}=\left\{\Delta\boldsymbol{\theta}_m(1)\times\left[\frac{797}{5670}\Delta\boldsymbol{V}_m(1)+\frac{1103}{1890}\Delta\boldsymbol{V}_m(2)+\frac{47}{630}\Delta\boldsymbol{V}_m(3)-\frac{47}{810}\Delta\boldsymbol{V}_m(4)\right]+\right.$$
$$\Delta\boldsymbol{\theta}_m(2)\times\left[-\frac{307}{630}\Delta\boldsymbol{V}_m(1)+\frac{43}{378}\Delta\boldsymbol{V}_m(2)+\frac{629}{1890}\Delta\boldsymbol{V}_m(3)-\frac{13}{270}\Delta\boldsymbol{V}_m(4)\right]+$$
$$\Delta\boldsymbol{\theta}_m(3)\times\left[-\frac{37}{3780}\Delta\boldsymbol{V}_m(1)-\frac{79}{270}\Delta\boldsymbol{V}_m(2)+\frac{173}{1890}\Delta\boldsymbol{V}_m(3)+\frac{61}{1890}\Delta\boldsymbol{V}_m(4)\right]+$$
$$\left.\Delta\boldsymbol{\theta}_m(4)\times\left[-\frac{1091}{5670}\Delta\boldsymbol{V}_m(1)-\frac{59}{630}\Delta\boldsymbol{V}_m(2)-\frac{187}{1890}\Delta\boldsymbol{V}_m(3)-\frac{1}{5670}\Delta\boldsymbol{V}_m(4)\right]\right\}T_m \tag{3-136}$$

3.3.4　捷联式惯性导航系统误差分析

惯性器件误差以及导航算法误差等误差源的存在,导致捷联惯性导航系统解算输出的姿态、速度和位置信息都存在一定误差。系统误差不仅与所使用的惯性器件精度有关,而且与系统初始对准精度有关。为了分析各种误差源在捷联式惯性导航系统中的传播特性,必须建立捷联式惯性导航系统误差模型。本节推导了捷联式惯性导航系统的误差方程,建立了捷联式惯性导航系统的数学误差模型,并且分析了各误差源在捷联式惯性导航系统中传播过程中的作用与影响。

1. 捷联式惯性导航系统误差方程

1) 失准角误差方程

失准角 $\boldsymbol{\phi}$(即数学平台的误差角)主要是由初始对准误差、惯性器件误差、数值积分算法误差而造成的计算导航坐标系 $o_{n'}x_{n'}y_{n'}z_{n'}$(即 n'系)与导航坐标系 $o_nx_ny_nz_n$(即 n 系)之间的误差角。由捷联式惯性导航原理可知,捷联姿态矩阵微分方程为

$$\dot{\boldsymbol{C}}_b^n = \boldsymbol{C}_b^n(\boldsymbol{\omega}_{nb}^b \times) \tag{3-137}$$

式中：$(\boldsymbol{\omega}_{nb}^b \times)$为角速度矢量$\boldsymbol{\omega}_{nb}^b$的反对称矩阵；$\boldsymbol{\omega}_{nb}^b$为载体坐标系相对于导航坐标系的旋转角速度矢量在载体坐标系上的投影，其大小为$\boldsymbol{\omega}_{nb}^b = \boldsymbol{\omega}_{ib}^b - C_n^b(\boldsymbol{\omega}_{ie}^n + \boldsymbol{\omega}_{en}^n)$，$\boldsymbol{\omega}_{ib}^b$为载体坐标系相对于惯性坐标系的旋转角速度矢量在载体坐标系上的投影，可以由陀螺仪直接测量得到，$\boldsymbol{\omega}_{ie}^n$为地球坐标系相对于惯性坐标系的旋转角速度矢量在导航坐标系上的投影，设地球自转角速率为Ω，则$\boldsymbol{\omega}_{ie}^n$表达式为$\boldsymbol{\omega}_{ie}^n = [0 \quad \Omega\cos\varphi \quad \Omega\sin\varphi]^{\mathrm{T}}$ φ为当地地理纬度，$\boldsymbol{\omega}_{en}^n$为导航坐标系相对于地球坐标系的旋转角速度矢量在导航坐标系上的投影，其表达式为$\boldsymbol{\omega}_{en}^n = \left[-\dfrac{V_{\mathrm{N}}}{R_{\mathrm{M}}} \quad \dfrac{V_{\mathrm{E}}}{R_{\mathrm{N}}} \quad -\dfrac{V_{\mathrm{E}}\tan\varphi}{R_{\mathrm{N}}}\right]^{\mathrm{T}}$，$V_{\mathrm{E}}$、$V_{\mathrm{N}}$为载体速度在地理东向与北向的投影。

由式(3-137)可以得到

$$\dot{\boldsymbol{C}}_b^n = -(\boldsymbol{\omega}_{in}^n \times)\boldsymbol{C}_b^n + \boldsymbol{C}_b^n(\boldsymbol{\omega}_{ib}^b \times) \tag{3-138}$$

式中：$(\boldsymbol{\omega}_{in}^n \times)$为角速度矢量$\boldsymbol{\omega}_{in}^n$的反对称矩阵；$(\boldsymbol{\omega}_{ib}^b \times)$为角速度矢量$\boldsymbol{\omega}_{ib}^b$的反对称矩阵。

同理，可以得到计算导航坐标系$o_{n'}x_{n'}y_{n'}z_{n'}$中的姿态矩阵微分方程为

$$\dot{\boldsymbol{C}}_b^{n'} = -(\boldsymbol{\omega}_{in'}^{n'} \times)\boldsymbol{C}_b^{n'} + \boldsymbol{C}_b^{n'}(\tilde{\boldsymbol{\omega}}_{ib}^b \times) \tag{3-139}$$

式中：$(\boldsymbol{\omega}_{in'}^{n'} \times)$与$(\tilde{\boldsymbol{\omega}}_{ib}^b \times)$分别为角速度矢量$\boldsymbol{\omega}_{in'}^{n'}$与$\tilde{\boldsymbol{\omega}}_{ib}^b$的反对称矩阵；$\boldsymbol{\omega}_{in'}^{n'}$为计算导航坐标系相对于惯性坐标系的旋转角速度矢量在计算导航坐标系上的投影；$\tilde{\boldsymbol{\omega}}_{ib}^b$为陀螺仪测得的角速度矢量。

在捷联式惯性导航系统中，计算导航坐标系相对于惯性坐标系的旋转角速度矢量为$\boldsymbol{\omega}_{in'}^{n'} = \boldsymbol{\omega}_{in}^n + \delta\boldsymbol{\omega}_{in}^n$，其中$\delta\boldsymbol{\omega}_{in}^n$为

$$\begin{aligned}\delta\boldsymbol{\omega}_{in}^n &= \delta\boldsymbol{\omega}_{ie}^n + \delta\boldsymbol{\omega}_{en}^n \\ &= \left[-\frac{\delta V_{\mathrm{N}}}{R_{\mathrm{M}}} \quad \frac{\delta V_{\mathrm{E}}}{R_{\mathrm{N}}} - \Omega\sin\varphi\delta\varphi \quad -\frac{\delta V_{\mathrm{E}}}{R_{\mathrm{N}}}\tan\varphi + \left(\Omega\cos\varphi + \frac{V_{\mathrm{E}}}{R_{\mathrm{N}}}\sec^2\varphi\right)\delta\varphi\right]^{\mathrm{T}}\end{aligned} \tag{3-140}$$

假设陀螺漂移为$\boldsymbol{\varepsilon}^b$，则陀螺测得的角速度矢量为$\tilde{\boldsymbol{\omega}}_{ib}^b = \boldsymbol{\omega}_{ib}^b - \boldsymbol{\varepsilon}^b$。考虑到式(3-138)和式(3-139)具有下述关系

$$\boldsymbol{C}_b^{n'} = \boldsymbol{C}_n^{n'}\boldsymbol{C}_b^n = (\boldsymbol{I} - (\boldsymbol{\phi} \times))\boldsymbol{C}_b^n \tag{3-141}$$

式中：$(\boldsymbol{\phi} \times)$为失准角$\boldsymbol{\phi}$的反对称矩阵。

由式(3-141)可以得到

$$\Delta \boldsymbol{C} \triangleq \boldsymbol{C}_b^{n'} - \boldsymbol{C}_b^n = -(\boldsymbol{\phi}\times)\boldsymbol{C}_b^n \tag{3-142}$$

式(3－142)对时间求一阶导数可以得到

$$\Delta \dot{\boldsymbol{C}} = -(\dot{\boldsymbol{\phi}}\times)\boldsymbol{C}_b^n - (\boldsymbol{\phi}\times)\dot{\boldsymbol{C}}_b^n \tag{3-143}$$

将式(3－138)代入式(3－143)可以得到

$$\Delta \dot{\boldsymbol{C}} = -(\dot{\boldsymbol{\phi}}\times)\boldsymbol{C}_b^n + (\boldsymbol{\phi}\times)(\boldsymbol{\omega}_{in}^n\times)\boldsymbol{C}_b^n - (\boldsymbol{\phi}\times)\boldsymbol{C}_b^n(\boldsymbol{\omega}_{ib}^b\times) \tag{3-144}$$

式(3－142)对时间求一阶导数还可以得到

$$\Delta \dot{\boldsymbol{C}} = \dot{\boldsymbol{C}}_b^{n'} - \dot{\boldsymbol{C}}_b^n \tag{3-145}$$

将式(3－138)、式(3－139)代入式(3－145)可以得到

$$\begin{aligned}\Delta \dot{\boldsymbol{C}} &= -(\boldsymbol{\omega}_{in}^{n'}\times)\boldsymbol{C}_b^{n'} + \boldsymbol{C}_b^{n'}(\tilde{\boldsymbol{\omega}}_{ib}^b\times) + (\boldsymbol{\omega}_{in}^n\times)\boldsymbol{C}_b^n - \boldsymbol{C}_b^n(\boldsymbol{\omega}_{ib}^b\times)\\ &= -((\boldsymbol{\omega}_{in}^n\times) + (\delta\boldsymbol{\omega}_{in}^n\times))(\boldsymbol{I} - (\boldsymbol{\phi}\times))\boldsymbol{C}_b^n + (\boldsymbol{I} - (\boldsymbol{\phi}\times))\\ &\quad \boldsymbol{C}_b^n((\boldsymbol{\omega}_{ib}^b\times) - (\boldsymbol{\varepsilon}^b\times)) + (\boldsymbol{\omega}_{in}^n\times)\boldsymbol{C}_b^n - \boldsymbol{C}_b^n(\boldsymbol{\omega}_{ib}^b\times)\\ &= (\boldsymbol{\omega}_{in}^n\times)(\boldsymbol{\phi}\times)\boldsymbol{C}_b^n - (\boldsymbol{\phi}\times)\boldsymbol{C}_b^n(\boldsymbol{\omega}_{ib}^b\times) - (\delta\boldsymbol{\omega}_{in}^n\times)\\ &\quad (\boldsymbol{I} - (\boldsymbol{\phi}\times))\boldsymbol{C}_b^n - (\boldsymbol{I} - (\boldsymbol{\phi}\times))\boldsymbol{C}_b^n(\boldsymbol{\varepsilon}^b\times)\end{aligned} \tag{3-146}$$

令式(3－144)与式(3－146)右边相等,并忽略二阶小量可以得到

$$(\dot{\boldsymbol{\phi}}\times) = -(\boldsymbol{\omega}_{in}^n\times)(\boldsymbol{\phi}\times) + (\boldsymbol{\phi}\times)(\boldsymbol{\omega}_{in}^n\times) + (\delta\boldsymbol{\omega}_{in}^n\times) + \boldsymbol{C}_b^n(\boldsymbol{\varepsilon}^b\times)\boldsymbol{C}_n^b \tag{3-147}$$

将式(3－147)写成矢量形式,可以得到

$$\dot{\boldsymbol{\phi}} = -(\boldsymbol{\omega}_{in}^n\times)\boldsymbol{\phi} + \delta\boldsymbol{\omega}_{in}^n + \boldsymbol{C}_b^n\boldsymbol{\varepsilon}^b \tag{3-148}$$

设失准角为 $\boldsymbol{\phi} = [\phi_{\mathrm{E}}\quad \phi_{\mathrm{N}}\quad \phi_{\mathrm{U}}]^{\mathrm{T}}$,将式(3－140)代入式(3－148)可以得到捷联式惯性导航系统失准角 $\boldsymbol{\phi}$ 微分方程为

$$\begin{cases}\dot{\phi}_{\mathrm{E}} = -\dfrac{\delta V_{\mathrm{N}}}{R_{\mathrm{M}}} + \left(\Omega\sin\phi + \dfrac{V_{\mathrm{E}}\tan\varphi}{R_{\mathrm{N}}}\right)\phi_{\mathrm{N}} - \left(\Omega\cos\varphi + \dfrac{V_{\mathrm{E}}}{R_{\mathrm{N}}}\right)\phi_{\mathrm{U}} + \varepsilon_x, & \phi_{\mathrm{E}}(0) = \phi_{\mathrm{E0}}\\ \dot{\phi}_{\mathrm{N}} = \dfrac{\delta V_{\mathrm{E}}}{R_{\mathrm{N}}} - \Omega\sin\varphi\delta\varphi - \left(\Omega\sin\varphi + \dfrac{V_{\mathrm{E}}\tan\varphi}{R_{\mathrm{N}}}\right)\phi_{\mathrm{E}} - \dfrac{V_{\mathrm{N}}}{R_{\mathrm{M}}}\phi_{\mathrm{U}} + \varepsilon_y, & \phi_{\mathrm{N}}(0) = \phi_{\mathrm{N0}}\\ \dot{\phi}_{\mathrm{U}} = \dfrac{\delta V_{\mathrm{E}}}{R_{\mathrm{N}}}\tan\varphi + \dfrac{V_{\mathrm{N}}}{R_{\mathrm{M}}}\phi_{\mathrm{N}} + \left(\Omega\cos\varphi + \dfrac{V_{\mathrm{E}}}{R_{\mathrm{N}}}\sec^2\varphi\right)\delta\varphi + \left(\Omega\cos\varphi + \dfrac{V_{\mathrm{E}}}{R_{\mathrm{N}}}\right)\phi_{\mathrm{E}} + \varepsilon_z, & \phi_{\mathrm{U}}(0) = \phi_{\mathrm{U0}}\end{cases} \tag{3-149}$$

2）速度误差方程

速度误差定义为计算速度与真实速度之差。对于地球表面运行的载体来说，仅考虑水平方向的运动，不考虑垂直通道（无人潜航器的垂直通道一般由深度计提供），当地水平固定指北惯性导航系统的速度微分方程为

$$\begin{cases}\dot{V}_E = f_E + \left(2\Omega\sin\varphi + \dfrac{V_E}{R_N}\tan\varphi\right)V_N \\ \dot{V}_N = f_N - \left(2\Omega\sin\varphi + \dfrac{V_E}{R_N}\tan\varphi\right)V_E\end{cases} \tag{3-150}$$

式中：f_E 为比力在地理东向投影；f_N 为比力在地理北向投影。

导航计算机中实际解算速度为

$$\begin{cases}\dot{V}'_E = f'_E + \left(2\Omega\sin\varphi' + \dfrac{V'_E}{R_N}\tan\varphi'\right)V'_E \\ V'_N = f'_N - \left(2\Omega\sin\varphi' + \dfrac{V'_E}{R_N}\tan\varphi'\right)V'_N\end{cases} \tag{3-151}$$

式中：V'_E为计算机解算东向速度；V'_N为计算机解算北向速度；f'_E为比力在计算地理坐标系东向投影；f'_N为比力在计算地理坐标系北向投影；φ'为计算机解算纬度。

因为计算地理坐标系与地理坐标系之间存在失准角，故比力在地理坐标系上的投影与在计算地理坐标系上的投影存在如下关系

$$\begin{cases}f'_E = f_E + \phi_U f_N - \phi_N g + \nabla_x \\ f'_N = f_N - \phi_U f_E - \phi_E g + \nabla_y\end{cases} \tag{3-152}$$

将式（3-152）代入式（3-151），得到

$$\begin{cases}\dot{V}'_E = f_E + \left(2\Omega\sin\varphi' + \dfrac{V'_E}{R_N}\tan\varphi'\right)V'_N + \phi_U f_N - \phi_N g + \nabla_x \\ \dot{V}'_N = f_N - \left(2\Omega\sin\varphi' + \dfrac{V'_E}{R_N}\tan\varphi'\right)V'_E - \phi_U f_E - \phi_E g + \nabla_y\end{cases} \tag{3-153}$$

又因为存在如下关系

$$\begin{cases}\varphi' = \varphi + \delta\varphi \\ \sin\varphi' = \sin\varphi + \cos\varphi\delta\varphi \\ \tan\varphi' = \tan\varphi + \sec^2\varphi\delta\varphi\end{cases} \tag{3-154}$$

综合考虑式（3-150）、式（3-153）与式（3-154）可得动基座速度误差方

程为

$$\begin{cases} \delta \dot{V}_E = \dot{V}'_E - \dot{V}_E = \dfrac{V_N}{R_M}\tan\varphi\delta V_E + \left(2\Omega\sin\varphi + \dfrac{V_E}{R_N}\tan\varphi\right)\delta V_N + \\ \qquad \left(2\Omega\cos\varphi V_N + \dfrac{V_E V_N}{R_N}\sec^2\varphi\right)\delta\varphi + \phi_U f_N - \phi_N g + \nabla_x \\ \delta \dot{V}_N = \dot{V}'_N - \dot{V}_N = -\left(2\Omega\sin\varphi + \dfrac{2V_E}{R_N}\tan\varphi\right)\delta V_E - \\ \qquad \left(2\Omega\cos\varphi V_E + \dfrac{V_E^2}{R_N}\sec^2\varphi\right)\delta\varphi - \phi_U f_E + \phi_E g + \nabla_y \end{cases} \tag{3-155}$$

3）位置误差方程

将经度与纬度的误差方程称作位置误差方程。根据纬度误差 $\delta\dot{\varphi} = \dot{\varphi}' - \dot{\varphi}$ 及北向速度误差 $\delta V_N = V'_N - V_N$ 的定义，纬度误差方程可写为

$$\delta\dot{\varphi} = \dot{\varphi}' - \dot{\varphi} = \frac{V'_N}{R_M} - \frac{V_N}{R_M} = \frac{\delta V_N}{R_M}, \quad \delta\varphi(0) = \delta\varphi_0 \tag{3-156}$$

根据经度误差 $\delta\dot{\lambda} = \dot{\lambda}' - \dot{\lambda}$ 及东向速度误差 $\delta V_E = V'_E - V_E$ 的定义，经度误差方程可写为

$$\begin{aligned} \delta\dot{\lambda} &= \dot{\lambda}' - \dot{\lambda} = \frac{V'_E}{R_N}\sec\varphi' - \frac{V_E}{R_N}\sec\varphi = \frac{1}{R_N}\left[V_E\left(\frac{1}{\cos\varphi'} - \frac{1}{\cos\varphi}\right) + \delta V_E\frac{1}{\cos\varphi'}\right] \\ &= \frac{1}{R_N}\left[V_E\frac{\cos\varphi - \cos\varphi'}{\cos\varphi'\cos\varphi} + \delta V_E\frac{\cos\varphi}{\cos\varphi'\cos\varphi}\right] \end{aligned} \tag{3-157}$$

考虑到如下关系式

$$\cos\varphi - \cos\varphi' = -2\sin\left(\frac{\varphi + \varphi'}{2}\right)\sin\left(\frac{\varphi - \varphi'}{2}\right) \approx \delta\varphi\sin\varphi \tag{3-158}$$

$$\cos\varphi\cos\varphi' = \frac{1}{2}[\cos(\varphi + \varphi') + \cos(\varphi - \varphi')] \approx \frac{1}{2}[\cos 2\varphi + \cos\delta\varphi] \tag{3-159}$$

式(3－157)可以改写为

$$\delta\dot{\lambda} = \lambda' - \lambda = \frac{V_E}{R_N}\delta\varphi\tan\varphi\sec\varphi + \frac{\delta V_E}{R_N}\sec\varphi, \quad \delta\lambda(0) = \delta\lambda_0 \tag{3-160}$$

式(3－156)与式(3－160)即是动基座位置误差方程。

2. 无阻尼捷联式惯性导航系统误差分析

通过上一节分析得到了捷联式惯性导航系统失准角误差方程、速度误差方程以及位置误差方程，本节将针对特征方程式及误差传播特性对捷联式惯性导航系统进行误差分析。为方便分析，将捷联式惯性导航系统误差方程简化为静

基座误差方程进行分析。

1）特征方程式分析

令 $V_E=0, V_N=0$，则由式（3-149）、式（3-155）、式（3-156）与式（3-160）可以得到捷联式惯性导航系统静基座条件下的误差方程为

$$\begin{cases} \delta \dot{V}_E = 2\Omega\sin\varphi\delta V_N - \phi_N g + \nabla_x, & \delta V_E(0) = \delta V_{E0} \\ \delta \dot{V}_N = -2\Omega\sin\varphi\delta V_E + \phi_E g + \nabla_y, & \delta V_N(0) = \delta V_{N0} \\ \dot{\phi}_E = \Omega\sin\varphi\phi_N - \Omega\cos\varphi\phi_N - \dfrac{\delta V_N}{R_M} + \varepsilon_x, & \phi_E(0) = \phi_{E0} \\ \dot{\phi}_N = -\Omega\sin\varphi\delta\varphi - \Omega\sin\varphi\phi_E + \dfrac{\delta V_E}{R_N} + \varepsilon_y, & \phi_N(0) = \phi_{N0} \\ \dot{\phi}_U = \Omega\cos\varphi\phi_E + \Omega\cos\varphi\delta\varphi + \dfrac{\delta V_E}{R_N}\tan\varphi + \varepsilon_y, & \phi_U(0) = \phi_{U0} \\ \delta\dot{\varphi} = \dfrac{\delta V_N}{R_M}, & \delta\varphi(0) = \delta\varphi_0 \\ \delta\dot{\lambda} = \dfrac{\delta V_E}{R_N}\sec\varphi, & \delta\lambda(0) = \delta\lambda_0 \end{cases} \tag{3-161}$$

捷联式惯性导航系统静基座误差方框图如图 3-9 所示。

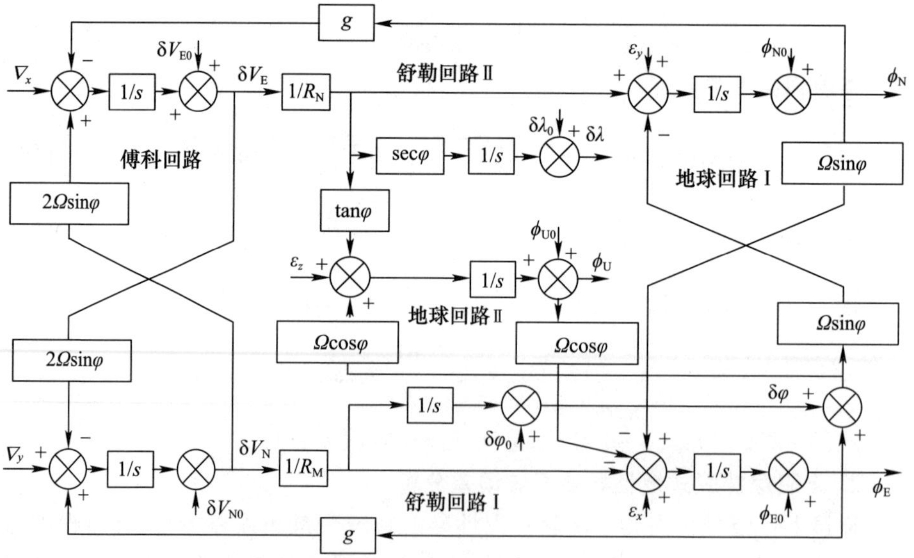

图 3-9 捷联式惯性导航系统静基座误差方框图

由式(3－161)可知,经度误差在系统回路之外,因此在分析系统误差特征方程式时不予考虑。对式(3－161)中的前六个方程进行拉普拉斯变换可以得到如下方程:

$$\begin{bmatrix} s\delta V_E(s) \\ s\delta V_N(s) \\ s\delta\varphi(s) \\ s\phi_E(s) \\ s\phi_N(s) \\ s\phi_U(s) \end{bmatrix} = \begin{bmatrix} 0 & 2\Omega\sin\varphi & 0 & 0 & -g & 0 \\ -2\Omega\sin\varphi & 0 & 0 & g & 0 & 0 \\ 0 & \dfrac{1}{R_M} & 0 & 0 & 0 & 0 \\ 0 & -\dfrac{1}{R_M} & 0 & 0 & \Omega\sin\varphi & -\Omega\cos\varphi \\ \dfrac{1}{R_N} & 0 & -\Omega\sin\varphi & -\Omega\sin\varphi & 0 & 0 \\ \dfrac{1}{R_N}\tan\varphi & 0 & \Omega\cos\varphi & \Omega\cos\varphi & 0 & 0 \end{bmatrix} \begin{bmatrix} \delta V_E(s) \\ \delta V_N(s) \\ \delta\varphi(s) \\ \phi_E(s) \\ \phi_N(s) \\ \phi_U(s) \end{bmatrix} + \begin{bmatrix} \delta V_{E0} \\ \delta V_{N0} \\ \delta\varphi_0 \\ \phi_{E0} \\ \phi_{N0} \\ \phi_{U0} \end{bmatrix} + \begin{bmatrix} \nabla_x(s) \\ \nabla_y(s) \\ 0 \\ \varepsilon_x(s) \\ \varepsilon_y(s) \\ \varepsilon_y(s) \end{bmatrix} \tag{3-162}$$

对式(3－161)中最后的经度误差进行拉普拉斯变换可以得到

$$s\delta\lambda(s) = \frac{\sec\varphi}{R_N}\delta V_E + \delta\lambda_0(s) \tag{3-163}$$

式(3－162)的矢量形式为

$$s\boldsymbol{X}(s) = \boldsymbol{F}\boldsymbol{X}(s) + \boldsymbol{X}_0(s) + \boldsymbol{W}(s) \tag{3-164}$$

式中:$\boldsymbol{X}(s) = [\delta V_E(s) \quad \delta V_N(s) \quad \delta\varphi(s) \quad \phi_E(s) \quad \phi_N(s) \quad \phi_U(s)]^T$;$\boldsymbol{X}_0(s) = [\delta V_{E0} \quad \delta V_{N0} \quad \delta\varphi_0 \quad \phi_{E0} \quad \phi_{N0} \quad \phi_{U0}]^T$;$\boldsymbol{W}(s) = [\nabla_x(s) \quad \nabla_y(s) \quad 0 \quad \varepsilon_x(s) \quad \varepsilon_y(s) \quad \varepsilon_y(s)]^T$;$\boldsymbol{F}$ 为 6×6 的系数矩阵。

式(3－164)可以进一步写成

$$(s\boldsymbol{I} - \boldsymbol{F})\boldsymbol{X}(s) = \boldsymbol{X}_0(s) + \boldsymbol{W}(s) \tag{3-165}$$

由式(3－165)可以得到其解为

$$\boldsymbol{X}(s)=(s\boldsymbol{I}-\boldsymbol{F})^{-1}[\boldsymbol{X}_0(s)+\boldsymbol{W}(s)] \tag{3-166}$$

其特征方程式是其行列式等于零，即用 $\Delta(s)=0$ 表示。为便于分析，下文将地球近似为球体，即设 $R_N=R_M=R$。则由式(3-166)可知系统的特征方程式为

$$\Delta(s)=|s\boldsymbol{I}-\boldsymbol{F}|=\begin{vmatrix} s & -2\Omega\sin\varphi & 0 & 0 & g & 0 \\ 2\Omega\sin\varphi & s & 0 & -g & 0 & 0 \\ 0 & -\dfrac{1}{R} & s & 0 & 0 & 0 \\ 0 & \dfrac{1}{R} & 0 & s & -\Omega\sin\varphi & \Omega\cos\varphi \\ -\dfrac{1}{R} & 0 & \Omega\sin\varphi & \Omega\sin\varphi & s & 0 \\ -\dfrac{1}{R}\tan\varphi & 0 & -\Omega\cos\varphi & -\Omega\cos\varphi & 0 & s \end{vmatrix}$$

$$=(s^2+\Omega^2)[(s^2+\omega_s^2)^2+4s^2\Omega^2\sin^2\varphi] \tag{3-167}$$

式中：$\omega_s^2=\dfrac{g}{R}$，ω_s 为舒勒角频率。

系统的特征方程为

$$(s^2+\Omega^2)[(s^2+\omega_s^2)^2+4s^2\Omega^2\sin^2\varphi]=0 \tag{3-168}$$

由于 $\omega_s \gg \Omega$，式(3-168)的解可近似为

$$\begin{cases} s_{1,2}=\pm \mathrm{i}(\omega_s+\Omega\sin\varphi) \\ s_{3,4}=\pm \mathrm{i}(\omega_s-\Omega\sin\varphi) \\ s_{5,6}=\pm \mathrm{i}\Omega \end{cases} \tag{3-169}$$

由式(3-169)可知，无阻尼捷联式惯性导航系统的误差方程特征根有六个，它们是3对共轭虚根，说明系统在外激励作用下产生三种周期性等幅振荡。三种振荡角频率是舒勒振荡角频率 ω_s、地球振荡角频率 Ω 及傅科振荡角频率 ω_F。对应于三个角频率的三个振荡周期分别为舒勒振荡周期 $T_s=2\pi/\omega_s\approx 84.8\mathrm{min}$、地球振荡周期 $T_e=2\pi/\Omega=24\mathrm{h}$、傅科振荡周期 $T_F=2\pi/\Omega\sin\varphi$，其中傅科振荡周期与纬度有关，随着纬度增高而减小。

下面进一步讨论说明三种周期性振荡间的关系。

由于 $\omega_s \gg \omega_F$，系统的两个角频率 $\omega_s+\Omega\sin\varphi$ 与 $\omega_s-\Omega\sin\varphi$ 十分接近，一个比 ω_s 稍高，另一个比 ω_s 稍低，这样系统呈现十分相近的正弦分量线性组合，即

$$x(t)=x_0\sin(\omega_s+\Omega\sin\varphi)t+x_0\sin(\omega_s-\Omega\sin\varphi)t \tag{3-170}$$

对式(3－170)进行和差化积可得

$$x(t)=2x_0\cos(\Omega\sin\varphi)t\sin\omega_s t \tag{3-171}$$

式(3－171)表示频率相接近的两个正弦分量合成之后产生差拍现象。

从式(3－168)可以看出，它由两个独立方程构成，即地球角频率相对舒勒角频率和傅科角频率独立。这三种振荡周期的关系如图3－10和图3－11所示。

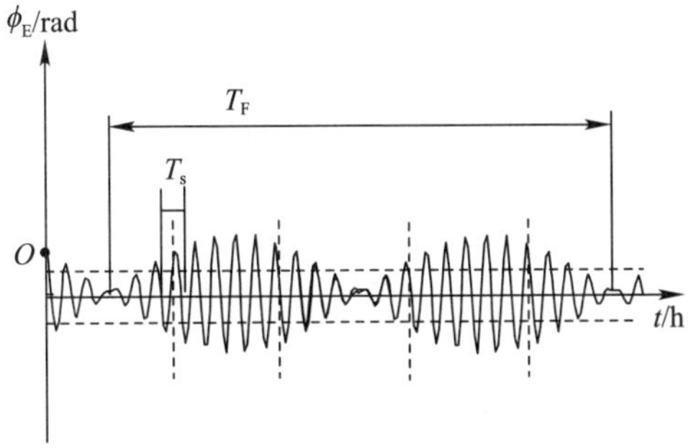

图3－10　$\phi_{E0}-\phi_E$ 曲线

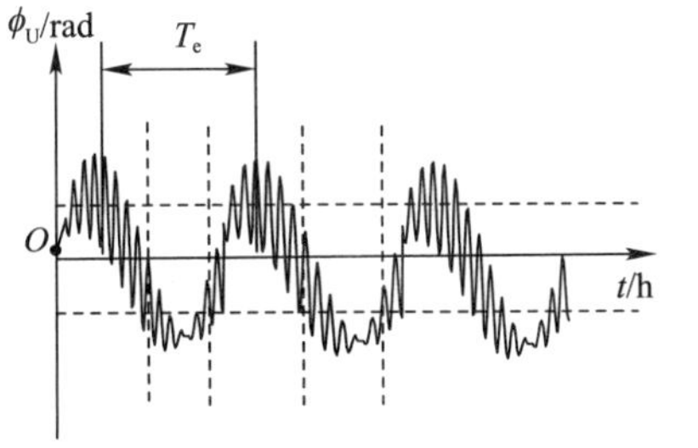

图3－11　$\phi_{U0}-\phi_U$ 曲线

由图3－9可知，舒勒周期振荡是由水平误差角 ϕ_E 与 ϕ_N 造成的，这时加速度计敏感的重力加速度分量构成二阶负反馈系统，从而具有振荡特性。这个振荡周期为84.4min，说明两水平通道满足舒勒调整条件，从而不受运动加速度干扰。傅科周期振荡是由于有害加速度补偿不完全所造成的。从傅科回路来看，它是速度误差 δV_E 与 δV_N 耦合形成的一个负反馈二阶振荡系统，其本质是真实速度 V_E、V_N 及真实纬度 φ 用计算值 V'_E、V'_N 及 φ' 代替进行计算导致的误差形成振荡特性，这个振荡就是傅科周期振荡。地球周期振荡是由于系统存在水平失准角 ϕ_E，ϕ_N、方位失准角 ϕ_U 及纬度误差 $\delta\varphi$，它们的交叉耦合将地球自转角速度分量引入。地球周期振荡有两条回路，如图3－9所示，每条回路也是二阶负反馈系统，振荡特性表现出地球周期振荡。

2）误差传播特性分析

为了清楚地看出系统中误差源与误差之间的传递关系，下面求解误差方程的近似解析解。为简化分析，忽略因补偿有害加速度而引入的交叉耦合项 $-2\Omega\sin\varphi\delta V_E$ 和 $2\Omega\sin\varphi\delta V_N$，即不考虑傅科频率的影响。

特征矩阵的逆阵 $\boldsymbol{C}=(s\boldsymbol{I}-\boldsymbol{F})^{-1}$ 是 6×6 的方阵，即

$$
\boldsymbol{C}=\begin{bmatrix} c_{11} & c_{12} & \cdots & c_{16} \\ c_{21} & c_{22} & \cdots & c_{26} \\ \vdots & \vdots & \ddots & \vdots \\ c_{61} & c_{62} & \cdots & c_{66} \end{bmatrix} \tag{3-172}
$$

以下列出特征矩阵的逆阵的一部分元素：

$$
c_{16}=-\frac{g\Omega^2\sin\varphi\cos\varphi}{(s^2+\omega_s^2)(s^2+\Omega^2)}
$$

$$
c_{22}=\frac{s}{s^2+\omega_s^2}
$$

$$
c_{32}=\frac{1}{R(s^2+\omega_s^2)}
$$

$$
c_{42}=-\frac{1}{R(s^2+\omega_s^2)}
$$

$$
c_{54}=-\frac{\Omega\sin\varphi s^2}{(s^2+\omega_s^2)(s^2+\Omega^2)}
$$

$$
c_{65}=\frac{(s^2+\omega_s^2+\Omega^2\sin^2\varphi)s}{(s^2+\omega_s^2)(s^2+\Omega^2)}
$$

$$
\vdots
$$

下面分别讨论陀螺漂移、加速度计零偏以及初始误差引起的系统误差。

(1) 陀螺漂移引起的系统误差。

分析陀螺漂移引起的系统误差，暂不考虑傅科周期振荡的影响。当陀螺漂移为常值时，由陀螺漂移原函数与象函数关系 $\boldsymbol{\varepsilon}(s)=\boldsymbol{\varepsilon}/s$ 可得

$$
\begin{bmatrix} \delta V_E(s) \\ \delta V_N(s) \\ \delta\varphi(s) \\ \phi_E(s) \\ \phi_N(s) \\ \phi_U(s) \end{bmatrix}=\begin{bmatrix} c_{14} & c_{15} & c_{16} \\ c_{24} & c_{25} & c_{26} \\ c_{34} & c_{35} & c_{36} \\ c_{44} & c_{45} & c_{46} \\ c_{54} & c_{55} & c_{56} \\ c_{64} & c_{65} & c_{66} \end{bmatrix}\begin{bmatrix} \dfrac{\varepsilon_x}{s} \\ \dfrac{\varepsilon_y}{s} \\ \dfrac{\varepsilon_z}{s} \end{bmatrix} \tag{3-173}
$$

将式(3-173)进行拉普拉斯反变换，得到当陀螺漂移为常值时对惯性导航系统输出影响的解析表达式为

$$
\begin{aligned}
\phi_{\mathrm{E}}(t) = & \frac{1}{\omega_{\mathrm{s}}^2-\Omega^2}(\omega_{\mathrm{s}}\sin\omega_{\mathrm{s}}t-\Omega\sin\Omega t)\varepsilon_x+\frac{\Omega\sin\varphi}{\omega_{\mathrm{s}}^2-\Omega^2}(\cos\Omega t-\cos\omega_{\mathrm{s}}t)\varepsilon_y+ \\
& \frac{\Omega\cos\varphi}{\omega_{\mathrm{s}}^2-\Omega^2}(\cos\omega_{\mathrm{s}}t-\cos\Omega t)\varepsilon_z
\end{aligned} \tag{3-174}
$$

$$
\begin{aligned}
\phi_{\mathrm{N}}(t) = & \frac{\Omega\sin\varphi}{\omega_{\mathrm{s}}^2-\Omega^2}(\cos\omega_{\mathrm{s}}t-\cos\Omega t)\varepsilon_x+\left[\frac{\omega_{\mathrm{s}}^2-\Omega^2\cos^2\varphi}{\omega_{\mathrm{s}}(\omega_{\mathrm{s}}^2-\Omega^2)}\sin\omega_{\mathrm{s}}t-\right. \\
& \left.\frac{\Omega\sin^2\varphi}{\omega_{\mathrm{s}}^2-\Omega^2}\sin\Omega t\right]\varepsilon_y+\frac{\Omega\sin\varphi\cos\varphi}{\omega_{\mathrm{s}}^2-\Omega^2}\left(\sin\Omega t-\frac{\Omega}{\omega_{\mathrm{s}}}\sin\omega_{\mathrm{s}}t\right)\varepsilon_z
\end{aligned} \tag{3-175}
$$

$$
\begin{aligned}
\phi_{\mathrm{U}}(t) = & \left\{\frac{1}{\Omega\cos\varphi}+\frac{\cos\varphi}{\Omega(\omega_{\mathrm{s}}^2-\Omega^2)}\left[\Omega^2\tan^2\varphi\cos\omega_{\mathrm{s}}t-(\Omega^2-\omega_{\mathrm{s}}^2\sec^2\varphi)\cos\Omega t\right]\right\}\varepsilon_x+ \\
& \left[\frac{\Omega^2\sin\varphi\cos\varphi-\omega_{\mathrm{s}}^2\tan\varphi}{\omega_{\mathrm{s}}^2-\Omega^2}\left(\frac{1}{\Omega}\sin\Omega t-\frac{1}{\omega_{\mathrm{s}}}\sin\omega_{\mathrm{s}}t\right)\right]\varepsilon_y+ \\
& \left[\frac{\omega_{\mathrm{s}}^2-\Omega^2\cos^2\varphi}{\Omega(\omega_{\mathrm{s}}^2-\Omega^2)}\sin\Omega t-\frac{\Omega^2\sin^2\varphi}{\omega_{\mathrm{s}}(\omega_{\mathrm{s}}^2-\Omega^2)}\sin\omega_{\mathrm{s}}t\right]\varepsilon_z
\end{aligned} \tag{3-176}
$$

$$
\begin{aligned}
\delta\varphi(t) = & \frac{\omega_{\mathrm{s}}^2}{\omega_{\mathrm{s}}^2-\Omega^2}\left(\frac{1}{\Omega}\sin\Omega t-\frac{1}{\omega_{\mathrm{s}}}\sin\omega_{\mathrm{s}}t\right)\varepsilon_x+\left[\frac{\omega_{\mathrm{s}}^2\Omega\sin\varphi}{\omega_{\mathrm{s}}^2-\Omega^2}\left(\frac{1}{\omega_{\mathrm{s}}^2}\cos\omega_{\mathrm{s}}t-\right.\right. \\
& \left.\left.\frac{1}{\Omega^2}\cos\Omega t\right)+\frac{\sin\varphi}{\Omega}\right]\varepsilon_y+\left[\frac{\omega_{\mathrm{s}}^2\cos\varphi}{\Omega(\omega_{\mathrm{s}}^2-\Omega^2)}\cos\Omega t-\right. \\
& \left.\frac{\Omega\cos\varphi}{\omega_{\mathrm{s}}^2-\Omega^2}\cos\omega_{\mathrm{s}}t-\frac{\cos\varphi}{\Omega}\right]\varepsilon_z
\end{aligned} \tag{3-177}
$$

$$
\begin{aligned}
\delta V_{\mathrm{E}}(t) = & \frac{g\sin\varphi}{\omega_{\mathrm{s}}^2-\Omega^2}\left(\sin\Omega t-\frac{\Omega}{\omega_{\mathrm{s}}}\sin\omega_{\mathrm{s}}t\right)\varepsilon_x+\left(\frac{\omega_{\mathrm{s}}^2-\Omega^2\cos^2\varphi}{\omega_{\mathrm{s}}^2-\Omega^2}\cos\omega_{\mathrm{s}}t-\right. \\
& \left.\frac{\omega_{\mathrm{s}}^2\sin^2\varphi}{\omega_{\mathrm{s}}^2-\Omega^2}\cos\Omega t-\cos^2\varphi\right)R\varepsilon_y+\left(\frac{\omega_{\mathrm{s}}^2}{\omega_{\mathrm{s}}^2-\Omega^2}\cos\Omega t-\right. \\
& \left.\frac{\Omega^2}{\omega_{\mathrm{s}}^2-\Omega^2}\cos\omega_{\mathrm{s}}t-1\right)R\sin\varphi\cos\varphi\varepsilon_z
\end{aligned} \tag{3-178}
$$

$$
\begin{aligned}
\delta V_{\mathrm{N}}(t) = & \frac{g}{\omega_{\mathrm{s}}^2-\Omega^2}(\cos\Omega t-\cos\omega_{\mathrm{s}}t)\varepsilon_x+\frac{g\sin\varphi}{\omega_{\mathrm{s}}^2-\Omega^2}\left(\sin\Omega t-\frac{\Omega}{\omega_{\mathrm{s}}}\sin\omega_{\mathrm{s}}t\right)\varepsilon_y+ \\
& \left(\frac{\omega_{\mathrm{s}}\Omega\cos\varphi}{\omega_{\mathrm{s}}^2-\Omega^2}\sin\omega_{\mathrm{s}}t-\frac{\omega_{\mathrm{s}}^2\cos\varphi}{\omega_{\mathrm{s}}^2-\Omega^2}\sin\Omega t\right)R\varepsilon_z
\end{aligned} \tag{3-179}
$$

经度误差是开环的，它与东向速度误差有关，即 $\delta\dot{\lambda}=\dfrac{\delta V_{\mathrm{E}}}{R}\sec\varphi$，因此陀螺常

值漂移对经度误差的影响为

$$\delta\lambda(s)=\begin{bmatrix}\dfrac{\sec\varphi}{Rs}c_{14} & \dfrac{\sec\varphi}{Rs}c_{15} & \dfrac{\sec\varphi}{Rs}c_{16}\end{bmatrix}\begin{bmatrix}\dfrac{\varepsilon_x}{s}\\ \dfrac{\varepsilon_y}{s}\\ \dfrac{\varepsilon_z}{s}\end{bmatrix} \tag{3-180}$$

将 c_{14}、c_{15}、c_{16}代入式(3－180),并进行拉普拉斯反变换得

$$\begin{aligned}\delta\lambda(t)=&\left[\frac{\tan\varphi}{\Omega}(1-\cos\Omega t)-\frac{\Omega\tan\varphi}{\omega_s^2-\Omega^2}(\cos\Omega t-\cos\omega_s t)\right]\varepsilon_x+\\&\left[\frac{\sec\varphi(\omega_s^2-\Omega^2\cos^2\varphi)}{\omega_s(\omega_s^2-\Omega^2)}\sin\omega_s t-\frac{\omega_s^2\sin\varphi\tan\varphi}{\Omega(\omega_s^2-\Omega^2)}\sin\Omega t-\cos\varphi t\right]\varepsilon_y+\\&\left[\frac{\omega_s^2\sin\varphi}{\Omega(\omega_s^2-\Omega^2)}\sin\Omega t-\frac{\Omega^2\sin\varphi}{\omega_s(\omega_s^2-\Omega^2)}\sin\omega_s t-\sin\varphi t\right]\varepsilon_z\end{aligned} \tag{3-181}$$

将解析表达式(3－174)~式(3－181)中的振荡项去掉,得到

$$\begin{cases}\phi_{Es}=0\\ \phi_{Ns}=0\\ \phi_{Us}=\dfrac{1}{\Omega\cos\varphi}\varepsilon_x\\ \delta\varphi_s=\dfrac{\sin\varphi}{\Omega}\varepsilon_y-\dfrac{\cos\varphi}{\Omega}\varepsilon_z\\ \delta\lambda_s=\dfrac{\tan\varphi}{\Omega}\varepsilon_x-\cos\varphi\varepsilon_y t-\sin\varphi\varepsilon_z t\\ \delta V_{Es}=-R\cos^2\varphi\varepsilon_y-R\sin\varphi\cos\varphi\varepsilon_z\\ \delta V_{Ns}=0\end{cases} \tag{3-182}$$

由式(3－182)可以看出,陀螺常值漂移产生某些导航参数的常值偏差,更严重的是产生经度随时间增长而增加的积累误差。东向陀螺漂移对经度及方位产生的常值误差分别为$\dfrac{\tan\varphi}{\Omega}\varepsilon_x$及$\dfrac{1}{\Omega\cos\varphi}\varepsilon_x$,而不引起随时间累积的误差;北向陀

螺漂移及方位陀螺漂移引起的系统误差相似，它们产生的纬度常值误差分别为 $\frac{\sin\varphi}{\Omega}\varepsilon_y$ 及 $-\frac{\cos\varphi}{\Omega}\varepsilon_z$，产生的东向速度常值误差为 $-R\cos^2\varphi\varepsilon_y$ 及 $-R\sin\varphi\cos\varphi\varepsilon_z$。除产生常值误差外，还产生随时间积累的经度误差 $-\cos\varphi\varepsilon_y t$ 及 $-\sin\varphi\varepsilon_z t$，这说明惯导系统定位误差随时间而积累。

（2）加速度计零偏引起的系统误差。

分析加速度计零位误差引起的系统误差，暂不考虑傅科周期振荡的影响。当加速度计零位误差为常值时，由加速度计零位误差原函数与象函数关系 $\nabla(s)=\nabla/s$ 可得

$$\begin{bmatrix}\delta V_{\mathrm{E}}(s)\\\delta V_{\mathrm{N}}(s)\\\delta\varphi(s)\\\phi_{\mathrm{E}}(s)\\\phi_{\mathrm{N}}(s)\\\phi_{\mathrm{U}}(s)\end{bmatrix}=\begin{bmatrix}c_{11}&c_{12}\\c_{21}&c_{22}\\c_{31}&c_{32}\\c_{41}&c_{42}\\c_{51}&c_{52}\\c_{61}&c_{62}\end{bmatrix}\begin{bmatrix}\frac{\nabla_x}{s}\\\frac{\nabla_y}{s}\end{bmatrix}\tag{3-183}$$

将式（3-183）展开得到

$$\begin{cases}\delta V_{\mathrm{E}}(s)=\dfrac{s}{s^2+\omega_{\mathrm{s}}^2}\cdot\dfrac{\nabla_x}{s}\\\delta V_{\mathrm{N}}(s)=\dfrac{s}{s^2+\omega_{\mathrm{s}}^2}\cdot\dfrac{\nabla_y}{s}\\\delta\varphi(s)=\dfrac{1}{R(s^2+\omega_{\mathrm{s}}^2)}\cdot\dfrac{\nabla_y}{s}\\\phi_{\mathrm{E}}(s)=-\dfrac{1}{R(s^2+\omega_{\mathrm{s}}^2)}\cdot\dfrac{\nabla_y}{s}\\\phi_{\mathrm{N}}(s)=\dfrac{1}{R(s^2+\omega_{\mathrm{s}}^2)}\cdot\dfrac{\nabla_x}{s}\\\phi_{\mathrm{U}}(s)=\dfrac{\tan\varphi}{R(s^2+\omega_{\mathrm{s}}^2)}\cdot\dfrac{\nabla_x}{s}\end{cases}\tag{3-184}$$

对式（3-184）进行拉普拉斯反变换，得到

$$\begin{cases}\delta V_E(t)=\dfrac{1}{\omega_s}\sin\omega_s t\nabla_x\\ \delta V_N(t)=\dfrac{1}{\omega_s}\sin\omega_s t\nabla_y\\ \delta\varphi(t)=\dfrac{1}{R\omega_s^2}(1-\cos\omega_s t)\nabla_y\\ \phi_E(t)=-\dfrac{1}{R\omega_s^2}(1-\cos\omega_s t)\nabla_y\\ \phi_N(t)=\dfrac{1}{R\omega_s^2}(1-\cos\omega_s t)\nabla_x\\ \phi_U(t)=\dfrac{\tan\varphi}{R\omega_s^2}(1-\cos\omega_s t)\nabla_x\end{cases}\tag{3-185}$$

由 $\delta\dot{\lambda}=\dfrac{\delta V_E}{R}\sec\varphi$ 可得

$$\delta\lambda(t)=\frac{\sec\varphi}{R\omega_s^2}(1-\cos\omega_s t)\nabla_x\tag{3-186}$$

由式(3－185)和式(3－186)可以看出,加速度计零位误差为常值时,它引起惯导系统所有导航定位参数误差均包含舒勒周期振荡项。由于傅科周期振荡调制舒勒周期振荡,所以亦包含有傅科周期振荡。

将解析表达式(3－185)、式(3－186)中的振荡项去掉,可以得到由加速度计零位误差∇_x、∇_y 引起的惯导系统误差常值分量为

$$\begin{cases}\delta V_{Es}=0\\ \delta V_{Ns}=0\\ \delta\varphi_s=\dfrac{\nabla_y}{g}\\ \phi_{Es}=-\dfrac{\nabla_y}{g}\\ \phi_{Ns}=\dfrac{\nabla_x}{g}\\ \phi_{Us}=\dfrac{\nabla_x}{g}\tan\varphi\\ \delta\lambda_s=\dfrac{\nabla_x}{g}\sec\varphi\end{cases}\tag{3-187}$$

由式(3－187)可以看出,加速度计零位误差引起纬度误差、经度误差及失准角常值误差分量,而不引起速度误差常值分量。可以说,惯性导航系统水平精度是由加速度计零位误差决定的,即由加速度计的精度决定。

(3) 初始误差引起的系统误差。

假设初始误差均为非阶跃性的常值误差,即在 $t=0$ 时系统已加入误差。在不考虑初始经度误差影响下,由初始误差引起的导航定位参数误差为

$$\begin{bmatrix} \delta V_E(s) \\ \delta V_N(s) \\ \delta\varphi(s) \\ \phi_E(s) \\ \phi_N(s) \\ \phi_U(s) \end{bmatrix} = \begin{bmatrix} c_{11} & c_{12} & c_{13} & c_{14} & c_{15} & c_{16} \\ c_{21} & c_{22} & c_{23} & c_{24} & c_{25} & c_{26} \\ c_{31} & c_{32} & c_{33} & c_{34} & c_{35} & c_{36} \\ c_{41} & c_{42} & c_{43} & c_{44} & c_{45} & c_{46} \\ c_{51} & c_{52} & c_{53} & c_{54} & c_{55} & c_{56} \\ c_{61} & c_{62} & c_{63} & c_{64} & c_{65} & c_{66} \end{bmatrix} \begin{bmatrix} \delta V_{E0} \\ \delta V_{N0} \\ \delta\varphi_0 \\ \phi_{E0} \\ \phi_{N0} \\ \phi_{U0} \end{bmatrix} \tag{3-188}$$

根据以上陀螺常值漂移误差对系统产生的误差分析可同理得知:初始误差产生的系统误差大部分都是振荡性的,只有 ϕ_{N0}、ϕ_{U0} 可产生 $\delta\lambda(t)$ 的常值分量。从加速度计零位误差引起系统误差分析推理可知,δV_{E0}、δV_{N0} 引起的系统误差为舒勒周期振荡分量。如果考虑傅科周期振荡项,那么 δV_{E0}、δV_{N0} 引起的系统误差为舒勒周期振荡分量和傅科周期振荡分量。

第4章

水声导航技术

众所周知,目前获取水下信息最有效的传播载体仍然是声波。特别是随着海洋开发事业的发展,基于水声技术的水声导航系统有越来越广泛的应用。当前大多海洋工程,如海洋油气开发、深海矿藏资源调查、海底光缆管线路由调查与维护等都大量应用水声导航技术。水声导航技术在军事上的应用同样受到各国重视,如在固定区域对水下载体进行精确定位,利用精确定位信息对惯性导航系统进行校准,利用多普勒计程仪测速信息对惯性导航系统进行阻尼,利用测深仪阻尼惯性导航系统的高度通道发散误差等。因此,利用水声导航技术可以有效提高无人潜航器导航定位性能。

利用水声信号进行导航定位的系统均属于水声导航系统。但考虑到本书读者范围,本章主要针对水声定位系统以及声学测速系统进行分析,并在此基础上介绍基于声学测速的航位推算导航技术。

4.1 水声定位系统

水声定位系统主要指可用于水下局部精确定位的导航定位系统。根据声基线的距离或激发的声学单元距离可将水声定位系统分为长基线、短基线以及超短基线声学定位系统。

4.1.1 长基线声学定位技术

长基线声学定位系统一般是在海底布设三个以上的水声应答器,构成一定的几何形状,各应答器(基元)的坐标位置需要进行精密测量,各基元之间的间距可与海深比拟,被测定的载体一般位于应答器布放的范围以内。长基线声学定位系统可以用作水下预警系统、洲际弹道导弹靶场、鱼雷靶场,也可以应用在潜航器导航、海底石油管路铺设等领域。

下面以三个水听器构成的最简单长基线声学定位系统为例，说明长基线声学定位系统的基本工作原理。在海底布设由三个水听器 T_1, T_2, T_3 构成的接收基阵，它们在直角坐标系中的位置坐标分别为 $T_1(x_1, y_1, z_1)$、$T_2(x_2, y_2, z_2)$、$T_3(x_3, y_3, z_3)$，如图 4-1 所示。在对这些水听器本身位置坐标进行测量校准以后，其位置坐标为已知量。各水听器均包含有接收、检测信号预处理单元。用应答信号测量目标到各水听器间的斜距值 $r_i(i=1,2,3)$，得出以三个水听器坐标位置为中心的三个球面。三个球面将相交于由三个水听器确定的平面以上和平面以下半个空间的两个点上，即有两个解，会存在真位置、伪位置的情形。针对这个问题，常规的做法是将水听器布放在靠近水底或靠近水面。如果将水听器布放在水底，则两个解中位于该平面以下的解为伪位置。若将水听器布放在靠近水面的深度，则舍去位于平面上面的伪位置，可用解析法得出目标的位置坐标 $T(x,y,z)$。

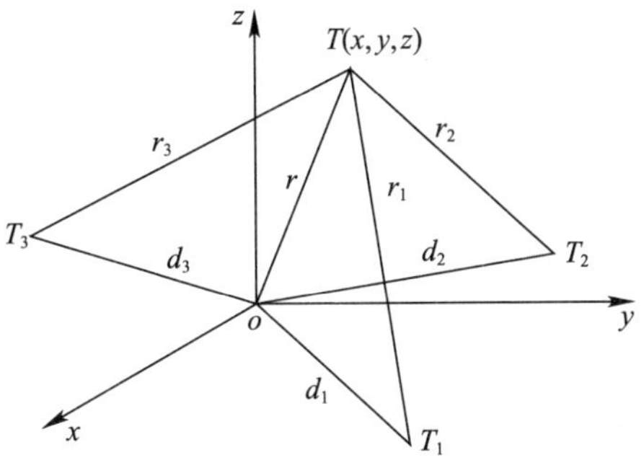

图 4-1　长基线声学定位系统基本工作原理

如图 4-1 所示，各水听器和坐标原点之间的距离 $d_i(i=1,2,3)$ 可以表示为

$$d_i = \sqrt{x_i^2 + y_i^2 + z_i^2} \tag{4-1}$$

各水听器测得的目标斜距 $r_i(i=1,2,3)$ 分别为

$$r_i = \sqrt{(x-x_i)^2 + (y-y_i)^2 + (z-z_i)^2} \tag{4-2}$$

目标与坐标原点 o 之间的斜距 r 为

$$r = \sqrt{x^2 + y^2 + z^2} \tag{4-3}$$

将式(4-2)中的 $r_i(i=1,2,3)$ 展开得到

$$r_i^2 = (x-x_i)^2 + (y-y_i)^2 + (z-z_i)^2 = r^2 + d_i^2 - 2(x_i x + y_i y + z_i z) \tag{4-4}$$

根据式(4-4)可以得到下列三个关系式

$$\begin{cases} r^2 = r_1^2 - d_1^2 + 2(x_1 x + y_1 y + z_1 z) \\ r^2 = r_2^2 - d_2^2 + 2(x_2 x + y_2 y + z_2 z) \\ r^2 = r_3^2 - d_3^2 + 2(x_3 x + y_3 y + z_3 z) \end{cases} \tag{4-5}$$

式(4-5)中的未知数是目标的坐标位置 x、y、z 以及 r,消去 r 则可以得到以下联立方程式

$$\begin{cases} (x_2 - x_1)x + (y_2 - y_1)y + (z_2 - z_1)z = \dfrac{1}{2}[(r_1^2 - r_2^2) - (d_1^2 - d_2^2)] \triangleq v_{12} \\ (x_3 - x_1)x + (y_3 - y_1)y + (z_3 - z_1)z = \dfrac{1}{2}[(r_3^2 - r_1^2) - (d_3^2 - d_1^2)] \triangleq v_{13} \\ (x_3 - x_2)x + (y_3 - y_2)y + (z_3 - z_2)z = \dfrac{1}{2}[(r_3^2 - r_2^2) - (d_3^2 - d_2^2)] \triangleq v_{23} \end{cases} \tag{4-6}$$

式(4-6)中共有三个方程、三个未知数,因此可以列出求解目标位置坐标矢量 $\boldsymbol{X}$ 的矩阵表示为

$$\boldsymbol{AX} = \boldsymbol{V} \tag{4-7}$$

式中:$\boldsymbol{X} = [x \quad y \quad z]^{\mathrm{T}}$,其余变量表达式为

$$\boldsymbol{A} = \begin{bmatrix} a_{11} & a_{12} & a_{13} \\ a_{21} & a_{22} & a_{23} \\ a_{31} & a_{32} & a_{33} \end{bmatrix} = \begin{bmatrix} (x_2 - x_1) & (y_2 - y_1) & (z_2 - z_1) \\ (x_3 - x_1) & (y_3 - y_1) & (z_3 - z_1) \\ (x_3 - x_2) & (y_3 - y_2) & (z_3 - z_2) \end{bmatrix}$$

$$\boldsymbol{V} = \begin{bmatrix} v_{12} \\ v_{13} \\ v_{23} \end{bmatrix} = \begin{bmatrix} \dfrac{1}{2}[(r_1^2 - r_2^2) - (d_1^2 - d_2^2)] \\ \dfrac{1}{2}[(r_1^2 - r_3^2) - (d_1^2 - d_3^2)] \\ \dfrac{1}{2}[(r_2^2 - r_3^2) - (d_2^2 - d_3^2)] \end{bmatrix}$$

若矩阵 $\boldsymbol{A}$ 为非奇异可逆矩阵,则可由下式求得目标位置坐标矢量为

$$\boldsymbol{X} = \boldsymbol{A}^{-1}\boldsymbol{V} \tag{4-8}$$

式中:$\boldsymbol{A}^{-1}$为 $\boldsymbol{A}$ 的逆矩阵。

由于方程组(4-6)中的第三个方程式是第一和第二个方程式的线性组合,这就导致了矩阵 $\boldsymbol{A}$ 的行列式为零,矩阵 $\boldsymbol{A}$ 的秩为 2,故矩阵 $\boldsymbol{A}$ 为奇异矩阵,它的逆矩阵 $\boldsymbol{A}^{-1}$不存在。

如果再增加一个方程，需要增加第四个水听器，并测得第四个水听器和目标间的斜距 r_4，可以得到

$$r^2 = r_4^2 - d_4^2 + 2(x_4 x + y_4 y + z_4 z) \tag{4-9}$$

将它和方程组(4-6)中的第三式相减得到

$$(x_4 - x_3)x + (y_4 - y_3)y + (z_4 - z_3)z = \frac{1}{2}[(r_3^2 - r_4^2) - (d_3^2 - d_4^2)] \tag{4-10}$$

用它代替方程组(4-6)中的第三式，则矩阵 $\boldsymbol{A}$ 的秩为3，成为非奇异可逆矩阵。

当几个水听器都位于同一个 xoy 平面内，而 $z_1 = z_2 = z_3 = h$ 已知时，这时的矩阵是一个奇异矩阵，矩阵 $\boldsymbol{A}$ 的逆矩阵仍然不存在。这种情况下，根据三个水听器量测所给出的联立方程式，仍可以设法将目标位置坐标(x,y,z)解出来，由于 $z_1 = z_2 = z_3 = h$ 已知，方程组式(4-6)变为

$$\begin{cases} a_{11}x + a_{12}y = v_{12} \\ a_{21}x + a_{22}y = v_{13} \\ a_{31}x + a_{32}y = v_{23} \end{cases} \tag{4-11}$$

式中：$a_{11} = x_2 - x_1$，$a_{12} = y_2 - y_1$，$a_{21} = x_3 - x_1$，$a_{22} = y_3 - y_1$，$a_{31} = x_3 - x_2$，$a_{32} = y_3 - y_2$。

上面方程组有三个式子，两个未知数，可以利用其中的两式先求解出 x、y，再把 x、y 代入式(4-3)就可以求出 z 的值。事实上，使用上述联立方程的前两个式子可得

$$x = \frac{\begin{vmatrix} v_{12} & a_{12} \\ v_{13} & a_{22} \end{vmatrix}}{\begin{vmatrix} a_{11} & a_{12} \\ a_{21} & a_{22} \end{vmatrix}} \quad y = \frac{\begin{vmatrix} a_{11} & v_{12} \\ a_{21} & v_{13} \end{vmatrix}}{\begin{vmatrix} a_{11} & a_{12} \\ a_{21} & a_{22} \end{vmatrix}} \tag{4-12}$$

然后，将 x、y 代入式(4-3)可得

$$r^2 = x^2 + y^2 + z^2 = r_i^2 - d_i^2 + 2x_i x + 2y_i y + 2z_i z \tag{4-13}$$

由于 x、y 的数值已知，且 $z_i = h$，从而可以得到关于 z 的二次方程表达式为

$$z^2 - 2hz + (x^2 + y^2 - r_i^2 + d_i^2 - 2x_i x - 2y_i y) = 0 \tag{4-14}$$

根据式(4-14)可以解出 z 值。注意，此时仍和前述情况一样有双解，当水听器布放在靠近水底的位置时，z 的解仅取正值；而当水听器布放在靠近水面的

位置时,则 z 的解仅取负值,以避免定位模糊。

如果几个水听器的位置坐标值中有下列关系,如 $x_1 = x_2 = x_3$ 或 $y_1 = y_2 = y_3$ 时,系数 a_{11}、a_{21}、a_{31} 或 a_{12}、a_{22}、a_{33} 将等于零,则矩阵 $\boldsymbol{A}$ 的秩只有1,从而使求解 x、y 的分母行列式为零,故而无法求解出 x、y 值,这说明水听器布放位置与目标定位有直接的关系。

4.1.2 短基线声学定位技术

短基线声学定位系统因尺度小而得名,也有文献将基线尺度与工作水域水深相比,甚小的定位系统称为短基线声学定位系统。短基线声学定位系统可以布放在海底,若被测目标运动范围较大时,可以布放多个以便覆盖整个被测区域。各水听器接收的信号往往通过海底电缆传送到岸上进行处理。短基线声学定位系统亦可是船载式的,基阵固定安装在船底或由船舷吊放。船载式短基线声学定位系统测得的目标位置是相对于船载基阵坐标系的。由于船本身有纵摇和横摇,船载式短基线声学定位系统基阵的姿态是变化的,这会使其定位不准确。因此,需要利用姿态传感器测量基阵姿态,并对测量数据进行修正,才能获得被测目标以基阵中心为原点的大地坐标。海底布放的短基线声学定位系统常用于近岸海区或内湖,如水下武器试验场;船载式系统往往用于远离陆地的载体,如用于海上动力定位船。不论何种短基线声学定位系统,均可采用应答工作方式或同步信标工作方式。

船底安装的短基线声学定位系统将水听器阵安装在母船船底,其中心还装有一用于发射询问信号的换能器 T,如图4-2所示。如潜航器安装应答器或信标,当水面母船向应答器发出询问信号时,三个水听器能接收来自应答器的响应信号,并得到三个接收信号的时间差 Δt。

设基阵中心的询问发射换能器 T 与被测目标的距离为 r,目标相对于 T 的水平位置坐标为(x,y),若声线入射到 H_1、H_2 的角度为 θ,由几何关系得

$$x = r\sin\theta = rc\,\frac{\Delta t_{12}}{d_{12}} \tag{4-15}$$

同理,若声线入射到 H_2、H_3 的角度为 φ,由几何关系得

$$y = r\sin\varphi = rc\,\frac{\Delta t_{23}}{d_{23}} \tag{4-16}$$

式中:c 为水中声速;d_{12}、d_{23} 为水听器 H_1、H_2 及 H_2、H_3 的间隔;Δt_{12}、Δt_{23} 为对应的接收信号间的延迟。可见,只要测得时差 Δt_{12}、Δt_{23} 和距离 r,在已知水中声速 c 和间距 d_{12}、d_{23} 的情况下,便可由式(4-15)和式(4-16)求解得到目标水平位置

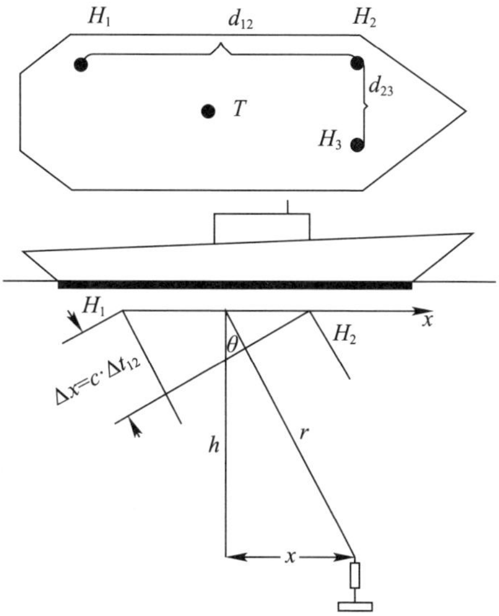

图 4-2　短基线声学定位系统基阵布置及基本工作原理

(x,y)。由于短基线声学定位系统尺度较小，距离 r 可用各水听器接收信号双程路径一半的平均值来近似，即

$$r=\frac{1}{3}\cdot\frac{c}{2}(t_1+t_2+t_3) \tag{4-17}$$

4.1.3　超短基线声学定位技术

由短基线声学定位系统的工作原理可知：增大基线长度可以减小定位误差。但是，从安装角度来看，基阵尺寸越大，安装误差就越难以控制，而较大的安装误差会降低定位精度。与长基线声学定位系统以及短基线声学定位系统相比，超短基线声学定位系统的基阵尺寸很小（一般在厘米或分米级别），安装比较方便，成本较低，这是超短基线声学定位系统的优势。

超短基线声学定位系统的工作原理和短基线声学定位系统相类似，但是，超短基线声学定位系统的基阵是由三个水听器安装在一个几厘米的基座上构成。由于基线长度很短，因此是通过测量两个水听器之间的相位差，而不是测量时间差。

如图 4-3 所示，采用直角三角形基阵，基元间距为 d，x 轴指向母船的船首方向，三个基元的坐标分别为 $e_1(d,0,0)$、$e_2(0,0,0)$、$e_3(0,d,0)$，目标的坐标为 $T(x,y,z)$。以 2 号基元为基准，可以得到其他两个基元的相位差。

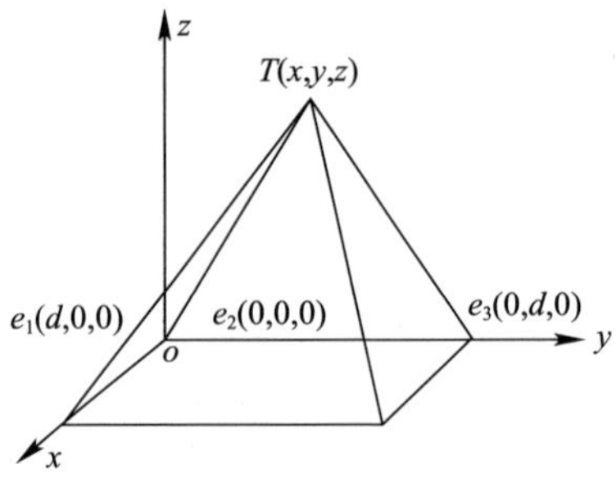

图 4-3　超短基线声学定位系统基本工作原理

$$\begin{cases}\phi_{21}=\dfrac{2\pi}{\lambda}\left(\sqrt{x^2+y^2+z^2}-\sqrt{(d-x)^2+y^2+z^2}\right)\\ \phi_{23}=\dfrac{2\pi}{\lambda}\left(\sqrt{x^2+y^2+z^2}-\sqrt{x^2+(d-y)^2+z^2}\right)\end{cases} \tag{4-18}$$

坐标原点和目标之间的斜距为 $r=\sqrt{x^2+y^2+z^2}$，从而有

$$\begin{cases}\phi_{21}=\dfrac{2\pi}{\lambda}\left(r-\sqrt{r^2+d^2-2dx}\right)\\ \phi_{23}=\dfrac{2\pi}{\lambda}\left(r-\sqrt{r^2+d^2-2dy}\right)\end{cases} \tag{4-19}$$

注意到 $r\gg d$ 在超短基线声学定位系统中总是成立的。将式(4-19)进行泰勒级数展开，取近似得

$$\phi_{21}\approx\frac{2\pi d}{\lambda}\cdot\frac{x}{r} \tag{4-20}$$

$$\phi_{23}\approx\frac{2\pi d}{\lambda}\cdot\frac{y}{r} \tag{4-21}$$

根据式(4-20)、式(4-21)可以得到

$$x=\frac{\lambda r}{2\pi d}\phi_{21},\ |x|\gg\frac{d}{2} \tag{4-22}$$

$$y=\frac{\lambda r}{2\pi d}\phi_{23},\ |y|\gg\frac{d}{2} \tag{4-23}$$

式中：λ 为水中声波波长；ϕ_{21}、ϕ_{23} 为两个水听器接收到信号与参考基元间的相位差；r 为基阵至目标间距离，可以用水声信号在水中传播时间求得。

在测得目标斜距以及基元间相位差之后，就可以利用式(4-22)、式(4-23)计算目标 T 的水平位置坐标 x 和 y。

4.2　声学测速系统

声学测速系统主要包括多普勒计程仪与声相关速度声纳两种,本节主要介绍这两种声学测速系统的基本工作原理以及在此基础上构建的航位推算系统工作原理。

4.2.1　多普勒测速技术

1. 多普勒测速基本原理

声学多普勒测速是通过估计回波信号的多普勒频移信息,从而实现载体绝对或相对测速。多普勒声纳向海水介质发射声波,声波被海底反射,产生海底回波,分析海底回波实现载体速度的测量。当频率为 f_0 的声波在海水中传播时,有一部分能量被海底反射回来,这些回波信号经过换能器接收并处理后可测得其频率为 f_r。式(4－24)为多普勒频移测速的基本原理公式,即

$$f_d = f_r - f_0 = 2f_0 \frac{v}{c}\cos\alpha \tag{4-24}$$

式中:f_d 为多普勒频移,即接收到的反射信号频率和发射信号频率之差;α 为波束的俯角;v 为接收器的水平相对速度;c 为信号的传播速度。

对于四波束多普勒计程仪,通常每个波束和水平面夹角为 60°,相邻两波束水平投影的夹角为 90°,如图 4－4 所示。在作用深度范围内,每个波束都能测得速度分量,四波束可测四个分速度,然后通过矢量合成即可得到速度矢量。

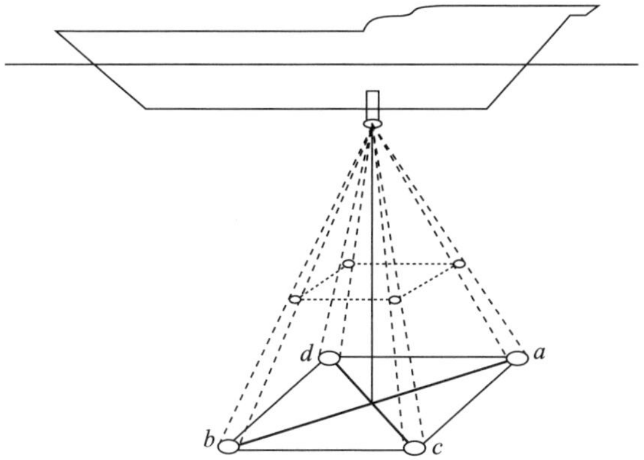

图 4－4　四波束多普勒计程仪配置示意图

在图 4－5 所示的仪器坐标系内,以换能器 1 到 2 的连线所指方向为 x 轴,

换能器 4 到 3 连线所指水平方向为 y 轴，z 轴根据右手法则确定。其中，$ox_ay_az_a$ 为仪器坐标系，记各坐标轴单位矢量分别为 $\boldsymbol{i}$、$\boldsymbol{j}$、$\boldsymbol{k}$，4 个声纳波束的发射方向为 $\boldsymbol{n}_1$、$\boldsymbol{n}_2$、$\boldsymbol{n}_3$、$\boldsymbol{n}_4$。波束水平倾角为 α，设速度矢量在仪器坐标系的矢量为 $\boldsymbol{V}_u$，则 $\boldsymbol{V}_u = V_x \cdot \boldsymbol{i} + V_y \cdot \boldsymbol{j} + V_z \cdot \boldsymbol{k}$。四波束速度为 $\boldsymbol{V}_b$，则 $\boldsymbol{V}_b = V_1 \cdot \boldsymbol{n}_1 + V_2 \cdot \boldsymbol{n}_2 + V_3 \cdot \boldsymbol{n}_3 + V_4 \cdot \boldsymbol{n}_4$。

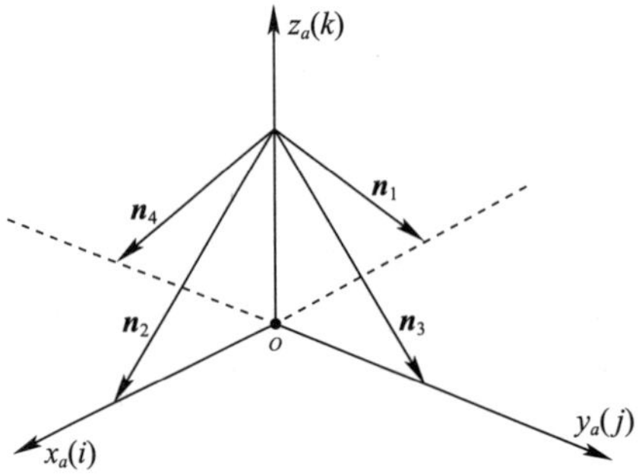

图 4-5　仪器坐标系定义

仪器坐标系在波束方向的单位投影为

$$\begin{cases} \boldsymbol{n}_1 = -\cos\alpha \cdot \boldsymbol{i} - \sin\alpha \cdot \boldsymbol{k} \\ \boldsymbol{n}_2 = \cos\alpha \cdot \boldsymbol{i} - \sin\alpha \cdot \boldsymbol{k} \\ \boldsymbol{n}_3 = \cos\alpha \cdot \boldsymbol{j} - \sin\alpha \cdot \boldsymbol{k} \\ \boldsymbol{n}_4 = \cos\alpha \cdot \boldsymbol{j} - \sin\alpha \cdot \boldsymbol{k} \end{cases} \tag{4-25}$$

从而得到

$$\begin{cases} V_1 = \boldsymbol{V}_u \cdot \boldsymbol{n}_1 = -V_x\cos\alpha - V_z\sin\alpha \\ V_2 = \boldsymbol{V}_u \cdot \boldsymbol{n}_2 = V_x\cos\alpha - V_z\sin\alpha \\ V_3 = \boldsymbol{V}_u \cdot \boldsymbol{n}_3 = V_y\cos\alpha - V_z\sin\alpha \\ V_4 = \boldsymbol{V}_u \cdot \boldsymbol{n}_4 = -V_y\cos\alpha - V_z\sin\alpha \end{cases} \tag{4-26}$$

设四个波束的频移分别为 b_1、b_2、b_3、b_4，综合式(4-25)和式(4-26)可得

$$\begin{bmatrix} b_1 \\ b_2 \\ b_3 \\ b_4 \end{bmatrix} = 2\frac{f_0}{c}\begin{bmatrix} -\cos\alpha & 0 & -\sin\alpha \\ \cos\alpha & 0 & -\sin\alpha \\ 0 & \cos\alpha & -\sin\alpha \\ 0 & -\cos\alpha & -\sin\alpha \end{bmatrix}\begin{bmatrix} V_x \\ V_y \\ V_z \end{bmatrix} \tag{4-27}$$

根据式(4 -27)可以采用最小二乘算法估计求解三维速度信息。

2. 多普勒计程仪基本结构

多普勒计程仪主要包括换能器、收发器以及显示器,基本结构示意图如图 4 -6所示。其中,换能器指声能与电能相互转换的器件,一般由压电陶瓷材料制成。安装在船底靠近龙骨并与船首尾线相平行的船舶纵剖面内,距船首和船尾都留有一定的距离。换能器的发射角(波束俯角)一般约为 60°,使船舶沿水平方向移动时,反射回波产生多普勒频移。换能器的作用是将收发器送来的电振荡信号转换为超声波信号发射,并接收被反射回来的超声波信号,转换为电信号送回收发器。

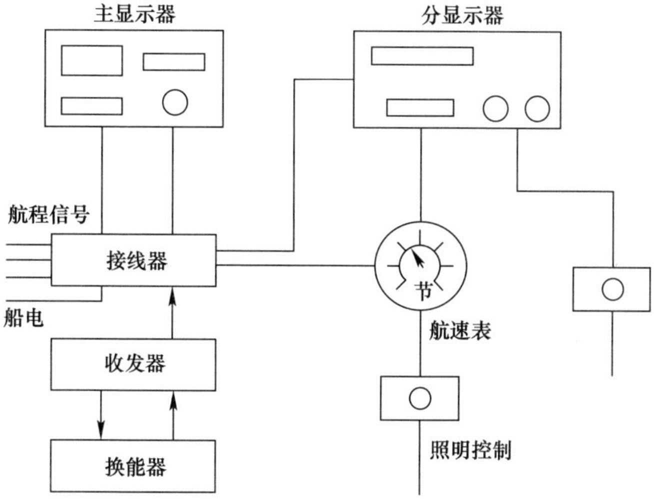

图 4 -6　多普勒计程仪的基本结构

收发器包括发射系统、接收系统、计算电路、补偿电路、自校电路等单元。发射系统产生具有一定频率、一定脉冲宽度和功率的电振荡信号,送给换能器;接收系统、计算电路和补偿电路将换能器送来的回波信号经放大处理后,求得多普勒频移并转换为航速信号送给显示器。自校电路用于判断计程仪本身工作性能的好坏。

4.2.2　声相关测速技术

目前,基于多普勒测速原理的多普勒计程仪已经得到广泛应用,其技术日臻成熟,但利用相关原理工作的相关测速声纳还处于研究和发展阶段。相关测速声纳使用 1 个发射基元和有限个接收基元,垂直向下发射信号,波束开角较大,一般为几十度。因此,相关测速声纳相较于多普勒计程仪有如下优点:首先,在相同工作频率下，相关测速声纳的换能器阵比多普勒计程仪的换能器阵小很多，适合体积较小的载体（如无人潜航器）或低频工作条件（用于测量较深散射体的速度）；其次，相关测速声纳较多普勒计程仪受载体姿态影响较小。

声相关计程仪的工作原理主要是依据射线声学模型的“波形不变性”原理，利用其发射器垂直向海底发射波束，再通过一定的信号处理方法将多个接收器接收到的回波信号进行相关处理，进一步进行速度解算，从而获得载体航速信息。

1. 波形不变性原理

声相关计程仪发射换能器垂直向下发射具有一定发射束宽的波束，再利用多个接收器接收海底回波，其信号幅度主要取决于海底底质的反射系数及水深。当载体运动时，由大量海底散射体的回波相互干涉而形成的返回信号，信号幅度发生起伏。这种干涉情况随着接收器位置的变化而变化，但是对于不同位置的接收器，如果发射器的位置也不同，那么它们有可能遇到相同的干涉效果。换句话说，如果在载体上用一个发射器发射两个信号，那么在两个分开的接收器上分别接收两个信号，两个信号之间可能除了产生一个时延以外都相同，即所谓的“波形不变性”。如果已知接收器间隔和时延，进一步就可以解算出载体运动速度。

在一维速度测量时，声相关计程仪的发射器和接收器安装在与船首尾线平行的方向上。发射器和接收器的位置分布主要有以下两种：接收—发射—接收（R－T－R）和发射—接收—接收（T－R－R）。图4－7分别表示了两种情况下发射器和接收器的位置分布。

图4－7　发射器和接收器的两种布置方式

如图4－8所示，T为发射器，R_1、R_2为接收器，发射器和接收器位于与船首尾线平行的方向上，两接收器的间距为d，接收器R_1与发射器T的间距为d'，载体以速度v向右前进，海深为H，这里假设接收器满足远场接收条件。

如果发射器T在位置x_1处（图4－8中D点）发射第一个脉冲声波，当其到达海底S点后产生的回波信号被接收器R_1接收，此时T的位置为x_2。当R_1接收到信号时，R_1所处的水平位置（图4－8中A点）为x_2-d'。

设置在第一个脉冲离开发射器T一个时延τ_0后，发射第二个脉冲声波，此

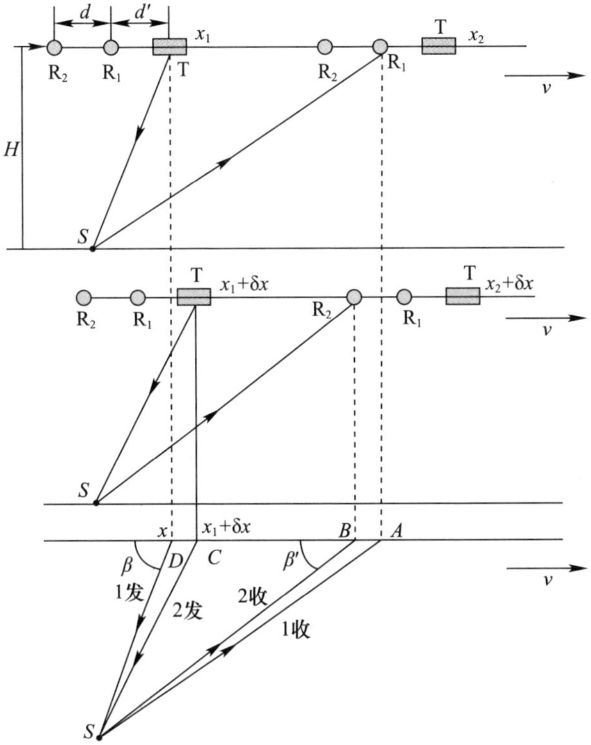

图 4－8　声相关测速原理

时发射器 T 位置（图 4－8 中 C 点）为 $x_1+\delta x$；当第二个回波信号被接收器 R_2 接收时，发射器运动到位置 $x_2+\delta x$，当 R_2 接收信号时，R_2 所处水平位置（图 4－8 中 B 点）为 $x_2+\delta x-(d+d')$。根据图 4－8，β 为发射声线与水平方向夹角，由于两个脉冲声波信号离开发射器 T 时延 τ_0 很小，因此 $\delta x=v\tau_0$ 很小，且满足 $\delta x \ll H$，$d-\delta x \ll H$，因此向下的第 1 声线与第 2 声线长度差近似为

$$CS-DS \approx CD \cdot \cos\beta = \delta x \cdot \cos\beta \tag{4-28}$$

同理可知，向上的第 2 声线与第 1 声线的长度差为

$$AS-BS \approx AB \cdot \cos\beta' = (d-\delta x) \cdot \cos\beta' \tag{4-29}$$

若两条回波声线的双程距离相等，即此时满足

$$AS+DS=BS+CS \tag{4-30}$$

便可认为接收器 R_1 和 R_2 所接收到的信号除相差时延 τ_0 之外，完全相同。

因此，将式（4－30）进行移项可得

$$AS-BS=CS-DS \tag{4-31}$$

将式(4－28)、式(4－29)代入式(4－31)可得

$$\delta x \cdot \cos\beta = (d - \delta x) \cdot \cos\beta' \tag{4-32}$$

声波双程传播的时间内,载体移动距离很小,则有 $\cos\beta \approx \cos\beta'$,结合式(4－32)可得

$$d - \delta x = \delta x \tag{4-33}$$

将 $\delta x = v\tau_0$ 代入式(4－33),得到

$$v = \frac{d}{2\tau_0} \tag{4-34}$$

由式(4－34)可知,在获知接收器间隔和发射时延 τ_0 的情况下就可以根据该式解算出载体速度。此外,两接收器接收的信号包络除时延 τ_0 外是相同的。

2. 相关测速理论方法分析

1)时间相关测速

时间相关测速是在已知固定接收器间隔 d 的情况下,寻找使两个接收回波信号相关值达到最大的时延 τ_0。假设两接收器接收到的信号分别是 $x_1(t)$ 和 $x_2(t)$,则其时间相关函数为

$$R_{12}(\tau) = \frac{1}{T}\int_0^T x_1(t)x_2(t-\tau)\mathrm{d}t \tag{4-35}$$

在接收器 R_1 和 R_2 相同的情况下,两接收信号仅相差一个时延 τ_0,因而这两个信号的时间相关函数形状应与一个接收器信号的自相关函数相同。

发射器向下发射一定宽度的波束。基于射线声学原理,波束是由射向海底的声线组成,由于载体向前运动,故接收的声线存在多普勒频移。向前下方发射的声线产生正的多普勒频移量,向后下方发射的声线产生负的多普勒频移量,接收器接收到的信号就产生了频谱的扩展。在上述过程中,换能器的发射指向性开角和载体的速度决定了多普勒频移量的大小。

2)空间相关测速

空间相关测速是采用一个发射器和多个接收器的配置。它的基本思想是给定一个固定时延 τ_0,寻找使相关函数达到最大值对应的接收器间隔 d。可选取一个固定参考接收器,将该接收器接收到的信号延迟 τ_0 轮流与其他接收器接收到的信号求相关系数。设第 i 个接收器在 n 时刻接收的信号为 $x_{i,n}$,则第 i 与第 j 个接收器信号的空间相关系数为

$$\rho_{i,j} = \frac{\sum_{n=1}^{N}(x_{i,n-n_g} - m_i)(x_{j,n} - m_j)}{\sqrt{\sum_{n=1}^{N}(x_{i,n-n_g} - m_i)^2 \sum_{n=1}^{N}(x_{j,n} - m_j)^2}} \tag{4-36}$$

式中：n_g 为固定时延节数，n_g 选取的原则是使 $\frac{d}{2} < 2n_g \cdot t_s \cdot v < d$ 成立，t_s 为时间间隔；m_i 和 m_j 分别为第 i 和第 j 个接收器接收到信号的 N 个样本平均值。

对于空间相关测速，要得到载体速度需要先找到使接收信号相关函数达到最大值所对应的接收器间隔 d。但实际接收器数量有限，所以所求得的相关系数 $\rho_{i,j}$ 的个数也是有限的，即所得到的相关系数只是空间相关函数的有限采样点。为解决这个问题，可以采用内插法以获得更精确的相关函数峰值位置。图4－9给出了七个接收器等间隔分布时，空间相关测速的示意图。

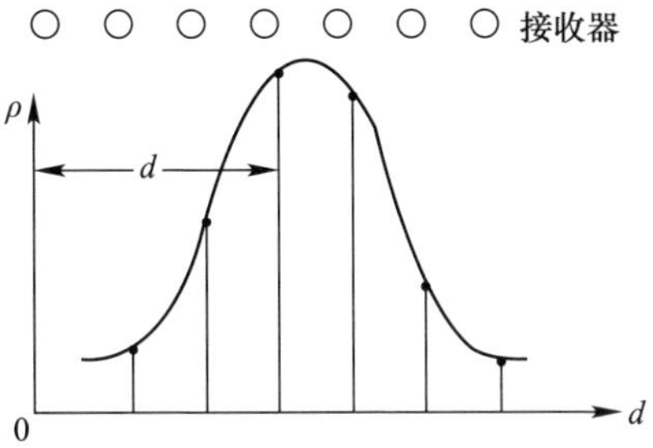

图4－9　七个接收器的空间相关函数

综合考虑时间相关与空间相关原理，时间相关和空间相关函数的估计精度分别与有效信号长度和接收信号样本数有关。进一步，可以设想如果利用多个接收器接收回波，且同时对信号延迟 τ_0 和接收器间隔 d 进行"扫描"，则可以得到时间相关和空间相关相结合的实现方案，这有利于用多个接收器的信号来分析时间相关函数的特性，以及利用多个时延来分析空间相关函数的特性。

以上是沿载体首尾方向单轴进行航速测量的基本原理。在此基础上，如果在水平面内沿载体首尾方向和垂直方向均布置接收器，则可测得载体沿两个轴向的水平速度或合成航速矢量。

4.2.3　基于声学测速的航位推算技术

以"航向＋速度"实现的航位推算（Dead Reckoning，DR）是一种简单、实用的导航定位方法，它主要根据航向参考系统的航向输出和测速系统的速度输出进行导航定位。航向参考系统包括磁罗经、陀螺罗经以及平台罗经等；测速系统包括水压计程仪、电磁计程仪、多普勒计程仪以及声相关计程仪等。其中，前述章节介绍的基于声学测速原理的多普勒计程仪以及声相关计程仪是航位推算系统中较常见的测速设备，所以本节在前述基础上主要介绍基于声学测速的航位推算导航技术。

1. 航向参考系统

无人潜航器航行时,确定航行方向和目标方位是保证潜航器航行安全的基本要求之一。虽然潜航器首尾线是客观存在的,但要在潜航器运动情况下找出真北方向,则是比较困难的,一般都用专门的航向参考系统来指示真北方向。目前水下以及水面各类舰艇使用的航向参考设备主要包括磁罗经、陀螺罗经、平台罗经以及惯性导航系统。

磁罗经是指利用地球磁场作用研制的一种能够指示地理方位和船舶航向的"罗经"。磁罗经由罗经盆和罗经柜等组成,置于罗经盆内的刻度盘是一个其上刻有0°~359°的圆盘,并在8个等向点上刻有N、NE、E、SE、S、SW、W、NW的明显标记。在刻度盘下装有磁针,在地磁场作用下磁针可以带动整个浮子和刻度盘指示地理方位。由于地球的北磁极和南磁极与地理北极和南极不重合,故磁罗经所指示的方位是磁力线的南北方位,它与地理南北方向的水平夹角称为地磁差,不同地理位置上地磁差的大小和符号均不同。此外,磁罗经还会受到潜航器上钢铁物质磁性的影响而出现自差。磁罗经具有结构简单、不依赖于电源、不易损坏和价格低廉等优点,所以它至今仍然是不可缺少的航海仪器之一。但是,磁罗经使用时必须进行误差修正,而误差随时间、地点、航向而变化,修正比较复杂。磁罗经的精度相对于后续介绍的陀螺罗经要低,在大型船舶、水下潜器或具备使用电罗经条件的航行器上,通常作为备用航向参考设备。

以陀螺仪为核心元件,指示载体航向的导航设备称作陀螺罗经。陀螺罗经是根据法国学者傅科1852年提出的利用陀螺仪作为指向仪器的原理而制造的。德国人安修茨于1908年、英国人布朗于1916年分别研制出以他们姓氏命名的陀螺罗经。美国人斯佩里在1911年研制的陀螺罗经,后在"德拉威"号上试验成功,很快就被美国海军采用。陀螺罗经依靠陀螺仪的定轴性和进动性,借助于其控制模块和阻尼模块,能自动指北并精确跟踪地球子午面。它的作用与磁罗经相近,但其精度更高,而且不受地球磁场和钢质船体等铁磁物质的影响,是无人潜航器指示航向基准的主要设备。

平台罗经是将电磁控制和稳定平台结合起来的一种新型陀螺导航设备,平台罗经采用两个二自由度陀螺仪(或三个单自由度陀螺仪)和三个加速度计构成北向水平、东向水平和方位回路。其中,方位回路和北向水平回路利用其耦合关系和合适的控制方案,实现方位与当地子午线一致、北向水平回路与当地水平一致;东向水平回路利用加速度计敏感惯性平台与当地水平面的误差角,形成控制信号控制陀螺仪,从而保证惯性平台水平指北。

惯性导航系统的基本硬件配置与平台罗经相同。与陀螺罗经和平台罗经相比,惯性导航系统不仅可以提供高精度的三维姿态信息,而且可以给出载体相对地球的速度和位置等导航定位信息。惯性导航系统具体工作原理见第 3 章。

2. 航位推算原理

航位推算的核心要素是航向和速度,利用声学测速系统可以测量潜航器的速度信息,进而利用航向对速度进行分解得到速度在导航坐标系各方向上的投影分量,结合速度采样频率在航行时间上进行积分累加,即可以实现航程估计。考虑地球椭球体曲率,可得无人潜航器在航位推算过程中的经度、纬度计算公式为

$$\begin{cases}\lambda_n = \lambda_0 + \sum_{i=0}^{n} V_E^i \cdot \Delta t \cdot \rho_2^i \cdot \sec(\varphi_n) \\ \varphi_n = \varphi_0 + \sum_{i=0}^{n} V_N^i \cdot \Delta t \cdot \rho_1^i\end{cases} \tag{4-37}$$

式中:Δt 为采样周期;λ_0、φ_0 分别为初始时刻经度和纬度;λ_n、φ_n 分别为 n 时刻潜航器所在位置的经度和纬度;ρ_1^i、ρ_2^i 分别为 i 时刻子午圈和卯酉圈曲率。

第5章
水下地形匹配导航技术

地形匹配导航技术是一种比较新型的导航定位技术，利用具有明显高程起伏地区的地形特征可以实现高效而准确的导航定位。在海湾战争中，以美国为首的多国部队组成第一攻击波，包括52枚“战斧”巡航导弹和30架F-117A隐身飞机。据统计，开战第一周就发射了30枚“战斧”导弹，攻击成功率达到95%，仅被伊拉克苏制“萨姆”防空导弹拦截数枚。作为这种导弹的制导系统——地形匹配辅助导航系统，引起人们广泛关注。

海底地形主要指海水覆盖下的固体地球表面形态。海底有高耸的海山、起伏的海丘、绵延的海岭、深邃的海沟以及坦荡的深海平原。纵贯大洋中部的大洋中脊，绵延80000km，宽数百至数千千米，总面积堪与全球陆地相比。大洋最深点1万米以上，位于太平洋马里亚纳海沟，超过陆地上最高山峰珠穆朗玛峰的海拔高度。正是这种变化丰富的海底地形特征为开展无人潜航器导航定位提供了可靠的参考场。海底地形、海洋重力、海洋磁力是辅助潜航器导航定位的重要地球物理场，其中海底地形具有变化特征丰富、尺度小、探测准确等明显优势，水下地形匹配导航定位精度可达10m甚至更高。在实际应用中，地形匹配导航主要和惯性导航结合构成辅助导航系统，本章重点介绍地形匹配导航技术。

5.1 水下地形测量方法

海洋测深仪器主要包括测深杆、测深锤、回声测深仪、双频测深仪、精密智能测深仪、多波束测深系统、侧扫声纳、机载激光测深仪以及卫星遥感测深系统等。

20世纪30年代初，成功研制的回声测深仪取代了传统测深杆及测深锤，这标志着海洋测深技术发生了革命性变化。随后，双频测深仪研制出来并加入吃水改正、声速改正、转速恒定、浪涌补偿等功能,因此也将其称作智能测深仪。但是,上述测深声纳均为单波束声纳,每次只能测得测量船下方单一“点”深度,而不能获得大范围精细海底地形,存在测量效率低、地形分辨率低以及精度低等缺陷,因此很难满足现代高精度海底地形测量需求。除此之外,单波束测深技术还要求水下地形在高度上的变化足够丰富。由于数千年沉积作用影响,水下地形在高度上的变化程度与陆上地形相比要小很多。因此,单波束测量设备作为地形匹配辅助导航实测设备具有一定局限性。这种情况下,效率高、精度高以及分辨率高的海底侧扫声纳与多波束测深系统在20世纪60年代末相继问世。相较而言,多波束声纳是比较适合水下地形匹配辅助导航的测深设备,其具有如下主要优势:

(1)随着载体运动,多波束声纳能测量一个面,而单波束声纳仅能测量一条线,因此多波束声纳可以近乎无遗漏地对海底进行测量。

(2)单波束声纳测点之间间隔由系统速度信息决定,而多波束声纳测点之间间隔由波束间夹角决定,因此对测点间距离的控制更加稳定。

(3)假定载体航行速度为10kn,地形图分辨率为10m,使用单波束声纳测量100个有效采样点(即航行1000m),其航行时间需要194s;而使用多波束声纳一个波次可获得上百个采样点,从而可以不必采用批处理滤波方式而使用实时滤波方式。

(4)由于多波速声纳可以比单波束声纳利用更少波次和时间获得足够数量的采样点,因此可以有效降低暴露目标的危险性。

图5-1和图5-2展示了两种可以用于地形匹配辅助导航系统的多波束声纳设备。

图5-1　Teledyne RESONSeaBatT20-P

(图片5-1来源:http://tianbaonet.com/hyygcclcp/5241.jhtml)

图 5 - 2　ELAC SeaBeam 3020

(图片 5 - 2 来源:https://geo - matching. com/uploads/default/s/e/seabeam - 3012 - open. jpg)

5. 1. 1　多波束回声测深技术

1. 多波束回声测深仪基本原理

多波束回声测深系统又称为多波束回声测深仪、条带测深仪或多波束测深声纳等,最初的设计构想就是为了提高海底地形测量效率。与传统的单波束测深系统每次测量只能获得测量船垂直下方一个海底测量深度值相比,多波束测深系统在与航迹垂直的平面内一次能够测得数十至上百个测深点,得到一条一定宽度的全覆盖水深条带,能够精确快速地测出沿航线一定宽度范围内水下目标的大小、形状和高低变化,从而描绘出海底地形地貌的精细特征,实现了从"点 - 线"测量到"线 - 面"测量的跨越。

多波束回声测深系统是一种集合多传感器的复杂组合系统,是在现代信号处理技术、高性能计算机技术、高分辨显示技术、高精度导航定位技术、数字化传感器技术及其他相关高新技术基础上发展起来的一种测深系统。自 20 世纪 70 年代问世以来其一直以系统庞大、结构复杂和技术含量高著称,世界上主要有美国、加拿大、德国、挪威等国家在生产。多波束测深系统可以同时获得多个相邻窄波束,测深时系统每发射一个声脉冲,可以同时获得测量船下方的垂直深度以及与测量船航迹相垂直平面内的多个水深值,因此一次测量即可覆盖一个宽扇面。

多波束通过向下发射扇形声脉冲,同时接收海底返回的声波,在垂直于航线方向得到一组水深数据。这样当测量船连续航行时,就可以得到一定宽度的条带状地形数据。多波束测深示意图如图 5 - 3 所示。

多波束测深过程中各波束点的空间位置解算需要考虑波束入射角 θ,在忽

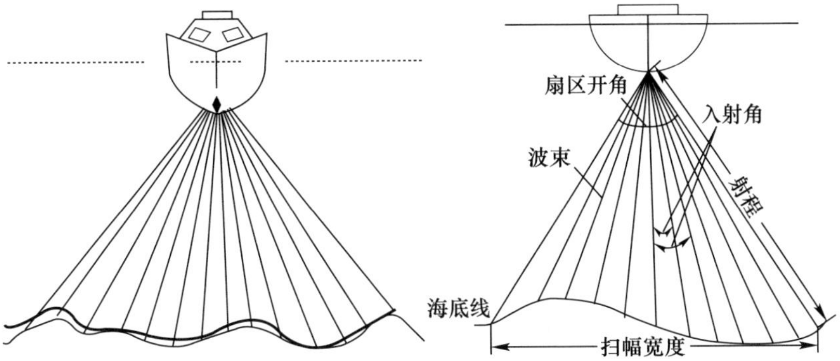

图5-3　多波束测深示意图

略波束射线弯曲的一级近似条件下,各波束测点的换能器下水深 D_{tr} 和距离中心点的水平位置 X 可表示为

$$D_{tr}=\frac{1}{2}ct\cos\theta \tag{5-1}$$

$$X=\frac{1}{2}ct\sin\theta \tag{5-2}$$

式中:c 为信号传播速度;t 为声波双程旅行时间;θ 为接收波束与垂线的夹角,即入射角。

考虑换能器吃水改正值 ΔD_d 和潮位修正值 ΔD_t 后,各波束测点的实际水深为

$$D=\frac{1}{2}ct\cos\theta+\Delta D_d+\Delta D_t \tag{5-3}$$

当得到入射角和波束点离中心的水平距离后,经过坐标转换就可以确定大地坐标系下各点对应坐标和水深值,即可表示成经度、纬度、水深的形式。

测深系统的换能器基阵由发射声信号的发射阵和接收海底反射回声信号的接收阵组成。发射器发出一个扇形波束,该扇形波束形成的扇面垂直于航迹,一般开角为60°~150°,航迹方向的开角为0.5°~5°。接收阵接收海底回波信号,经延时或相移后相加求和,形成几十个或者数百个相邻波束。航迹方向的波束开角一般为1°~3°,垂直于航迹的开角为0.5°~3°。组合发射和接收波束可得到几十个或几百个窄的测深波束。换能器基阵可以直接装在船底或在双体船上拖曳。为保证测量精度,必须消除船在航行时纵横摇摆的影响,一般采用姿态传感器进行姿态修正。

2. 多波束回声测深仪基本结构

多波束测深系统是利用安装于测量船底部或拖体上的声基阵向与航向垂直方向海底发射声波束，并接收海底反向散射信号，经过模拟/数字信号处理形成多个波束，同时获得几十个甚至上百个海底条带上采样点的水深数据，其测量条带覆盖范围为水深的 2～10 倍，与现场采集的导航定位及姿态数据相结合，绘制出高精度、高分辨率的数字图。完整的多波束测深系统除了具有复杂结构的多阵列发射接收换能器和用于信号控制、处理的电子柜外，还需要高精度的运动传感器、定位系统、声速剖面仪和计算机软/硬件及其显示设备。图 5－4 给出了典型的多波束测深系统基本组成以及它们间的关系。

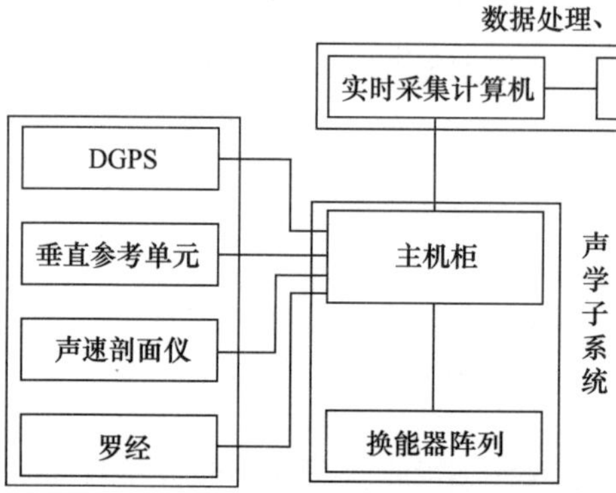

图 5－4　多波束测深系统基本组成及关系

5.1.2　实测深度误差的来源

在进行水下地形测量过程中，水下环境中随机干扰、测量设备误差及其他原因都会带来测量误差。除随机测量误差以外，在水下地形测量过程中还有一些误差因素需要考虑。

（1）测量船机动引起的误差。由于声纳设备一般直接安装在测量船上，为补偿测量船机动需要把一个惯性测量装置安装在尽量靠近声纳头部的位置，但这并不能完全补偿机动引起的误差。

（2）声纳安装引起的误差。声纳脉冲通常全方位发射，这也意味着会出现从测量船船体发出的反射声波。

（3）声纳自身引起的误差。声纳自身引起的最大误差主要来源于不同底部探测线，因为实测声波频率与测量先验地形图时的声波频率可能不同，所以声波波束穿入沉积层的深度也就可能不同（沉积层的上部含有大量的水，含量会随着深度的增加而减少，这会引起反射波的衰减）。软沉积层通常有几米厚，低频声纳将会穿入沉积层很深,而高频声纳仅能穿入一点。当使用地形线进行匹配时,这不会改变地形线的形状,除非在沉积层中有大块的岩石。另外由于底部探测算法不同,不同的声纳将会给出不同的测量值,当波束穿入沉积层的入射角越大,底部越硬。声纳自身引起测深误差的第二个重要因素(影响小于 0.05m)是发射波束的宽度和脉冲形状,测深声纳发射波束通常是1.5°×1.5°宽,在50m 的深度脚印大小是 1.3m×1.3m,声纳通常把脚印中最小测量值作为深度,这在大倾角地区存在测量错误,尤其是大深度地区。

(4) 声线弯曲引起的误差。换能器接收阵中心点沿波束传播路径指向波束投影区几何中心点的射线称为声线,声线可以看成是波束射线的抽象,它是波束立体角缩小为零的一种极限状态,其特点是声速结构不存在侧向变化(即二维声速结构),波速沿声线的入射点或返回段路径完全相同,因此在反演海底形态的分析、计算过程中只需分析入射段或返回段即可。利用声纳测量深度由声音传播时间决定,而声速与海水温度有关,不同温度会使声线发生弯曲导致传播路径变化,从而引起测量误差,如图 5-5 所示。如果海水声速梯度已知,可以利用相应算法对此做出补偿。除此之外,在浅水中声速梯度还取决于水平位置,为使声线弯曲引起的误差最小,波束应尽量垂直于底面。

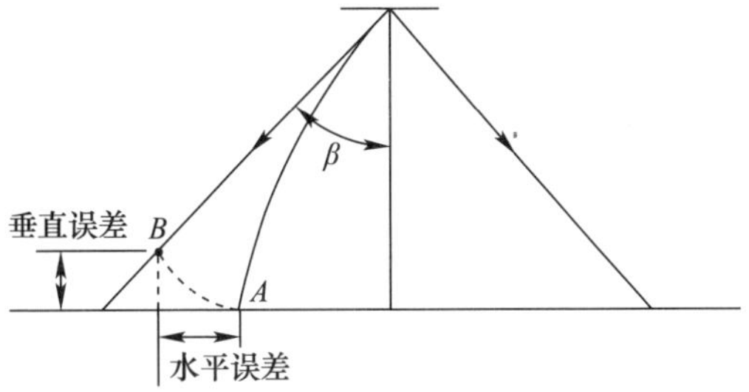

图 5-5　声线弯曲示意图

如图 5-5 所示,假设声线沿着与垂直方向夹角为 β 的方向射出,而且已知声速梯度是常量,声线会以一定曲率弯曲,则声线将在 A 处到达海底。如果没有相应声速梯度补偿算法进行补偿,声纳会错误地认为声线在 B 处触底,从而会引起水平和垂直方向测量误差。

5.2　地形匹配导航技术

地形匹配导航技术主要包括以地形标高剖面图为基础和以数字地图导出的地形斜率为基础两类。两种匹配导航系统匹配的物理量虽然不相同,但其基本工作原理却相似,都包含地形匹配系统、惯性导航系统、数字地图存储装置以及数据处理装置四部分,都利用地形高度数据进行导航定位。值得一提的是,由于远程航行地形数据存储量过大,很难存储全域地形信息,而且进行相关计算工作量也较大,因此无人潜航器导航计算机难以满足需求。在实际工作中,通常把拟航行路线分成多段匹配区域(一般是边长为几千米的矩形),再将该区域分成许多正方形网格,正方形边长一般在数十米量级,进而将实测地形数据与基准图进行相关匹配,估计当前位置。本节重点介绍地形轮廓匹配导航技术、桑地亚惯性地形辅助导航技术以及等值线迭代最近点匹配导航技术。

5.2.1 地形轮廓匹配导航技术

地形轮廓匹配系统是美国于20世纪70年代研制的。该系统采用的匹配算法为断续的批相关处理算法,是批相关处理技术的典型代表。美国McDonnell - Douglas公司研制的机动地形相关系统(Maneuvering Terrain Correlation System, MTCS)、英国BAE公司研制的地形剖面匹配系统以及法国Sagem公司研制的地形剖面匹配导航系统均是在地形轮廓匹配系统基础上加以改进而形成的新系统。

1. 地形轮廓匹配系统基本原理

地形轮廓匹配算法的基本原理:在地表任何一点的地理坐标系可以根据其周围地域的等高线地图或地貌来单值确定。如图5-6所示,当无人潜航器经过已经完成数字化操作的水下区域时,声纳设备将测出无人潜航器距海底距离为h_r,同时利用水压式测深仪测出绝对深度与惯性导航系统综合后可以得到较为精确的绝对深度为h,通过将h与h_r相加即可得到海底地形绝对高度h_t。

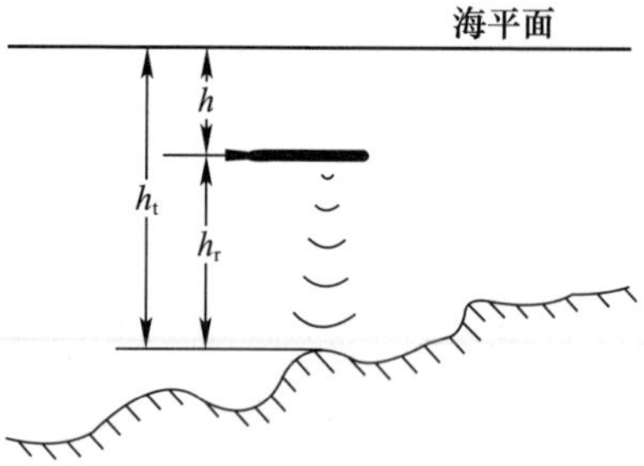

图5-6 无人潜航器测深示意图

当无人潜航器航行一段时间以后,可以得到潜航器在真实航迹下的一组地形高程数据序列。将得到的地形高程数据与存储在导航计算机中的数字化地形图进行相关分析,在相关分析中具有相关峰值的点即被确定为无人潜航器的估计位置,利用该位置估计值可以校正惯性导航系统累积误差,其原理如图5－7所示。在相关分析的处理过程中,可以根据惯性导航系统提供的无人潜航器位置从数字化地形图中调出某一特定区域,该数字化地形图应该包括无人潜航器可能出现的位置序列,以保证相关分析处理得以进行。

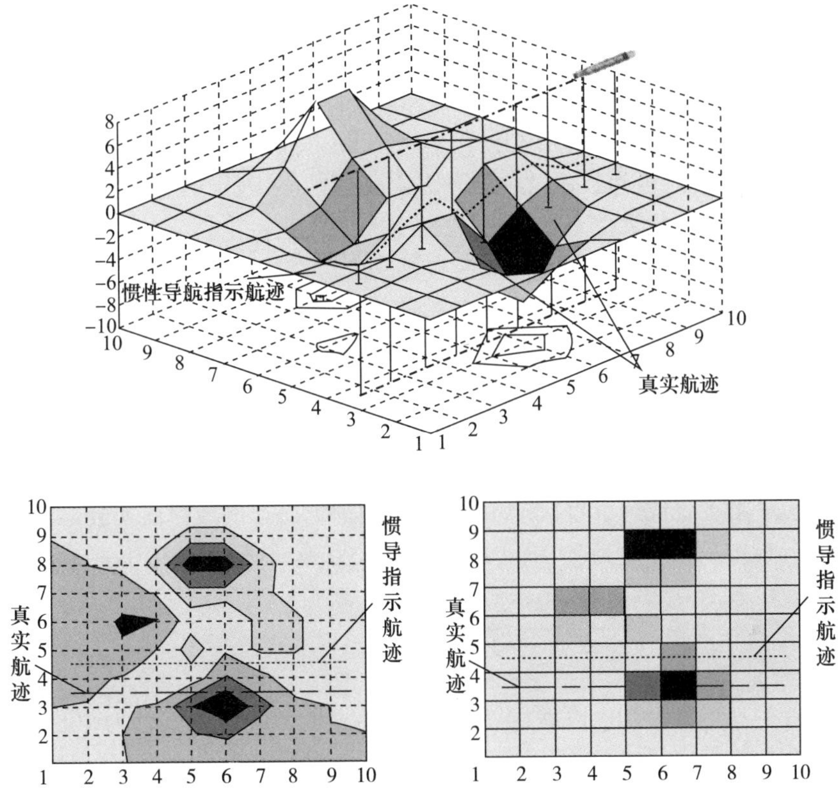

图5－7　地形轮廓匹配算法示意图

地形轮廓匹配系统性能受惯性导航系统精度、数字地形特征图制图精度、测深仪测量精度以及匹配算法性能等多种因素影响。惯性导航系统误差漂移越慢、地形特征越丰富、数字地图制图误差和测深仪测量误差越小,则匹配效果越好。因此,在构建地形轮廓匹配系统时,对系统硬件及数字地图都有明确的性能指标要求。制定航行计划时,也应选择地形起伏较大的区域进行地形匹配。在系统硬件设备以及数字地图都确定后,匹配导航系统的性能则主要由系统匹配算法决定。

2. 地形轮廓匹配算法分析

地形轮廓匹配算法采用批相关处理技术,其主要作用是在导航计算机中存储的数字化地形图中找出一条最优路径，该路径平行于导航系统指示路径并且最接近于测深仪实测路径。

为简化分析，可以把二维问题等效为一维问题，并把高度表示为真实高度加上随机噪声，则测量高度可以表示为

$$h_t'(i)=h_t(i)+n_t(i) \tag{5-4}$$

式中：$h_t(i)$为真实地形高度；$n_t(i)$为测量噪声。

存储的地形高度表示为

$$h_m(i,j\delta x)=h(i,j\delta x)+n_m(i,j\delta x) \tag{5-5}$$

式中：$h(i,j\delta x)$为真实高度；$n_m(i,j\delta x)$为随机噪声；$j\delta x$为存储路径偏离测量路径距离。

地形轮廓匹配系统执行步骤主要包括以下内容：

1）实测地形高程剖面

在无人潜航器航行过程中，潜航器搭载测深仪采集距海底距离以及绝对深度离散值，进而得到地形高程离散点值。当无人潜航器航行一段距离以后，即可获得一条实测的地形高程剖面序列。需要注意的是，航行距离是地形轮廓匹配算法每次修正所用航行路径的长度，它是地形轮廓匹配算法的一个重要参数。航行距离一般要足够长，这样测量得到的实测地形高程剖面特征才会丰富，从而在相关分析中获得一个精确、唯一的最优点。另外，航行距离也不宜选得过长，以便使各位置节点间漂移较小。一般情况下，航行距离与地形相关长度之比至少应等于4，在高噪声环境下最好接近10。

2）从地图中提取地形剖面

在获得地形高程剖面以后，可以根据惯性导航系统估算位置为中心选择一个格网化的不确定区域，该不确定区域大小可以根据导航系统的$\pm 3\sigma$误差幅度确定，以保证无人潜航器的真实位置位于该选定区域内。进一步，在不确定区域内按顺序选择每个格网点为端点，并从数字地图中提取一条与导航系统指示位置相平行的地形剖面，因此获得的地形剖面数目应等于不确定区域内格网个数。

3）相关分析处理

相关分析处理就是选择一种性能指标，用以检验从数字化地图中提取的各地形剖面与实测地形剖面的相关程度，从而选出与实测地形剖面相关度最高的一条作为最佳匹配剖面。在相关分析处理过程中，可以选择互相关（Cross Correlation，COR）算法、平均绝对差（Mean Absolute Difference，MAD）算法以及均方差（Mean Square Difference，MSD）算法，三种算法的性能指标定义如式（5-6）~式（5-8）所示，最优路径的设计就是使$J_{COR}(j\delta x)$最大，$J_{MAD}(j\delta x)$和$J_{MSD}(j\delta x)$最小。

$$J_{\mathrm{COR}}(j\delta x) = \frac{1}{N}\sum_{i=1}^{N}(h_m(i,j\delta x) - h'_t(i)) \tag{5-6}$$

$$J_{\mathrm{MAD}}(j\delta x) = \frac{1}{N}\sum_{i=1}^{N}|h_m(i,j\delta x) - h'_t(i)| \tag{5-7}$$

$$J_{\mathrm{MSD}}(j\delta x) = \frac{1}{N}\sum_{i=1}^{N}[h_m(i,j\delta x) - h'_t(i)]^2 \tag{5-8}$$

采样数 N 与相关分析处理需要的地形轮廓长度 d_{L} 有关，d_{L} 也被称作组合距离，其标准形式为

$$\beta = \frac{d_{\mathrm{L}}}{\delta x_{\mathrm{c}}} \tag{5-9}$$

式中：δx_{c} 为地形的相关长度。

为避免错误定位，一般取 $\beta \geqslant 4$。通常 β 越大精度越高，当 $\beta = 10$ 时，采样需要的地形轮廓长度，即组合距离为0.5～5km。

由于相关处理数据长度有限，通常交叉相关算法得不到真正最大值，精度不高。三种算法精度比较如图5－8所示，纵坐标为标准化定位误差即标准差 $\sigma_\varepsilon/\delta x_{\mathrm{c}}$，$\sigma_\varepsilon$ 为导航偏差。根据图5－8可以看出，均方差算法和平均绝对差算法精度相当，且略高于互相关算法。在实际应用中，一般可以将三种相关分析算法组合使用，从而获得更优的定位结果。

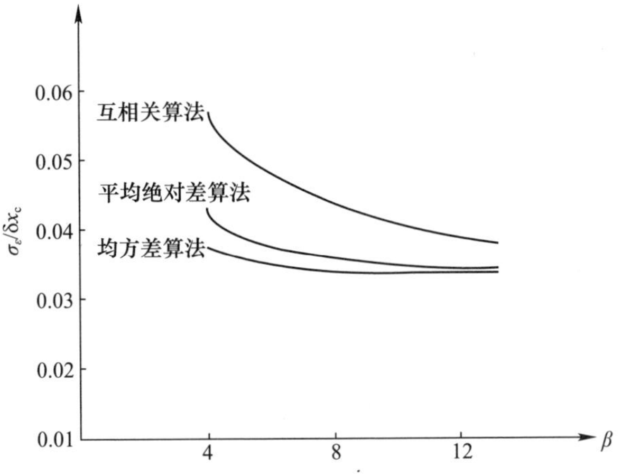

图5－8　地形轮廓匹配系统三种相关算法精度比较

根据上述地形轮廓匹配导航算法分析可以看出，该方法只能给出无人潜航器位置估计信息，而无法对其他导航状态误差进行估计。为了估计其他导航状态误差，需要将该位置信息作为量测量通过卡尔曼滤波进行估计。需要注意的

是，由于测量值观测时间较长，每进行一次相关计算时间也较长，另外还要求无人潜航器在该时间段内尽量避免做机动航行。上述因素导致地形轮廓匹配导航算法对航向偏差较为敏感，并且实时性较差。

4）修正导航系统

通过相关分析处理可以得到潜航器定位信息，利用该定位信息即可对惯性导航系统累积误差进行修正。

在传统地形轮廓匹配导航算法基础上，后续研究者对该算法进行了进一步改进。例如，为防止虚假定位，采用 M/N 判决方案，即在 N 次定位中至少有 M 次定位相一致才接受相关定位；不简单地利用匹配定位信息直接修正惯性导航系统指示位置，而将匹配定位信息作为量测量通过卡尔曼滤波器对惯性导航系统的其他导航状态误差进行最优估计，然后利用估计值校正惯性导航系统，以上措施均可进一步提高潜航器导航定位精度。

3. 地形轮廓匹配系统特点

地形轮廓匹配系统的特点主要是由其匹配算法决定的。由于最佳匹配位置是通过测得地形高程序列后无遗漏搜索位置不确定区域内每个网格位置的方式实现的，因此地形轮廓匹配系统的特点主要包括：

（1）如果地形特征丰富且独特，搜索区域范围又足够大，那么地形轮廓匹配系统在任何初始位置误差情况下都能工作。

（2）无须对搜索区域内的地形作线性或高斯分布假设，而只需假设每个剖面都与后续剖面无关。

（3）相关算法处理需要在获得足够长的地形高程序列后才能进行，因此属于后验估计或批处理方法，这就导致地形轮廓匹配算法实时性差，一般每隔几千米才能做一次相关定位，而在间隔如此长的相关定位间惯性导航系统位置累积误差有可能增长到使航行路径变形的程度。

（4）地形轮廓匹配算法对航向误差比较敏感，同时在定位过程中潜航器尽量不要机动航行。

（5）存在与搜索间隔（格网间隔）一半相当的量化误差，因此为减小这种量化误差需要使用小的搜索间隔，但同时会增加计算量。

5.2.2 桑地亚惯性地形辅助导航技术

桑地亚惯性地形辅助导航系统由美国 Sandia 实验室于 20 世纪 70 年代末研制，该系统采用卡尔曼滤波技术，实时性更好，并已在美国空军得到广泛应用。

1. 桑地亚惯性地形辅助导航系统基本原理

与地形轮廓匹配系统类似，桑地亚惯性地形辅助导航系统也包括四部分，分别是惯性导航系统、测深仪、数字地图以及数据处理装置。桑地亚惯性地形辅助导航系统的工作原理是在初始位置由惯性导航系统提供位置信息,在数字地图上得到相应地形高程信息,通过惯导系统输出的绝对深度值与地形高程取差值,可以得到无人潜航器的相对深度估计值,这个估计值与实测的相对深度之差就是卡尔曼滤波的量测量。由于地形的非线性特性导致测量方程具有非线性,因此必须对地形进行随机线性化处理从而得到地形斜率,进而得到线性化量测方程。卡尔曼滤波器以惯性导航系统误差方程作为状态方程,经卡尔曼滤波递推算法可以得到惯性导航系统导航状态误差估计值,利用该误差估计值即可对惯性导航系统累积误差进行修正,从而可以有效提高惯性导航系统的导航定位精度。

2. 桑地亚惯性地形辅助导航算法分析

桑地亚惯性地形辅助导航算法不同于相关分析法,采用的是卡尔曼滤波技术。桑地亚惯性地形辅助导航算法把深度值直接作为卡尔曼滤波器量测量,卡尔曼滤波器在获得测深仪以及声纳测量数据的同时对其进行处理。由于该过程是递推进行的,因此可以获得连续修正能力。卡尔曼滤波器状态方程以及测量方程可以表示为

$$\delta \boldsymbol{X}_{k+1} = \boldsymbol{\Phi}_{k+1,k}\delta \boldsymbol{X}_k + \boldsymbol{w}_k, \boldsymbol{w}_k \sim N(0,\boldsymbol{\sigma}_w^2) \tag{5-10}$$

$$h_{rk} = h_r(\boldsymbol{X}_k) + v_k, v_k \sim N(0,\boldsymbol{\sigma}_v^2) \tag{5-11}$$

式中:$\delta \boldsymbol{X}_k$ 为惯性导航系统导航状态误差;$\boldsymbol{\Phi}_{k+1,k}$ 为惯性导航系统误差状态转移矩阵;h_r 为相对深度;$\boldsymbol{w}_k$ 和 v_k 分别为系统噪声和量测噪声。

桑地亚惯性地形辅助导航算法设计时需要重点考虑系统状态模型建立以及地形线性化处理这两个问题。

1）系统状态模型的建立

系统状态和与之关联的用于传播误差协方差的状态转移矩阵必须考虑惯性导航系统的所有重要误差源以及量测误差的模型。一般来说,惯性导航系统的误差状态应包括位置、速度、深度以及仪表误差。

2）地形线性化处理

由于地形固有的非线性特性,使得量测方程为非线性方程,因此,必须采用地形线性化技术对测量方程进行线性化处理。所谓地形线性化,就是用平面方程 $f(x,y)$ 代替地形曲面方程 $h(x,y)$,即

$$f(x,y) = a + h_x(x-\hat{x}) + h_y(y-\hat{y}) \tag{5-12}$$

式中:$(\hat{x},\hat{y})$ 为惯性导航系统提供的无人潜航器位置估计值;a 为在 $(\hat{x},\hat{y})$ 点的平

面坐标值；h_x、h_y 分别为地形在 x 与 y 方向上的斜率。a、h_x、h_y 是地形平面方程的参数。

地形线性化要完成的任务主要包括：实时估算地形平面参数 a、h_x、h_y；计算地形线性化误差。

在利用平面拟合地形曲面时，一般需要在数字地图中一小块拟合区域内进行，而该拟合区域 Ω 大小应与惯性导航系统位置不确定性成正比。利用卡尔曼滤波过程中的协方差矩阵 $\boldsymbol{P}_k$ 实时获得位置误差均方根 σ_x、σ_y，可以将拟合区域 Ω 取为边长与 σ_x、σ_y 成正比的矩形区域，从而使拟合区域大小具有自适应性。地形线性化方法中较有代表性的包括一阶泰勒展开法、九点拟合法和全平面拟合法等。其中，全平面拟合法精度高、正态性好，但计算时间最长；一阶泰勒展开法计算时间短，而精度、收敛性和正态性较差。

值得注意的是，地形线性化一定要在潜航器真实轨迹附近进行，特别是初始点位置不确定性要足够小（通常为几百米），这样能用线性化方法近似表示整个不确定区域内的地形。如果初始位置误差过大，重要的地形变化可能被平滑掉，使地形斜率下降，线性化误差增加，从而导致定位性能下降，甚至失败。因此，在初始位置误差较大的情况下，需要采用其他方法（一般可采用地形轮廓匹配导航系统定位或并行卡尔曼滤波技术）获得精度较高的初始位置信息。

3. 桑地亚惯性地形辅助导航系统特点

与地形轮廓匹配系统相比，桑地亚惯性地形辅助导航系统具有如下特点：

（1）桑地亚惯性地形辅助导航系统可以实时修正惯性导航系统累积误差。

（2）除了修改惯性导航系统位置误差以外，其他导航状态误差（如速度误差、姿态误差）也可以得到估计与修正。

（3）桑地亚惯性地形辅助导航系统工作时无人潜航器可以做机动航行。

（4）在高信噪比情况下，桑地亚惯性地形辅助导航系统与地形轮廓匹配系统导航定位精度相近，而在低信噪比条件下桑地亚惯性地形辅助导航系统精度稍高。

（5）桑地亚惯性地形辅助导航系统需要较精确的初始位置信息。当初始位置误差过大时，需要采用批相关处理技术或并行卡尔曼滤波技术减小初始位置误差。

（6）桑地亚惯性地形辅助导航系统的主要缺陷是需要对地形做线性化处理。虽然这种线性化假设在几百米范围内可能有效，但对于地形斜率较大区域可能存在较大线性化误差。特别是，当地形斜率正负号发生变化时，有可能产生多值性，甚至使滤波发散。

5.2.3 等值线迭代最近点匹配导航技术

1. 等值线迭代最近点匹配导航基本原理

在图像配准领域主要需要解决两个问题:①确定原始形态点和期望形态点的对应关系;②确定两个需要配准形态的变换,主要包括平移和旋转,如图 5 -9 所示。

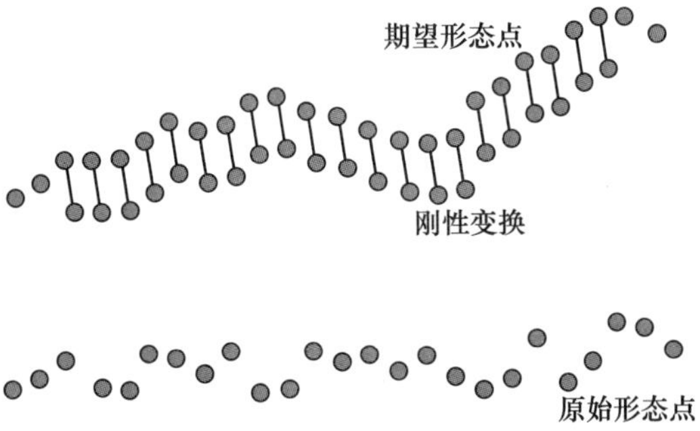

图 5 -9 图像配准示意图

迭代最近点算法的原理也是围绕着这两个问题,即首先要确定匹配对象与目标对象的对应关系(至少对应 3 个点),其次基于某种刚性变换对匹配对象不断进行平移和旋转,使匹配对象尽可能地逐渐逼近目标对象,直到满足某一指标或者达到迭代次数为止,如图 5 -10 所示,其中所要达到的满足条件指标和迭代次数需要根据实际需求及计算机性能人为设定,综合考虑两个因素以获得最好的匹配效果。需要注意的是,等值线迭代最近点算法是迭代最近点算法的一个特例。

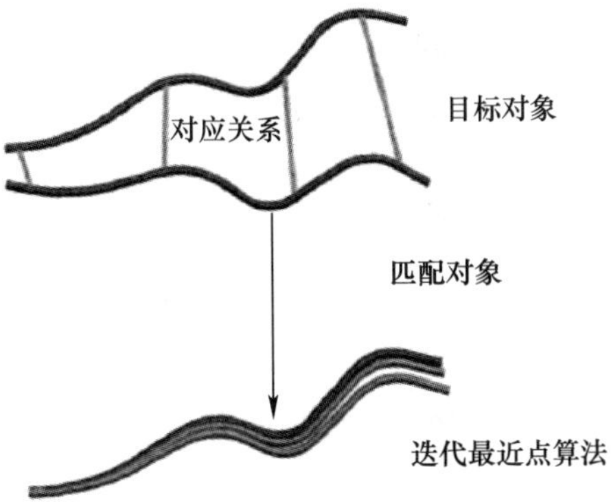

图 5 -10 迭代最近点算法原理示意图

等值线迭代最近点算法基本原理如图 5 - 11 所示,当无人潜航器进入匹配区后,实际航迹由 $A_i(i=1,2,\cdots,N)$ 点组成,同时惯性导航系统给出指示航迹由

$P_i(i=1,2,\cdots,N)$点组成。另外,$C_i(i=1,2,\cdots,N)$点表示的是当地实测水深等深线,由测深仪测得的数据点在数字地图上所提取的等深线组成,并且每一个数据点对应数字地图上的一条等深线。

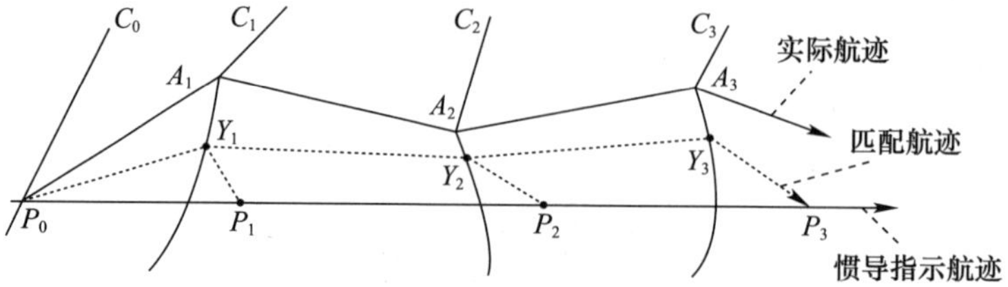

图 5-11　等值线迭代最近点算法原理示意图

由于惯性导航系统存在积累误差,使得实际航迹$\{A_i\}$和$\{P_i\}$之间必定存在误差,等值线迭代最近点算法的基本思想是$\{A_i\}$必定位于某等值线上,那么可以按照某准则使$\{P_i\}$靠近到$\{C_i\}$上,找到最优估计点$\{Y_i\}$,并将这些点连接起来,构成的曲线就是所得的匹配航迹,然后再对惯性导航系统进行误差补偿。

无人潜航器在航行过程中,惯性导航系统会给出一系列位置坐标点$\{x_i, y_i\}$,并由温盐深传感器和声纳测深装置求和获得相应点的水深值$\{h_i\}$,对应于每个点寻找它附近深度为$\{h_i\}$的等深线上的最近点,并对所测量的路径进行刚性变换(旋转和平移),使集合$\{A_i\}$与惯性导航系统指示航迹所构成的点集$\{P_i\}$距离平方和最小,并重复迭代,直至满足某一要求为止。

基于等值线迭代最近点算法的地形辅助定位基本步骤如下:

(1) 无人潜航器在匹配区域内测得 N 个水深数据集合点记为$\{J_i\}$,$i=1,2,\cdots,N$。

(2) 从水深数据库(数字地图)中提取深度为$\{J_i\}$的等深线,即为$\{C_i\}$,$i=1,2,\cdots,N$,也即等深线上的点已知。

(3) 惯性导航系统提供一系列无人潜航器航迹测量的位置数据点$\{\varphi_{mi}, \lambda_{mi}\}$,$i=1,2,\cdots,N$,记为$\{P_i\}$,$i=1,2,\cdots,N$,其中$\{\varphi_{mi},\lambda_{mi}\}$已知。

(4) 提取等深线$\{C_i\}$上离集合$\{P_i\}$距离最近的点记为$\{Y_i\}$,$i=1,2,\cdots,N$。

(5) 设置迭代初始值$\{P_0\}$,进行初始对准。

(6) 寻找对应的最近点,即寻找点集$\{Y_i\}$,使$\{Y_i\}$与$\{P_i\}$最近。

(7) 求解刚性变换 T(包括旋转和平移),构造目标函数使集合$\{P_i\}$与集合$\{Y_i\}$的欧式平方距离最小

$$d(Y,T(P)) = \sum_{i=1}^{N} w_i \| Y_i - T(P_i) \| \tag{5-13}$$

(8) 对集合$\{P_i\}$应用变换 $T(P_i)$,并将新的集合 $T(P_i)$作为起始集合进行

下一次迭代,即 $P_{i+1}=T(P_i)$。

(9) 若 $d_{k-1}-d_k\geqslant\tau$,则返回步骤(5)继续迭代,直到满足收敛条件或达到收敛次数为止,其中 τ 为满足收敛条件的阈值。

(10) 将所得到的满足收敛条件的极值点,输出给惯性导航系统以修正其误差。

总的来说,等值线迭代最近点算法就是不断寻找刚性变换(包括旋转和平移),从而使惯性导航系统所测量的数据逐渐逼近其相应的等深线,得到满足一定迭代条件的极值点作为修正点,进而达到修正运动估计的目的。等值线迭代最近点算法基本流程如图5-12所示。通过图5-12可知,等值线迭代最近点算法是不断重复初始运动变换、寻找对应最近点、求运动变换的循环过程。

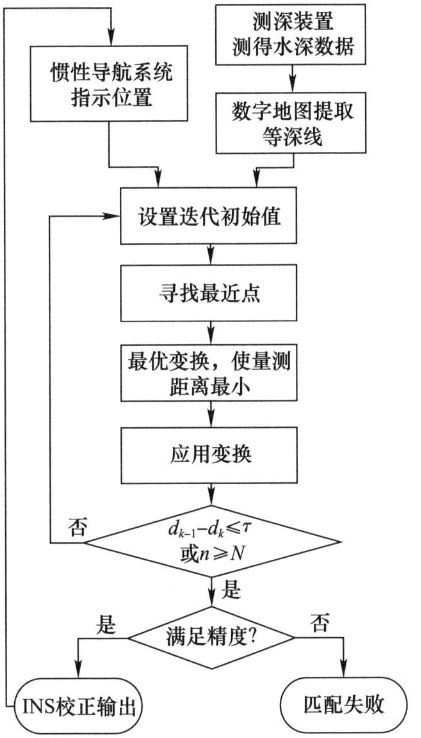

图5-12 等值线迭代最近点算法流程图

需要注意的是,等值线迭代最近点算法与地形轮廓匹配算法一样,是一种批处理或后验估计方法,并不是逐点匹配,必须在获取足够多的点数后才能进行一次匹配,所获得的点数一般需大于3个。考虑到在实际情况中,等深线的绘制实际上是各深度相差不多的点连线而成,必然存在误差,所以允许最后所得的极值点位于等深线附近，而不必落在等深线上。

为验证等值线迭代最近点算法有效性进行仿真分析。

仿真实验是基于图 5－13 所示的真实三维海底地形数据进行。图 5－13(a)为该地形某视角的三维地形图，图 5－13(b)、(c)分别为该地形的等深线图和三维俯视图。其主要参数为：水深最大值 －1.0817m，最小值 －1330.62m，平均值 －796.0854m，格网数 200×200，格网间距为 0.1′(约为 185m)，起始经纬度为(110.8500°，15.7000°)，仿真时取该数字地图中地形特征比较明显区域进行匹配。考虑无人潜航器以某一航速匀速定深航行，图 5－13(a)中粗实线表示仿真用的航行轨迹，实际航迹的起始点为(112.1060°，15.8556°)。

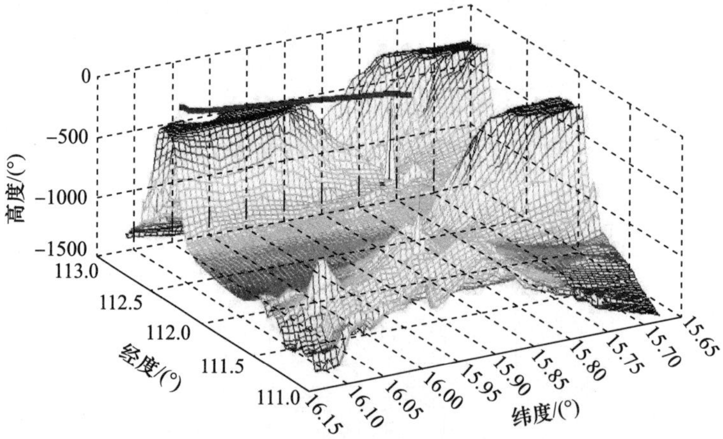

(a) 匹配用某视角三维地形

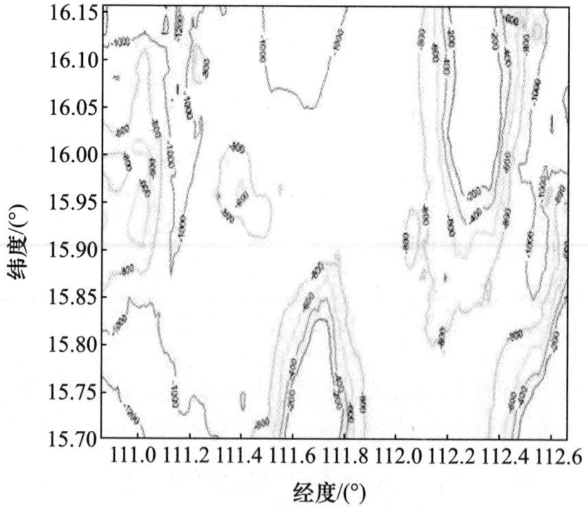

(b) 匹配用等高线地形图

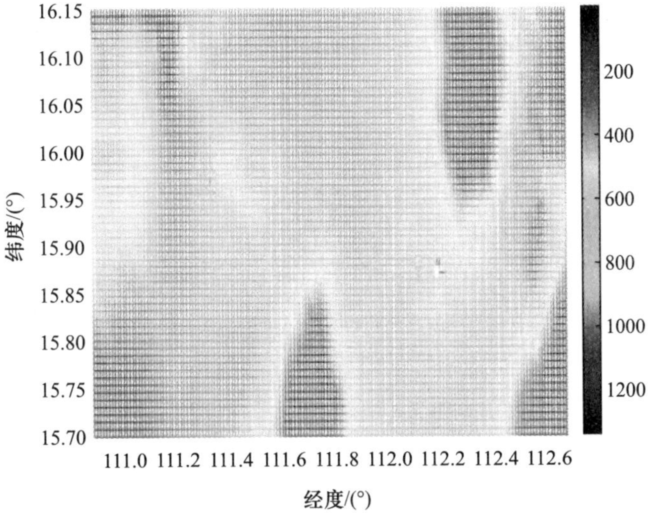

(c) 匹配用三维地形俯视图

图 5－13　匹配用地形图(见彩图)

主要仿真条件设置如下:

无人潜航器首尾向速度:6kn(约为 3.087m/s);

无人潜航器航行深度:－50m,距离水下最深点 1280.62m 平行航行;

初始经纬度误差:0.01′(约为 18.52m);

仿真采样时间:14s;

惯性导航系统陀螺仪 x 轴、y 轴、z 轴常值漂移为0.001°/h;x 轴、y 轴、z 轴随机漂移为0.001°/h;加速度计 x 轴、y 轴、z 轴零偏为 0.0001m/s^2;x 轴、y 轴、z 轴随机游走为 0.0001m/s^2。

图 5－14 为理想情况下,即数字地图无测量噪声,温盐深传感器及声纳测深装置无测量误差,并且在初始匹配时惯性导航系统误差很小(0.01′)时的仿真结果图。预设航路点为 10 点(用星号表示),真实航迹用小方块表示,匹配航迹用上三角表示,迭代次数为 10 次。

图 5－14(b)为图 5－14(a)中虚框区域放大图,从图中可以很明显看出惯性导航系统的指示航迹经过等值线迭代最近点算法的几次迭代(刚性变换)后其匹配航迹很接近实际航迹。这也说明了等值线迭代最近点匹配导航算法应用在水下地形辅助导航中是可行、有效的。

表 5－1 和图 5－15 分别为上述仿真条件下利用等值线迭代最近点算法进行地形匹配的经纬度误差统计表和经纬度误差分布图,从图中可以看出,自第一

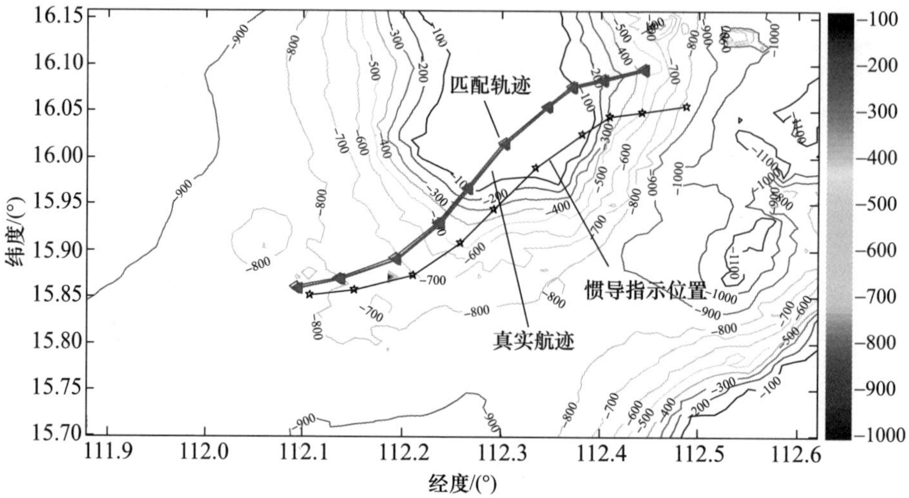

(a) 算法仿真结果图

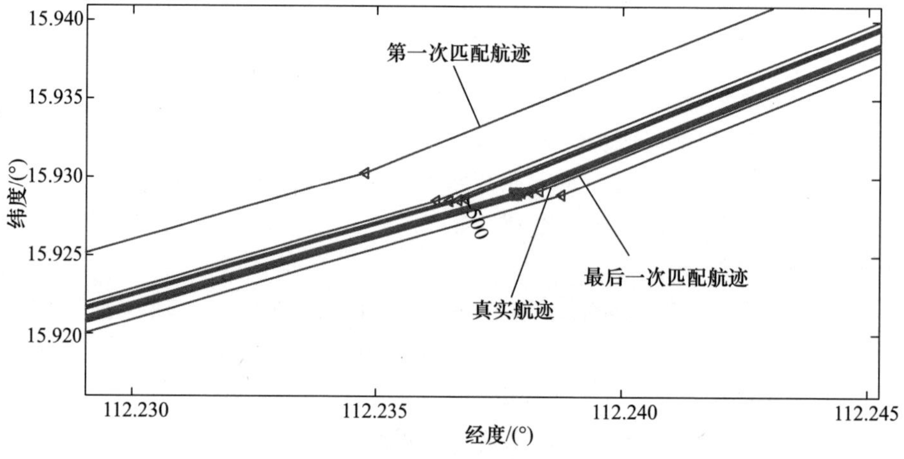

(b) 局部放大图

图 5－14　等值线迭代最近点匹配导航算法仿真结果图(见彩图)

次匹配开始,经纬度误差一直保持在 190m 以下,并且随着迭代次数增加,经纬度误差逐渐减小,直至达到平稳,即收敛到某一确定值。

表 5－1　等值线迭代最近点算法经纬度误差统计

纬度偏差/m			经度偏差/m		
最大值	最小值	平均值	最大值	最小值	平均值
182.7475	105.6614	142.0242	188.6192	73.9406	127.9077

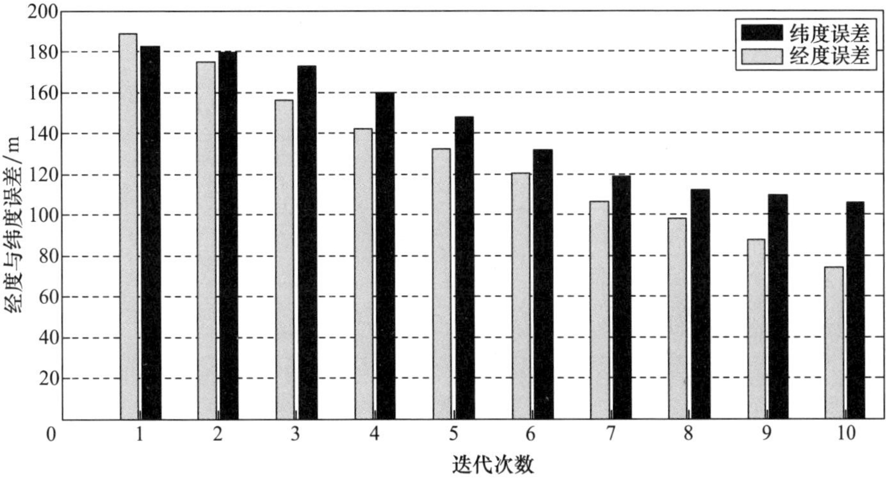

图 5－15　理想情况下等值线迭代最近点算法经纬度误差分布图

2. 等值线迭代最近点匹配导航算法可靠性分析

上述分析等值线迭代最近点算法原理时，将各系统都看作理想系统，并没有考虑任何误差，但实际情况并不满足这些假设条件。等值线迭代最近点算法与地形轮廓匹配算法、桑地亚惯性地形辅助导航算法一样，受惯性导航系统的初始位置误差、地形测量系统的测量误差、采样点的个数以及数字地图的制图精度影响，下面对其分别进行仿真分析，并应用滑动窗口法来提高搜索效率。

1）初始位置误差对等值线迭代最近点算法精度的影响

惯性导航系统本身的误差及开始进行地形匹配的时机是导致地形辅助系统存在初始匹配误差的主要原因。下面针对初始匹配的位置误差对等值线迭代最近点算法精度的影响进行仿真分析，初始匹配误差间隔 5m 进行一次仿真，仿真范围从 5m 到 400m 递增，采样点数为 5 个，其他仿真条件不变，仿真结果如图 5－16所示。

取匹配误差均值（均方根）为

$$\mathrm{RMS} = \sqrt{\frac{1}{N}\sum_{i=1}^{N}\left[(\varphi_{\mathrm{r},i}-\varphi_{\mathrm{m},i})^2+(\lambda_{\mathrm{r},i}-\lambda_{\mathrm{m},i})^2\right]} \tag{5-14}$$

式中：$\varphi_{\mathrm{r},i}$、$\lambda_{\mathrm{r},i}$分别为真实位置第 i 个采样点的纬度和经度值；$\varphi_{\mathrm{m},i}$，$\lambda_{\mathrm{m},i}$分别为匹配位置的纬度和经度值。如图 5－16 所示，随着初始匹配误差增加，等值线迭代最近点算法的匹配误差均值逐渐增大。这是因为随着初始匹配误差的增加，不仅使滑动窗口的搜索范围增大（误匹配概率增加），而且增加了匹配时间。同时，该仿真也验证了等值线迭代最近点算法的局限性，即开始匹配时初始匹配误

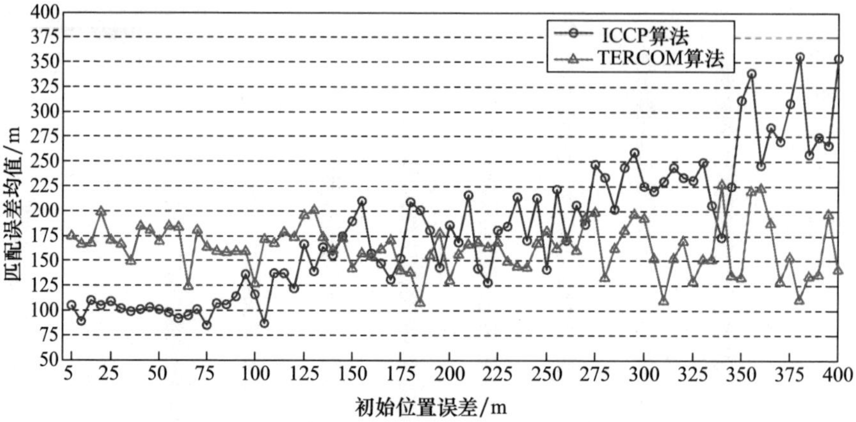

图 5 – 16　初始位置误差对等值线迭代最近点算法精度影响

差不能太大的假设。除此之外,从图 5 – 16 可以看出初始匹配误差对地形轮廓匹配算法的影响很小,这说明可以在组合算法中用地形轮廓匹配算法做预匹配来大幅度降低初始匹配误差,当初始位置误差降到允许范围内后再利用等值线迭代最近点算法进行匹配。

2）测深仪器误差对等值线迭代最近点算法精度的影响

测深仪器误差除本身随机测量噪声以外,还不可避免地受水下复杂环境影响,使得载体在航行过程中实时采集的水深数据存在误差,从而给等值线迭代最近点算法精度造成影响。

下面针对测深仪器误差对等值线迭代最近点算法精度的影响进行仿真实验,取测深仪器误差 1m 为一个间隔,在 1 ~ 50m 递增,采样点数为 5 个,其他仿真条件不变。从仿真结果图 5 – 17 可以看出,随着测深仪器误差增加,匹配误差均值逐渐增大,并且变得不稳定。

如果测深仪器实时测得数据误差过大,用该数据点提取数字地图上相应等值线,再用等值线迭代最近点算法在该等值线上寻找最近点,很可能导致误匹配。因此应该尽量提高测深仪器精度,例如使测量误差保持在 8m 内,此时不但匹配精度较高,而且匹配过程也较稳定。

3）采样点个数对等值线迭代最近点算法精度的影响

等值线迭代最近点算法的匹配原理来源于图像匹配,因此需要多点匹配,一般采样点数应该大于 3 个。下面针对采样点的个数对等值线迭代最近点算法精度的影响进行仿真实验,如图 5 – 18 所示,采样点个数从 3 增加到 27 个,并且将图 5 – 13 匹配用地形图分为 5 块,分别进行 20 次仿真实验并取 20 次仿真实验匹配误差均值的平均值,从仿真图中可以看出,采样点数在 7 ~ 20 时,匹配效果较好。

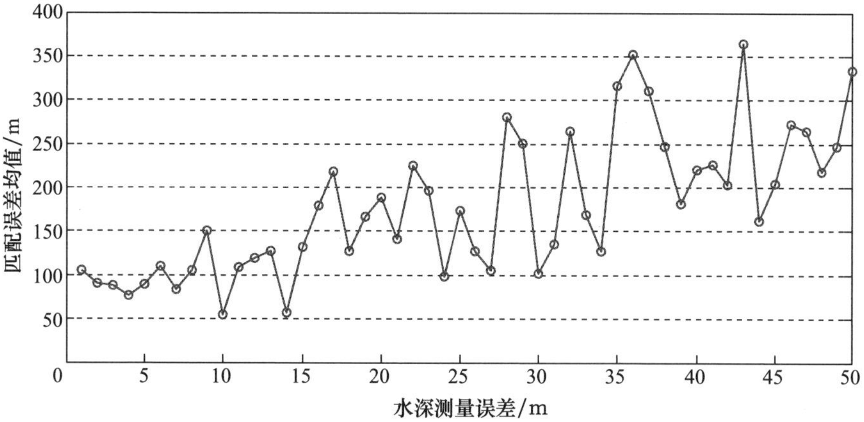

图 5 - 17　测深仪器误差对等值线迭代最近点算法精度影响

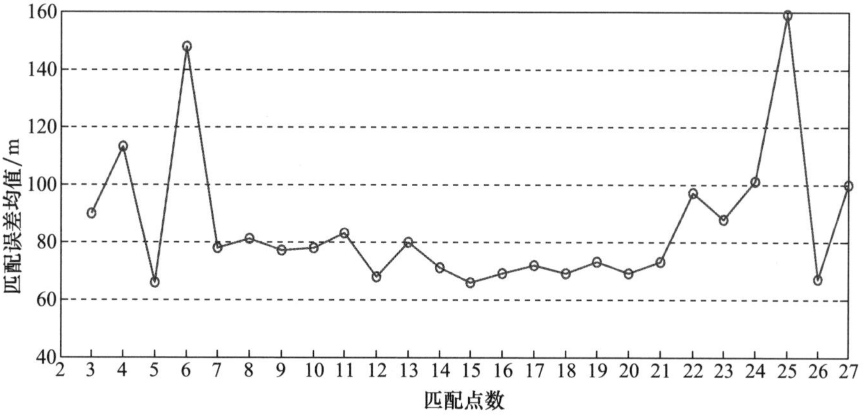

图 5 - 18　采样点个数对等值线迭代最近点算法精度影响

但也不难发现，并不是采样点数越多越好，在采样点数为 25 时出现了较大偏差，这主要是因为采样点数过多，所包含的点出现误匹配的概率增加，如果某些点（不止一个点）在寻找最近点时出现较大误差，那么一次匹配过程都会受到很大影响。同时，一次匹配采样点过多，在寻找最近点的过程中会浪费掉大量时间，实时性差。因此，要综合考虑实时性及定位精度来确定采样点个数。

4）数字地图误差对等值线迭代最近点算法精度的影响

数字地图是地形匹配导航系统中不可缺少的部分，其精度直接影响地形匹配导航系统精度。下面针对数字地图误差对等值线迭代最近点算法精度的影响进行仿真实验，假设数字地图误差近似满足正态分布，将数字地图真实值加上 3 种具有不同参数的白噪声分布，分别为 $N(0,1)$，$N(0,2)$，$N(0,4)$，进行 20 次仿真实验,仿真结果如图 5－19 所示。

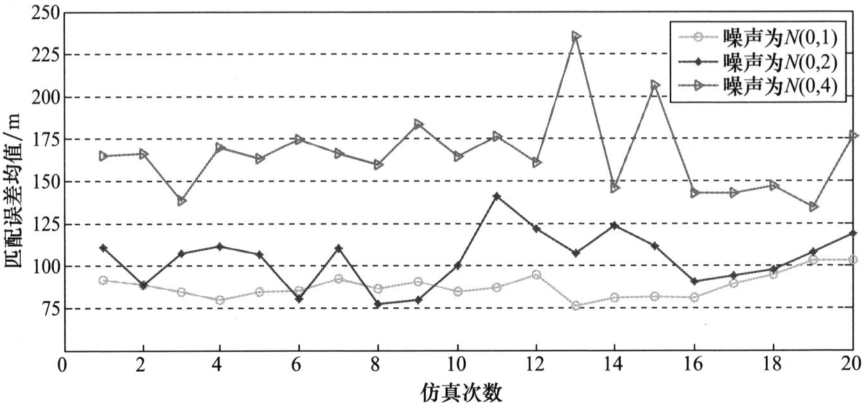

图 5－19　数字地图误差对等值线迭代最近点算法精度影响

从图 5－19 可以看出,数字地图噪声越小,等值线迭代最近点算法匹配精度越高;反之,则匹配精度越低。注意到数字地图噪声方差为 1m 时,匹配精度较高,平均误差在 100m 以下。数字地图噪声方差为 4m 时,匹配误差较大,并且变得不稳定。这主要是因为实时测深仪器测得的无噪声数据需要从数字地图中提取相应的等值线,在数字地图有较大噪声情况下,所提取出来的等值线很可能是错误的等值线,造成误匹配,从而使匹配误差增大,所以在地形匹配导航实际应用中应尽量使用高精度数字地图。

5.3　水下地形可导航性分析

地形可导航性主要指在有限地形区域的一种性质,该性质体现地形区域中沿特定方向的地形剖面提供平面位置信息的能力,这种信息为采用地形匹配导航技术的无人潜航器惯性导航系统提供导航定位修正误差。上述定义包括以下几方面含义:

(1) 地形可导航性是有限地形区域本身的一种属性。由于有限地形区域由数字化的样本数据点表达,这种数据性质由样本数据的统计特性来体现。

(2) 地形可导航性具有方向性的特点。对于同一块地形区域,不同方向地形剖面在提供平面位置信息的能力上存在差异。

(3) 地形剖面的独特性在地形提供平面位置信息方面起着非常重要的作用。

(4) 地形可导航性与无人潜航器是否经过该区域无关。

地形特征信息量是地形可导航性分析的基础，为确保地形匹配辅助导航系统有效工作，需要无人潜航器穿越具有明显地形特征的区域，其中地形特征参数主要包括地形高程标准差、地形粗糙度、地形坡度、地形相关系数及地形熵等。从理论上来说，地形高程值给定之后，有关地形特征参数就已经得到。因此，可以通过计算得到地形的特征参数。设某地形区域的经纬跨度为 $m\times n$ 网格，$z(i,j)$ 为网格点坐标 (i,j) 处的高程值。地形特征参数定义如下：

（1）地形高程标准差。地形高程标准差 σ 是反映地形整体起伏剧烈程度的宏观参数。

$$\bar{z}=\frac{1}{mn}\sum_{i=1}^{m}\sum_{j=1}^{n}z(i,j) \tag{5-15}$$

$$D(z)=\frac{1}{m(n-1)}\sum_{i=1}^{m}\sum_{j=1}^{n}(z(i,j)-\bar{z})^2 \tag{5-16}$$

$$\sigma=\sqrt{D(z)}=\sqrt{\frac{1}{m(n-1)}\sum_{i=1}^{m}\sum_{j=1}^{n}(z(i,j)-\bar{z})^2} \tag{5-17}$$

式中：$\bar{z}$ 为地形高程均值；$D(z)$ 为高程方差；σ 为高程标准差。

（2）地形粗糙度。地形粗糙度 r 用来表示一定范围内地表单元地势起伏的复杂程度，定义为区域地形表面面积 S 与投影面积 S_s 之比，即 $r=\frac{S_s}{S}$。反映较大范围内地形的宏观特征，在较小范围内不具备任何地理和应用意义。投影面积是平面面积时较好计算，所以这里主要讨论地表面积的计算方法。

在规则数字高程模型（Digital Elevation Model，DEM）上计算地形表面积，过程较复杂，需要在每个网格上拟合一个数学曲面 $f(x,y)$，计算规则数字高程模型的表面积是求所有网格上曲面面积之和。对于网格间距为 g 的数字高程模型单元，设每个网格单元的坐标原点定义在其西南角处，其上曲面 $f(x,y)$ 的表面积可写为

$$S_s=\int_0^g\int_0^g\sqrt{1+f_x^2+f_y^2}\,\mathrm{d}x\mathrm{d}y=\int_0^g\int_0^g\varphi(x,y)\,\mathrm{d}x\mathrm{d}y=\int_0^g\left[\int_0^g\varphi(x,y)\,\mathrm{d}y\right]\mathrm{d}x \tag{5-18}$$

因为涉及积分运算，所以一般采用数值方法进行求解，一种常用的方法为 Simpson 法，其基本思想是用二次抛物面逼近计算曲面，对于函数 $f(x)$，积分区间 $[0,g]$ 被划分为 n 个间隔，Simpson 法的表达式为

$$\int_0^g f(x)\,\mathrm{d}x=\frac{g}{3n}[f_0+f_n+4(f_1+f_3+\cdots+f_{n-1})+2(f_2+f_4+\cdots+f_{n-2})] \tag{5-19}$$

式中：f_i 为在第 i 个分割点处 $f(x)$ 的函数值。

根据式(5-19)，$\int_0^g \varphi(x)\mathrm{d}x$ 可写为

$$\int_0^g \varphi(x)\mathrm{d}x = \frac{g}{3n}[\varphi_0 + \varphi_n + 4(\varphi_1 + \varphi_3 + \cdots + \varphi_{n-1}) + 2(\varphi_2 + \varphi_4 + \cdots + \varphi_{n-2})] \tag{5-20}$$

把式(5-20)代入式(5-18)，并进一步使用式(5-19)，有

$$\int_0^g \left[\int_0^g \varphi(x,y)\mathrm{d}y\right]\mathrm{d}x = \frac{g^2}{9n^2}\left\{\begin{aligned}&[\varphi_{0,0} + \varphi_{0,n} + 4(\varphi_{0,1} + \varphi_{0,3} + \cdots + \varphi_{0,n-1}) + 2(\varphi_{0,2} + \varphi_{0,4} + \cdots + \varphi_{0,n-2})]\\&+[\varphi_{n,0} + \varphi_{n,n} + 4(\varphi_{n,1} + \varphi_{n,3} + \cdots + \varphi_{n,n-1}) + 2(\varphi_{n,2} + \varphi_{n,4} + \cdots + \varphi_{n,n-2})]\\&+4[\varphi_{1,0} + \varphi_{1,n} + 4(\varphi_{1,1} + \varphi_{1,3} + \cdots + \varphi_{1,n-1}) + 2(\varphi_{1,2} + \varphi_{1,4} + \cdots + \varphi_{1,n-2})]\\&+2[\varphi_{2,0} + \varphi_{2,n} + 4(\varphi_{2,1} + \varphi_{2,3} + \cdots + \varphi_{2,n-1}) + 2(\varphi_{2,2} + \varphi_{2,4} + \cdots + \varphi_{2,n-2})]\\&+\cdots\end{aligned}\right\} \tag{5-21}$$

根据 Simpson 法的要求，对网格单元进行划分时，n 必须为偶数，一般来说，n 越大计算结果越精确，但计算量也会极大的增加，所以通常取 $n=4$。

则当 $n=4$ 时，一个网格单元的表面积为

$$S_s = \frac{g^2}{144}\left\{\begin{aligned}&[\varphi_{0,0} + 4\varphi_{0,1} + 2\varphi_{0,2} + 4\varphi_{0,3} + \varphi_{0,4}]\\&+4[\varphi_{1,0} + 4\varphi_{1,1} + 2\varphi_{1,2} + 4\varphi_{1,3} + \varphi_{1,4}]\\&+2[\varphi_{2,0} + 4\varphi_{2,1} + 2\varphi_{2,2} + 4\varphi_{2,3} + \varphi_{2,4}]\\&+4[\varphi_{3,0} + 4\varphi_{3,1} + 2\varphi_{3,2} + 4\varphi_{3,3} + \varphi_{3,4}]\\&+[\varphi_{4,0} + 4\varphi_{4,1} + 2\varphi_{4,2} + 4\varphi_{4,3} + \varphi_{4,4}]\end{aligned}\right\} \tag{5-22}$$

(3) 地形相关系数。相关系数 R 是反映地形相关性的特征参量，其定义为

$$R = \frac{R_\lambda + R_\varphi}{2} \tag{5-23}$$

式中：R_λ、R_φ 分别为经度、纬度方向的相关系数。

$$\begin{cases}R_\lambda = \dfrac{1}{(m-1)n\sigma^2}\sum\limits_{i=1}^{m-1}\sum\limits_{j=1}^{n}[z(i,j) - \bar{z}][z(i+1,j) - \bar{z}]\\R_\varphi = \dfrac{1}{m(n-1)\sigma^2}\sum\limits_{i=1}^{m-1}\sum\limits_{j=1}^{n}[z(i,j) - \bar{z}][z(i,j+1) - \bar{z}]\end{cases} \tag{5-24}$$

(4) 坡度方差。坡度方差 σ_s^2 反映地形高程变化的快慢,其定义为

$$\sigma_s^2 = \frac{1}{m(n-1)}\sum_{i=1}^{m}\sum_{j=1}^{n}(s(i,j)-\bar{s})^2 \tag{5-25}$$

式中: $\bar{s}$ 为坡度均值。

当地形曲面 $z=f(x,y)$ 已知时,可通过下面的公式计算给定点的坡度

$$s = \arctan\sqrt{f_x^2+f_y^2} \tag{5-26}$$

式中: $f_x=\dfrac{\partial f}{\partial x}$;$f_y=\dfrac{\partial f}{\partial y}$。

坡度是地形曲面的函数,需要先在数字高程模型基础上对地形曲面进行拟合,再进行计算。基于规则数字高程模型的坡度坡向计算,一般采用局部拟合,即采用局部范围内(局部窗口)的数据点建立地形曲面,然后在这个区域中计算地形参数,窗口连续移动,以计算所有位置的地形参数。局部窗口常为 3×3,即 9 个高程点,拟合曲面的阶数不会超过 4 阶。为计算方便,计算点设在局部窗口的中心点上,网格编号如图 5-20 所示。

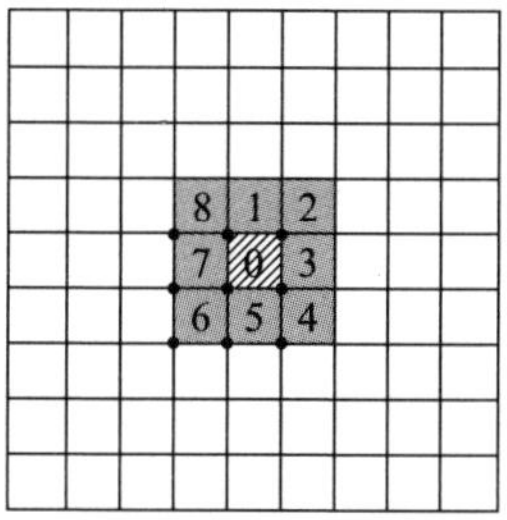

图 5-20　规则数字高程模型中 3×3 局部窗口

设中心网格点坐标为 (x_i,y_j),网格间距为 g,则地形曲面 $z=f(x,y)$ 在 (x_i,y_j) 处一阶泰勒展开式为

$$f(x_i+kg,y_j+kg)=f(x_i,y_j)+kgf_x+kgf_y,\quad k=-1,0,1 \tag{5-27}$$

按不同的 k 取值和定权方式,围绕差分原理产生了多种偏导数计算方法。

简单差分法:

$$\begin{cases} f_x=\dfrac{f(x_i,y_j)-f(x_i-g,y_j)}{g}=\dfrac{z_{i,j}-z_{i,j-1}}{g} \\ f_y=\dfrac{f(x_i,y_j)-f(x_i,y_j-g)}{g}=\dfrac{z_{i,j}-z_{i-1,j}}{g} \end{cases} \tag{5-28}$$

二阶差分法:

$$\begin{cases} f_x = \dfrac{f(x_i + g, y_j) - f(x_i - g, y_j)}{2g} = \dfrac{z_{i,j+1} - z_{i,j-1}}{2g} \\ f_y = \dfrac{f(x_i, y_j + g) - f(x_i, y_j - g)}{2g} = \dfrac{z_{i+1,j} - z_{i-1,j}}{2g} \end{cases} \tag{5-29}$$

边框差分：分别以$(i,j-1)$、$(i,j+1)$、$(i-1,j)$、$(i+1,j)$为展开中心，取其平均值为中心网格的偏导数，即

$$\begin{cases} f_x = \dfrac{z_{i-1,j+1} - z_{i-1,j-1} + z_{i+1,j+1} - z_{i+1,j-1}}{4g} \\ f_y = \dfrac{z_{i+1,j-1} - z_{i-1,j-1} + z_{i+1,j+1} - z_{i-1,j+1}}{4g} \end{cases} \tag{5-30}$$

三阶不带权差分：分别以$(i+1,j)$、(i,j)、$(i-1,j)$为中心，求关于 x 的偏导数，然后取平均值为f_x，求f_y 的计算方法类似：

$$\begin{cases} f_x = \dfrac{z_{i-1,j+1} + z_{i,j+1} + z_{i+1,j+1} - z_{i-1,j-1} - z_{i,j-1} - z_{i+1,j-1}}{6g} \\ f_y = \dfrac{z_{i+1,j+1} + z_{i+1,j} + z_{i+1,j-1} - z_{i-1,j-1} - z_{i-1,j} - z_{i-1,j+1}}{6g} \end{cases} \tag{5-31}$$

有文献研究表明，在不考虑数字高程模型误差的情况下，三阶不带权差分法求得的坡度精度最高。

(5) 地形信息熵。地形信息熵 H_f 反映了该地形所包含信息量的大小，因此可以用其描述地形性质。地形高度变化越剧烈，高度熵的信息就越丰富。

$$H_f = -\sum_{i=1}^{m}\sum_{j=1}^{n} p_{ij}\lg p_{ij} \tag{5-32}$$

$$p_{ij} = z(i,j) / \sum_{i=1}^{m}\sum_{j=1}^{n} z(i,j) \tag{5-33}$$

式中：p_{ij}为地形点坐标处的归一化高程值。

(6) 地形差异熵。由海底地形熵的定义可知，熵值经过归一化处理后，对地形特征也进行了均化，降低了分辨力。为解决这个问题，提出了地形差异熵的概念。

$D_z(i,j)$为地形差异值，可用式(5-34)计算，地形高程均值 $\bar{z}$ 可由式(5-15)求得。

$$D_z(i,j) = \frac{|z(i,j) - \bar{z}|}{\bar{z}} \tag{5-34}$$

利用地形差异值可计算地形差异概率 $p_{i,j}$

$$p_{i,j}(z)=\frac{D_z(i,j)}{\sum_{i=1}^{m}\sum_{j=1}^{n}D_z(i,j)} \tag{5-35}$$

根据信息熵的定义,计算地形差异熵

$$H_e=-\sum_{i=1}^{m}\sum_{j=1}^{n}p_{i,j}(z)\log p_{i,j}(z) \tag{5-36}$$

为避免单一地形特征参数对地形类型描述的不准确性,可利用组合参数作为衡量地形起伏的标准。粗糙度 r 反映整个地区平均光滑程度,刻画较细微的局部起伏,标准差 σ 主要反映地图元素的离散程度和整个地域总的起伏程度。但是单凭粗糙度与标准差来刻画地形依然不够,显然 σ 大,不一定 r 大;σ 小,不一定 r 小。因此可以定义粗糙度与标准差之比 SNR 作为地形起伏特征丰富与否的度量,它比单一的参数更有意义,即

$$\mathrm{SNR}=r/\sigma \tag{5-37}$$

SNR 值小,表示采样点间变化较小,但整个区域可能有较大而缓慢的起伏,地形较平滑;SNR 值大,则表示相邻采样点间变化要比整个区域起伏大。

高程方差的大小反映了地形的宏观起伏程度,均值则表示了地形平均高度的大小。然而,单独的标准差或均值参数对地形的类型描述意义不是很大,从而想到利用两者的组合参数作为衡量地形起伏的指标,即

$$\mathrm{RIS}=\left|\frac{\mathrm{Var}(X)}{\mathrm{Mean}(X)}\right|=\left|\frac{\mathrm{E}(X^2)-(\mathrm{E}(X))^2}{\mathrm{E}(X)}\right| \tag{5-38}$$

式中:$\mathrm{Var}(X)$ 为地形的高程方差;$\mathrm{Mean}(X)$ 为地形的平均高度。参数 RIS 值越大,反映地形的相对起伏度越大。

为满足任务规划系统对导航精度的需求,必须研究地形匹配区域选择方法,以保证为任务规划提供合适的地形匹配区域,将地形匹配区域的选择称作地形可导航性分析。目前,基于地形特征参数的可导航性分析方法主要包括地形可导航性的多参数综合分析方法、熵分析方法以及基于模糊综合评价的可导航性分析法。

多参数综合分析方法是为克服单一参数评价地形可导航性容易导致评价结果不全面的缺陷而提出的,通过综合分析各参数与地形导航性能之间的关系以及大量的仿真实验,选择可作为匹配区的各参数阈值,并以此为依据确定匹配区选择原则。对于地形可导航性的熵分析方法,熵作为一个物理量最先应用于热力学,在 20 世纪 50 年代由贝尔实验室工程师香农将熵引入到信息论,熵作为平均信息量度量已在各个学科领域得到广泛应用。地形信息熵是熵在衡量地形变化情况的特殊应用。由于熵是一个统计量,因此可将已知地形分成规则、等大的

小块，通过逐块求地形信息熵值进行分析。由上可知，地形信息熵作为一个衡量地形特征的度量，可以作为地形信息分析、地形可导航性评价、航迹路线选择的重要参数。模糊综合评价是对受多种因素影响的事物做出全面评价的一种十分有效的多因素决策方法。地形可导航性的模糊综合评价，就是运用模糊综合评价理论，分析地形信息量对地形匹配性能的影响，给出各信息量隶属度矩阵和权重的确定原则，并通过计算把备选的地形区域按导航性能的优劣进行排序，或者从中选择一个"令人满意"的导航区域。基于模糊综合评价的可导航性分析方法其实质也是多参数综合分析方法，但其克服了多参数综合分析方法的缺点，不必通过大量实验得到适合作为导航区域的地形特征参数的阈值，同时避免了不同备选区域所需确定阈值不同的缺陷，节省了大量仿真时间。

下面将对上述三种地形可导航性分析方法进行分析。

5.3.1 基于多参数综合分析法及熵分析法的海底地形可导航性分析

海底地形可导航性分析是决定海底地形匹配辅助导航系统精确与否的关键因素。前文已经对地形可导航性分析方法做了简要介绍，本节将针对海底地形特点，结合地形可导航性的多参数综合分析方法及熵分析法，重点研究这两种方法在海底地形可导航性分析中的可行性。

首先，通过仿真实验分析导航位置误差与地形特征参数之间的关系。仿真中所采用的地形地图为矩阵形式，地图范围为[0,20000m]×[0,20000m]，格网间距为100，平均水深为51.71m，水深标准差为12.26m，其水深图如图5-21所示。

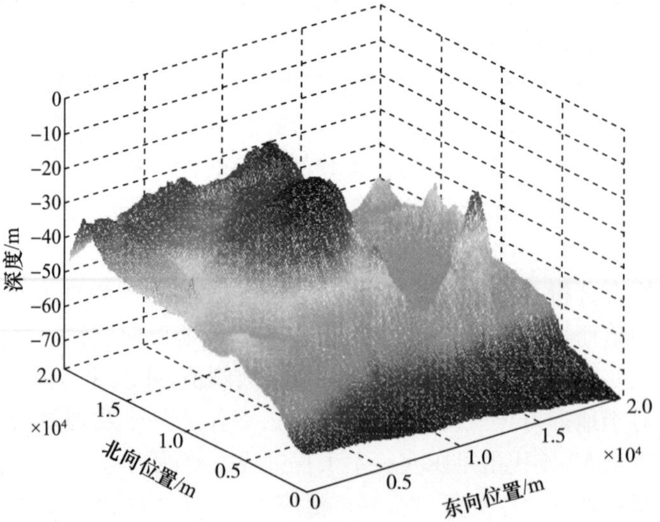

图5-21 实验样本地形水深图

现将地形数据分为5×5份作为实验样本,各小块实验样本地形水深图如图5-22所示。图中各坐标轴代表的意义与图5-21一致。仿真实验采用扩展卡尔曼滤波算法实现地形匹配导航,假设存在系统噪声及量测噪声,滤波周期$T=50\text{s}$,运行$N=30$个周期。由于仿真程序中加入了噪声,即使是同一块地形,按相同路径行驶,每次仿真所得的位置误差也不尽相同,因此实验数据中的位置误差本身就存在一定偏差,故本次实验的目的是得到导航位置误差与地形特征参数之间的总体变化趋势。

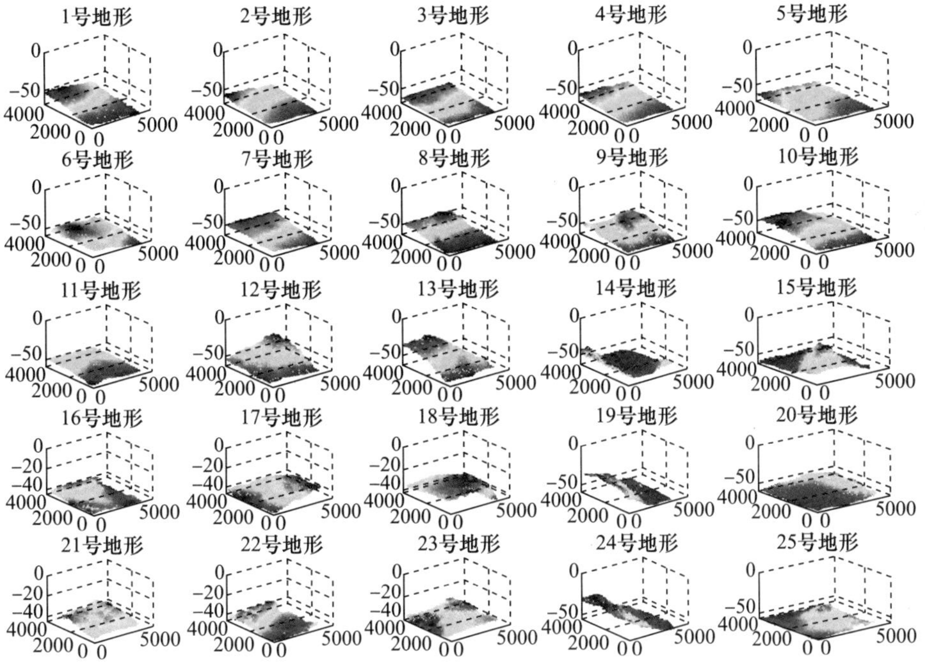

图5-22 各小块实验样本地形水深图

通过MATLAB仿真计算,得到25块实验样本的地形特征参数,如表5-2所示。

表5-2 水下地形导航位置误差与地形特征参数

地形编号	位置误差均值/m	水深标准差/m	粗糙度	SNR	RIS
1	47.5756	4.5586	1.0840	0.2378	0.3347
2	47.5109	2.4538	1.0336	0.4212	0.0897
3	54.6249	2.0080	1.0232	0.5095	0.0589
4	43.6741	2.4693	1.0301	0.4172	0.0866

续表

地形编号	位置误差均值/m	水深标准差/m	粗糙度	SNR	RIS
5	52. 4968	2. 1414	1. 0393	0. 4853	0. 0623
6	47. 5109	2. 7217	1. 0632	0. 3906	0. 1438
7	48. 0071	4. 6812	1. 0947	0. 2338	0. 3945
8	42. 6294	5. 6406	1. 1915	0. 2112	0. 5467
9	42. 5326	5. 4353	1. 3183	0. 2425	0. 5230
10	42. 0010	6. 3381	1. 2316	0. 1943	0. 6926
11	50. 6213	1. 9835	1. 0416	0. 5252	0. 0819
12	44. 3853	4. 9204	1. 1672	0. 2372	0. 5680
13	40. 4045	6. 5754	1. 3640	0. 2074	1. 0874
14	41. 4409	3. 7323	1. 2533	0. 3358	0. 2477
15	33. 0082	5. 9484	1. 5392	0. 2588	0. 6712
16	47. 0488	1. 2894	1. 0416	0. 8119	0. 0375
17	46. 8441	3. 8927	1. 1325	0. 2909	0. 3919
18	48. 7141	2. 3059	1. 1378	0. 4934	0. 1732
19	39. 1446	9. 8632	1. 5238	0. 1545	1. 9715
20	46. 4134	3. 3411	1. 1530	0. 3451	0. 1968
21	43. 9135	2. 4354	1. 2224	0. 5019	0. 1538
22	45. 6821	2. 1378	1. 0868	0. 5084	0. 1197
23	46. 5497	2. 7287	1. 1422	0. 4186	0. 2095
24	40. 6869	9. 6261	1. 4155	0. 1470	2. 0500
25	48. 4032	2. 5687	1. 1386	0. 4917	0. 0993

地形编号	坡度标准差	地形相关系数	地形信息熵/bit	地形差异熵/bit	平均水深/m
1	0. 1226	0. 9864	7. 4244	25. 6595	-61. 4165
2	0. 0763	0. 9686	7. 4265	25. 8110	-67. 1347
3	0. 0531	0. 9733	7. 4267	24. 4026	-68. 4112
4	0. 0541	0. 9735	7. 4265	25. 5422	-70. 4174
5	0. 0902	0. 9594	7. 4267	25. 6755	-73. 5570
6	0. 1000	0. 9798	7. 4258	23. 7414	-51. 5139
7	0. 1290	0. 9811	7. 4236	25. 4700	-55. 5499
8	0. 2202	0. 9833	7. 4224	25. 6512	-58. 1956
9	0. 2546	0. 9812	7. 4225	23. 7131	-56. 4855

续表

地形编号	坡度标准差	地形相关系数	地形信息熵/bit	地形差异熵/bit	平均水深/m
10	0.1886	0.9765	7.4212	23.3773	-58.0058
11	0.1263	0.9835	7.4263	25.3663	-48.0509
12	0.1798	0.9728	7.4203	24.8933	-42.6267
13	0.2909	0.9790	7.4132	24.6392	-39.7617
14	0.3863	0.9334	7.4249	26.4028	-56.2446
15	0.5039	0.9922	7.4205	28.2141	-52.7154
16	0.1263	0.9385	7.4267	27.6394	-44.2809
17	0.1757	0.9769	7.4221	24.6380	-38.6673
18	0.2099	0.9387	7.4244	26.1290	-30.7019
19	0.4603	0.9853	7.4062	28.4755	-30.7019
20	0.2693	0.9490	7.4254	27.1708	-56.7318
21	0.2302	0.9340	7.4252	25.4303	-38.5622
22	0.1561	0.9789	7.4256	26.0111	-38.1962
23	0.1966	0.9870	7.4242	30.1013	-35.5452
24	0.3722	0.9635	7.4037	26.9923	-45.2021
25	0.2225	0.9733	7.4262	25.0522	-54.5880

由表5-2中数据可以看出，海底地形特征参数的值不同于陆地，各块地形的地形特征参数之间没有较大起伏变化，这无疑为海底地形的可导航性分析增加了难度。地形导航位置误差与地形参数关系统计图，如图5-23所示。

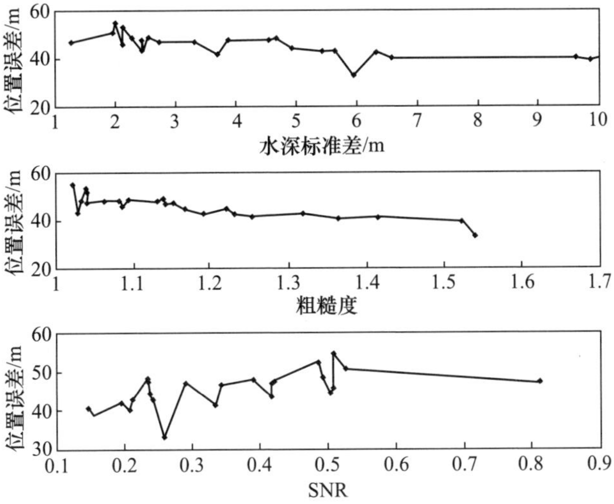

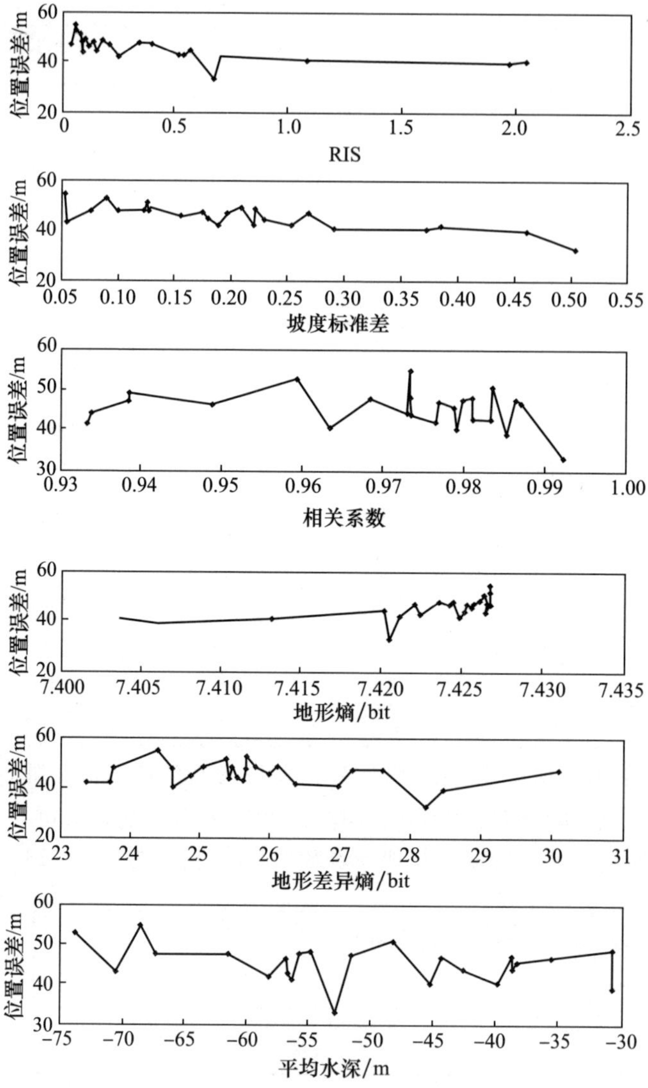

图 5－23　水下地形导航位置误差与地形特征参数关系统计图

通过图 5－23 可以看出，在相同航行条件下不同的地形特征参数与平均位置误差的变化趋势不同。其中水深标准差 σ、粗糙度 r、坡度标准差 σ_s、水深方差与水深均值之比 RIS 越大，粗糙度与水深标准差之比 SNR、地形信息熵 H_f 越小，海底地形匹配导航的位置误差越小，导航性能越好。

由平均水深与位置误差的关系曲线可知，平均水深不能表征地形的导航性能，从而不能仅以平均水深作为匹配区的选择标准，但将其与其他参数进行组合,得到新的组合参数,作为地形起伏的衡量指标或匹配区的选择依据是可行的。

大多数适用于陆地的地形特征参数在海底地形中仍然适用,但由于海底地形的特殊性及样本数据的匮乏,少数地形特征参数无法作为地形匹配区的选择依据。因此,选择水深标准差、粗糙度、坡度标准差、粗糙度与水深标准差之比SNR、水深方差与水深均值之比 RIS 及地形信息熵作为海底地形可导航性分析研究的主要特征参数。由于地形相关系数反映了地形的相关程度,虽然在样本数据中无法总结出其与导航性能的必然联系,但地形相关系数是研究地形特性的重要组成部分,因此,将其作为辅助特征参数进行讨论。

1. 海底地形可导航性的多参数综合分析方法

1)水深标准差、粗糙度、系统总噪声标准差综合分析法

利用标准差、粗糙度以及系统总噪声构造的逻辑函数 G,可以作为陆地地形匹配区的选择准则函数

$$G = [\sigma/\sigma_{\mathrm{N}} > 5] \cap [\mathrm{SNR} > 0.2] \cap [r/\sigma_{\mathrm{N}} > 1] = \begin{cases} 真 \\ 假 \end{cases} \tag{5-39}$$

现以逻辑函数 G 为基础和参考,构建适合实验地形样本的地形匹配区的选择准则函数。仿真所加入的噪声为白噪声,其均值为0,方差和标准差均为1,即式中 $\sigma_N = 1$。由于所采用的研究样本地形数据不同及海底地形与陆地地形本身存在差异,由表5-2中数据可知,粗糙度中最大值 $r_{\max} = 1.5392$,最小值 $r_{\min} = 1.0232$,两者之间差值仅为 $\Delta r = 0.5160$。由此可得,实验中各备选地块粗糙程度比较平均。因此逻辑函数 G 中所采用的粗糙度与高程标准差之比 r/σ,即SNR,若将其运用于海底地形表征地形起伏的丰富程度,可以认为粗糙度对其影响较小。并且可以认为 SNR 和海底水深标准差的倒数 $\mathrm{STD} = 1/\sigma$,与地形导航性能的变化规律是一致的,即 STD、SNR 越小,σ 越大,导航的位置误差越小,导航性能越好,关系曲线如图5-24所示。

假设无人潜航器允许的导航位置误差为45m,由地形特征参数与导航位置误差关系曲线可知,当 $\mathrm{SNR} < 0.25$,水深标准差 $\sigma > 5$,粗糙度 $r > 1.15$ 时,满足设定的允许误差。综上所述,可根据海底地形特征参数与导航位置误差的关系特点,构建适合本次实验样本的逻辑函数 Z 作为地形匹配区的选择准则函数

$$Z = [\sigma > 5] \cap [\mathrm{SNR} < 0.25] \cap [r > 1.15] = \begin{cases} 真 \\ 假 \end{cases} \tag{5-40}$$

根据匹配区选择准则函数的要求,选取符合条件的地形,具体参数如表5-3所示。

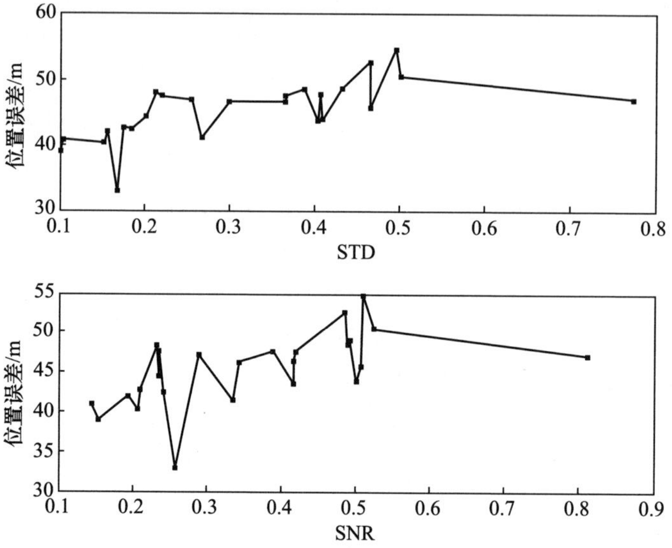

图 5－24　STD、SNR 与导航位置误差曲线

表 5－3　所选地形的特征参数

地形编号	位置误差均值/m	水深标准差/m	粗糙度	SNR
8	42. 6294	5. 6406	1. 1915	0. 2112
13	40. 4045	6. 5754	1. 3640	0. 2074
19	39. 1446	9. 8632	1. 5238	0. 1545

由表 5－3 中数据可以看出，当各项参数分别满足阈值的规定范围时，选择出的地形匹配区的导航位置误差均可满足预先设定的范围，即小于 45m。可以认为，将此方法运用于海底地形可导航性分析具有可行性。此方法虽然可以选择出符合误差条件的匹配区域，但由表 5－2 可知，仍有部分选择区域的位置误差符合预定值，而其地形特征参数却不满足匹配区选择准则函数的要求。可见，通过构建逻辑函数对地形进行可导航性分析的方法有可能筛选掉部分满足导航误差条件的区域，这在匹配区域数量有限的情况下是非常不利的。

2）水深标准差、相关系数综合分析法

水深标准差可以作为衡量地形特征的数量指标，经度和纬度两个方向上的绝对粗糙度、相关系数、坡度变化率三种参数是一致的，都可以用来表达在经度方向和纬度方向上的变化情况，其中相关系数更能刻画出地形的局部特征。因此，在选择匹配区域时，应该选择具有较大粗糙度和较小经纬度方向相关系数的区域。首先通过计算标准差将匹配区域选择在标准差大于某个阈值的区域，其次在该区域中计算经度方向以及纬度方向上的相关参数,如果都小于某个阈值则该区域可以作为匹配区。

根据上述选择原则,选取满足水深标准差 $\sigma > 200$,经度方向相关系数 $R_\lambda < 0.6$ 及纬度方向相关系数 $R_\varphi < 0.6$ 的地形区域作为匹配区。由于前文所采用的粗糙度是由地表的实际面积与投影面积的比值来刻画的,因此,无法分别计算出其经度和纬度方向上的粗糙度。而有学者认为地形粗糙度也可由相对高程差变化表示,则其经度和纬度方向的粗糙度可由下式计算:

$$r = (r_\lambda + r_\varphi)/2 \tag{5-41}$$

式中:r_λ,r_φ 分别为经度方向和纬度方向的粗糙度。具体计算公式为

$$r_\lambda = \frac{1}{(m-1)n}\sum_{i=1}^{m-1}\sum_{j=1}^{n}|h(i,j) - h(i+1,j)| \tag{5-42}$$

$$r_\varphi = \frac{1}{m(n-1)}\sum_{i=1}^{m}\sum_{j=1}^{n-1}|h(i,j) - h(i,j+1)| \tag{5-43}$$

按式(5-42)、式(5-43)计算经纬度方向上的粗糙度 r_λ,r_φ。各地块水深标准差、经纬度方向的粗糙度及相关系数如表5-4所示。

表5-4 水深标准差、经纬度方向的粗糙度及相关系数

地形编号	水深标准差/m	r_λ	r_φ	r	R_λ	R_φ
1	4.5586	0.3312	0.2031	0.2672	0.9743	0.9986
2	2.4538	0.2079	0.1336	0.1707	0.9511	0.9861
3	2.0080	0.1937	0.1247	0.1592	0.9562	0.9903
4	2.4693	0.2061	0.1138	0.1600	0.9500	0.9971
5	2.1414	0.2214	0.1849	0.2031	0.9426	0.9762
6	2.7217	0.2353	0.2111	0.2232	0.9728	0.9869
7	4.6812	0.3507	0.1869	0.2688	0.9670	0.9951
8	5.6406	0.4638	0.3196	0.3917	0.9653	0.9997
9	5.4353	0.5872	0.4799	0.5335	0.9722	0.9902
10	6.3381	0.5405	0.3998	0.4701	0.9593	0.9937
11	1.9835	0.1909	0.1491	0.1700	0.9694	0.9976
12	4.9204	0.3528	0.3901	0.3715	0.9783	0.9673
13	6.5754	0.6243	0.5852	0.6047	0.9699	0.9882
14	3.7323	0.3697	0.4497	0.4097	0.9586	0.9081
15	5.9484	0.7037	0.6790	0.6914	0.9905	0.9938

续表

地形编号	水深标准差/m	r_λ	r_φ	r	R_λ	R_φ
16	1.2894	0.1905	0.1576	0.1740	0.9024	0.9747
17	3.8927	0.2828	0.3730	0.3279	0.9998	0.9529
18	2.3059	0.3610	0.3154	0.3382	0.9173	0.9601
19	9.8632	0.6513	0.7747	0.7130	1.0000	0.9695
20	3.3411	0.2713	0.3481	0.3097	0.9910	0.9070
21	2.4354	0.4868	0.3869	0.4368	0.9153	0.9528
22	2.1378	0.2995	0.2249	0.2622	0.9611	0.9967
23	2.7287	0.3463	0.3462	0.3462	0.9957	0.9654
24	9.6261	0.5439	0.7138	0.6288	0.9947	0.9793
25	2.5687	0.3446	0.2871	0.3159	0.9594	0.9872

由表5-4可以看出,实验所用地形的水深标准差最大值为$\sigma_{max}=9.8632$,$R_{\lambda\min}=0.9024$,$R_{\varphi\min}=0.9070$,以上数值均无法满足阈值范围要求。考虑到粗糙度与相关系数一样,均可用来刻画地形数据在经纬度方向上的相关程度,且粗糙度大的地形相关系数小,粗糙度小的地形相关系数大。因此,可将以水深标准差和相关系数为选择标准的分析方法,根据实际情况更改为以水深标准差和粗糙度为选择标准的分析方法。

根据水深标准差及粗糙度与导航性能的关系可知,地形特征丰富的区域标准差数值大,特征模糊的区域标准差数值小,有些区域的地形特征仅在某个方向上比较明显,表现在特征丰富(标准差较大)的区域仅在经度方向上或纬度方向上粗糙度较大,另外一个方向上的粗糙度较小。地形的这个特性使得无人潜航器在经度和纬度位置上的导航定位效果不同。在哪个方向上的粗糙度小,定位效果就差;反之,定位效果好。因此,匹配区域的选择应该选择经纬度方向绝对粗糙度都大于某个阈值的区域。实验样本数据的平均粗糙度与导航位置误差的关系曲线如图5-25所示。

假设无人潜航器允许导航位置误差为45m,则仍取$\sigma>5$,且由图5-25可知,当$r>0.4$时,地形导航位置误差随r增加而减小。由此可以认为当$r_\lambda>0.4$且$r_\varphi>0.4$时,满足预先设定的允许误差。

通过上述分析可知,水深标准差、相关系数综合分析法可根据地形的实际情况以水深标准差为主,分别以经度和纬度两个方向上的绝对粗糙度、相关系数、坡度变化率为辅,确定满足导航定位误差的各参数阈值,从而选择出理想的匹配

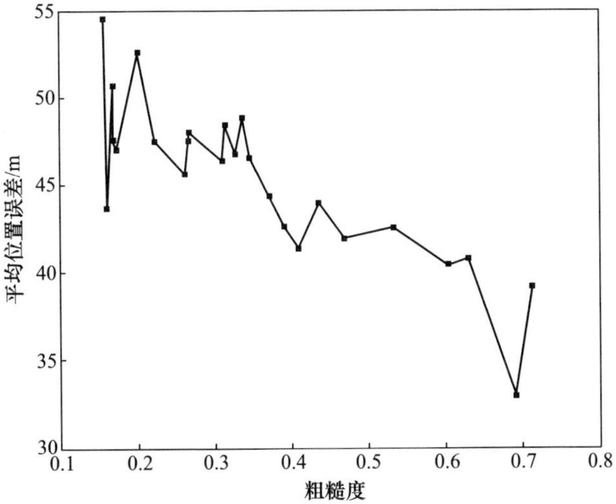

图5－25 粗糙度与导航位置误差的关系曲线

区域。多参数综合分析法的评价结果虽然比较全面，但所耗费的仿真时间较多，不适合大尺寸地图的分析。由于地形复杂多变，备选地形中的特征参数并非都能满足匹配区选择原则，增加了选择的不确定性。另外，通过不同文献的比较得知，不同分析区域所确定的参数阈值均不相同，不具备通用性。综上可知，多参数综合分析法还需进一步完善。

2. 海底地形可导航性的熵分析方法

地形所包含平均信息量的大小可由地形信息熵来衡量，因此可以将其作为一个度量来表述地形的特征。海底水深值变化越剧烈，地形越独特，信息越丰富，则计算出的熵值就越小，越有利于地形导航；而在相对平坦的地形，信息量较少，则地形信息熵的值较大。

地形信息熵与其他地形特征参数的关系曲线如图5－26所示，图中粗糙度仍采用表5－2中数据。由图5－26可以看出，水深标准差、粗糙度及坡度标准差越大，SNR越小，RIS越大，则地形信息越丰富，地形信息熵呈递减的趋势。由于相关系数比较密集，无法直观看出其与地形信息熵之间的关系。为便于观察，现从25个地形样本中选取地形信息熵相差较大的两块地形进行分析，其地形特征参数如表5－5所示。通过对3号和24号地形特征参数的比较可知，地形信息熵值小的地形区域，其导航的定位误差较小，可导航性较强，且各地形特征参数的值满足其与位置误差的变化规律，由此可知，将地形信息熵作为地形参数，用于海底地形的可导航性分析是可行的。

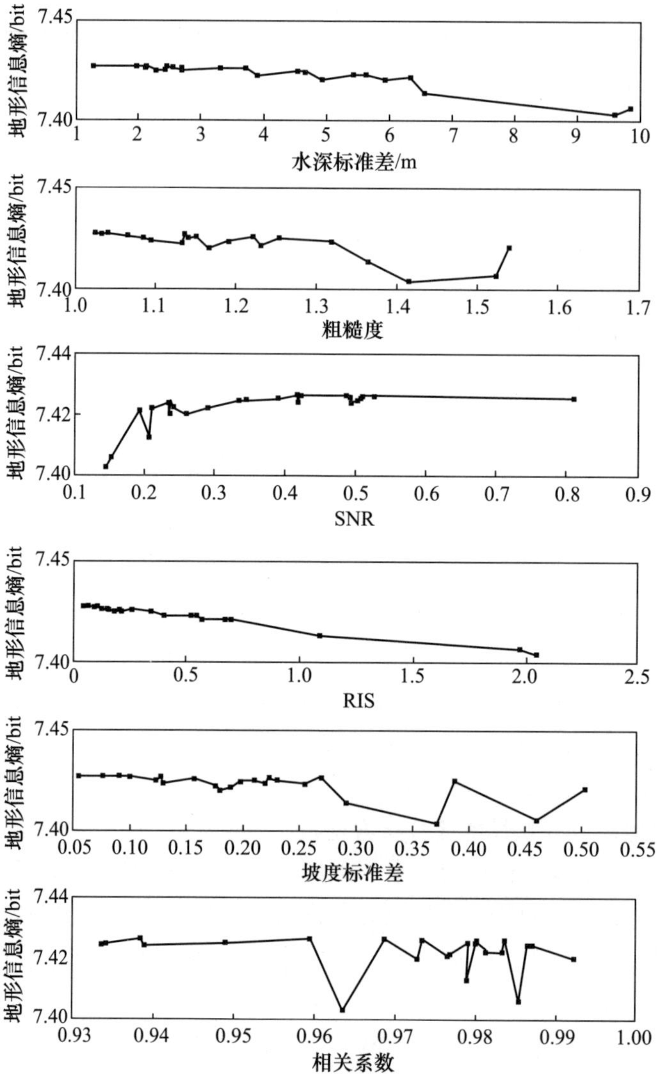

图 5-26　地形信息熵与地形参数关系统计图

表 5-5　熵值相差较大地形的特征参数比较

地形编号	位置误差均值/m	水深标准差/m	粗糙度	SNR	RIS	坡度标准差	地形相关系数	地形信息熵/bit
3	54.6249	2.0080	1.0232	0.5095	0.0589	0.0531	0.9733	7.4267
24	40.6869	9.6261	1.4155	0.1470	2.0500	0.3722	0.9635	7.4037

由地形信息熵与位置误差的关系曲线可以看出，虽然地形信息熵满足其与导航性能的规律，但就实验地形样本而言，地形信息熵的取值分布过于密集，大都集中在7.425左右，为确保研究的全面性，下面分别选取地形信息熵值相差较小的一组地块及地形信息熵值相等的一组地块进行分析比较。为便于分析，将地形信息熵值按递增的顺序依次排列。具体参数见表5-6和表5-7。

表5-6　熵值相近地形的特征参数比较

地形编号	位置误差均值/m	水深标准差/m	粗糙度	SNR	RIS	坡度标准差	地形相关系数	地形信息熵/bit
12	44.3853	4.9204	1.1672	0.2372	0.5680	0.1798	0.9728	7.4203
13	40.4045	6.5754	1.3640	0.2074	1.0874	0.2909	0.9790	7.4132
15	33.0082	5.9484	1.5392	0.2588	0.6712	0.5039	0.9922	7.4205

由表5-6可以看出，导航位置误差及各地形特征参数的变化与地形信息熵值的变化规律并不符合，而且并非地形信息熵值相差较小，所对应的导航位置误差的差值也较小。第12号和第15号地形的信息熵值仅相差0.0002，而其导航位置误差的差值却达到了11m左右。由此可见，在地形信息熵相差较小的情况下，仅以地形信息熵作为地形匹配区的选择标准是存在偏差的。由表5-7可以看出，即使在地形信息熵值相等的情况下，由于其他地形特征参数存在差异，地形的导航性能也不相同。

表5-7　熵值相等地形的特征参数比较

地形编号	位置误差均值/m	水深标准差/m	粗糙度	SNR	RIS	坡度标准差	地形相关系数	地形信息熵/bit
3	54.6249	2.0080	1.0232	0.5095	0.0589	0.0531	0.9733	7.4267
5	52.4968	2.1414	1.0393	0.4853	0.0623	0.0902	0.9594	7.4267
16	47.0488	1.2894	1.0416	0.8119	0.0375	0.1263	0.9385	7.4267

综上所述，海底地形可导航性的熵分析方法并非在任何情况下都适用。此方法适用于备选地形的地形信息熵值相差较大的情况，并且可以快速地做出选择，节省运算时间。而在备选地形的地形信息熵值较为密集甚至相等的情况下，可以认为此方法是无效的。

5.3.2　基于模糊综合决策方法的海底地形可导航性分析

1. 模糊综合评判决策模型及其改进

1）模糊综合评判决策模型

模糊综合评判决策是对受多种因素影响的事物做出全面评价的一种十分有

效的多因素决策方法。因此,模糊综合评判决策又称为模糊综合决策或模糊多元决策。为便于描述,下面将模糊综合评判决策简称为模糊综合决策。

模糊综合决策的数学模型一般由 3 个要素或 4 个要素组成,即 3 要素($\boldsymbol{U}$,$\boldsymbol{V}$,$\boldsymbol{R}$)或 4 要素($\boldsymbol{U}$,$\boldsymbol{V}$,$\boldsymbol{R}$,$\boldsymbol{W}$)。其中:$\boldsymbol{U}=[u_1 \quad u_2 \quad \cdots \quad u_n]$为因素集(如某性能指标体系中的指标集),$u_i(i=1,2,\cdots,n)$表示对某事物有影响的第 i 个因素;$\boldsymbol{V}=[v_1 \quad v_2 \quad \cdots \quad v_m]$为评价集或模糊集(如高、较高、中、较低、低),$v_j(j=1,2,\cdots,m)$表示评价的第 j 个等级;$\boldsymbol{R}=[r_{ij}]_{n\times m}$为单因素评判矩阵,$r_{ij}(i=1,2,\cdots,n;j=1,2,\cdots,m)$为因素 u_i 被评判为评价集 v_j 的隶属度。$\boldsymbol{R}$ 中第 i 行反映的是被评对象的第 i 个因素对于评价集中各等级的隶属度;第 j 列反映的是被评价对象的各因素分别取评价集中第 j 个等级的程度;$\boldsymbol{W}=[w_1 \quad w_2 \quad \cdots \quad w_n]$为各因素的权重(权矢量),$w_i\ (0\leqslant w_i\leqslant 1,\ \sum_{i=1}^{n} w_i=1)$ 是第 i 个指标的权重,表示 u_i 相对于其他各因素的重要程度。

综合评判需进行模糊矩阵变换,在做模糊矩阵 ∘ 合成运算时,可以采用加权平均型,即

$$\boldsymbol{B}=\boldsymbol{W}\circ\boldsymbol{R}=[w_1 \quad w_2 \quad \cdots \quad w_n]\circ\begin{bmatrix} r_{11} & r_{12} & \cdots & r_{1m} \\ r_{21} & r_{22} & \cdots & r_{2m} \\ \vdots & \vdots & \cdots & \vdots \\ r_{n1} & r_{n2} & \cdots & r_{nm} \end{bmatrix}=[b_1,b_2,\cdots,b_m] \tag{5-44}$$

$$b_j=\sum_{i=1}^{n}(w_i\cdot r_{ij}),j=1,2,\cdots,m \tag{5-45}$$

在实际应用中发现,当因素集 $\boldsymbol{U}$ 较大,即因素集个数 n 较大时,在权矢量和为 1 的条件约束下,隶属度 r_{ij}和权系数 w_i 往往偏小,权矢量 $\boldsymbol{W}$ 与模糊矩阵 $\boldsymbol{R}$ 不匹配,结果会出现超模糊现象,分辨率较差,无法确定谁的隶属度更高,导致评判失败。

2) 模糊综合决策模型的改进

当因素集个数 n 较大时,评判结果会出现超模糊现象,导致这一现象的根本原因是权矢量 $\boldsymbol{W}$ 值偏小,与模糊矩阵 $\boldsymbol{R}$ 值不匹配,这一问题可以通过对矩阵的修正使之与权矢量相匹配,从而提出了匹配修正的概念,引入匹配矩阵 $\boldsymbol{K}$ 对模糊矩阵 $\boldsymbol{R}$ 进行修正,以避免超模糊现象的产生。匹配矩阵按下列方法构成:

（1）求矩阵 $\boldsymbol{R}$ 列矢量和构成的矢量 $\boldsymbol{C}$：

$$\boldsymbol{C}=\boldsymbol{I}\times\boldsymbol{R}=[1\quad 1\quad \cdots\quad 1]\times\begin{bmatrix} r_{11} & r_{12} & \cdots & r_{1m} \\ r_{21} & r_{22} & \cdots & r_{2m} \\ \vdots & \vdots & \cdots & \vdots \\ r_{n1} & r_{n2} & \cdots & r_{nm} \end{bmatrix}=[c_1\quad c_2\quad \cdots\quad c_m] \tag{5-46}$$

（2）求矢量 $\boldsymbol{C}$ 的倒数构成的矢量 $\boldsymbol{D}$：

$$\boldsymbol{D}=\left[\frac{1}{c_1}\quad \frac{1}{c_2}\quad \cdots\quad \frac{1}{c_m}\right] \tag{5-47}$$

（3）构成 $n\times m$ 匹配矩阵 $\boldsymbol{K}$ 为

$$\boldsymbol{K}=\boldsymbol{I}^{\mathrm{T}}\times\boldsymbol{D}=\begin{bmatrix} 1 \\ 1 \\ \vdots \\ 1 \end{bmatrix}\times\left[\frac{1}{c_1}\quad \frac{1}{c_2}\quad \cdots\quad \frac{1}{c_m}\right]=\begin{bmatrix} \frac{1}{c_1} & \frac{1}{c_2} & \cdots & \frac{1}{c_m} \\ \frac{1}{c_1} & \frac{1}{c_2} & \cdots & \frac{1}{c_m} \\ \vdots & \vdots & \cdots & \vdots \\ \frac{1}{c_1} & \frac{1}{c_2} & \cdots & \frac{1}{c_m} \end{bmatrix} \tag{5-48}$$

（4）对矩阵 $\boldsymbol{R}$ 进行归一化修正，修正后的矩阵为

$$\boldsymbol{R}^{*}=\boldsymbol{K}\circ\boldsymbol{R}=\begin{bmatrix} \frac{1}{c_1} & \frac{1}{c_2} & \cdots & \frac{1}{c_m} \\ \frac{1}{c_1} & \frac{1}{c_2} & \cdots & \frac{1}{c_m} \\ \vdots & \vdots & \cdots & \vdots \\ \frac{1}{c_1} & \frac{1}{c_2} & \cdots & \frac{1}{c_m} \end{bmatrix}\circ\begin{bmatrix} r_{11} & r_{12} & \cdots & r_{1m} \\ r_{21} & r_{22} & \cdots & r_{2m} \\ \vdots & \vdots & \cdots & \vdots \\ r_{n1} & r_{n2} & \cdots & r_{nm} \end{bmatrix} \tag{5-49}$$

$$\boldsymbol{R}^{*}=\begin{bmatrix} \frac{r_{11}}{c_1} & \frac{r_{12}}{c_2} & \cdots & \frac{r_{1m}}{c_m} \\ \frac{r_{21}}{c_1} & \frac{r_{22}}{c_2} & \cdots & \frac{r_{2m}}{c_m} \\ \vdots & \vdots & \cdots & \vdots \\ \frac{r_{n1}}{c_1} & \frac{r_{n2}}{c_2} & \cdots & \frac{r_{nm}}{c_m} \end{bmatrix}=\begin{bmatrix} r_{11}^{*} & r_{12}^{*} & \cdots & r_{1m}^{*} \\ r_{21}^{*} & r_{22}^{*} & \cdots & r_{2m}^{*} \\ \vdots & \vdots & \cdots & \vdots \\ r_{n1}^{*} & r_{n2}^{*} & \cdots & r_{nm}^{*} \end{bmatrix} \tag{5-50}$$

(5) 按式(5-44)进行模糊变换为

$$\boldsymbol{B}^* = \boldsymbol{W} \circ \boldsymbol{R}^* = [w_1 \quad w_2 \quad \cdots \quad w_n] \circ \begin{bmatrix} r_{11}^* & r_{12}^* & \cdots & r_{1m}^* \\ r_{21}^* & r_{22}^* & \cdots & r_{2m}^* \\ \vdots & \vdots & \cdots & \vdots \\ r_{n1}^* & r_{n2}^* & \cdots & r_{nm}^* \end{bmatrix} = [b_1^* \quad b_2^* \quad \cdots \quad b_m^*] \tag{5-51}$$

$$b_j = \sum_{i=1}^{n} (w_i \cdot r_{ij}^*), j = 1,2,\cdots,m \tag{5-52}$$

虽然求解出了矩阵变换结果 $\boldsymbol{B}^*$，但它是失真的，不能作为最终评判依据，必须对其进行还原变换，还原变换矢量，即式(5-46)中生成的矢量 $\boldsymbol{C}$，也就是由矩阵 $\boldsymbol{R}$ 的列矢量和构成的矢量，还原变换如式(5-53)所示。$\boldsymbol{B}$ 即为最终综合评判结果矢量。

$$\begin{aligned} \boldsymbol{B} &= \boldsymbol{C} \circ \boldsymbol{B}^* = [c_1 \quad c_2 \quad \cdots \quad c_m] \circ [b_1^* \quad b_2^* \quad \cdots \quad b_m^*] \\ &= [c_1 b_1^* \quad c_2 b_2^* \quad \cdots \quad c_m b_m^*] = [b_1 \quad b_2 \quad \cdots \quad b_m] \end{aligned} \tag{5-53}$$

2. 海底地形可导航性分析中模糊综合决策的应用

1) 海底地形可导航性的模糊综合决策模型

(1) 指标特征量矩阵。通过5.3.1节分析可知，目前研究结果表明影响海底地形可导航性的主要因素为海底地形特征参数，故现将讨论过的7个地形特征参数融合起来构成系统评价的因素集，即 $\boldsymbol{U} = [\sigma \quad r \quad R \quad \sigma_s \quad H_f \quad \mathrm{SNR} \quad \mathrm{RIS}]$，再通过分析，排除相关性较大或对地形可导航性能影响较小的特征参数，以确定最后的因素集。

设系统由 n 个待选择地形块组成备选对象集，m 个评价因素组成系统评价因素集。每一个评价因素对每一备选对象的评判用指标特征量表示，则系统有 $m \times n$ 阶指标特征矩阵，即

$$\boldsymbol{X}_{m \times n} = \begin{bmatrix} x_{11} & x_{12} & \cdots & x_{1n} \\ x_{21} & x_{22} & \cdots & x_{2n} \\ \vdots & \vdots & \cdots & \vdots \\ x_{m1} & x_{m2} & \cdots & x_{mn} \end{bmatrix} = (x_{ij})_{m \times n} \tag{5-54}$$

式中：$x_{ij}(i = 1,2,\cdots,m; j = 1,2,\cdots,n)$ 为第 j 个待选对象的第 i 个评价因素的指标特征量。

(2) 隶属度矩阵 $\boldsymbol{R}=[r_{ij}]$。先介绍隶属度的概念。设 $\boldsymbol{U}$ 是论域,称映射

$$\mu_A:\boldsymbol{U}\to[0,1]$$

$$x\mapsto\mu_A(x)\in[0,1]$$

确定了论域 $\boldsymbol{U}$ 上的模糊子集 $\boldsymbol{A}$。映射 μ_A 称为 $\boldsymbol{A}$ 的隶属函数,$\mu_A(x)$ 称为 x 对 $\boldsymbol{A}$ 的隶属度。

根据隶属度的概念,在优选与决策过程中,可以取论域 $\boldsymbol{U}$ 中元素 i 的最大特征值 $\bigvee_j x_{ij}$ 与最小特征值 $\bigwedge_j x_{ij}$ 作为上、下确界的相对值。其中"∨"代表取大运算,"∧"代表取小运算。

一般情况下,隶属度具有"越大越优"和"越小越优"两种类型,其计算式分别为

"越大越优"型:

$$r_{ij}=\frac{x_{ij}}{\bigvee_j x_{ij}+\bigwedge_j x_{ij}} \tag{5-55}$$

"越小越优"型:

$$r_{ij}=1-\frac{x_{ij}}{\bigvee_j x_{ij}+\bigwedge_j x_{ij}} \tag{5-56}$$

根据式(5-55)、式(5-56)可将指标特征量矩阵转变为指标隶属度矩阵,即

$$\boldsymbol{R}_{m\times n}=\begin{bmatrix} r_{11} & r_{12} & \cdots & r_{1n} \\ r_{21} & r_{22} & \cdots & r_{2n} \\ \vdots & \vdots & \cdots & \vdots \\ r_{m1} & r_{m2} & \cdots & r_{mn} \end{bmatrix}=(r_{ij})_{m\times n} \tag{5-57}$$

并按照式(5-46)~式(5-50)进行一系列变换,得到 $\boldsymbol{R}^*=[r_{ij}{}^*]$。

(3) 权重的确定。设评价指标集的权重为 $\boldsymbol{W}=[w_1\quad w_2\quad\cdots\quad w_m]$,第 j 个待选对象的综合评价值为 $B_j(w)$,则 $B_j(w)=\sum\limits_{i=1}^{m}w_i r_{ij}$。

对于评价指标,待评方案与其他方案的差异可由广义权距离 d_{ij} 来表示,即

$$d_{ij}(w)=\sqrt{\sum_{k=1}^{n}[w_i(r_{ij}-r_{ik})]^p},\quad j=1,2,\cdots,n,k=1,2,\cdots,n \tag{5-58}$$

式中:p 为距离参数,$p=1$ 为海明距离,$p=2$ 为欧几里得距离,本书计算采用欧几里得距离,即

$$d_{ij}(w) = \sum_{k=1}^{n} w_i |r_{ij} - r_{ik}| \tag{5-59}$$

系统评价的目的是要确定一个合理的指标权系数,使所有评价指标对所有待评价方案的总距离差 $d_i(w)$ 最大,即

$$\max \sum_{i=1}^{m} d_i(w) = \max \sum_{i=1}^{m} \sum_{j=1}^{n} \sum_{k=1}^{n} w_i |r_{ij} - r_{ik}| \tag{5-60}$$

求解权矢量 W 等价于求解下面最优化问题

$$\max \sum_{i=1}^{m} \sum_{j=1}^{n} \sum_{k=1}^{n} w_i |r_{ij} - r_{ik}| \tag{5-61}$$

优化式(5-61)有唯一解,即

$$\boldsymbol{w} = \begin{bmatrix} \dfrac{s_1}{\sum\limits_{i=1}^{m} s_i} & \dfrac{s_2}{\sum\limits_{i=1}^{m} s_i} & \cdots & \dfrac{s_m}{\sum\limits_{i=1}^{m} s_i} \end{bmatrix} \tag{5-62}$$

式中:$s_i = \exp\left(\sum\limits_{j=1}^{n} \sum\limits_{k=1}^{n} |r_{ij} - r_{ik}| \right), j = 1,2,\cdots,n$。

(4) 综合评判。根据指标隶属度矩阵 $\boldsymbol{R}_{m \times n}$、指标权重矢量 $\boldsymbol{W}$ 及模糊综合评判决策的改进模型,可得最终综合评价值。

2) 模糊综合决策的参数选择

现仍以 5.3.1 节实验样本地形为例,验证海底地形可导航性分析的模糊综合决策方法可行性。

(1) 基于实验样本数据的地形特征参数选择。根据各地形特征参数的含义及前述分析可知,水深标准差 σ 与 SNR 可近似为倒数关系,主要用于描述地形的整体起伏程度;粗糙度 r 和相关系数 R 一致,主要用于刻画较细的局部起伏。因此,避免重复计算,可将上述地形特征参数进行二选一,则可以组成新的因素集 $\boldsymbol{U}^* = [\sigma \quad r \quad \sigma_s \quad H_f \quad \mathrm{RIS}]$,其中 σ 反映了地形整体的起伏程度,r 反映了整个地形的平均光滑程度,σ_s 反映了曲面的倾斜程度,H_f 反映了该地形所包含信息量的大小,RIS 反映了地形的相对起伏程度。

综上所述,$\boldsymbol{U}^*$ 中各地形特征参数从不同方面反映了地形的固有属性,对于描述区域的地形特征,研究地形特征与导航性能之间的关系,具有不可忽视的作用。

(2) 备选地形个数与评价指标权重的关系。将备选地形个数顺次由 2 个逐个递增至 11 个,各地形特征参数的权重分配如表 5-8 所示。由表 5-8 可以看出,由于实验样本地形的特点,在备选地形个数为 2 时,各地形特征参数的权重分配比较平均,可以认为是综合考虑了各参数后得出的综合评价结果。随着备选地形个数的逐渐增加,数值比较密集的地形特征参数在综合决策过程中所起的作用逐渐减小,当备选地形的个数由 4 逐渐增大时,地形特征参数 RIS 在综合评判的过程中占有主要地位,乃至成为决定性因素。

表 5-8　不同备选地形个数的地形特征参数权重分配

备选地形个数	水深标准差/m	粗糙度	坡度标准差	H_f	RIS
2	0.2110	0.1214	0.1844	0.1158	0.3673
3	0.1676	0.0398	0.1725	0.0355	0.5846
4	0.1095	0.0126	0.1464	0.0106	0.7209
5	0.0617	0.0029	0.1216	0.0023	0.8115
6	0.0195	0.0003	0.0688	0.0002	0.9112
7	0.0017	0.0000	0.0035	0.0000	0.9948
8	0.0004	0.0000	0.0009	0.0000	0.9987
9	0.0000	0.0000	0.0001	0.0000	0.9999
10	0.0000	0.0000	0.0001	0.0000	0.9999
11	0.0000	0.0000	0.0000	0.0000	1.0000

为确保实验结果严密性,根据 RIS 数值分布将 25 块备选地形分为 4 组,使每组地形中 RIS 的数值分布相对集中。第一组共 7 块地形,RIS 数值为 0.0375 ~ 0.0993;第二组共 9 块地形,RIS 数值为 0.1197 ~ 0.3945;第三组共 5 块地形,RIS 数值为 0.6926 ~ 0.5230;第四组共 4 块地形,RIS 数值为 1.0874 ~ 2.0500。为便于分析,选取第二组地形为研究对象,具体参数如表 5-9 所示。由表 5-9 中数据可知,所选地形的各地形特征参数数值没有极大或极小的现象,仅凭单一参数无法判断出哪块地形的导航性能更好,这一点符合优选地形的特点。

表 5-9　第二组地形的特征参数

地形编号	水深标准差/m	粗糙度	坡度标准差	H_f	RIS
1	4.5586	1.0840	0.1226	7.4244	0.3347
6	2.7217	1.0632	0.1000	7.4258	0.1438
7	4.6812	1.0947	0.1290	7.4236	0.3945

续表

地形编号	水深标准差/m	粗糙度	坡度标准差	H_f	RIS
14	3.7323	1.2533	0.3863	7.4249	0.2477
17	3.8927	1.1325	0.1757	7.4221	0.3919
18	2.3059	1.1378	0.2099	7.4244	0.1732
20	3.3411	1.1530	0.2693	7.4254	0.1968
21	2.4354	1.2224	0.2302	7.4252	0.1538
22	2.1378	1.0868	0.1561	7.4256	0.1197

仍将备选地形的个数顺次由 2 个逐个递增至 9 个,各地形特征参数的权重分配如表 5 - 10 所示。由表 5 - 10 可以看出,虽然随着备选地形个数的增加,RIS 在综合评判过程中的作用并不呈明显递增趋势。但可以看出,当备选地形个数增加,总有一项特征参数的权值超过 0.5,而其他特征参数的权值逐渐趋近于零。

表 5 - 10　第二组地形中不同备选地形个数的地形特征参数权重分配

备选地形个数	水深标准差/m	粗糙度	坡度标准差	H_f	RIS
2	0.2326	0.1432	0.1720	0.1404	0.3118
3	0.2210	0.0813	0.1272	0.0767	0.4938
4	0.0920	0.0248	0.5282	0.0151	0.3398
5	0.0420	0.0068	0.5559	0.0032	0.3920
6	0.0489	0.0009	0.4132	0.0003	0.5367
7	0.0147	0.0001	0.5611	0.0000	0.4241
8	0.0102	0.0000	0.4250	0.0000	0.5648
9	0.0038	0.0000	0.0697	0.0000	0.9265

由此可见,在使用模糊综合决策方法对海底地形进行可导航性分析时,应注意备选地形的个数,如果备选地形的个数过多,将会形成以单一地形特征参数作为评判标准的地形选择方法,从而失去模糊综合评判方法全面性的优点。综上所述,备选地形的个数最好选为 2 个或 3 个。

3) 仿真研究

由上面分析可知,基于模糊综合决策的海底地形可导航性分析方法并不适用于单次备选个数较多的情况。此方法可以根据海底地形特征参数,给出各备选地形的综合评判结果,并可根据所得结果进行排序,得到最适合作为匹配区域的地形。

将实验样本地形分为横纵两个方向，为避免以单一参数作为评价指标的情况，确保实验分析的全面性，25 块地形按横向、纵向及对角线方向分为 12 组，每组 5 块地形，首先将每组前两块地形进行综合评判，将评判值较高的地形与下一块地形进行比较，并依此类推，求得各组中导航性能最好的地形。按此方法，即可将各块地形按可导航性能的优劣进行排列，其评判值及排序如表 5－11～表 5－22所示。

表 5－11　第一行评判结果及排序

地形编号	1	2	3	4	5
评判结果	0.6606	0.3394			
	0.7187		0.2813		
	0.6788			0.3212	
	0.6956				0.3044
		0.5565	0.4435		
		0.5235		0.4765	
		0.5204			0.4796
			0.4634	0.5366	
				0.4912	0.5088
排序	1	2	5	4	3

表 5－12　第二行评判结果及排序

地形编号	6	7	8	9	10
评判结果	0.3802	0.6198			
		0.4354	0.5646		
			0.4909	0.5091	
				0.4969	0.5031
排序	10	9	8	7	6

表 5－13　第三行评判结果及排序

地形编号	11	12	13	14	15
评判结果	0.2754	0.7240			
		0.4105	0.5895		
			0.6472	0.3528	
			0.4931		0.5969
		0.5162		0.4838	
	0.3192			0.6808	
排序	15	13	12	14	11

表 5－14　第四行评判结果及排序

地形编号	16	17	18	19	20
评判结果	0. 2396 0. 3197	0. 7604 0. 5823 0. 2782 0. 5303	0. 4177 0. 6803 0. 4572	0. 7218 0. 7602	0. 2398 0. 4697 0. 5428
排序	19	17	20	18	16

表 5－15　第五行评判结果及排序

地形编号	21	22	23	24	25
评判结果	0. 5484 0. 4874 0. 5315	0. 4516 0. 4769	0. 5126 0. 2320 0. 5555	0. 7680 0. 8013	0. 1987 0. 4445 0. 4685 0. 5231
排序	24	23	21	25	22

表 5－16　第一列评判结果及排序

地形编号	1	6	11	16	21
评判结果	0. 6010 0. 6687 0. 7556 0. 5446	0. 3990 0. 5433 0. 6454 0. 4295	0. 3313 0. 4567 0. 5834	0. 2444 0. 3546 0. 4166	0. 4554 0. 5705
排序	1	21	6	11	16

表 5－17　第二列评判结果及排序

地形编号	2	7	12	17	22
评判结果	0. 3213	0. 6787 0. 4539	0. 5461		

续表

地形编号	2	7	12	17	22
评判结果			0. 5381	0. 4619	
			0. 6860		0. 3140
		0. 4900		0. 5100	
				0. 6369	0. 3631
		0. 6354			0. 3646
	0. 4371				0. 5629
排序	12	17	7	22	2

表 5－18　第三列评判结果及排序

地形编号	3	8	13	18	23
评判结果	0. 2177	0. 7823			
		0. 4246	0. 5754		
			0. 7238	0. 2762	
			0. 7014		0. 2986
		0. 6509		0. 3491	
		0. 6230			0. 3770
	0. 3147			0. 6853	
				0. 4834	0. 5166
排序	13	8	23	18	3

表 5－19　第四列评判结果及排序

地形编号	4	9	14	19	24
评判结果	0. 2416	0. 7584			
		0. 5508	0. 4492		
		0. 3336		0. 6664	
				0. 5151	0. 4849
		0. 3397			0. 6603
	0. 2653		0. 7347		
排序	19	24	9	14	4

表 5－20　第五列评判结果及排序

地形编号	5	10	15	20	25
评判结果	0. 2305	0. 7695			
		0. 4107	0. 5893		
			0. 6612	0. 3388	
			0. 7331		0. 2669
		0. 6226		0. 3774	
		0. 7128			0. 2872

续表

地形编号	5	10	15	20	25
评判结果	0. 3253 0. 3954			0. 6747 0. 5719	0. 4281 0. 6046
排序	15	10	20	25	5

表 5 – 21　对角线 1 评判结果及排序

地形编号	1	7	13	19	25
评判结果	0. 4865 0. 5908	0. 5135 0. 3565 0. 6145	0. 6435 0. 4117 0. 7563	0. 5883 0. 8036	0. 1964 0. 2437 0. 3855 0. 4092
排序	19	13	7	1	25

表 5 – 22　对角线 2 评判结果及排序

地形编号	5	9	13	17	21
评判结果	0. 2423 0. 2873 0. 3630	0. 7577 0. 4285 0. 5611 0. 6528	0. 5715 0. 6331 0. 7285	0. 3669 0. 4389 0. 7127 0. 5810	0. 2715 0. 3472 0. 4190 0. 6370
排序	13	9	17	21	5

通过对备选地形块分行列的排序后，在实际应用中，可根据无人潜航器所经过的路径，选择可导航性较好的区域作为匹配区。

现将各行各列中的最优匹配地块进行排序，以得到 25 块地形中最适合匹配的地形。

现以表 5 – 23 中的排列顺序为例，验证海底地形可导航性分析的模糊综合评判方法的准确性。由于排序相邻地形块的综合评判值比较接近，可以认为其导航性能差别不大，又因仿真程序加入噪声，则仿真所得到的导航位置位差本身存在不确定性。综上所述，为能明显看出所选地形导航性能的优越性，选取 19

号、15 号、10 号及 1 号四块地形进行仿真实验，以验证此方法的可行性。任取其中一块备选地形为例，仿真实验航迹如图 5 – 27 所示。

表 5 – 23　最优匹配地块排序

地形编号	1	10	12	13	15	19	24
评判结果	0.4063 0.4372	0.5937 0.5299 0.4400	0.4701 0.5628	0.5600 0.4931	0.5069 0.3876 0.4021	0.6124 0.5151	0.4849 0.5979
排序	19	24	15	13	10	12	1

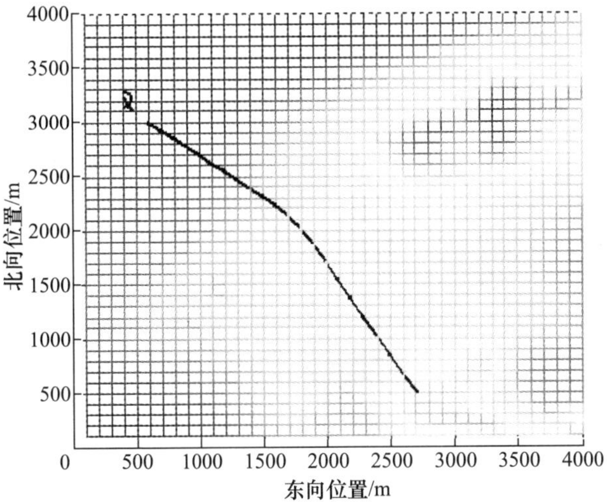

图 5 – 27　仿真实验航迹

图 5 – 28 为四块实验地形的水深图，从图中可以看出，随着导航性能的逐渐减弱，地势的起伏程度也逐渐减小。

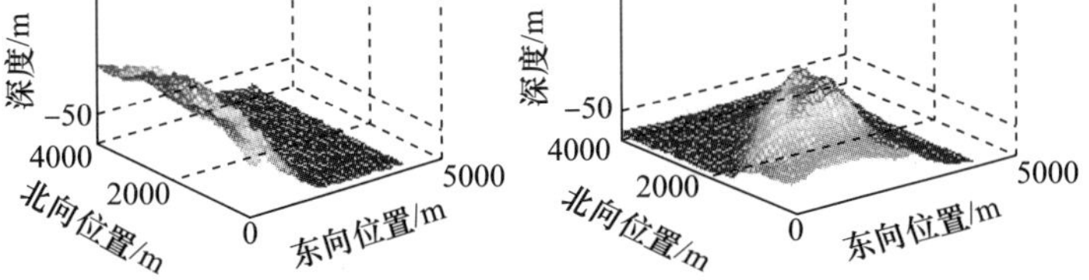

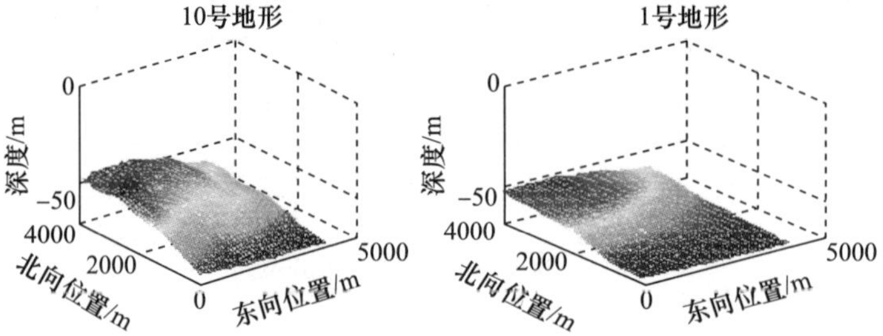

图 5－28　实验地形水深图

图 5－29 为四块实验地形在仿真航迹对应的地形剖面图，地形剖面图反映了无人潜航器所经过路线高程值的变化。

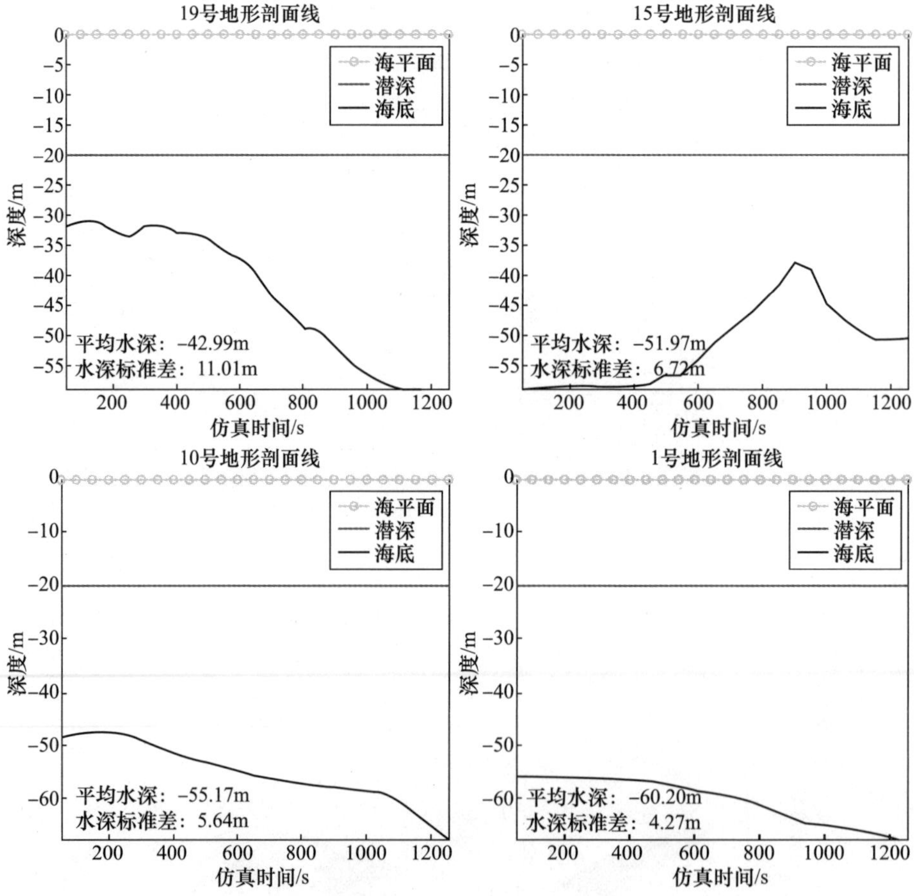

图 5－29　仿真航迹对应的地形剖面图（见彩图）

图 5－30 为四块实验地形在一次仿真实验中的仿真轨迹，此图只能大致反映出估计航迹与真实航迹间的差别，不能仅以一次仿真实验判定导航性能的优劣。

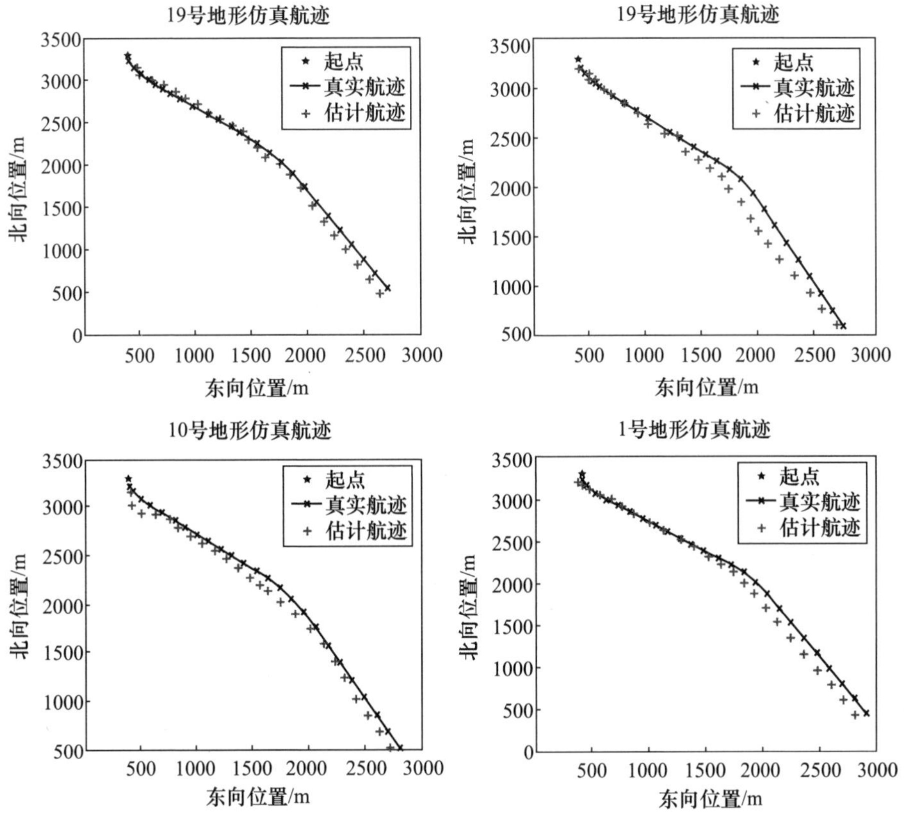

图 5－30　一次仿真实验轨迹

按相同航迹进行 20 次仿真实验，求取四块地形导航位置误差平均值，如表 5－24所示。

表 5－24　四块地形平均位置误差

地形	19 号	15 号	10 号	1 号
位置误差/m	45.2696	119.9657	63.3332	75.6012

由表 5－24 可知，在仿真实验航迹方向上 19 号、10 号和 1 号地形的位置误差均值符合各块地形导航性能的排序，即导航性能越好，位置误差均值越小。但 15 号地形的导航位置误差偏大，这说明在此条航线上 15 号地形的导航性能并非十分理想。由于地形可导航性具有方向性的特点，即对于同一块地形区域，沿

不同方向地形剖面提供的平面位置信息能力存在差异。为说明这一点,现以 15 号地形为研究对象,选择不同的航线,研究其可导航性。不同航线对应的地形剖面线如图 5－31 所示。各航线平均位置误差见表 5－25。

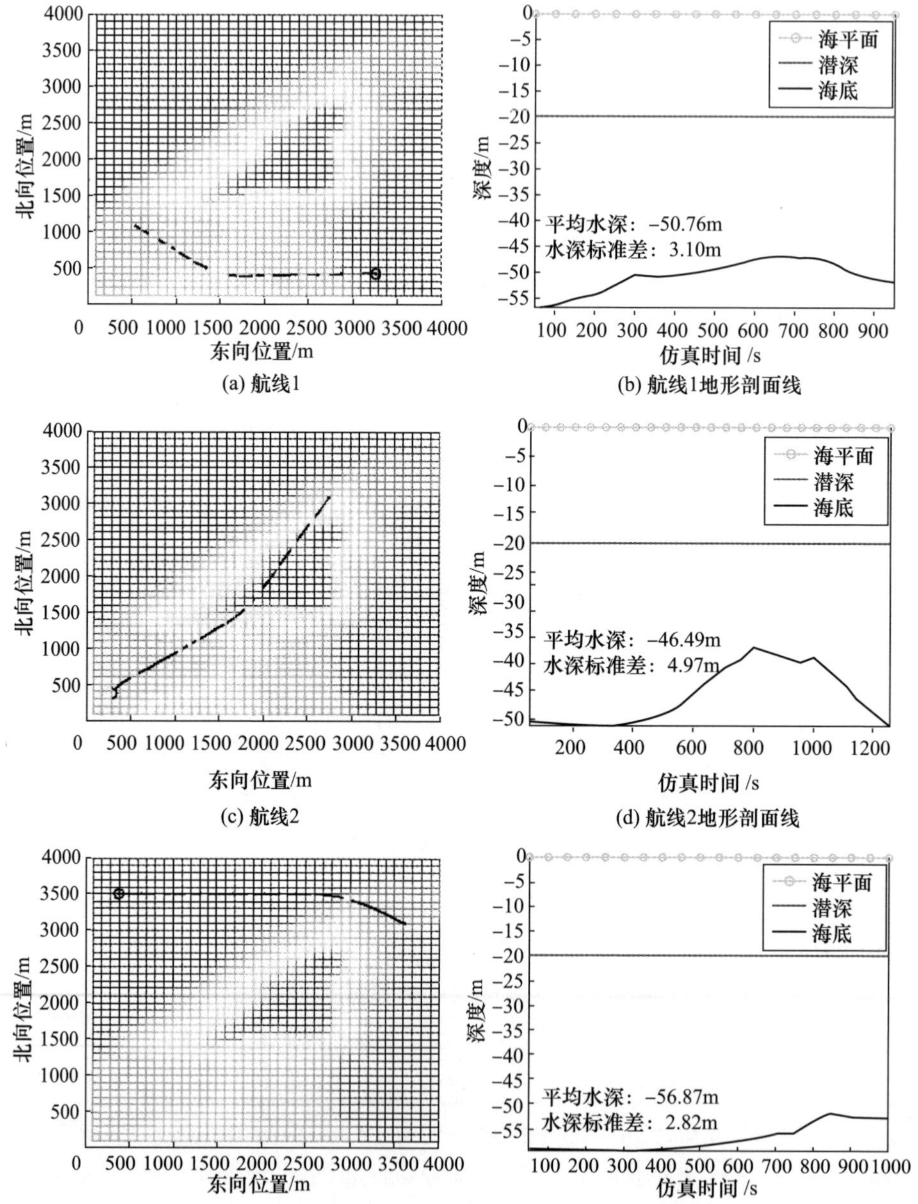

(a) 航线1

(b) 航线1地形剖面线

(c) 航线2

(d) 航线2地形剖面线

(e) 航线3

(f) 航线3地形剖面线

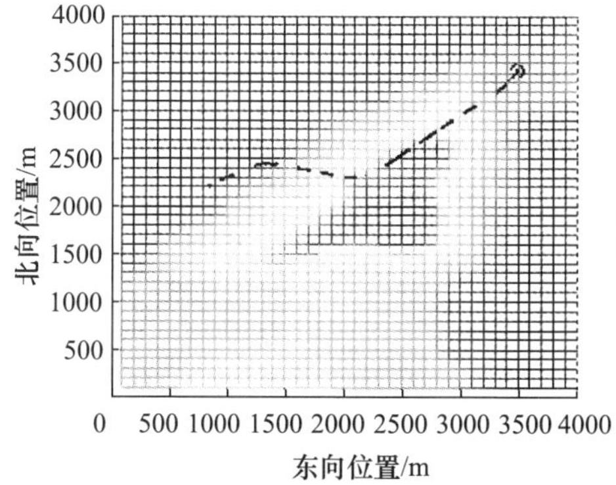

(g) 航线4

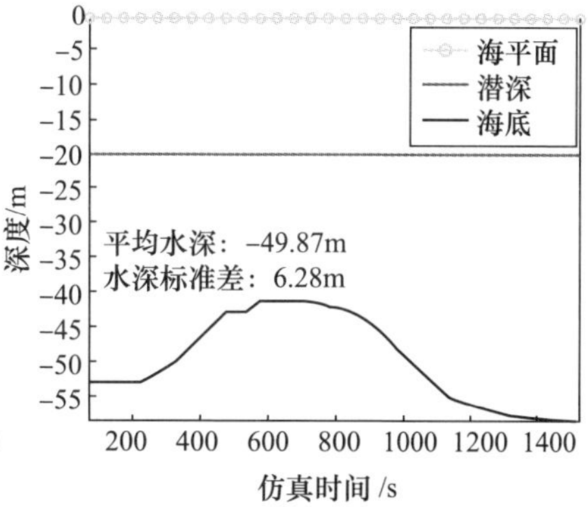

(h) 航线4地形剖面线

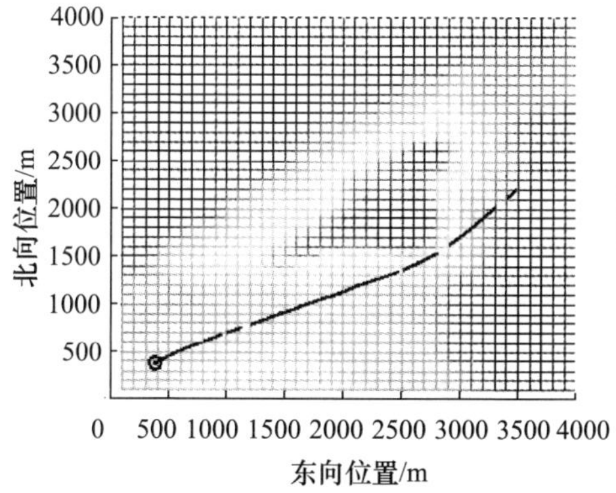

(i) 航线5

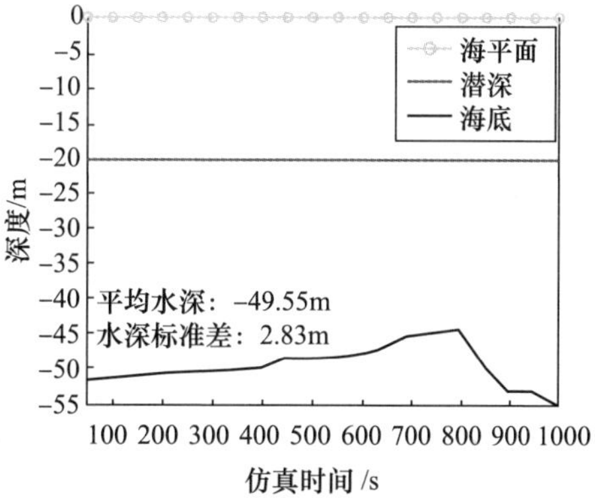

(j) 航线5地形剖面线

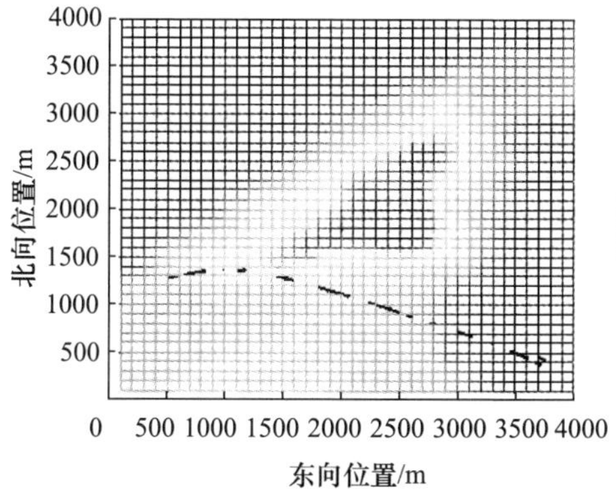

(k) 航线6

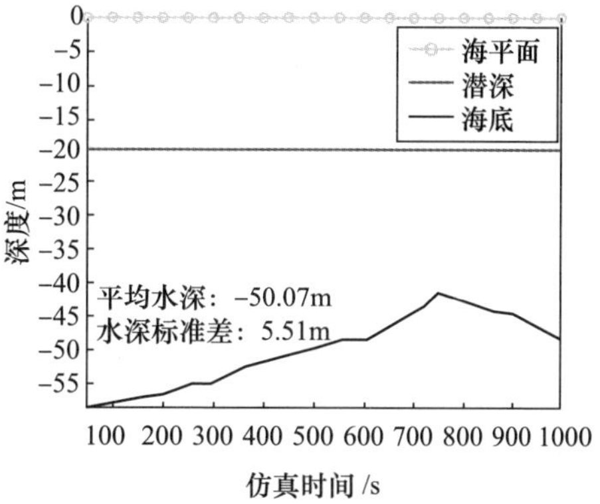

(l) 航线6地形剖面线

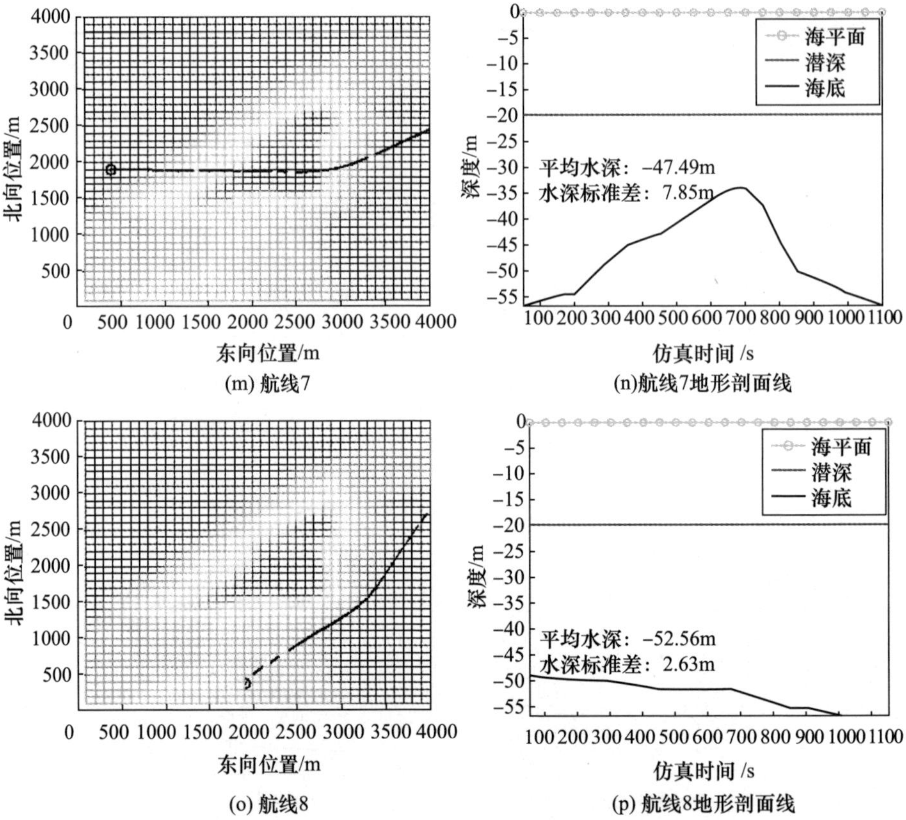

图 5-31　不同航线对应的地形剖面线图(见彩图)

表 5-25　各航线平均位置误差

航线	1	2	3	4	5	6	7	8
位置误差/m	54. 2486	76. 4306	99. 8367	68. 6802	120. 5975	47. 4732	39. 0198	54. 3822

由表 5-25 可以看出无人潜航器在同一地形下沿不同航线行驶时，所经区域的地形剖面线不同，对应的导航位置误差也存在较大差异。

综上所述，海底地形可导航性分析的模糊综合决策方法，可以综合多个地形特征参数对备选地形进行排序，与其他方法相比，更具全面性且为地形匹配区的优选提供了依据。但此方法也只是给出备选地形的整体导航性能，当无人潜航器经过某一航线时，在此航线下导航性能的好坏是无法给出具体评价的，这也是地形可导航性分析需要进一步研究的问题。

5.4　国外实际案例分析

本部分结合国外实际案例介绍地形匹配辅助导航系统的实际应用研究。美国海军研究院基于 Kongsberg 公司生产的 REMUS 100 自主水下航行器进行了地形匹配辅助导航试验，如图 5－32 所示。REMUS 100 自主水下航行器是一个轻量级的集成自主水下航行器，该自主水下航行器采用模块化配置，可以根据需求配置多种传感器。例如，MSTL 侧扫声纳、向上或向下 RDI 声学多普勒流速剖面仪和多普勒计程仪、声学换能器、全球定位系统等。在水面上 REMUS 100 自主水下航行器可以进行卫星导航定位。在水下 REMUS 100 可以利用长基线、超短基线或 DVL/GPS/INS Kearfott SeaDeViL 组合导航解决方案。

图 5－32　CAVR SeaFox 无人船搭载的 REMUS 100 自主水下航行器

在所介绍的试验研究中，REMUS 100 搭载了 BlueView 900kHz 前视声纳和 Blueview 2250kHz 超高分辨率多波束声纳，其中 Blueview 2250kHz 多波束声纳的参数如表 5－26 所示。

表 5－26　BlueView MB2250 声纳参数

探测范围/(°)	最大距离/m	最小距离/m	波束宽度/(°)	波束数
45 × 1	0.5	10	1 × 1	256
波束间隔/(°)	时间分辨率/m	最大更新率/Hz	频率/MHz	
0.18	0.01	40	2.25	

试验过程中，来自多波束测深传感器的数据被用来和先验地图进行相关比

对。因此,有效的相关匹配算法非常重要,并且必须对传感器噪声具有很强的鲁棒性。几种相关匹配方法在试验中进行了测试,包括互相关法、归一化互相关法、平均绝对差算法和均方差算法,算法具体计算公式见5.2节。

通过试验测试,归一化互相关法、平均绝对差算法和均方差算法表现出了相近的良好性能,但是互相关法并不适用,主要是因为它不具有尺度不变性,这意味着来自先验地图的真实水深值影响着相关计算的结果。归一化互相关法很好地解决了互相关法存在的问题,但其缺点是它只包含笛卡儿变换,而平均绝对差算法和均方差算法都包含了旋转变换和平移变换。平均绝对差算法和均方差算法比较相近,但是均方差算法由于进行了平方计算,这使得它将相关匹配计算中的峰、谷的作用进行了扩大,引起过匹配问题,因此平均绝对差算法更加适合于相关匹配。

试验过程中,卡尔曼滤波和粒子滤波同时被用来进行导航状态估计。在自主水下航行器进行地形匹配辅助导航中,量测量是航行器与下方海床的多个测深点,由于地形具有明显的变化性,如海山、谷、峰、脊等,因此量测量具有明显的非线性特征,粒子滤波更具有优势。图5-33(a)为二维声纳图像的强度图,图5-33(b)包括了阈值化后以"+"表示的高度测量值。可以看到,23个数据点被提取出来,表示了与航行方向相垂直的约为5.75m波束宽度的区域。所有23个数据点通过欧拉角和航行器深度进行了坐标转换,从而在与基准图相一致的坐标系下进行坐标表示。

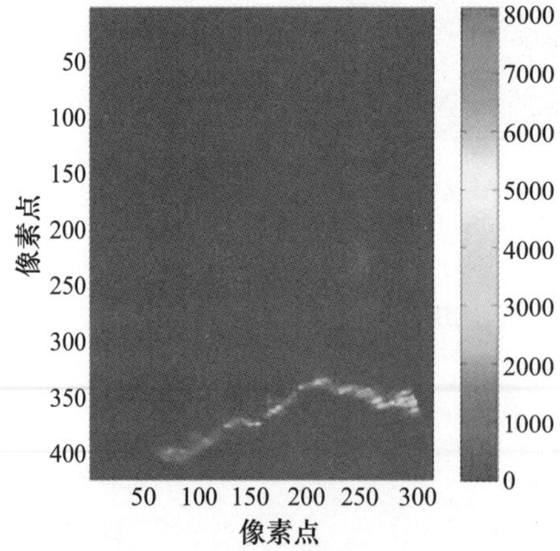

(a) 测深声纳图像

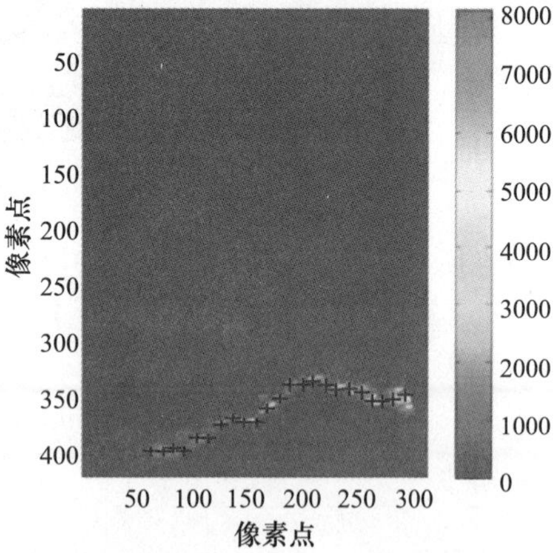

(b) 阈值化点集后的声纳图像

图5-33 声纳图像(见彩图)

图5-34表示利用此23个数据点与基准图进行相关匹配的概率分布图。

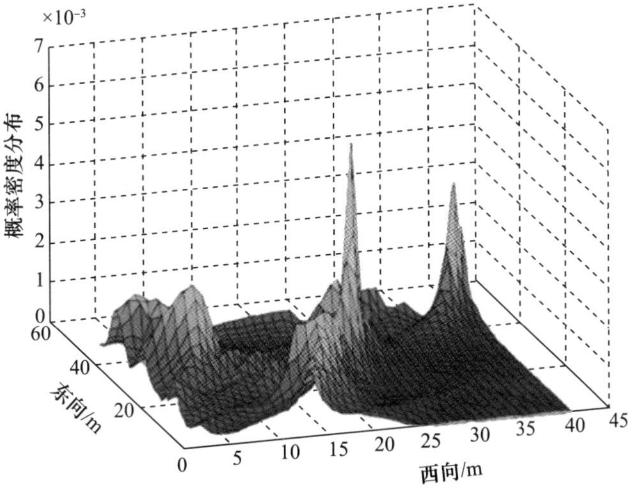

图 5－34　水深测量相关匹配的概率分布

图 5－35 为使用 1000 个粒子进行粒子滤波状态估计的最终迭代结果。

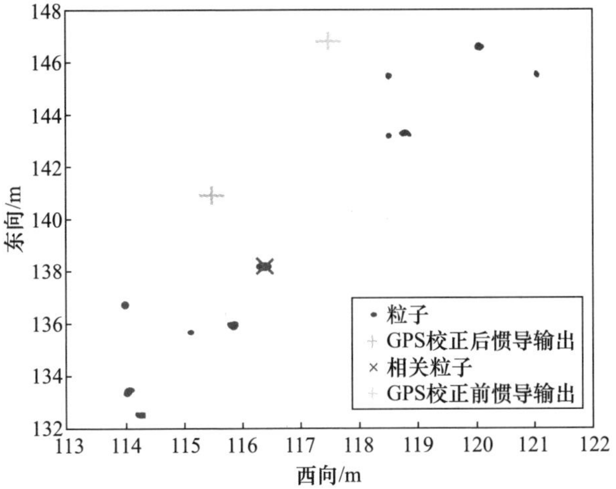

图 5－35　使用 1000 个粒子进行滤波的最终迭代结果（见彩图）

试验结果表明，粒子滤波估计精度相比于原始惯性导航系统输出具有明显的提升，如果所设定的初始化滤波参数相对于真实值更加接近，可以得到更加理想的估计结果。

第6章

水下重力与地磁匹配导航技术

海洋重力场和地磁场是两种典型的地球空间位场,前者主要由地球形态、地质构造(主要是以组成地壳和上地幔各种岩层的密度)所决定,后者则主要由固体地球内部的磁源和地壳表面的磁性地质结构共同决定。重力场、地磁场以其长期稳定性、空间变化性、矢量性等特征成为空间导航的良好参考场。海洋重力场与海底地形的分布密切相关,空间分布十分稳定,并且测量过程受外部干扰较少;地磁场的测量过程易受外界干扰,如载体磁场、地磁日变、磁暴等,但优点是矢量特征丰富,不仅可以用于匹配辅助定位,还可以作为航向甚至姿态测量的参考场。

6.1 水下重力场的主要特征及测量方法

水下重力场是无人潜航器重力匹配导航的基础,其特征与测量精度决定了重力匹配导航系统的性能,本节主要介绍水下重力场的主要特征与测量方法。

6.1.1 水下重力场的主要特征

1. 重力场的结构

地球重力场(Earth Gravity Field,EGF)是矢量场,其大小和方向取决于对应的空间位置,特征要素包括重力、重力线、重力位、等位面等。与地磁场类似的是,准确地描述重力场的空间分布特性,需要将它划分为正常重力场和重力异常场两部分。

正常重力场是基于理想性假设,即认为地球是密度均匀且光滑,或者按层次有序分布的椭球体,同一层内密度均匀,不同层的界面是共焦旋转椭球面。基于此假设,可综合利用地球几何参数、自转角速度等计算出重力空间中的重力值。

但是,地球内部的地质构造复杂,地球的局部几何形状也有明显差别,因此实际观测重力值与正常重力值通常具有明显差异,而重力异常场是指由于地球内部密度分布不均匀而引起的重力变化。海上重力异常通常由以下几种地质因素引起:①沉积层的厚度变化和纵、横向密度差异;②结晶基底面的起伏或内部的结构分异;③莫霍面的起伏和上地幔的侧向密度不均匀等。进一步,又可将重力异常分为纯重力异常和混合重力异常,前者是在某一空间位置上的地球重力值和正常重力值之差,也称作重力扰动,后者是指一个面上某一位置的重力值和另一个面上对应位置的正常重力值之差。

2. 重力场的主要特征及模型表达

重力场是一种最为基础且重要的地球物理场,在导航领域应用颇为广泛,惯性导航、匹配导航等研究,就是以重力场的矢量特性及空间变化特征为基础开展的。重力场的主要特征参数包括引力场、重力、正常重力、扰动重力、重力异常、重力梯度、垂线偏差等。

地球引力场的表达式为

$$V_P = f\iiint_{(M)} \frac{\mathrm{d}m}{\rho} \tag{6-1}$$

式中:V_P 为 P 点引力位;$\mathrm{d}m$ 为微元质量;f 为万有引力常数;ρ 为地心向径。

按照球谐函数级数式展开后,可进一步表示为

$$V(\rho,\theta,\lambda) = \frac{fM}{\rho}\left[1 - \sum_{n=2}^{\infty}\sum_{m=0}^{\infty}\left(\frac{\alpha_e}{\rho}\right)^n (\bar{C}_{mn}\cos m\lambda + \bar{S}_{mn}\sin m\lambda)\bar{P}_{mn}(\cos\theta)\right] \tag{6-2}$$

式中:$\bar{P}_{mn}(\cos\theta)$ 为完全规格化缔合勒让德多项式;(ρ,θ,λ) 为计算点的球坐标;$\bar{C}_{mn}$、$\bar{S}_{mn}$ 为球谐系数。

对引力位求一阶梯度即可得地球引力矢量:

$$\boldsymbol{g} = \mathrm{grad}(V) = \frac{\partial V}{\partial \boldsymbol{r}} = \begin{bmatrix} V_x \\ V_y \\ V_z \end{bmatrix} \tag{6-3}$$

式中:$\boldsymbol{r}$ 为位置矢量;V_x、V_y、V_z 分别为引力位 V 对 x、y、z 的偏导数。

对引力位求二阶偏导可得二阶引力梯度,即

$$\boldsymbol{U}=\frac{\partial^2 V}{\partial \boldsymbol{r}^2}=\begin{bmatrix} V_{xx} & V_{xy} & V_{xz} \\ V_{yx} & V_{yy} & V_{yz} \\ V_{zx} & V_{zy} & V_{zz} \end{bmatrix} \tag{6-4}$$

式中：$\boldsymbol{U}$ 为引力梯度张量，是对称矩阵。

在地理坐标系中描述重力矢量，并将其表示为正常重力与扰动重力之和，即

$$\boldsymbol{g}^t=\boldsymbol{\gamma}^t+\delta\boldsymbol{g}^t \tag{6-5}$$

式中：γ 为正常重力矢量；$\delta\boldsymbol{g}$ 为重力扰动矢量。

在特定的数学模型下，通常需要用一个参数集合来近似表示真实的重力场。全球扰动位球谐展开系数集合常被称作全球重力场模型，而扰动位就是实际重力位和正常重力位之差，用 T 表示扰动位，则 T = 实际重力位 − 正常重力位 = 实际引力位 − 正常引力位，即

$$T(\rho,\theta,\lambda)=V(\rho,\theta,\lambda)-V_{\mathrm{H}}(\rho,\theta,\lambda) \tag{6-6}$$

式中：$V_{\mathrm{H}}(\rho,\theta,\lambda)$ 为正常引力位，通常用一个形状和密度均匀分布的理想椭球体来近似表示，该椭球也称为正常椭球，进而可得扰动位的球谐展开式为

$$T(\rho,\theta,\lambda)=\frac{fM}{\rho}\sum_{n=2}^{\infty}\sum_{m=0}^{n}\left(\frac{\alpha_e}{\rho}\right)^n(\bar{C}_{mn}^{*}\cos m\lambda+\bar{S}_{mn}\sin m\lambda)\bar{P}_{mn}(\cos\theta) \tag{6-7}$$

式中：$\bar{C}_{mn}^{*}$、$\bar{S}_{mn}$ 为位系数。

垂线偏差是大地水准面上某点的重力方向与通过该点的正常椭球面的法线方向之间的夹角，用 ξ（南北分量）和 η（东西分量）分别表示为

$$\xi=\frac{1}{\gamma\rho}\frac{\partial T}{\partial\theta}=\frac{fM}{\gamma\rho^2}\sum_{n=2}^{\infty}\sum_{m=0}^{n}\left(\frac{\alpha_e}{\rho}\right)^n(\bar{C}_{mn}^{*}\cos m\lambda+\bar{S}_{mn}\sin m\lambda)\frac{\partial\bar{P}_{mn}(\cos\theta)}{\partial\theta} \tag{6-8}$$

$$\eta=\frac{1}{\gamma\rho\sin\theta}\frac{\partial T}{\partial\lambda}=\frac{fM}{\gamma\rho^2\sin\theta}\sum_{n=2}^{\infty}\sum_{m=0}^{n}\left(\frac{\alpha_e}{\rho}\right)^n(\bar{C}_{mn}^{*}\sin m\lambda-\bar{S}_{mn}\cos m\lambda)\bar{P}_{mn}(\cos\theta) \tag{6-9}$$

重力异常是指大地水准面上某点的重力与该点在正常椭球面投影点处的正常重力之差，用 Δg 表示，标准计量单位为伽（Gal，$1\text{Gal}=10^{-2}\text{m/s}^2$，$1\text{Gal}=10^3\text{mGal}=10^6\mu\text{Gal}$）：

$$\begin{aligned}\Delta g &= -\frac{\partial T}{\partial \rho}-\frac{2}{\rho}T \\ &= \frac{fM}{\rho^2}\sum_{n=2}^{\infty}(n-1)\sum_{m=0}^{n}(n-1)(\bar{C}_{mn}^{*}\cos m\lambda+\bar{S}_{mn}\cos m\lambda)\bar{P}_{mn}(\cos\theta)\end{aligned} \tag{6-10}$$

扰动重力是某空间位置上的实际重力与正常重力之差，即

$$\delta \boldsymbol{g}(\rho,\theta,\lambda)=\begin{bmatrix}\delta g_{\mathrm{N}}\\ \delta g_{\mathrm{E}}\\ \delta g_{\mathrm{D}}\end{bmatrix}=\nabla \boldsymbol{g}(\rho,\theta,\lambda)=\begin{bmatrix}\dfrac{\partial}{\rho\partial\theta}\\ \dfrac{\partial}{\rho\sin\theta\partial\lambda}\\ \dfrac{\partial}{\partial\rho}\end{bmatrix}T(\rho,\theta,\lambda) \tag{6-11}$$

6.1.2　水下重力场的测量方法

1. 海洋重力测量的基本方法

海洋重力测量即利用专业重力测量仪器设备对海洋水域的重力场数值进行精确测定，是一项重要的海洋地球物理场测量工作。基于重力测量仪器所获得的原始观测数据，需要通过多项校正计算方法得到观测重力值，进而与正常重力值作差得到重力异常值。校正要素可以归纳成两类：第一类是为了获取尽量准确的观测重力值所需要进行的厄特渥斯校正、零点漂移校正、引入绝对重力值等；第二类是在计算重力异常值时所进行的自由空间校正、布格校正、地形校正和均衡校正等。

地球上的物体都必然受到两方面的力学作用，一是地球的万有引力，二是地球自转引起的惯性离心力，重力即为这两者的矢量和。通常，海洋重力测量的目的在于精确地测量不同位置的重力异常情况，进而分析地球质量的不均匀分布情况。但重力异常相比于正常重力值量级甚小（约为百万分之几），因此重力测量仪器需要足够灵敏和精确。

海洋环境的复杂性和动态特性使得海洋测量船在风、浪、流等多重因素的作用下运动，这就意味着精准的海洋重力测量比陆地测量更加困难。测量船的姿态、速度的变化特性以及测量偏差都会在水平和垂直方向对重力测量仪器附加很强的干扰加速度，严重降低测量精确性。除此之外，船舶自身的航行速度会附加在地球自转速度上，增大（向东航行）或减小（向西航行）向心加速度，这种作用称作厄特渥斯效应，其大小与海洋测量航行速度、方向及其所在的纬度都直接相关。

2. 海洋重力测量的主要仪器

海洋重力仪(Marine Gravimeter,MG)用于测量海洋重力场,一般在舰船或潜艇内使用,船载走航式海洋重力仪最为常用,其组成部分主要包括重力传感器、陀螺稳定平台、电子控制机柜等。

海洋重力仪与陆地重力仪原理一致,但由于船体运动的复杂性,垂直、水平加速度以及基座倾斜等成为影响海洋重力测量精度的重要因素,尤其在海洋重力数值变化较小的情况下。以海浪为例,其导致的垂向扰动加速度甚至达到正常重力值的数万倍,这就要求海洋重力仪必须能够很好地处理扰动因素。综上所述,海洋重力仪必须满足以下要求:

(1) 将采样质量的运动约束为一个自由度,否则水平扰动加速度将导致采样质量偏离地垂线,而无法在海上进行重力测量。

(2) 对采样质量必须施加强阻尼。强阻尼是指超过系统临界振动的阻尼,使系统在外力作用下受迫运动时不能完成周期性的振动。

(3) 系统必须具有高度稳定性、重复性和一致性。即要求仪器的刻度因数稳定,零点漂移小并且具有规律性。

(4) 系统要有足够的测量范围,尤其是直接测量范围。从赤道到两极,正常重力增量约6000mGal,系统应满足它本身使用时所需的测量范围。

(5) 重力仪需要配用陀螺稳定平台。通过将重力仪和陀螺稳定平台进行一体化设计,可以更好地满足重力测量需求,提高测量精度。

(6) 重力仪精度能够满足测量精度要求。重力仪精度指的是读数装置最小刻度值的精确程度,需要和其他干扰因素综合考虑,以确定是否能够达到具体的测量精度需求。

海洋重力仪可以分为摆杆型海洋重力仪、轴对称型海洋重力仪以及振弦型海洋重力仪,下面对上述海洋重力仪进行简要介绍。

1) 摆杆型海洋重力仪

摆杆型海洋重力仪的传感器是水平安装且只能在垂向摆动的横杆,为了消除波浪等因素产生的扰动加速度,需要对摆杆施加强阻尼,常用的方式有空气阻尼和磁阻尼。通过光学装置测量摆杆位移的速率从而得到重力变化的信息。这种仪器交叉耦合效应引起的误差较大,通常要附加测量垂直和水平加速度分量的装置,并要有交叉耦合效应改正数专用计算机。

摆杆型海洋重力仪为第二代海洋重力仪,它的重要意义在于将测量模式从水下定点扩展到水面动态,并实现连续的走航式测量。德国 Graf - Askania 公司的 GSS - 2 型重力仪和美国 Lacoste&Romberg 公司的 L&R 型重力仪是此类重力仪的典型代表,它们都工作在陀螺稳定平台上,具有较强的抗外界干扰能力。

2）轴对称型海洋重力仪

轴对称型海洋重力仪属于第三代海洋重力仪，它从根本上消除了交叉耦合效应的影响，没有水平干扰加速度的作用，使得其具备在较恶劣海况下工作的能力。此类海洋重力仪的传感器有两种：一是利用弦振型加速度计测量弦的谐振频率从而得到重力变化值；二是利用力平衡加速度计测量传感器在力平衡时反馈电流的变化从而得到重力变化值。

德国 Bedenseewerk 公司的 KSS－30 型海洋重力仪和美国 Bell 航空公司的 BGM－3 型海洋重力仪是此类重力仪的典型代表。KSS－30 型重力仪的传感器是"重块－弹簧"结构，重块约 30g，它只能在垂直方向运动，利用"电容－位移换能器"产生的电压测出重块位移，进而用于计算重力值。它在恶劣海况下测量精度为 0.8～2.0mGal，在平静海况下则可达到 0.2～0.5mGal。BGM－3 型海洋重力仪的传感器尺寸很小，探头是包含一个重块的线圈，此线圈在两块永久性磁铁之间做垂向运动，当线圈感应的电磁力和重块重力达到平衡时，重块处于零位；当存在变化的垂向加速度时，线圈电流会出现相应比例的变化，进而计算得到重力变化值。在恶劣海况下其精度约为 0.7mGal，在平静海况则可达到 0.38mGal。

3）振弦型海洋重力仪

振弦型重力仪通过测量弦的谐振频率获得重力的变化，东京大学地球物理研究所研制的东京海面船载重力仪和美国的 MIT 型海洋重力仪是此类重力仪的代表。此类重力仪的一个明显缺点是处理垂向干扰加速度的能力较弱，当船只受到垂向干扰加速度影响时，会明显降低测量精度。

6.2　水下地磁场的主要特征及测量方法

与水下重力场类似，水下地磁场的特征与测量精度决定了水下地磁匹配导航系统的性能，本节主要介绍水下地磁场的主要特征与测量方法。

6.2.1　水下地磁场的主要特征

1. 地磁场的组成

实际观测所得地磁场 $\boldsymbol{T}$ 包含多种不同的成分，根据来源主要分为稳定磁场和变化磁场两部分。变化磁场即具有明显时间变化性的地磁场成分，而将随时间变化缓慢或者基本不变的成分称为稳定磁场。变化磁场主要由固体地球外部的各种电流体系产生，周期从几分之一秒到几天，其强度相比稳定磁场成分要小得多，只占地磁场总量的万分之几到百分之几。利用总磁场的球谐分析方法和面积分法可以将地磁场表示为

$$T = T_{si} + T_{sc} + \delta T_i + \delta T_c \tag{6-12}$$

式中：T_{si} 为起因于地球内部的稳定磁场，约占稳定磁场总量的 94%；T_{sc} 为起源于地球外部的稳定磁场，约占稳定磁场总量的 6%；δT_c 为变化磁场的外源场，约占变化磁场总量的 2/3；δT_i 为内源场，约占变化磁场总量的 1/3，主要由外部电流感应引起。

地球稳定磁场的核心组成部分是内源稳定场，由三部分构成，即

$$T_{si} = T_0 + T_m + T_\alpha \tag{6-13}$$

式中：T_0 为中心偶极子磁场，由地球中心部分产生；T_m 为非偶极子磁场，也称大陆磁场或世界异常；T_α 为地壳磁场，是地壳内岩石矿物及地质体在基本磁场磁化作用下产生的磁场，又称为异常场或磁异常。

将 T_0 和 T_m 之和称为地球基本磁场，其中 T_0 占 80% ~85%，决定空间地磁场的主要特征。异常场 T_α 的空间尺度在数千米至数十千米的部分称作局部异常 T'_α；分布范围在数百千米至数千千米的部分称作区域异常 T''_α。从而可以将地球磁场展开为

$$T = T_0 + T_m + T_{sc} + T'_\alpha + T''_\alpha + \delta T \tag{6-14}$$

式中：外源稳定磁场 T_{sc} 数量级很小，通常可忽略。

地磁场主要成分及基本特点以表格形式表示，如表 6-1 所示。

表 6-1 地磁场主要成分及基本特点

主要成分		特点				
		磁场成分	场源位置	最大强度	形态特征	时间变化
内源场	1	主磁场	地球外核	50000 ~ 70000nT	偶极子场为主	千年尺度计
	2	局部场	居里点以上地壳	100 ~ 10000nT	很不规则，波长可小到 1m	无
	3	感应场	地壳、上地幔和海洋	四种变化场的 1/2	一般为全球场，但许多地方不规则	与四种场相同
外源场	4	规则磁暴场	磁层	150 ~ 500nT	近似均匀的外场	4 ~ 10h，恢复 2 ~ 3 天
	5	不规则磁暴场和亚暴场	电离层和磁层	100 ~ 200nT（极光带）	全球场，极光带最强	5 ~ 100min
	6	日变化	电离层	50 ~ 200nT（赤道）	全球场	24、12、8h 周期
	7	脉动	磁层	10 ~ 100nT	准全球场，极光带最强	1 ~ 300s，准周期

地磁场的时变特性随空间变化有平缓改变，即时变特性具有全球性质；而地磁场的空间变化特性与时间的关联性很弱。地磁矢量场是空间和时间的函数，但当只考虑稳定磁场成分时，在一个比较长的时间内（5～10年），认为其只随空间位置变化，而没有时间变化。

2. 地磁场的主要特征及表示模型

1）地磁场的矢量特征

总地磁场矢量 $\boldsymbol{T}$ 可在直角坐标系表示，如图6－1所示，以观测点为原点，x、y、z 轴正向分别指向地理北向、东向和垂直向下，对应的地磁场分量分别为北向、东向和垂直分量，记作 X、Y、Z。除此之外，水平强度（地磁场水平分量，记作 H）、磁偏角（H 与地理北向的夹角，用 D 表示，且定义地磁场偏东为正）、磁倾角（地磁场与水平面的夹角，记作 I，且定义地磁场向下为正）和总强度 T 也是描述地磁场常用的四个要素，它们完备地表示了观测点地磁场的矢量特性。

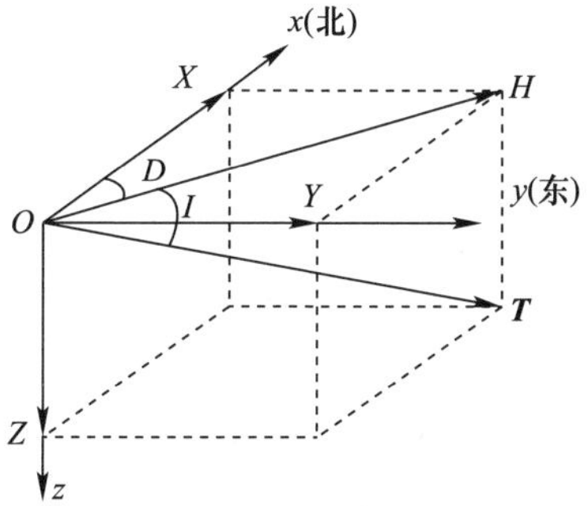

图6－1　单点地磁特征在直角坐标系的表示

七个地磁场要素中只有三个（注意，不是任意三个）是独立的，其余要素可由这三个独立要素求出，它们之间的空间几何关系为

$$\begin{cases} H = \sqrt{X^2 + Y^2} \\ T = \sqrt{X^2 + Y^2 + Z^2} \\ \tan D = Y/X \\ \tan I = Z/H \end{cases} \tag{6-15}$$

$$\begin{bmatrix} X \\ Y \\ Z \end{bmatrix} = \frac{\mu}{4\pi r^5}\begin{bmatrix} 3x^2 - r^2 & 3xy & 3xz \\ 3xy & 3y^2 - r^2 & 3yz \\ 3zx & 3yz & 3z^2 - r^2 \end{bmatrix}\begin{bmatrix} m_x \\ m_y \\ m_z \end{bmatrix} \tag{6-16}$$

式中：X、Y、Z 分别为地磁场沿 x 轴、y 轴和 z 轴分量；μ 为介质磁导率；r 为观测点

到磁性目标的距离；x、y、z 分别为磁性目标相对于观测点的三维坐标，m_x、m_y、m_z 分别为磁性目标磁矩在 x 轴、y 轴和 z 轴方向的分量。

磁场梯度张量 $\boldsymbol{g}$ 描述了 X、Y、Z 沿三个正交坐标轴 x 轴、y 轴和 z 轴空间变化率，即

$$\boldsymbol{g}=\begin{bmatrix}\frac{\partial X}{\partial x} & \frac{\partial Y}{\partial x} & \frac{\partial Z}{\partial x}\\ \frac{\partial X}{\partial y} & \frac{\partial Y}{\partial y} & \frac{\partial Z}{\partial y}\\ \frac{\partial X}{\partial z} & \frac{\partial Y}{\partial z} & \frac{\partial Z}{\partial z}\end{bmatrix}=\begin{bmatrix}g_{xx} & g_{yx} & g_{zx}\\ g_{xy} & g_{yy} & g_{zy}\\ g_{xz} & g_{yz} & g_{zz}\end{bmatrix} \tag{6-17}$$

由于地磁异常和铁磁物体等产生的磁场 $\boldsymbol{B}$ 是无源无旋场，即 $\nabla\cdot\boldsymbol{B}=0$ 及 $\nabla\times\boldsymbol{B}=0$，其中 ∇ 为哈密顿算符，则 $\partial X/\partial x+\partial Y/\partial y+\partial Z/\partial z=0$，$\partial X/\partial y=\partial Y/\partial x$，$\partial Y/\partial z=\partial Z/\partial y$，$\partial X/\partial z=\partial Z/\partial x$。因此梯度张量矩阵 $\boldsymbol{g}$ 为对称阵且迹为零，包含 5 个独立分量。

2）地磁场表示模型

（1）地磁场的球谐模型。

球谐分析方法可用于表示地球磁场的全球分布情况及其长期变化规律，并且可以区分内源场和外源场。假设地球是半径为 R 的均匀磁化球体，且地球旋转轴与地磁轴重合。以球心为坐标原点，旋转轴为极轴建立球坐标系。球外任一点的地心距为 r，余纬度为 $\theta=90°-\varphi$，φ 为纬度，λ 为经度，则在地磁场源区之外空间域中，磁位 U 的拉普拉斯方程可写为

$$\frac{1}{r^2}\frac{\partial}{\partial r}\left(r^2\frac{\partial U}{\partial r}\right)+\frac{1}{r^2\sin\theta}\frac{\partial}{\partial\theta}\left(\sin\theta\frac{\partial U}{\partial\theta}\right)+\frac{1}{r^2\sin^2\theta}\frac{\partial^2 U}{\partial\lambda^2}=0 \tag{6-18}$$

当设定外源场磁位为零时，可得内源场磁位球谐表达式为

$$U=\sum_{n=1}^{\infty}\sum_{m=0}^{n}\frac{1}{r^{n+1}}\left[A_n^m\cos(m\lambda)+B_n^m\sin(m\lambda)\right]\bar{P}_n^m(\cos\theta) \tag{6-19}$$

式中：$\bar{P}_n^m(\cos\theta)$ 为施密特准归一化的缔合勒让德函数；A_n^m、B_n^m 为内源场磁位的球谐级数系数，与球体内任一体积元的磁荷量 d_0 有关。

根据式(6-19)可以得到三个轴向地磁场磁感应强度的分量，北向水平分量 X、东向水平分量 Y 和垂直分量 Z 的表达式分别为

$$X=\sum_{n=1}^{N}\sum_{m=0}^{n}\left(\frac{R}{r}\right)^{n+2}\left[g_n^m\cos(m\lambda)+h_n^m\sin(m\lambda)\right]\frac{\partial}{\partial\theta}\bar{P}_n^m(\cos\theta) \tag{6-20}$$

$$Y=\sum_{n=1}^{N}\sum_{m=0}^{n}\left(\frac{R}{r}\right)^{n+2}\frac{m}{\sin\theta}\left[g_n^m\cos(m\lambda)-h_n^m\sin(m\lambda)\right]\frac{\partial}{\partial\theta}\bar{P}_n^m(\cos\theta) \tag{6-21}$$

$$Z = \sum_{n=1}^{N}\sum_{m=0}^{n}(n+1)\left(\frac{R}{r}\right)^{n+2}[g_n^m\cos(m\lambda)+h_n^m\sin(m\lambda)]\bar{P}_n^m(\cos\theta) \quad (6-22)$$

以上三式即为地球磁场分量的高斯球谐表达式，$R=6371.2\text{km}$ 为国际参考地球半径；$g_n^m=R^{-(n+2)}A_n^m\mu_0$，$h_n^m=R^{-(n+2)}B_n^m\mu_0$ 为 n 阶 m 次高斯球谐系数；N 为阶次 n 的截断值，则系数总个数 $S=N(N+3)$。基于式(6-20)~式(6-22)，可由已知场值建立远多于 S 的方程组，并利用最小二乘法求解球谐系数 g_n^m 和 h_n^m。

(2) 地磁场的矩谐模型。

当所研究地磁场区域较小时，可以忽略地球的球面特性，从而在平面直角坐标系内对地磁场进行建模。取直角坐标系 $\xi\eta\zeta$，如图6-2所示，r_0、θ_0、λ_0 分别表示地心距、余纬和经度。ζ 轴沿地球半径方向，向内为正；ξ 位于过 o 点的子午面内，向北为正；η 轴向东为正。$r_0=R+h$，其中 R 是地球半径，h 是 o 点的海拔高度。

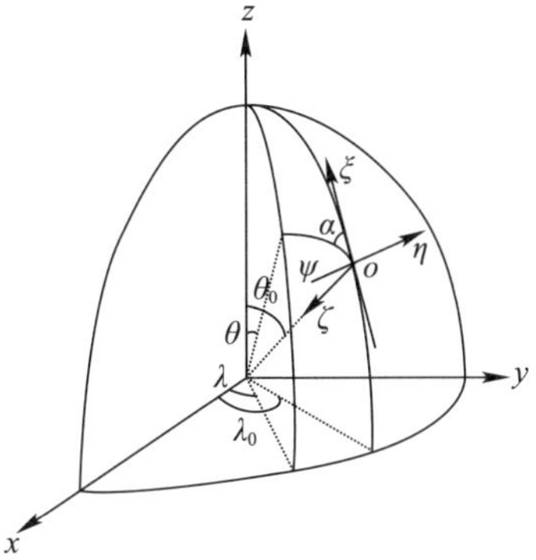

图6-2　地磁场矩谐模型坐标系

在地磁场源区域以外的空间里，磁位 Q 满足拉普拉斯方程为

$$\frac{\partial^2 Q}{\partial\xi^2}+\frac{\partial^2 Q}{\partial\eta^2}+\frac{\partial^2 Q}{\partial\zeta^2}=0 \quad (6-23)$$

若磁场同时包含内源场、外源场两部分，则上式的解可以写为

$$Q(\xi,\eta,\zeta)=Q_1(\xi)Q_2(\eta)Q_3(\zeta) \quad (6-24)$$

$$Q_1(\xi)=\begin{cases}A_1\cos\alpha\xi+A_2\sin\alpha\xi, & \lambda<0\\ A_3e^{\alpha\xi}+A_4e^{-\alpha\xi}, & \lambda>0\\ A_5\xi+A_6, & \lambda=0\end{cases} \quad (6-25)$$

$$Q_2(\eta)=\begin{cases}B_1\cos\beta\eta+B_2\sin\beta\eta, & \mu<0\\ B_3e^{\beta\eta}+B_4e^{-\beta\eta}, & \mu>0\\ B_5\eta+B_6, & \mu=0\end{cases} \tag{6-26}$$

$$Q_3(\zeta)=\begin{cases}C_1e^{\sqrt{\alpha^2+\beta^2}\zeta}+C_2e^{-\sqrt{\alpha^2+\beta^2}\zeta}, & \lambda+\mu<0\\ C_3\cos\sqrt{\alpha^2+\beta^2}\zeta+C_4\sin\sqrt{\alpha^2+\beta^2}\zeta, & \lambda+\mu>0\\ C_5\eta+C_6, & \lambda+\mu=0\end{cases} \tag{6-27}$$

式中：λ 和 μ 为方程(6－23)分离变量时引入的任意常数，它与非负实数 α 和 β 有如下关系：$\lambda=\pm\alpha^2$，$\mu=\pm\beta^2$。

当场源分布在有限的 ξ,η 空间范围内(位于 $\xi\eta$ 坐标面上方或下方)，利用 ξ、η 足够大时磁场值有限的自然边界条件，式(6－23)的解可写为

$$Q(\xi,\eta,\zeta)=A\xi+B\eta+C\zeta+\sum_\alpha\sum_\beta\left[P^{e}_{\alpha\beta}(\xi,\eta)e^{-\sqrt{\alpha^2+\beta^2}\zeta}+P^{i}_{\alpha\beta}(\xi,\eta)e^{\sqrt{\alpha^2+\beta^2}\zeta}\right] \tag{6-28}$$

其中

$$P^{i}_{\alpha\beta}(\xi,\eta)=A^{e,i}_{\alpha\beta}\cos\alpha\xi\cos\beta\eta+B^{e,i}_{\alpha\beta}\cos\alpha\xi\sin\beta\eta+C^{e,i}_{\alpha\beta}\sin\alpha\xi\cos\beta\eta+D^{e,i}_{\alpha\beta}\sin\alpha\xi\sin\beta\eta \tag{6-29}$$

式中：上标 e、i 分别表示磁场的外源部分和内源部分，磁场分量可由下式求解得

$$\begin{cases}B_\xi=-A+\sum_\alpha\sum_\beta\left[Q^{e}_{\alpha\beta}(\xi,\eta)e^{-\sqrt{\alpha^2+\beta^2}\zeta}+Q^{i}_{\alpha\beta}(\xi,\eta)e^{\sqrt{\alpha^2+\beta^2}\zeta}\right]\\ B_\eta=-B+\sum_\alpha\sum_\beta\left[R^{e}_{\alpha\beta}(\xi,\eta)e^{-\sqrt{\alpha^2+\beta^2}\zeta}+R^{i}_{\alpha\beta}(\xi,\eta)e^{\sqrt{\alpha^2+\beta^2}\zeta}\right]\\ B_\zeta=-C+\sum_\alpha\sum_\beta\left[S^{e}_{\alpha\beta}(\xi,\eta)e^{-\sqrt{\alpha^2+\beta^2}\zeta}+S^{i}_{\alpha\beta}(\xi,\eta)e^{\sqrt{\alpha^2+\beta^2}\zeta}\right]\end{cases} \tag{6-30}$$

其中

$$Q^{e,i}_{\alpha\beta}(\xi,\eta)=\alpha(A^{e,i}_{\alpha\beta}\sin\alpha\xi\cos\beta\eta+B^{e,i}_{\alpha\beta}\sin\alpha\xi\sin\beta\eta-C^{e,i}_{\alpha\beta}\cos\alpha\xi\cos\beta\eta-D^{e,i}_{\alpha\beta}\cos\alpha\xi\sin\beta\eta)$$

$$R^{e,i}_{\alpha\beta}(\xi,\eta)=\beta(A^{e,i}_{\alpha\beta}\cos\alpha\xi\sin\beta\eta-B^{e,i}_{\alpha\beta}\cos\alpha\xi\cos\beta\eta+C^{e,i}_{\alpha\beta}\sin\alpha\xi\sin\beta\eta-D^{e,i}_{\alpha\beta}\sin\alpha\xi\cos\beta\eta)$$

$$S^{e,i}_{\alpha\beta}(\xi,\eta)=\sqrt{\alpha^2+\beta^2}P^{e,i}_{\alpha\beta}(\xi,\eta)$$

在选定截断水平后，磁场和磁位是包含有限个待定系数的已知函数，可以通过所研究区域内的一组观测磁场值解算这些系数。

6.2.2 水下地磁场的测量方法

1. 主要测量方法及仪器

精确的水下地磁场测量是研究地磁匹配导航的前提，地磁测量仪是测量地磁场要素的仪器，它的发展推动了地磁测量技术及相关研究的不断进步，磁测仪器的发展历程见表6-2。

表6-2 磁测仪器的发展历程

仪器名称	功能
地磁感应仪/磁偏计	测量地磁倾角/测量地磁偏角
马丁磁力仪/Schmidt 磁力仪	可以测量地磁场偏角和水平强度的绝对磁力仪
磁通门磁力仪	可以测量地磁场强度和方向的矢量磁力仪
质子旋进磁力仪/光泵磁力仪	测量地磁场总强度的绝对磁力仪，也叫标量磁力仪
超导量子干涉磁力仪	灵敏度可达10^{-15}T，是矢量磁力仪
原子磁力仪	灵敏度可达10^{-18}T，是矢量磁力仪

根据测量值的不同可将磁测仪器分为标量磁力仪和矢量磁力仪，前者用于总磁场强度的测量，后者可以测量不同方向的分量。

光泵磁力仪是标量磁力仪的典型代表。自激光技术出现以来，其以单色性、方向性和偏振态较好，以及亮度高、功率密度大等特点为先进光泵磁力仪光源提供了重要基础。波长、功率可调的激光器，可取代普通光谱灯作为光泵磁力仪的光源，推动了光泵磁力仪的巨大发展。光泵磁力仪以原子在外界磁场中产生塞曼分裂为基础，利用光泵磁共振技术研制的磁测仪器，精度较高。某些元素（如铷光泵磁力仪中的共振元素铷），在加热或放电激发的环境下，再用特定光束照射，相当大一部分原子磁矩将相对于外磁场作一定方向的有序排列，即原子吸收光的能量由低能级提到高能级造成期望集居数差，它基于光子和原子间的相互作用，这种效应称为光抽运。光抽运效应是研究原子塞曼能级分裂子能级间的光磁共振现象。

三轴磁通门磁力仪通常用于磁场矢量测量，简称三轴磁力仪，可以对特定区域的地磁场分布情况进行更加充分、细致的分析。

2. 磁测误差影响因素

捷联于载体的三轴磁力仪，其测量结果的准确性受仪器自身误差和测量载体干扰磁场的综合影响。因此需要综合考虑这两方面的因素，以减小地磁矢量测量误差，一是要提高三轴磁力仪的自身精度；二是补偿干扰磁场。

1）三轴磁力仪自身误差

（1）零偏误差。

三轴磁力仪传感器将矢量磁场信息转化为电信号进行测量。传感器敏感器件及铁磁性材料在地磁场环境中会受到磁化并产生磁化磁场，该磁化磁场又会被传感器敏感到，从而使得测量值在外界磁场为零时也会产生一定偏移。此外，磁力仪自身的器件老化等问题也会使得敏感轴输出发生偏移，这种偏移称为零偏误差。短时间内，可以将零偏误差视为常量考虑，将其用矢量形式进行表示，即

$$\boldsymbol{b}_{\mathrm{o}}^{b} = [b_{\mathrm{o}x}, b_{\mathrm{o}y}, b_{\mathrm{o}z}]^{\mathrm{T}} \tag{6-31}$$

式中：上角标 b 为载体坐标系；下角标 o 为零偏。

只考虑零偏误差时，三轴磁力仪测量值可表示为

$$\boldsymbol{B}_{\mathrm{m}}^{b} = \boldsymbol{B}_{\mathrm{e}}^{b} + \boldsymbol{b}_{\mathrm{o}}^{b} \tag{6-32}$$

式中：$\boldsymbol{B}_{\mathrm{e}}^{b}$ 为地磁场真实矢量值；$\boldsymbol{B}_{\mathrm{m}}^{b}$ 为地磁场实际测量值。

（2）灵敏度误差。

三轴磁力仪各个敏感轴上传感器的灵敏度无法完全一致，导致利用三轴磁力仪测量三个相同强度的磁场分量时输出值也可能有所不同，这种磁测误差主要是由于传感器的灵敏度误差造成的。只考虑灵敏度误差时，三轴磁力仪测量值与所处的磁场环境呈正比例关系，此时，灵敏度误差矩阵 $\boldsymbol{C}_1$ 可表示为对角矩阵形式，即

$$\boldsymbol{C}_1 = \begin{bmatrix} c_{1x} & 0 & 0 \\ 0 & c_{1y} & 0 \\ 0 & 0 & c_{1z} \end{bmatrix} \tag{6-33}$$

式中：c_{1x}、c_{1y}、c_{1z}为 x、y、z 轴的灵敏度误差系数。

相应地，测量输出矢量值 $\boldsymbol{B}_{\mathrm{m}}^{b}$ 与地磁场真实矢量 $\boldsymbol{B}_{\mathrm{e}}^{b}$ 关系为

$$\boldsymbol{B}_{\mathrm{m}}^{b} = (\boldsymbol{C}_1 + \boldsymbol{I})\boldsymbol{B}_{\mathrm{e}}^{b} = \begin{bmatrix} c_{1x}+1 & 0 & 0 \\ 0 & c_{1y}+1 & 0 \\ 0 & 0 & c_{1z}+1 \end{bmatrix} \times [b_{\mathrm{e}x} \quad b_{\mathrm{e}y} \quad b_{\mathrm{e}z}]^{\mathrm{T}} \tag{6-34}$$

（3）三轴非正交误差。

三轴磁力仪只能测量与敏感轴方向相同的磁场分量信息，受仪器加工工艺和安装精度等因素影响，三个敏感轴很难做到完全正交。因此，在开展高精度磁场测量时，需要对测量结果进行非正交误差补偿。如图 6-3 所示，x、y、z 轴表示

三轴磁力仪的三个非正交轴，x'、y'、z'则表示严格正交的直角坐标轴，使 oz 与 oz' 重合，且 y 轴与 $y'oz'$ 面共面，α 为 y 轴与 y' 轴的夹角，β 为 x 轴与 $x'oy'$ 面的夹角，γ 为 x 轴在 $x'oy'$ 面的投影与 x' 轴的夹角。

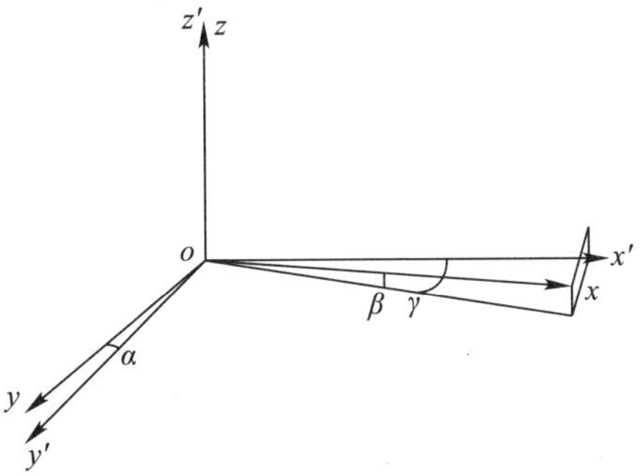

图6-3 三轴磁力仪的非正交示意图

只考虑非正交误差时，三轴磁力仪测量输出矢量值 $\boldsymbol{B}_{\mathrm{m}}^{b}$ 与地磁场真实矢量值 $\boldsymbol{B}_{\mathrm{e}}^{b}$ 关系为

$$\boldsymbol{B}_{\mathrm{e}}^{b}=\boldsymbol{C}_{\mathrm{z}}\boldsymbol{B}_{\mathrm{m}}^{b} \tag{6-35}$$

式中：$\boldsymbol{C}_{\mathrm{z}}$ 为三轴磁力仪的非正交系数矩阵，具体形式为

$$\boldsymbol{C}_{\mathrm{z}}=\begin{bmatrix}\cos\beta\cos\gamma & 0 & 0\\ \cos\beta\sin\gamma & \cos\alpha & 0\\ \sin\beta & \sin\alpha & 1\end{bmatrix}$$

考虑到三轴磁力仪的非正交误差角较小，可以做如下近似：

$$\begin{cases}\cos\alpha\approx 1\\ \cos\beta\approx 1\\ \cos\gamma\approx 1\end{cases}\quad\begin{cases}\sin\alpha\approx\alpha\\ \sin\beta\approx\beta\\ \sin\gamma\approx\gamma\end{cases}$$

则式(6-35)可以简化为

$$\boldsymbol{C}_{\mathrm{z}}=\begin{bmatrix}1 & 0 & 0\\ \gamma & 1 & 0\\ \beta & \alpha & 1\end{bmatrix}$$

由式(6-35)可知

$$\boldsymbol{B}_{\mathrm{m}}^{b}=\boldsymbol{C}_{\mathrm{z}}^{-1}\boldsymbol{B}_{\mathrm{e}}^{b} \tag{6-36}$$

其中

$$C_z^{-1}=\begin{bmatrix}1 & 0 & 0\\ -\gamma & 1 & 0\\ \alpha\gamma-\beta & -\alpha & 1\end{bmatrix}$$

综合考虑零偏误差、灵敏度误差以及三轴非正交误差这三种误差因素,即可建立三轴磁力仪输出模型。

2）载体干扰磁场误差

（1）硬铁磁场误差。

磁场测量载体通常包含大量的铁磁性材料,而铁磁性材料中的硬铁成分一旦被磁化将带有永磁性,即其产生的磁场永不消失。对于捷联在载体上的磁力仪,这种硬铁磁场将稳定叠加在地球磁场上并被观测到,因此将其称为硬铁磁场误差。

硬铁磁场具有极强的稳定性,在载体坐标系下其对应在三轴磁力仪三个正交轴向的分量是不变量,即当磁力仪捷联安装后,其观测到的硬铁磁场误差是常量,因此可以将硬铁磁场误差表示为

$$\boldsymbol{B}_{h}^{b}=[b_{hx}\quad b_{hy}\quad b_{hz}]^{T} \tag{6-37}$$

当只考虑硬铁磁场误差时,三轴磁力仪的测量输出可表示为

$$\boldsymbol{B}_{m}^{b}=\boldsymbol{B}_{e}^{b}+\boldsymbol{B}_{h}^{b} \tag{6-38}$$

（2）软铁磁场误差。

在测量载体的铁磁性材料中,还存在一种软铁成分,它与硬铁成分明显不同,在外界磁场环境中非常容易被磁化,而当它离开外界磁场环境后,其自身被磁化产生的磁场也会很快消失。这种特点使得它处于变化的外界磁场环境时(包括大小和方向),软铁磁场会随环境磁场的变化而变化。在特定的外界磁场环境下,软铁磁场误差将不可避免地叠加在地磁场上从而被磁力仪测得。

当载体处于完全静止状态时,其产生的软铁磁场与外界激励磁场呈近似线性关系,其斜率取决于软铁成分的磁化率。而当载体位置或姿态改变时,软铁磁场会由于外界激励磁场大小、方向的变化而发生改变。因此,对于运动中的载体,软铁磁场误差具有时变性。

对于一个特定的载体,在一定的外界磁场中,软铁磁场完全取决于载体自身的基本属性。在载体坐标系下,软铁磁场误差与当地地磁场真实矢量值之间的关系为

$$\boldsymbol{B}_{\mathrm{s}}^{b}=\boldsymbol{C}_{\mathrm{s}}\boldsymbol{B}_{\mathrm{e}}^{b}=\begin{bmatrix} s_1 & 0 & 0 \\ 0 & s_2 & 0 \\ 0 & 0 & s_3 \end{bmatrix}\times[b_{ex} \quad b_{ey} \quad b_{ez}]^{\mathrm{T}} \tag{6-39}$$

式中：$\boldsymbol{C}_{\mathrm{s}}$ 为软铁磁场误差系数矩阵；$\boldsymbol{B}_{\mathrm{s}}^{b}$ 为软铁磁场误差矩阵。

（3）随机磁场误差。

载体还会产生一种不具有明显数学规律的磁干扰场，称为随机磁场误差，来源主要是载体中电源、电路等产生的电流磁场和漏磁场。这类干扰场的特征比较复杂，而且没有特定规律，传统模型补偿方法无法对这类误差进行描述和补偿。目前主要通过两种手段加以解决：一种方法是对干扰磁源进行磁屏蔽，使其无法被磁力仪观测；另外一种方法是利用随机干扰场的频率特性，通过低通滤波等方式对其加以滤除，但缺点是对与地磁场频率相近的成分无法进行有效处理。大量试验表明，载体干扰磁场主要是硬铁磁场误差和软铁磁场误差，通过设计合理的布线方案、潜在磁源的安装位置，以及使用磁屏蔽技术等，可以有效消除随机磁场误差，对于少量剩余随机磁场误差可以作为高斯噪声进行处理。

（4）对准误差。

理想情形下，三轴磁力仪捷联安装于载体后，其三个轴向应与载体坐标系轴向完全一致，但是受实际工艺水平和安装误差的限制，载体坐标系与磁力仪坐标系之间通常存在一定的偏差，这种偏差导致的测量误差称作对准误差。两者关系示意如图 6－4 所示，其中，ox、oy、oz 分别为矢量磁力仪的三个坐标轴，ox'、oy'、oz'分别为载体坐标系的三个坐标轴。

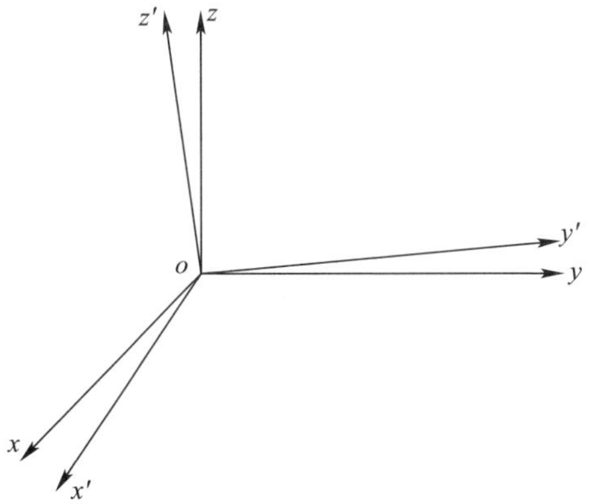

图 6－4　载体坐标系与三轴磁力仪坐标系

三轴磁力仪坐标系可以经过三次转换得到载体坐标系。首先，将 $oxyz$ 绕 oz 轴逆时针旋转 α 角度；其次，将 $oxyz$ 绕 ox 轴逆时针旋转 β 角度；最后，将 $oxyz$ 绕 oy 轴逆时针旋转 γ 角度。这一系列的坐标系变换关系可以表示为

$$\begin{bmatrix} b'_x \\ b'_y \\ b'_z \end{bmatrix} = \begin{bmatrix} \cos\alpha\cos\gamma - \sin\alpha\sin\beta\sin\gamma & \sin\alpha\cos\gamma + \cos\alpha\sin\beta\sin\gamma & -\cos\beta\sin\gamma \\ -\sin\alpha\cos\beta & \cos\alpha\cos\beta & \sin\beta \\ \cos\alpha\cos\gamma + \sin\alpha\sin\beta\sin\gamma & \sin\alpha\cos\gamma - \cos\alpha\sin\beta\sin\gamma & \cos\beta\sin\gamma \end{bmatrix} \begin{bmatrix} b_x \\ b_y \\ b_z \end{bmatrix}$$

(6 -40)

由于 α、β、γ 通常数值很小，对上式进行三角函数值近似，化简可得

$$\boldsymbol{B}' = \boldsymbol{C}_{\mathrm{A}}\boldsymbol{B} = \begin{bmatrix} 1 & \alpha & -\gamma \\ -\alpha & 1 & \beta \\ \gamma & -\beta & 1 \end{bmatrix} \times \begin{bmatrix} b_x \\ b_y \\ b_z \end{bmatrix} \tag{6-41}$$

式中：$\boldsymbol{B}'$为载体坐标系下地磁场矢量；$\boldsymbol{B}$ 为三轴磁力仪坐标系下地磁场矢量；$\boldsymbol{C}_{\mathrm{A}}$ 为描述磁力仪坐标系与载体坐标系之间转换关系的方向余弦矩阵。

综合考虑捷联于载体的三轴磁力仪的干扰磁场误差，建立统一的误差参数模型为

$$\boldsymbol{B}_{\mathrm{m}}^{b} = \boldsymbol{C}_{\mathrm{A}}(\boldsymbol{B}_{\mathrm{e}}^{b} + \boldsymbol{B}_{\mathrm{h}}^{b} + \boldsymbol{B}_{\mathrm{s}}^{b}) + \boldsymbol{\varepsilon} \tag{6-42}$$

式中：$\boldsymbol{\varepsilon}$ 为随机磁场误差。

3）综合误差建模

在载体坐标系下，综合三轴磁力仪的自身误差和载体干扰磁场等重要误差因素，可建立综合误差模型为

$$\boldsymbol{B}_{\mathrm{m}}^{b} = \boldsymbol{C}_{1}\boldsymbol{C}_{\mathrm{z}}^{-1}(\boldsymbol{B}_{\mathrm{e}}^{b} + \boldsymbol{B}_{\mathrm{h}}^{b} + \boldsymbol{B}_{\mathrm{s}}^{b}) + \boldsymbol{b}_{\mathrm{o}}^{b} + \boldsymbol{\varepsilon} \tag{6-43}$$

式中：$\boldsymbol{B}_{\mathrm{m}}^{b}$ 为三轴磁力仪输出矢量；$\boldsymbol{B}_{\mathrm{e}}^{b}$ 为地磁场真实矢量；$\boldsymbol{C}_{1}$ 为灵敏度误差矩阵；$\boldsymbol{C}_{\mathrm{z}}^{-1}$ 为非正交误差矩阵；$\boldsymbol{B}_{\mathrm{h}}^{b}$ 为硬铁磁场误差矩阵；$\boldsymbol{B}_{\mathrm{s}}^{b}$ 为软铁磁场误差矩阵；$\boldsymbol{b}_{\mathrm{o}}^{b}$ 为零偏误差；$\boldsymbol{\varepsilon}$ 为随机磁场误差。

将各系数矩阵参数代入式(6 -43)，并合并影响方式相同的误差因素，可得简化模型为

$$\boldsymbol{B}_{\mathrm{m}}^{b} = \boldsymbol{K}\boldsymbol{B}_{\mathrm{e}}^{b} + \boldsymbol{O} + \boldsymbol{\varepsilon} \tag{6-44}$$

式中：$\boldsymbol{K}$ 和 $\boldsymbol{O}$ 的推导过程见式(6 -45)和式(6 -46)；$\boldsymbol{\varepsilon}$ 为总随机噪声。

$$
\begin{aligned}
\boldsymbol{K} &= \boldsymbol{C}_1\boldsymbol{C}_z^{-1}(\boldsymbol{I}+\boldsymbol{C}_s) \\
&= \begin{bmatrix} c_{1x} & 0 & 0 \\ 0 & c_{1y} & 0 \\ 0 & 0 & c_{1z} \end{bmatrix} \cdot \begin{bmatrix} 1 & 0 & 0 \\ -\gamma & 1 & 0 \\ \alpha\gamma-\beta & -\alpha & 1 \end{bmatrix} \cdot \begin{bmatrix} s_1+1 & 0 & 0 \\ 0 & s_2+1 & 0 \\ 0 & 0 & s_3+1 \end{bmatrix} \\
&= \begin{bmatrix} c_{1x}(s_1+1) & 0 & 0 \\ -c_{1x}(s_1+1)\gamma & c_{1y}(s_2+1) & 0 \\ c_{1x}(s_1+1)(\alpha\gamma-\beta) & -c_{1y}(s_2+1)\alpha & c_{1z}(s_3+1) \end{bmatrix} \\
&= \begin{bmatrix} k_1 & 0 & 0 \\ -k_1\gamma & k_2 & 0 \\ k_1(\alpha\gamma-\beta) & -k_2\alpha & k_3 \end{bmatrix}
\end{aligned} \tag{6-45}
$$

$$
\begin{aligned}
\boldsymbol{O} &= \boldsymbol{C}_1\boldsymbol{C}_z^{-1}\boldsymbol{B}_h^b+\boldsymbol{b}_o^b \\
&= \begin{bmatrix} c_{1x} & 0 & 0 \\ 0 & c_{1y} & 0 \\ 0 & 0 & c_{1z} \end{bmatrix} \cdot \begin{bmatrix} 1 & 0 & 0 \\ -\gamma & 1 & 0 \\ \alpha\gamma-\beta & -\alpha & 1 \end{bmatrix} \cdot \begin{bmatrix} b_{hx} \\ b_{hy} \\ b_{hz} \end{bmatrix} + \begin{bmatrix} b_{ox} \\ b_{oy} \\ b_{oz} \end{bmatrix} \\
&= \begin{bmatrix} c_{1x}b_{hx}+b_{ox} \\ -c_{1x}\gamma b_{hx}+c_{1y}b_{hy}+b_{oy} \\ c_{1x}(\alpha\gamma-\beta)b_{hx}-c_{1y}\alpha b_{hy}+c_{1z}b_{hz}+b_{oz} \end{bmatrix}
\end{aligned} \tag{6-46}
$$

式中：α、β、γ 为总非正交误差角；k_1、k_2、k_3 为总灵敏度误差。

6.3 重力与地磁导航基准图制备相关方法

获取空间高分辨率、高精度的重力与地磁场数据是实现精确匹配导航的核心因素。航空、航海测量是获取高精度重力与地磁场数据的重要途径，但是由于重力与地磁场在水下、水面、水上空间是一种连续性的存在，具有较强的空间变化性，而实际测量任务受时间、成本限制不可能在水平和纵向空间实现覆盖式测量，因此必须采取合适的方法在实际测量重磁场数据基础上，对未实测空间位置的重磁场数据进行估计。下面以地磁基准图的构建为例进行相关介绍。

6.3.1 基于测量数据的插值方法

1. 几种基本插值估计方法

对于区域地磁基准图的构建,尤其是当参考数据量较大时,往往需要选取精确的插值方法。

1) 克里金法

克里金法建立在(半)变异函数理论分析基础上,是一种最优、线性且无偏的估计。最优体现在它使估计误差的方差最小,线性体现在它的估计值是根据已有数据的加权线性结合而获得的,无偏体现在它使平均残差或误差接近于零,平均来说不会出现任何过高或过低的估计。它通过引入以距离为自变量的半变异函数来计算权值,然后利用这些权值和已知测点的地磁异常属性值来计算未知点的地磁异常属性值。

统计学中研究的变量在空间或时间上不一定是完全随机或独立的,因此需要在计算均值和方差等统计量的同时,计算变量的空间变异结构,以揭示其在空间或时间上的连续性。变量的空间变异结构即指变量的属性和距离之间的相关关系,半变异函数可以描述区域变量随机性和结构性,用 $\gamma(h)$ 表示。可以证明,变异函数值越大,空间相关性就越弱。下面结合图6-5介绍该函数模型中涉及的变量。

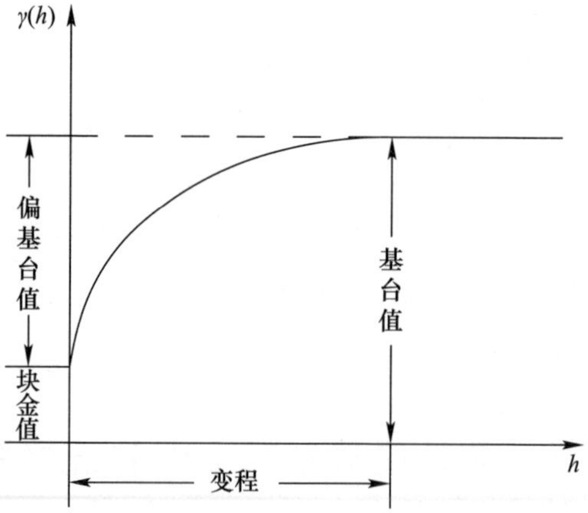

图6-5 变程、基台值、块金值关系图

(1) 变程:变异函数的值会随着相应样本之间距离的增加而增加。当变异函数的值增加到某一平台(即达到水平状态)时,样本之间的距离称为变程。当样本间距离大于或等于变程时,样本之间就完全独立了,不与空间自相关。

(2) 基台值:变程所达到的平台值。

（3）块金值：理论上，距离为0时变异函数值为0。但实际上，在无限小的间距处，变异函数通常显示出块金效应，即变异函数值大于0。块金效应主要由测量误差和短距离的变异性引起。

实际应用中，需要根据有效的采样数据估计变异函数模型，计算对于不同 h 值出现不同的 $\gamma(h)$，并利用一个理论模型来拟合。常见的变异函数模型可以分为三类：①有基台值模型，如球形模型、指数模型、高斯模型、线性有基台值模型和纯块金效应模型；②无基台值模型，如幂函数模型、线性无基台值模型和抛物线模型；③孔穴效应模型。

普通克里金法要求变量满足固有假设条件，估计公式为

$$Z_0^* = \sum_{i=1}^{N} \lambda_i Z_i \tag{6-47}$$

式中：Z_0^* 为待插值点 p_0 处的属性值；Z_i 为估值区域内 $1 \sim N$ 个采样点的实测地磁异常属性值；λ_i 为待求权重系数。

为保证插值结果为无偏估计，并且估计的方差小于采样值在其他线性组合情况下产生的方差，λ_i 需要满足

$$\begin{cases} \sum_{i=1}^{N} \lambda_i \cdot \gamma(p_i, p_j) + \mu = \gamma(p_0, p_j) \\ \sum_{i=1}^{N} \lambda_i = 1 \end{cases} \tag{6-48}$$

式中：$\gamma(p_i, p_j)$ 为根据半变异函数拟合模型计算出的 p_i 与 p_j 之间的半变异函数值；$\gamma(p_0, p_j)$ 为待插值点 p_0 与样本 p_j 之间的半变异函数值；μ 为拉格朗日乘数。

求解上述方程组即可得到所有权重系数 $\lambda_1, \lambda_2, \cdots, \lambda_N$ 和拉格朗日乘数 μ，进而解得估计值。

2）径向基函数法

径向基函数法由多个插值方法组合，是一种网格化方法，它主要利用径向基函数确定采样点到待插值点的最佳权重系数。它的基函数由单变量函数构成，利用不同的基函数可以定义不同的加权方法，得到不同形式的网格化方法，进而增加了算法的多样性。基函数通常包括平面样条函数、张力样条函数、规则样条函数、高次曲面函数和反高次曲面样条函数五种形式，计算公式为

$$Z_0^* = \sum_{i=1}^{N} \alpha_i Z_i \Phi(\| p_i - p_0 \|) \tag{6-49}$$

式中：α_i 为实系数；$\Phi(*)$ 为径向基函数；p_0 为已知采样点；$\| * \|$ 为欧几里得

范数。

径向基函数法通过大量数据点进行插值从而得到平滑表面。它对变化平缓的表面插值精度较高，但是当被插值表面在较小距离内属性值变化较大时，已知采样点的数据准确性无法确定，或已知采样点的不确定性较强时，径向基函数法的适用性就大大降低。

3）改进谢别德法

改进谢别德法在加权反距离法的基础上对权函数进行修改，使其只能在局部范围内起作用，从而提高了插值结果的精度与可靠性。在搜索邻域内，改进谢别德法为每一个已知采样点利用二次曲面拟合的方法构建一个节函数，使得在待插值点附近的已知采样点的节函数的值与待插值点的属性值局部近似，而距离较远的点对节函数的影响较小，认为其权重为0。这种处理方式增强了插值结果的平滑性，避免出现某一孤立点的地磁属性值高于周围点的现象。同时当增加或删除一个采样点时，无须再重新计算权值，从而提高了插值算法的效率。

利用最小二乘法可求得已知采样点 $p_i(x_i,y_i)$ 对应的节函数为

$$Q_i(x,y)=f_i+a_{i2}(x-x_i)+a_{i3}(y-y_i)+a_{i4}(x-x_i)^2+a_{i5}(x-x_i)(y-y_i)+a_{i6}(y-y_i)^2,\ i=1,2,\cdots,N \quad (6-50)$$

改进谢别德法的估计公式为

$$Z_0^*=\frac{\sum_{i=1}^{N}\frac{Q_i(x,y)}{[\rho(p_0,p_j)]^{\mu}}}{\sum_{i=1}^{N}\frac{1}{[\rho(p_0,p_j)]^{\mu}}} \quad (6-51)$$

其中：μ 为幂次；

$$\frac{1}{\rho(p_0,p_i)}=\begin{cases}\frac{R_w-d(p_0,p_i)}{R_w\cdot d(p_0,p_i)}, & R_w\geqslant d(p_0,p_i)\\ 0, & R_w\leqslant d(p_0,p_i)\end{cases}$$

$$d(p_0,p_i)=\sqrt{(x-x_i)^2+(y-y_i)^2}$$

式中：R_w 为节函数可以影响的半径；$d(p_0,p_i)$ 为点 $p_0(x,y)$ 到点 $p_i(x_i,y_i)$ 的距离。

2. 基于多重分形理论的局部奇异性改进

1）多重分形理论

1977年，Mandelbrot出版著作《Fractal：Form，Chance and Dimension》，标志着分形理论的正式诞生。1982年，《The Fractal Geometry of Nature》出版，标志着分

形理论的初步形成。法尔科内提出采用以下分形属性对分形集合 F 进行描述，并被广泛采用。①F 具有精细的结构，在任意小的尺度之下，它总有复杂的细节；②F 的不规则性使得它的整体和局部都难以用传统的几何语言来描述；③F 通常具有某种自相似性，这种自相似性是近似的或者统计意义上的；④F 的分形维数一般都大于它的拓扑维数；⑤多数情形下，F 的定义非常简单，并以递归过程产生。由于难以直接对分形进行精确定义，因此往往从分形所具有的主要特征对其做深入刻画：①自相似性质；②标度不变性；③分数维；④局部随机性和整体确定性并存。

假定一个正在生长的物体，构成此物体的最小微粒尺度为 α，在这物体中取一长度为 L 的体积 $V(L)$，如果用直径为 l 的小球去覆盖此物体，需要用 N 个小球。显然，N 是 L 和 l 的函数。用数学语言来描述，可以写成当 $L\to\infty$ 或 $l\to 0$ 时，必然有 $N\to\infty$ 。根据这个关系。将 l 固定，则有

$$N(L) \sim L^{D}, \quad D=\lim_{L\to\infty}\frac{\ln N(L)}{\ln L} \tag{6-52}$$

式中：D 为该物体的 Hausdorff 维数；反之，固定 L，则有

$$N(L) \sim l^{-D}, \quad D=\lim_{l\to\infty}\frac{\ln N(l)}{\ln(1/l)} \tag{6-53}$$

对于现实的物理实体，L 是有限的，引进一个无量纲量 ε，定义为 $\varepsilon=1/L$，从而以上两式可改写为

$$N(\varepsilon)=\varepsilon^{-D} \tag{6-54}$$

对于一般正则几何体，它的 Hausdorff 维数 D 等同于欧几里得维数 d。但对于不正则的分形体，D 与 d 的值是不相同的，称 D 为分形维数。

自然界中的分形体复杂多样，单一的分形维数难以刻画精细结构，为了反映出物质的各自特性，必须考虑它的多层次结构，而这需要用多重分形进行描述。将一个单位长度的区间等分为三部分，长度各为 1/3，但质量分布不均匀。设两边的部分质量分布概率均为 P_1，中间的为 P_2，且 $P_1>P_2$，如图 6-6(a) 所示，接着在每个区间内做一次类似的等分，如图 6-6(b) 所示。

根据图 6-6，采用三种不同的高度用来代表质量分布概率的大小。最低的一种在两次等分中，它都取 P_1，所以质量分布概率是 P_1^2，第二种高度是一次取 P_1，一次取 P_2，所以质量分布概率为 P_1P_2，而两次均取 P_2 的概率为 P_2^2，对应高度最高。当该操作经多次迭代后，质量分布将会变得极不均匀，且主要分布在中间，为定量描述这种不均匀性，定义第 i 区间的质量分布函数 P_i 为

$$P_i(\varepsilon) \sim \varepsilon^{\alpha} \tag{6-55}$$

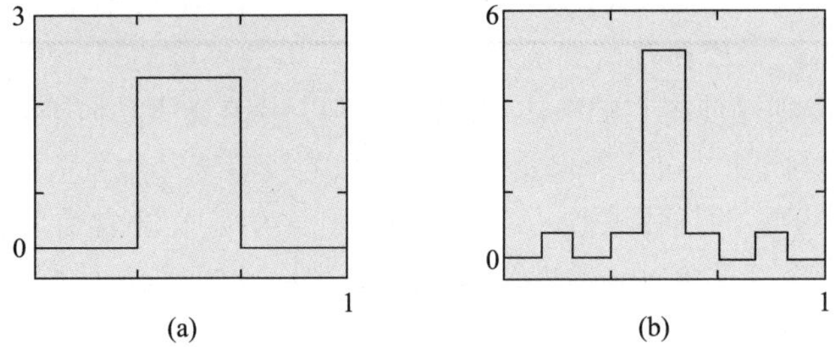

图 6-6 质量分布示意图

非整数指数 α 反映了分形体内各个小区间的奇异程度，与所在位置有关，称为奇异性指数。如果分形体内具有相同 α 值的小区间个数为 N_α，则 N_α 符合

$$N_\alpha(\varepsilon) \sim \varepsilon^{-f(\alpha)} \tag{6-56}$$

式中：$f(\alpha)$ 表示具有相同 α 值的子集的分形维数。一个复杂的分形体内包含着一系列由不同 α 值表示的子集，具有相同的 α 值就表示具有相同的奇异程度。从而，$f(\alpha)$ 函数就可给出这一系列分形子集的分形特征

$$f(\alpha) = -\lim_{r \to 0} \frac{\ln N_\alpha(\varepsilon)}{\ln \varepsilon} \tag{6-57}$$

式中：$f(\alpha)$ 为具有相同 α 值的子集的分形维数，称为多重分形谱。

2）矩分析方法

定义统计矩函数为如下形式：

$$\chi_q(r) = \sum p_i(r)^q = r^{\tau(q)} \tag{6-58}$$

式中：$q \in (-\infty, \infty)$ 为统计矩的阶，用来表征多重分形的不均匀程度。当 $q>0$ 时，主要反映较大概率子集的分形特征；当 $q<0$ 时，则主要反映较小概率子集的分形特征，对于给定的阶 q，$\tau(q)$ 称为质量指数函数，它是分形行为的特征函数。如果 $\tau(q)$ 关于 q 是线性的，则研究对象是单分形体；如果 $\tau(q)$ 关于 q 是凸函数，则研究对象具有多重分形特征。

定义广义分形维数为

$$D(q) = \frac{\tau(q)}{q-1} = \frac{\ln \chi_q(r)}{(q-1)\ln r} \tag{6-59}$$

当 q 取值不同时，$D(q)$ 具有不同的分形维数。

广义分维和多重分形谱满足勒让德变换，即

$$\begin{cases}\alpha(q)=\dfrac{\mathrm{d}\tau(q)}{\mathrm{d}q}\\ f(\alpha)=q\cdot\alpha(q)-\tau(q)\end{cases} \tag{6-60}$$

对于规则分形集，可以直接通过统计物理方法进行多重分形谱的分析，但是对于不规则分形集，一般都是通过盒计数法求出物理量的概率分布，并借助统计物理原理进行多重分形谱分析。

对于 $N\times N$ 的二维粗糙表面数据集，令研究区域边长为1，用边长为 $\varepsilon(\varepsilon\leqslant1)$ 的正方形盒子覆盖整个区域，以研究数据集的衬底表面为基准，可求得第 (i,j) 个小盒子的概率，如式（6-61）所示：

$$P_{ij}(\varepsilon)=\frac{h_{ij}}{\sum h_{ij}} \tag{6-61}$$

式中：h_{ij} 为第 h_{ij} 个盒子内的平均高度，通过改变 ε 的取值，可得用不同尺度的盒子覆盖研究数据集时的概率分布，本方法能很好地满足标度不变性。

3）多重分形克里金法

多重分形理论可以准确地描述地磁异常场在小尺度范围内的奇异性，而克里金法在低频段可以对未知点属性值进行准确地估计。因此，可将多重分形理论和克里金法相结合，对未知位置进行插值和校正，逐步进行基准图的构建。

考虑到利用本方法实际构图应用时，研究区域地磁异常场分形特征的不确定性，实验过程要遵循以下原则：

（1）所选尺度范围不宜过大，一般取3~4个尺度量级，尽量保证尺度范围内 $\ln\chi_q(r)$、$\ln r$ 良好的线性特征。

（2）若待校正位置邻域内的测度、尺度对数序列相关性在某点处出现明显转折，则将该点对应尺度作为线性拟合尺度范围上限。

（3）采用克里金法估计未知点属性值时，搜索半径不超过插值参考数据最小间距的4~5倍。

选取一块 257×257 网格地磁场数据作为基准，分别从中提取 33×33 和 65×65 网格数据作为构图参考数据对基准数据进行重构，具体如下：

利用多重分形理论对数据点进行奇异性校正，要求数据集必须满足多重分形特征。对 33×33 和 65×65 网格数据进行多重分形谱分析，绘制 $\ln\chi_q(r)\sim\ln r$ 线，如图6-7所示。

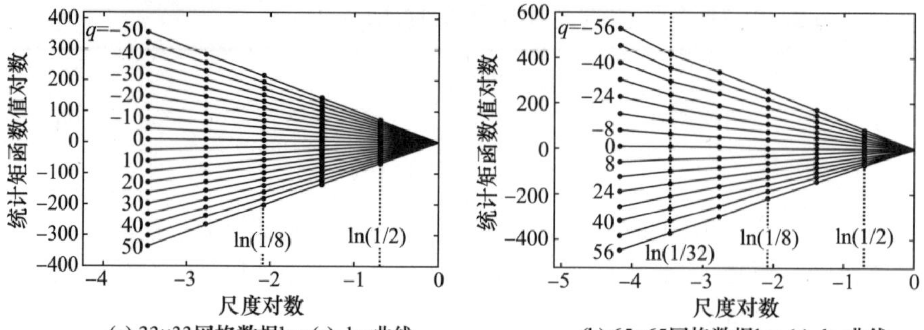

(a) 33×33网格数据$\ln\chi_q(r)\sim\ln r$曲线　(b) 65×65网格数据$\ln\chi_q(r)\sim\ln r$曲线

图 6－7　构图数据 $\ln\chi_q(r)\sim\ln r$ 曲线图

在 33×33 数据中部分区域如图 6－8 中符号“ * ”所示，具体插值及校正过程如下：

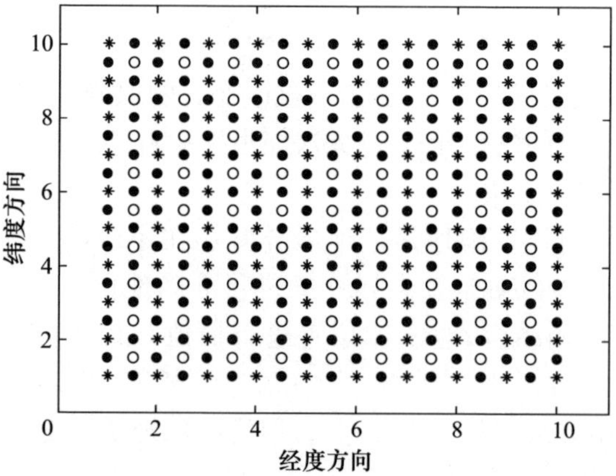

图 6－8　实验过程数据分布示意图（“ * ”为原始参考数据，“o”和“ • ”分别为参考数据的网格中心和网格边界中心）

（1）求取“o”位置的奇异系数。

设构图参考数据网格边长为 L，则以某一“o”点为中心，建立边长分别为 $L/2$、L、$3L$、$5L$、$7L$ 且互相平行的正方形簇，利用式（6－62）计算后四者内的测度：

$$M_l = \frac{l^2}{N_i}\sum_{j=1}^{N_i} h_j \tag{6-62}$$

式中：M_l 为尺度为 l 的正方形内的测度；N_i 为正方形内的数据点个数；h_j 是第 j 个数据点的属性值。

对这四个正方形的测度、尺度对数进行线性拟合，拟合斜率即为待求 α，该 α 满足边长 $L/2$ 正方形的测度－尺度关系：

$$M = b \cdot l^{\alpha} \tag{6-63}$$

式中：b 为常数；α 为该邻域内的奇异系数。

（2）对“o”位置进行插值并校正。

对“o”位置进行克里金插值估计，设结果为 Z_0，将插值参考区域转化为等面积、边长为 $k \cdot L/2$ 的正方形，Z_0 为该正方形内平均测度；将该位置真实值为 Z' 作为边长 $L/2$ 正方形内平均测度。上述两个正方形同时满足测度、尺度关系，推算可得

$$Z' = Z_0 \cdot k^{2-\alpha} \tag{6-64}$$

此式即为对插值结果的奇异性修正方法。

（3）通过（1）、（2）可首先完成对图 6-8 中所有“o”位置的插值和校正。

进一步，按相同方法对所有“●”位置进行相同操作，从而可得 65×65 的准确网格数据。

（4）在此基础上，重复两次（1）~（3）的实验过程，得到和原始数据相同分布的 257×257 数据集，即完成了对基准数据集的重构。

6.3.2　重力场与地磁场的延拓方法

由于水下重力/地磁导航所需数据在很多时候需要由水面或航空测量数据延拓得到，下面以地磁场为例重点讨论几种常用位场延拓方法。

1. 空间域位场延拓基本原理

磁异常 $\Delta\boldsymbol{T}$ 由磁异常矢量 $\boldsymbol{T}_a$ 在正常场 $\boldsymbol{T}_0$ 方向上求导获得，如式（6-65）所示：

$$\Delta\boldsymbol{T} = \frac{\partial \boldsymbol{T}_a}{\partial \boldsymbol{T}_0} \tag{6-65}$$

由于正常场 $\boldsymbol{T}_0$ 的大尺度特性，其方向在较大范围内可认为固定不变。由于磁异常 $\boldsymbol{T}_a$ 满足拉普拉斯方程 $\nabla^2 \boldsymbol{T}_a = 0$，从而由上式可得

$$\nabla^2(\Delta\boldsymbol{T}) = \nabla^2\left(\frac{\partial \boldsymbol{T}_a}{\partial \boldsymbol{T}_0}\right) = \frac{\partial(\nabla^2 \boldsymbol{T}_a)}{\partial \boldsymbol{T}_0} = 0 \tag{6-66}$$

相比于异常场 $\boldsymbol{T}_a$，磁异常 $\Delta\boldsymbol{T}$ 更容易测量得到，能够准确刻画地磁异常分空间特性，并且同样满足拉普拉斯方程。以下采用 f 代替表示磁异常 $\Delta\boldsymbol{T}$。

建立空间直角坐标系，如图 6-9 所示。z 轴垂直向下，设 $z=0$ 平面为观测平面，场源 M 位于 $z>0$ 的空间内，并用 $f(x,y,0)$ 表示观测平面上对应位置的磁异常值；平面 $z=h(h<0)$ 为目标延拓平面，对应的磁异常值表示为 $f(x,y,z)$。

磁异常向上延拓是适定问题，当给定边界条件后，拉普拉斯方程的解连续且

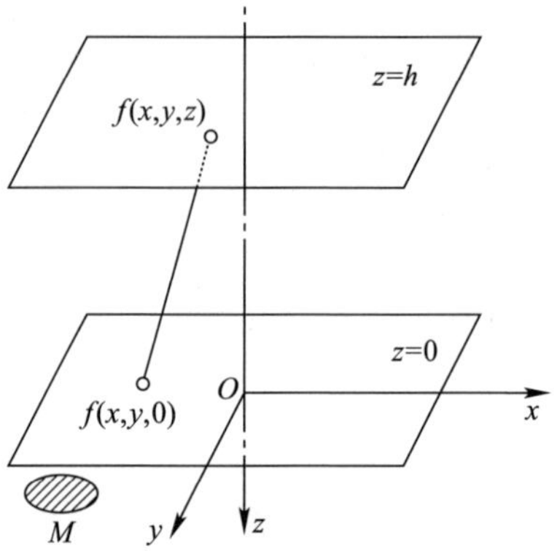

图 6-9　磁异常延拓理论图

具有唯一性,因此磁异常向上延拓稳定性很强。在无源空间内,向上延拓可用拉普拉斯方程边值问题进行表示,即

$$\begin{cases}\dfrac{\partial^2 f(x,y,z)}{\partial x^2}+\dfrac{\partial^2 f(x,y,z)}{\partial y^2}+\dfrac{\partial^2 f(x,y,z)}{\partial z^2}=0 \\ f(x,y,z)\big|_{z=0}=f(x,y,0) \\ f(x,y,z)\big|_{z=-\infty}=0\end{cases} \tag{6-67}$$

由式(6-67)可知,磁异常数据延拓可表示为式(6-68),即 Dirichlet 积分形式,也称为 Fredholm 第一类积分方程:

$$f(x,y,z)=-\frac{z}{2\pi}\int_{-\infty}^{\infty}\int_{-\infty}^{\infty}\frac{f(\xi,\eta,0)}{[(x-\xi)^2+(y-\eta)^2+z^2]^{-3/2}}\mathrm{d}\xi\mathrm{d}\eta \tag{6-68}$$

式中:$f(x,y,z)$、$f(x,y,0)$分别为目标延拓面和观测面的磁异常值,为便于解算,一般将观测面的高度设定为零。

定义函数为

$$r(x,y)=\frac{-z}{2\pi}\cdot\frac{1}{(x^2+y^2+z^2)^{3/2}} \tag{6-69}$$

显然式(6-68)右边是$f(x,y,0)$和$r(x,y)$关于x,y方向上的卷积形式,从而可将延拓公式用卷积形式进行表示为

$$f(x,y,z)=f(x,y,0)*r(x,y) \tag{6-70}$$

当$z<0$时,为磁异常向上延拓;当$z>0$时,为磁异常向下延拓。

2. 频率域位场延拓基本原理

频率域位场延拓方法的提出,把位场数据处理从空间域拓展到波数域,具有两个方面的重要优势:一是用波数域的乘积运算取代了空间域内的积分运算,降低了计算复杂度,提高了效率;二是在频率域内可以得到磁异常数据的频率谱,从而可以直观分析磁异常信息与噪声信息的谱分布状态,为在延拓过程中进行噪声处理提供依据。

对 6.3.2 节中第 1 部分对应图 6-9 介绍的从观测面的磁异常数据 $f(x,y,0)$ 和目标延拓面上的磁异常数据 $f(x,y,z)$ 做傅里叶变换,并分别用 $F(u,v,0)$ 和 $F(u,v,z)$ 表示,u,v 分别是 x、y 方向上的波数。

$$
\begin{aligned}
F(u,v,0) &= \int_{-\infty}^{\infty}\int_{-\infty}^{\infty} f(x,y,0)\,e^{-2\pi j(xu+yv)}\,dxdy \\
F(u,v,z) &= \int_{-\infty}^{\infty}\int_{-\infty}^{\infty} f(x,y,z)\,e^{-2\pi j(xu+yv)}\,dxdy
\end{aligned}
\tag{6-71}
$$

用 $R(x,y)$ 表示式中 $r(x,y)$ 的傅里叶变换,从而可将上式变换为

$$
R(u,v) = \int_{-\infty}^{\infty}\int_{-\infty}^{\infty} r(x,y)^{-2\pi j(xu+yv)}\,dxdy \tag{6-72}
$$

根据卷积定理,可将式(6-72)表示为

$$
F(u,v,z) = F(u,v,0)\cdot R(u,v) \tag{6-73}
$$

对式(6-73)进行傅里叶逆变换可得

$$
f(x,y,z) = F^{-1}[F(u,v,0)\cdot R(u,v)] \tag{6-74}
$$

对于向下延拓的过程,可将观测面磁异常数据的傅里叶变换形式除以波数域向上延拓因子,并通过快速傅里叶逆变换可得目标延拓面的磁异常数据。

6.4　重力与地磁导航基准图的适配性评价

重力与地磁导航基准图的适配性是决定潜航器匹配定位精度的关键,适配性反映的是相关区域重力场与地磁场的空间特征的丰富程度。

6.4.1　重力与地磁主要适配性特征参数

重力与地磁导航基准图的适配性具体可以用标准差、粗糙度、相关长度、信息熵、坡度标准差等表示,与地形可导航性特征参数类似,下面首先对这些特征参数进行介绍。

1. 标准差

$$\bar{F} = \frac{1}{mn}\sum_{i=1}^{m}\sum_{j=1}^{n}F(i,j) \tag{6-75}$$

$$D(F) = \frac{1}{m(n-1)}\sum_{i=1}^{m}\sum_{j=1}^{n}(F(i,j)-\bar{F})^2 \tag{6-76}$$

$$\sigma = \sqrt{D(F)} \tag{6-77}$$

式中：$\bar{F}$ 为地磁/重力均值；$D(F)$为方差；σ 为标准差，标准差越大，说明该区域的地磁场与重力场特征越明显，越有利于匹配定位。

2. 粗糙度

$$r = \frac{r_\lambda + r_\varphi}{2} \tag{6-78}$$

式中：r 为粗糙度；r_λ 为经度方向的粗糙度；r_φ 为纬度方向的粗糙度，即

$$r_\lambda = \frac{1}{(m-1)n}\sum_{i=1}^{m-1}\sum_{j=1}^{n}|F(i,j)-F(i+1,j)| \tag{6-79}$$

$$r_\varphi = \frac{1}{m(n-1)}\sum_{i=1}^{m}\sum_{j=1}^{n-1}|F(i,j)-F(i,j+1)| \tag{6-80}$$

粗糙度越大，地磁场与重力场信息越丰富，越有利于匹配定位。

3. 坡度标准差

$$D(s) = \frac{1}{m(n-1)}\sum_{i=1}^{m}\sum_{j=1}^{n}(s(i,j)-\bar{s}) \tag{6-81}$$

$$\sigma_s = \sqrt{D(s)} \tag{6-82}$$

当场曲面 $F=f(x,y)$已知时，可利用下式计算得到定点的坡度

$$s = \arctan\sqrt{{f_x}^2 + {f_y}^2} \tag{6-83}$$

式中：$f_x = \frac{\partial f}{\partial x}$；$f_y = \frac{\partial f}{\partial y}$。

4. 相关系数

$$R = \frac{R_\lambda + R_\varphi}{2} \tag{6-84}$$

式中：R_λ、R_φ 分别为经度和纬度方向的相关系数，即

$$R_{\lambda} = \frac{1}{(m-1)n\sigma^2}\sum_{i=1}^{m-1}\sum_{j=1}^{n}|F(i,j)-\bar{F}|\cdot|F(i+1,j)-\bar{F}|$$
$$R_{\varphi} = \frac{1}{m(n-1)\sigma^2}\sum_{i=1}^{m}\sum_{j=1}^{n-1}|F(i,j)-\bar{F}|\cdot|F(i,j+1)-\bar{F}| \tag{6-85}$$

相关系数反映了地磁场与重力场数据的独立性。相关系数越小，信息越丰富，越有利于匹配定位。

5. 信息熵

$$H_{\mathrm{f}} = -\sum_{i=1}^{m}\sum_{j=1}^{n}p_{ij}\lg p_{ij} \tag{6-86}$$

式中：p_{ij}为重力与地磁点坐标处的归一化值，即

$$p_{ij} = F(i,j)/\sum_{i=1}^{m}\sum_{j=1}^{n}F_{ij} \tag{6-87}$$

信息熵作为平均信息量的度量，反映了该区域所含平均信息量的大小。信息熵越小，地磁场与重力场变化越剧烈，越有利于匹配定位。

6. 粗糙度与标准差之比

$$\mathrm{SNR} = r/\sigma \tag{6-88}$$

式中：r 为重力场与地磁场粗糙度；σ 为重力场与地磁场标准差。

7. 组合参数

$$\mathrm{RIS} = \left|\frac{\sigma}{\bar{F}}\right| \tag{6-89}$$

式中：σ 为重力场与地磁场标准差；$\bar{F}$ 为重力场与地磁场均值。

8. 标准差与极差之比

$$\Delta F = \frac{\max(F(i,j)) - \min(F(i,j))}{2} \tag{6-90}$$

$$\mathrm{GR} = \sigma/\Delta F \tag{6-91}$$

式中：GR 为重力场与地磁场标准差与极差之比；σ 为重力场与地磁场标准差；ΔF 为重力场与地磁场极差。

6.4.2　基于启发式投影寻踪方法的适配性评价

1. 投影寻踪方法

投影寻踪（Projecting Pursuit, PP）是由 Friedman 和 Tukey 在 1974 年提出的

一种模仿数据分析人员工作流程的新型分析方法，这种方法是将总体的分散程度和局部的聚集程度融合在一起用新指标来完成聚类分析。投影寻踪方法是一种对高维数据进行分析及处理的统计方法，这种方法的基本原理是利用某种组合将高维数据投影到低维（1～3 维）子空间上，再通过对某一投影指标的优化，获得可以体现高维数据结构或者特点的投影，并通过在低维子空间讨论分析数据结构，达到研究高维数据的目的。下面首先介绍投影寻踪模型的主要步骤。

1）建立指标矩阵

建立 $n\times p$ 的样本指标矩阵。设样本集为 $\{x^*(i,j)\mid i=1,2,\cdots,n;j=1,2,\cdots,p\}$，其中 $x^*(i,j)$ 是第 i 个样本的第 j 个指标值，n 代表样本数量，p 代表指标数量。为去除各指标的量纲并使指标值的变化范围相同，利用极值标准化方法对数据进行处理。

越大越优型指标：

$$x^*(i,j)=\frac{x^*(i,j)-x_{\min}(j)}{x_{\max}(j)-x_{\min}(j)} \tag{6-92}$$

越小越优型指标：

$$x(i,j)=\frac{x_{\max}(j)-x^*(i,j)}{x_{\max}(j)-x_{\min}(j)} \tag{6-93}$$

式中：$x_{\max}(j)$ 为第 j 个特征参数的最大值；$x_{\min}(j)$ 为第 j 个特征参数的最小值，$\{x(i,j)\mid i=1,2,\cdots,n;j=1,2,\cdots,p\}$ 为指标值标准化处理后的序列。

标准化后的指标矩阵为

$$\boldsymbol{R}=\begin{bmatrix} x_{11} & x_{12} & \cdots & x_{1p} \\ x_{21} & x_{22} & \cdots & x_{2p} \\ \vdots & \vdots & \ddots & \vdots \\ x_{n1} & x_{n2} & \cdots & x_{np} \end{bmatrix} \tag{6-94}$$

2）高维数据的线性投影

投影就是从多个角度去考察样本数据，找到最能体现数据特征的方向作为最佳投影方向。把 p 维数据 $\{x(i,j)\mid j=1,2,\cdots,p\}$ 综合成将 $\{a(j)\mid j=1,2,\cdots,p\}$ 作为投影方向的一维投影值，可以表示为

$$z(i)=\sum_{j=1}^{p}\boldsymbol{a}(j)x(i,j),\quad i=1,2,\cdots,n \tag{6-95}$$

式中：$\boldsymbol{a}$ 为单位长度矢量。

3）构造投影指标函数 $Q(\boldsymbol{a})$

优化投影值的过程中，需要投影值 $z(i)$ 同时具备以下特征：①局部投影点趋向密集化，以形成若干个投影点团为最佳；②总体上的投影点趋向离散化，使投影点团最大程度地分散开。以上述两点要求为依据，构建投影指标函数为

$$Q(\boldsymbol{a}) = S(\boldsymbol{a})D(\boldsymbol{a}) \tag{6-96}$$

式中：$S(\boldsymbol{a})$、$D(\boldsymbol{a})$ 分别为投影值 $z(i)$ 的标准差（数据散布特征）和局部密度，即

$$S(\boldsymbol{a}) = \sqrt{\sum_{i=1}^{n} (z(i) - \bar{z})^2/(n-1)} \tag{6-97}$$

$$D(\boldsymbol{a}) = \sum_{i=1}^{n} \sum_{j=1}^{p} (R - r_{ij}) \cdot u(R - r_{ij}) \tag{6-98}$$

式中：$\bar{z}$ 为投影方向上 $z(i)$ 的均值；R 为局部密度的窗宽参数，它的选择既要保证包含在窗口中投影点的平均个数足够多，以免出现滑动平均偏差值过大的情况，又要避免其随着 n 的增大而增加得过高。按照窗口宽度内最少包含一个散点的选取原则，基本可以确定其取值范围为 $r_{\max} \leqslant R \leqslant 2p$，其中 $r_{ij} = |z(i) - z(j)|$ 代表样本间距离；函数 $u(*)$ 为单位阶跃函数，即 $R - r_{ij} \geqslant 0$ 时，其值为 1，$R - r_{ij} < 0$ 时，其值为 0。

4）优化投影指标函数

当各指标的样本数据已经确定时，只有投影方向 $\boldsymbol{a}$ 的变化能引起投影指标函数 $Q(\boldsymbol{a})$ 的改变，投影方向的不同所体现的数据结构特征也存在差异，选择能最大程度反映高维数据特征结构的投影方向作为最佳投影方向。最佳投影方向 $\boldsymbol{a}$ 可通过求解以下非线性问题获得。

最大化投影指标函数：

$$\max Q(\boldsymbol{a}) = S(\boldsymbol{a})D(\boldsymbol{a}) \tag{6-99}$$

约束条件：

$$s.t \sum_{j=1}^{p} \boldsymbol{a}^2(j) = 1 \tag{6-100}$$

这是一个将 $\{\boldsymbol{a}(j) | j = 1,2,\cdots,p\}$ 作为优化变量的复杂非线性化问题，难以用传统的优化方法获得满意的结果，因此可通过启发式优化算法来解决类似的高维寻优问题。

5）优序排列

采用启发式优化算法得出的最佳投影方向 $\boldsymbol{a}$ 代入式(6-95)，求得各种样本的投影值 $z(i)$，通过比较投影值 $z(i)$ 的大小可以对样本进行从优到劣的排序。

2. 启发式优化方法

目前，优化方法可分为两类，一类是确定性优化，一类是随机优化。其中，确

定性优化的研究趋于成熟,但其适用条件比较严苛,在处理大规模优化问题时有比较大的困难,而正是因为这一问题,加速了随机优化方法,特别是启发式优化方法的发展。

启发式优化算法的思想是通过人们对物理、生物等现象进行长期大量的观察实践,以及对自然现象的总结归纳而得来的,是人类从大自然中提取出的智慧精华,因此其发展空间是不可估量的。从 20 世纪 40 年代到 90 年代,涌现出一大批经典的遗传算法,如神经网络、人工免疫系统、差分进化算法、蚁群算法及粒子群优化算法等传统启发式算法,这些算法已经具有较强的系统性和实用性。伴随着传统启发式算法的不断完善,各种新兴的启发式算法如萤火虫算法、和声搜索算法、蝙蝠算法、布谷鸟搜索算法等也如雨后春笋般不断出现,它们的出现再次将启发式算法的研究推向高潮。本节主要运用新兴的萤火虫算法来寻找投影寻踪模型中的最佳投影方向,并以发展比较成熟的粒子群算法及差分进化算法作为辅助方法,验证萤火虫算法的适用性。受篇幅限制,在此简要介绍萤火虫算法模型的建立和主要步骤。

1) 萤火虫算法模型的建立

设待优化目标函数的解空间是 d 维,在这个解空间中,萤火虫算法随机初始化一群萤火虫 $x_1,x_2,\cdots,x_i,\cdots,x_n$,$n$ 代表萤火虫的数量,$\boldsymbol{x}_i=(x_{i1},x_{i2},\cdots,x_{id})$ 是一个 d 维矢量,代表解空间中萤火虫 d 的位置,也是该目标函数的一个潜在解。

萤火虫算法的中心思想是萤火虫被比其自身绝对亮度大的萤火虫所吸引,并通过位置更新公式对自己的位置进行及时调整。在求解目标函数最大化问题时,为了使问题便于计算,假设在 $\boldsymbol{x}_i$ 处的萤火虫 i 的绝对亮度 I_i 等于 $\boldsymbol{x}_i$ 处的目标函数值,即:$I_i=f(\boldsymbol{x}_i)$。

假设萤火虫 i 的绝对亮度大于萤火虫 j 的绝对亮度,则萤火虫 i 将吸引萤火虫 j,从而萤火虫 j 向萤火虫 i 的位置移动。萤火虫 i 对萤火虫 j 的相对亮度决定了吸引力的强弱,相对亮度越大,吸引力就越强。由于两只萤火虫之间距离的增长以及空气对光的吸收都会使萤火虫 i 的亮度减弱,因此萤火虫 i 对萤火虫 j 的相对亮度可表示为

$$I_{ij}(r_{ij})=I_i\mathrm{e}^{-\gamma r_{ij}^2} \tag{6-101}$$

式中:I_i 为萤火虫 i 的绝对亮度,与萤火虫 i 所在位置的目标函数值相等;γ 为光吸收系数,一般设置成常数;r_{ij}是到萤火虫 i 与萤火虫 j 之间的距离。

如果萤火虫 i 对萤火虫 j 的吸引力同萤火虫 i 对萤火虫 j 的相对亮度成比例,则根据萤火虫 i 相对亮度的定义,可将萤火虫 i 对萤火虫 j 的吸引力 $\beta_{ij}(r_{ij})$ 定义为

$$\beta_{ij}(r_{ij}) = \beta_0 e^{-\gamma r_{ij}^2} \tag{6-102}$$

式中：β_0 为最大吸引力，一般情况下可取 $\beta_0 = 1$；γ 为光吸收系数，反映了吸引力的变化，它的取值对萤火虫算法的收敛速度及优化效果有比较大的影响。对于大多数问题，可取 $\gamma \in [0.01, 100]$；r_{ij} 为萤火虫 i 到萤火虫 j 的笛卡儿距离，即

$$r_{ij} = \|\boldsymbol{x}_i - \boldsymbol{x}_j\| = \sqrt{\sum_{k=1}^{d} (x_{i,k} - x_{j,k})^2} \tag{6-103}$$

因为被萤火虫 i 吸引，萤火虫 j 向其靠拢并且调整自己的位置，j 位置更新公式为

$$\boldsymbol{x}_j(t+1) = \boldsymbol{x}_j(t) + \beta_{ij}(r_{ij})(\boldsymbol{x}_i(t) - \boldsymbol{x}_j(t)) + \alpha \boldsymbol{\varepsilon}_j \tag{6-104}$$

式中：t 为算法迭代次数；$\boldsymbol{x}_i$、$\boldsymbol{x}_j$ 为萤火虫 i 和 j 所在空间位置；$\beta_{ij}(r_{ij})$ 为萤火虫 i 对萤火虫 j 的吸引力；α 为常数，通常取 $\alpha \in [0,1]$；$\boldsymbol{\varepsilon}_j$ 是通过高斯分布、均匀分布等获得的随机数矢量。

2）萤火虫算法的基本流程

萤火虫算法的一般流程包括初始化、萤火虫位置更新及萤火虫亮度更新三个阶段，其流程如图6-10所示。主要步骤如下：

步骤1：初始化算法基本参数。设定萤火虫的个数 n，最大吸引力 β_0，光吸收系数 γ，步长因子 α，最大迭代次数或搜索精度 ε。

步骤2：随机初始化萤火虫的位置，并计算萤火虫的目标函数值作为各自绝对亮度 I_i。

步骤3：计算群体中萤火虫的相对亮度 $I_{ij}(r_{ij})$ 和吸引力 $\beta_{ij}(r_{ij})$，根据相对亮度确定萤火虫移动的方向。

步骤4：更新萤火虫位置，随机扰动处在最佳位置的萤火虫。

步骤5：更新萤火虫的亮度。

步骤6：当达到搜索精度的标准或完成最大迭代次数时开始步骤7；若不满足上述条件，增加1次搜索次数，回到步骤3，开始下一次搜索。

步骤7：输出全局极值点和最优个体值。

3）基于启发式优化投影寻踪方法的适配性分析

投影寻踪方法中，优化目标函数的方法比较多样，本节主要采用启发式优化算法求解最佳投影方向。其中，粒子群优化算法发展得比较完善，差分进化算法具有结构简单、准确性高的特点，故将两者所得结果作为参考，萤火虫算法属于新兴的优化算法，它的适用领域也在不断的探索中，现通过实验所得数据与其他优化算法结果的比较，讨论萤火虫算法在基于投影寻踪方法的适配性分析中的适用性。

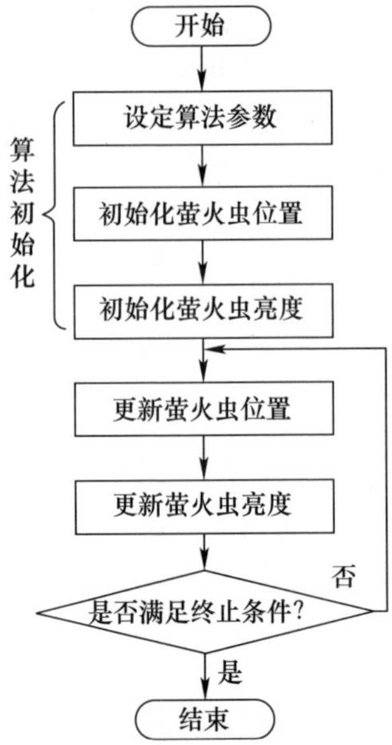

图 6-10　萤火虫算法的基本流程

现取 50 个地块的地磁数据作为实验样本，采用之前所介绍的特征参数标准差 σ、粗糙度 r、相关系数 R、坡度标准差 σ_s、标准差与地磁极差之比 GR，分别采用萤火虫算法、粒子群算法、差分进化算法计算最佳投影方向，其中各算法的初始参数选取如下：粒子群算法参数选取惯性权值 $\omega=0.729$，加速常数 $c_1=c_2=1.495$；差分进化算法参数设置为缩放因子 $F=0.6$，交叉概率 CR = 0.8；萤火虫算法参数设置为最大吸引力 $\beta_0=1.0$，光吸收系数 $\gamma=1.0$，$\alpha=1.0$，$\varepsilon=\text{rand}-0.5$，其中 rand 是在[0,1]上符合均匀分布的随机数，种群大小都取为 100，迭代次数均为 1000。通过运算得到三种优化算法的最佳投影方向如表 6-3 所示。表 6-3 中，a_{FA}、a_{PSO}、a_{DE} 分别表示萤火虫算法、粒子群算法、差分进化算法计算的投影方向。

表 6-3　三种优化算法计算的最佳投影方向

投影方向	标准差	粗糙度	相关系数	坡度标准差	标准差与地磁极差之比
a_{FA}	0.2235	0.4684	0.2063	0.4692	0.3202
a_{PSO}	0.5668	0.5746	0.0580	0.5697	0.0148
a_{DE}	0.5399	0.5897	-0.0784	0.5519	-0.0846

投影方向的正负只反映评价指标投影方向的不同，与数值的绝对大小无关。

通过对比表6－3中数据分布特点可以看出，粒子群及差分进化算法计算出的结果中，指标 σ，r 和 σ_s 对应的数值都比较大，说明这三个指标对地块导航能力评价的影响比较大。萤火虫算法得到的结果则是兼顾了所有评价指标。其中，每种方法评价得到的适配性最大的10个地块的投影值，如表6－4所示。

表6－4 每种优化方法评价得到的前10个地块投影值

序号	48	49	47	28	50	29	27	26	46	1
Z_{FA}	1.3964	1.3526	1.3313	1.2785	1.2388	1.2357	1.2250	1.1782	1.1446	1.1310
序号	48	49	47	28	50	29	27	46	26	18
Z_{PSO}	1.6444	1.5620	1.4840	1.4779	1.4593	1.4199	1.3793	1.3584	1.1768	1.0851
序号	48	49	47	28	50	29	27	46	26	18
Z_{DE}	1.6717	1.5960	1.5274	1.4871	1.4489	1.4211	1.3913	1.3389	1.2170	1.1035

尽管采用的优化算法不同，但适配性在前10的地块中，有9块序号相同的地块，可以互相证明三种优化算法的准确度。

6.5 重力与地磁匹配导航技术

在研究水下重力场与地磁场主要特征、测量方法以及导航基准图制备方法的基础上，利用重力场与地磁场进行匹配导航是本章的核心，本节主要介绍重力匹配导航系统与地磁匹配导航系统的系统构成与匹配算法原理。

6.5.1 地磁匹配导航技术

1. 基于相关分析的地磁匹配导航算法

地磁匹配算法是基于地磁特征要素测量值的数字匹配。相关分析法是度量实测数据序列与数据库中任一数据子集相关性的算法，通常采用代价函数或者相关性指标进行定量评价，是确定匹配最优性的基本准则。根据评价方式的不同，可将相关性准则分为三类，第一类是描述两者之间的相似性，此类算法包括互相关算法、相关系数算法、积相关算法和归一化积相关算法等；第二类则重在刻画两者之间的差别，如平均绝对差算法、均方差算法、绝对差算法、平方差算法等；第三类是基于Hausdorff距离的相似算法，与第二类有相似之处。在寻求最佳匹配结果时，第一类算法需要求极大值，而另两类算法应求极小值。

将各类算法的特点和对比总结如表6－5所示。互相关算法的最优解唯一性较差，无法保证足够的稳定性；相关系数算法则通过较大的运算量来获取高精度。将这两种算法作为判断准则时不可避免地面临相应的问题，因此不是理想的匹配准则。从算法匹配精度角度来看，平均绝对差算法和均方差算法优于归一化积相关算法和基于 Hausdorff 距离的相似算法。从匹配运算量来看，平均绝对差算法 < 均方差算法 < 归一化积相关算法 < 基于 Hausdorff 距离的相似算法。因此，平均绝对差算法和均方差算法是较为合适的地磁匹配算法，且两种算法均不发散。基于 Hausdorff 距离的相似算法不强调匹配点对，模糊了点与点之间的关系，稳定性较好。

由于基于相关分析的地磁匹配算法与第 5 章地形匹配算法在原理上具有相似性，所以本节对具体匹配原理不做展开介绍。

表 6－5　相关性匹配准则

相关算法		计算公式 其中 $(i=-m,\cdots,m;j=-n,\cdots,n)$	最佳匹配度量	优缺点
强调相似度的算法	互相关算法	$COY(X,Y)=\frac{1}{N}\sum_{i=1}^{N}x_iy_i$	最大值	稳定性和精度较差
	相关系数算法	$CC(X,Y)=\frac{1}{N}\frac{\sum_{i=1}^{N}(x_i-\bar{x})(y_i-\bar{y})}{\sqrt{\sum_{i=1}^{N}(x_i-\bar{x})^2}\sqrt{\sum_{i=1}^{N}(y_i-\bar{y})^2}}$	最大值	精度高，运算量大
	积相关算法	$\mathrm{PROD}_{ij}=\frac{1}{N}\sum_{k=1}^{N}A_{S(i,j)}^{k}A_{M}^{k}$	最大值	稳定性较差
	归一化积相关算法	$\mathrm{NPROD}_{ij}=\frac{\sum_{k=1}^{N}A_{S(i,j)}^{k}A_{M}^{k}}{\sqrt{\sum_{k=1}^{N}A_{S(i,j)}^{k}}\sqrt{\sum_{k=1}^{N}A_{M}^{k}}}$	最大值	算法复杂，计算速度慢
强调差别度的算法	平均绝对差算法	$\mathrm{MAD}_{ij}=\frac{1}{N}\sum_{k=1}^{N}\lvert A_{S(i,j)}^{k}-A_{M}^{k}\rvert$	最小值	精度较高
	均方差算法	$\mathrm{MAD}_{ij}=\frac{1}{N}(A_{S(i,j)}^{k}-A_{M}^{k})^2$	最小值	精度较高
	绝对差算法	$D(u,v)=\lVert\varepsilon\rVert=\lVert N_{u,v}-m\rVert$	最小值	算法简单，精度较差
	平方差算法	$D(u,v)=\lVert\varepsilon\rVert^2=\lVert N_{u,v}-m\rVert^2$	最小值	算法简单，精度较差
基于 Hausdorff 距离的相似算法		$H(A,B)=\max(d(A,B),d(B,A))$ 其中： $d(A,B)=\underset{a\in A,b\in B}{\max\min}\lVert a-b\rVert$ $d(B,A)=\underset{b\in B,a\in A}{\min\max}\lVert b-a\rVert$	最小值	稳定性和可靠性较高

2. 基于图像处理、信号处理等相关技术的地磁匹配算法

图像与信号处理领域中的一些算法也被成功应用到地磁匹配研究中，如迭代最近点算法、等值线迭代最近点算法、信息熵等。迭代最近点算法基于几何形状、网格数据或者等值线进行匹配运算，在图像对准、位置估计等处理中得到广泛关注，这些处理方法同样适用于地磁匹配。该算法对初始位置误差具有很强的鲁棒性，并且能够快速收敛到最优位置。但是，迭代最近点算法一个潜在的问题是在地磁场强度变化较弱的区域，全局最优解的唯一性较差。等值线迭代最近点算法是常用的图像对准算法，它将与概略航迹距离最近的磁场等值线点构成匹配航迹点，本质是多边弧的匹配。迭代最近点算法、等值线迭代最近点算法及在此基础上产生的各种优化匹配算法在地形匹配导航中已得到验证，第 5 章也对迭代最近点算法及等值线迭代最近点算法基本原理进行了分析，所以本节对具体匹配原理不做展开介绍。

3. 多特征量融合的匹配算法

相比于其他地球物理场，地磁场丰富的特征要素是其重要优势，基于多独立特征量的综合匹配可以有效减少错误匹配，减小匹配误差，提升地磁匹配定位的有效性。尤其在地磁场特征空间变化较平缓的区域，这种优势相比于基于单一特征量的匹配方式更加明显。

利用三轴磁力仪可以测量并计算出地磁场的 7 个特征要素，并基于此开展多特征量综合匹配。需要选取至少两个要素作为待匹配的特征量并建立联合度量指标，从而基于多特征量地磁基准图搜索最优匹配位置。以平均绝对差指标为例，当利用单一要素作为特征量时，基准图通常以平面网格形式存储了对应区域内该特征量的空间分布信息。在 $M \times N$ 的平面网格内，$T_m(u,v)$ 表示基准图中 (u,v) 处的特征值，潜航器在航行过程中，在航迹上实时测量所得特征序列为 $T(k)$，$k=1,2,\cdots,N$，根据表 6-5 可知，平均绝对差距度量函数为

$$d(u,v) = \frac{1}{N}\sum_{k=1}^{N} \left| T_m(u(k),v(k)) - T(k) \right| \tag{6-105}$$

将所有与惯性导航系统输出航迹相平行的基准图子图作为搜索空间，从中确定使得代价函数值最小的 $(u(k),v(k))$，即为对真实航迹的最优估计。当不考虑测量误差和其他干扰因素时，实时测量数据与基准图应具有完全一致性，但是区域内空间特征量的丰富程度、观测误差等因素可能会使得基于匹配指标搜索得到的最优航迹并非真实航迹，甚至最优航迹不具有唯一性，容易产生误匹配。采用多个特征量进行综合匹配可以缓解这种问题。当综合利用 m 个特征要素开展匹配时，根据其中每个独立要素都可以利用式(6-105)计算平均绝对差指标。估计航迹需要满足所有要素的综合度量指标达到最优，即

$$\boldsymbol{D}(u,v)=[d_1(u,v)\quad d_2(u,v)\quad\cdots\quad d_m(u,v)]^{\mathrm{T}} \tag{6-106}$$

可见这是个多目标优化问题。

理想情形下,估计航迹与真实航迹完全一致时,上式中各项指标能够达到同时最优。然而测量误差及干扰因素的存在使得不同的特征要素受到不同程度的影响,很难保证每个指标都完全收敛到统一航迹上,因此需要首先独立考虑各项独立特征量的匹配指标,并基于各特征量的重要性进行综合考虑,即

$$\min\boldsymbol{D}(u,v)=\min_{u,v}\sum_{i=1}^{m}\lambda_i d_i(u,v) \tag{6-107}$$

式中:λ_i 为权系数。

'每个特征元素权系数的大小由各自特征要素的测量准确性、特征丰富程度综合决定,可信度可以利用匹配概率进行表示,对式(6-107)中的权系数作如下赋值:

$$\lambda_i=p_i,\quad i=1,2,\cdots,m \tag{6-108}$$

式中:p_i 为各个独立特征要素的匹配概率,值越大表示该特征要素越重要,而其具体取值需要综合特征要素的适配性、测量噪声强度等多种因素综合考虑。

6.5.2 重力匹配导航技术

重力匹配导航与地形匹配、地磁匹配在原理上非常相似,部分地形、地磁匹配导航算法可应用于重力匹配定位(如第5章介绍的等值线迭代最近点算法、地形轮廓匹配导航算法等)。本节重点介绍一种改进的等值线匹配算法用于重力匹配导航。

1. 旋转和平移变换的相关性问题

在等值线迭代最近点算法的平移与旋转变换过程中,首先要使得加权目标函数值 D_k 达到最小,通过对 D_k 中的平移矢量 $\boldsymbol{t}$ 求导或利用直接展开法获得 $\boldsymbol{t}=\bar{Y}-\boldsymbol{R}\bar{P}$,可以看出,由于旋转矩阵 $\boldsymbol{R}(\theta)$ 是平移矢量 $\boldsymbol{t}$ 的变量,因此需要首先求取矩阵 $\boldsymbol{R}(\theta)$,再求解平移矢量 $\boldsymbol{t}$。可以采用四元数法、奇异值分解法等求解旋转矩阵 $\boldsymbol{R}(\theta)$。四元数法的特点是比较容易得到正交旋转矩阵,因此更为常用。用 $\bar{Y}$ 表示最近点序列的质心,$\bar{P}$ 表示将惯性导航系统指示航迹点序列经过若干次刚性变换之后形成的序列点的质心,$\boldsymbol{R}(\theta)$ 表示旋转矩阵,θ 表示迭代过程中利用四元数法所求得的旋转角度。由于平移矢量 $\boldsymbol{t}$ 和旋转矩阵 $\boldsymbol{R}(\theta)$ 的计算密切相关,矩阵 $\boldsymbol{R}(\theta)$ 的计算误差必然会反馈到矢量 $\boldsymbol{t}$ 的结果中,导致平移矢量 $\boldsymbol{t}$ 的结果异常。以下结合理论推导过程阐释 $\boldsymbol{t}$ 和 $\boldsymbol{R}(\theta)$ 的相关性问题,目标函数为

$$D_k = \sum_{i=1}^{N} w_{i,k} \| Y_{i,k} - TP_{i,k} \|^2 \qquad (6-109)$$

理想情形下,可将最近点序列表示为

$$Y_{i,k} = \boldsymbol{R}(P_{i,k} - \bar{P}) + \boldsymbol{t} \qquad (6-110)$$

假定 k 为最后迭代次数,并设定刚性变换中 $\boldsymbol{R}(\theta)$ 和 $\boldsymbol{t}$ 的误差分别为 $\Delta\boldsymbol{R}$ 和 $\Delta\boldsymbol{t}$,由于这些误差因素的存在,指示航迹点序列的质心 $\bar{P}$ 也将包含相应的误差,用 $\Delta\bar{P}$ 表示,将 $\Delta\boldsymbol{R}$、$\Delta\boldsymbol{t}$ 和 $\Delta\bar{P}$ 代入上式,可得

$$Y_{i,k} = (\boldsymbol{R} + \Delta\boldsymbol{R})(P_{i,k} - \bar{P} - \Delta\bar{P}) + \boldsymbol{t} + \Delta\boldsymbol{t} \qquad (6-111)$$

将上式展开,并将式(6-110)代入式(6-111)中,得

$$\Delta\boldsymbol{t} = \boldsymbol{R} \cdot \Delta\bar{P} - \Delta\boldsymbol{R} \cdot (P_{i,k} - \bar{P}) + \Delta\boldsymbol{R} \cdot \Delta\bar{P} \qquad (6-112)$$

消去二阶项,式(6-112)可简化为

$$\Delta\boldsymbol{t} = \boldsymbol{R} \cdot \Delta\bar{P} - \Delta\boldsymbol{R} \cdot (P_{i,k} - \bar{P}) \qquad (6-113)$$

根据式(6-113)可以看出,平移误差项 $\Delta\boldsymbol{t}$ 可以通过旋转矩阵误差项 $\Delta\boldsymbol{R}$ 进行表示。$\Delta\boldsymbol{R}$ 会使得 $\Delta\boldsymbol{t}$ 增大,导致混合误差升高,将计算过程复杂化。

2. 改进的等值线匹配算法设计

为减弱旋转误差对平移矢量的不良影响,利用一种最近点加密的等值线匹配算法进一步提高匹配精度,以下简称为改进方法。

改进方法的设计有三项重要基础:首先,等值线算法认定实际航迹一定会落在某条等值线上或者最近点附近,并将最近点作为最优的迭代位置点;其次,等值线算法利用四元数法做旋转变换,这可以保证在惯性导航系统的初始匹配误差比较小时,得到接近于真实航向的估计航向;最后,由于惯性导航系统短时积累误差小,因此基于惯导实测的相邻两点间距离与实际距离十分接近。基本流程如图 6-11 所示。

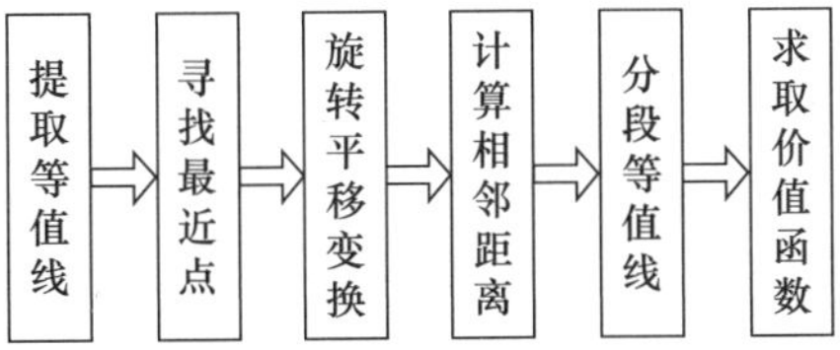

图 6-11　改进方法基本流程

改进方法的具体流程如下：

(1) 提取等值线。潜航器以匀速进入匹配区域 Ω 后，实时测量得到 N_{p} 个重力梯度数据序列，基于这一数据序列从重力梯度基准图中读取对应的等值线，并记为 $C_i(i=1,2,\cdots,N_{\mathrm{p}})$，并且与惯性导航系统指示的 N_{p} 个位置 $P_i(i=1,2,\cdots,N_{\mathrm{p}})$ 一一对应。

(2) 寻找最近点。以惯性导航系统的指示位置 P_i 为中心，划定与概率误差椭圆相切的最小矩形区域作为决策区域，从中截取等值线，依据最近点的搜索准则在所截取的等值线上不断寻找对应最近点，将其记为 $Y_i(i=1,2,\cdots,N_{\mathrm{p}})$。

(3) 旋转平移变换。基于传统等值线算法中的四元数法旋转变换方法，对匹配航迹做旋转、平移变换，旋转角度为 θ_k，即

$$\begin{cases} P_{i,k+1} = \boldsymbol{R}(\theta_k)\cdot P_{i,k} + t_{i,k} \\ t_{i,k} = \bar{Y} - \boldsymbol{R}(\theta_k)\cdot \bar{P} \\ \boldsymbol{R}(\theta_k) = \begin{bmatrix} \cos\theta_k & -\sin\theta_k \\ \sin\theta_k & \cos\theta_k \end{bmatrix} \\ \bar{Y} = \dfrac{1}{w}\sum_{i=1}^{M} w_{i,k}Y_{i,k}, \quad \bar{P} = \dfrac{1}{w}\sum_{i=1}^{M} w_{i,k}P_{i,k} \\ w_{i,k} = \dfrac{1}{\| P_{i,k} - Y_{i,k} \|} \end{cases} \tag{6-114}$$

式中：$P_{i,k}$为经过 k 次旋转变换后惯性导航系统指示航迹中第 i 个点位置；$t_{i,k}$为经过第 k 次旋转后第 i 个点平移量；$\bar{Y}$ 和 $\bar{P}$ 分别为 k 次旋转后最近点序列和匹配航迹点序列重心；$\boldsymbol{R}(\theta_k)$为以 θ_k 为元素的反对称旋转矩阵；$Y_{i,k}$为经过 k 次旋转后对应第 i 个位置点最近点；$w_{i,k}$为权值，是惯性导航系统指示位置点 $P_{i,k}$与对应最近点 $Y_{i,k}$之间距离的倒数，w 为权值 w_i 之和。

(4) 计算相邻距离。根据惯性导航系统输出的位置点 $P_{i,0}(i=1,2,\cdots,N_{\mathrm{p}})$ 计算 $P_{i,0}$与 $P_{i+1,0}$间的距离为

$$L_i = \| P_{i+1,0} - P_{i,0} \| \tag{6-115}$$

(5) 分段等值线。在已截取的等值线 C_i 上确定最后一次旋转变换的位置点 $P_{i,k}$及其最近点 $Y_{i,k}$，然后以 $Y_{i,k}$为中心，以 Δ 为步长（具体大小需要根据惯性导航系统的实际精度要求确定）把 C_i 分为 $2\times m$ 段，并保证真实位置点包含在 $m\times\Delta$ 范围内，将每个分段点记为 $P_{i,k}^{l}(l=0,1,2,\cdots,2m)$，而后以 $P_{i,k}^{l}$为起点，沿 $P_{i,k}$到 $P_{i+1,k}$的方向向等值线 C_{i+1} 作射线，如图 6-12 所示，把相交点记为 $P_{i+1,k}^{l}$，

其中 j 为相交点的数量，且满足 $j < l$。

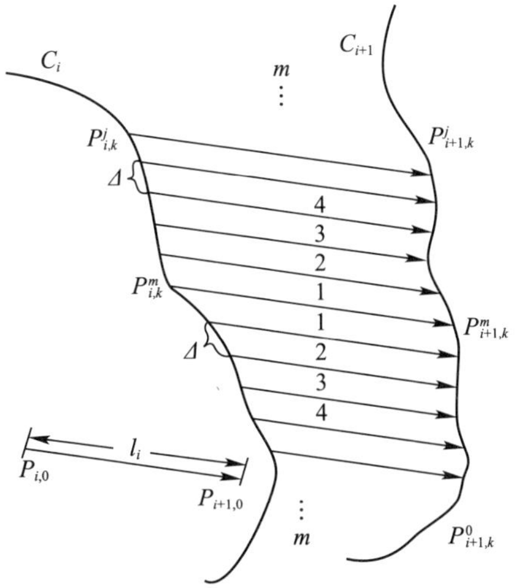

图 6－12　改进方法原理图

（6）求取价值函数。计算在匹配时刻生成的所有航迹的价值函数 $J_{a,N_p}(P_i, L_i)$，a 为可能的航迹数量。确定使得 $J_{a,N_p}(P_i, L_i)$ 最小的价值函数 $D_a(P_i, L_i)$，如式（6－116）所示，其中 N_h 是把 N_p 个等值线进行分段后，各段线段所形成的航迹总数，并且满足 $N_h \leqslant 2m(N_p - 1)$。$D_a(P_i^l, L_i)$ 对应的匹配点就是最优匹配点，$D_a(P_i^l, L_i)$ 所形成的航迹就是最优匹配航迹。

$$\begin{cases} D_a(P_i, L_i) = \min\limits_{a \in (1,2,\cdots,N_h)} \{J_{a,N_p}(P_i, L_i)\} \\ J_{a,N_p}(P_i, L_i) = \sum\limits_{i=2}^{N_p} \| P_i - L_i \|^2 \\ P_i = \| P^j_{i+1,k} - P^j_{i,k} \|^2 \end{cases} \tag{6-116}$$

在求解 $P^j_{i+1,k}$ 的过程中要构造两条直线，分别为经过 $P^j_{i,k}$，方向为 $P_{i,k}P_{i+1,k}$ 的一条直线和由等值线 C_{i+1} 上的相邻两点顺次连接形成的任意一条直线，联立方程组可求得交点。但由于对 C_i 分段时，某一条或更多的线段恰好与 C_{i+1} 上某个线段保持平行或两线段之间距离最接近 L_i 的话，将会导致多条最佳线段，也即使得价值函数 $J_{a,N_p}(P_i, L_i)$ 最小的匹配航迹可能会多于一条。此时需要确定依据选取最佳匹配点，一般把与最近点最为接近的位置作为最佳匹配点，其通常具有更大的可能性满足最小价值函数。根据经典等值线算法，实际航迹定会落在等值线最近点上或附近位置，且相邻两条等值线分别具有两个最近点，此时可将第二个最近点作为判断准则，如果在第二条等值线上所求得的相交点超出了基于第二个最近点所确定的范围，就剔除该匹配点。

3. 仿真试验分析

采用某海域地形数据作为模拟重力梯度数据的基准，该地形数据起始点经纬度为(111.880°,16.795°)，其水深最小值为－2451.5m，最大值为－678.3m，平均值为－1315.8m。重力梯度数据采用地形正演方法中矩形棱柱法而获得，剩余密度取为1.643g/cm^3，选取计算点高程为大地水准面，则利用上述正演条件获得重力梯度的5个独立分量值，选取梯度特征较为明显的垂直梯度分量作为仿真基准图，如图6－13所示，其重力垂直梯度熵值为0.9958。

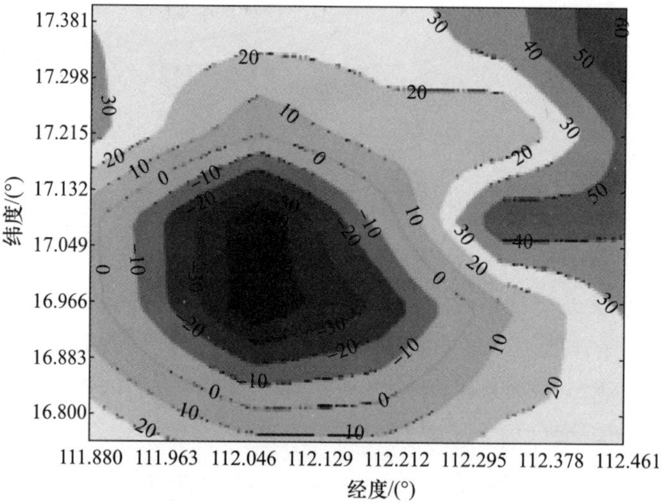

图6－13　仿真所用的重力梯度等值线图

假设潜航器在航行过程中，以某特定时间间隔进行一次转向，且实际航迹任意设定，每次到达转向点时重力梯度仪记录一次数据，并且搜集惯性导航系统测得的相邻两点间距离和其他导航信息，转向时间间隔选取的原则：当匹配区域内重力梯度变化较平缓时，选择较长的转向间隔时间，当重力梯度变化较显著时，选择较短的转向时间，且转向时间取为5min的整数倍，这样可以降低由于梯度变化平缓造成误匹配的可能。潜航器在两个采样点间做匀速直线运动，每一段直线上的航行速度为在8~12kn范围内变化。制图误差和重力梯度仪测量误差均取为0.1E，在仿真过程中，重力梯度仪测得的数据是在真实航迹基础上加入－0.1E~0.1E的随机噪声。同样，所用重力梯度图是在地形正演所获得的重力梯度数据基础上加入－0.1E~0.1E的随机误差。

等值线算法采样点数取为9点，最大迭代次数为200次，全局收敛阈值设为

0.001，局部收敛阈值设为 0.0000001。分别在纬度方向上取初始匹配误差为 0.5′、1.0′、1.5′、2.0′、2.5′、3.0′和 3.5′的条件下，进行 200 次仿真实验，其结果如图 6－14（a）～（g）和表 6－6 所示。为了更加直观地观察仿真图，将经度和纬度方向上的坐标刻度进行相应简化，在图 6－14 中，左图为等值线算法的所有迭代航迹，右图为等值线算法最终迭代放大图，图中方形虚线代表实际航迹，细菱

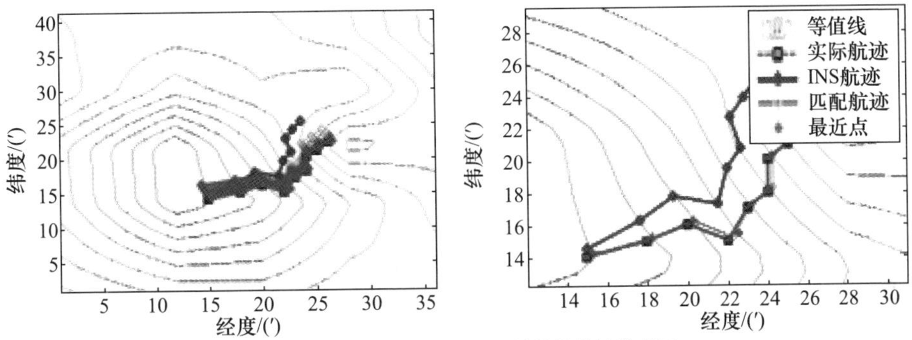

(a) 初始匹配误差为0.5′时的等值线算法仿真图

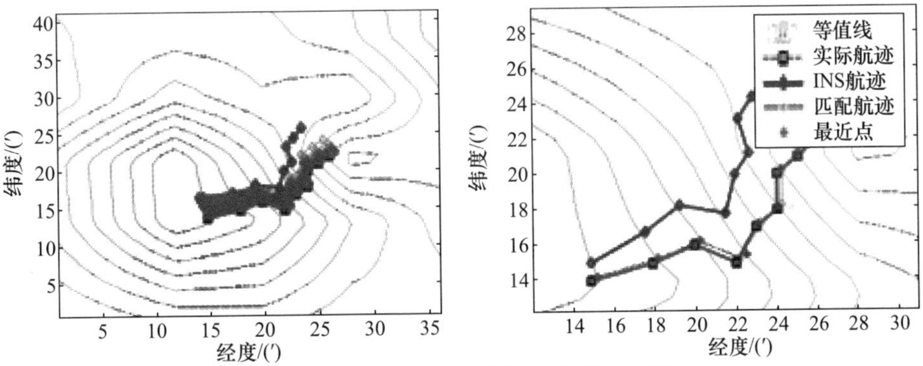

(b) 初始匹配误差为1.0′时的等值线算法仿真图

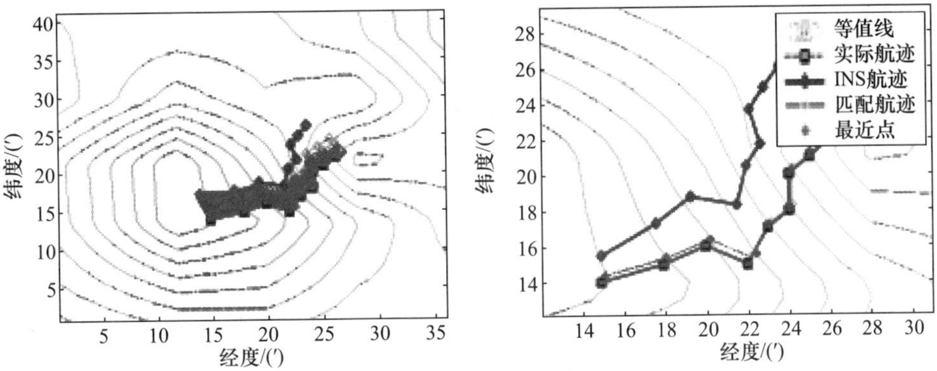

(c) 初始匹配误差为1.5′时的等值线算法仿真图

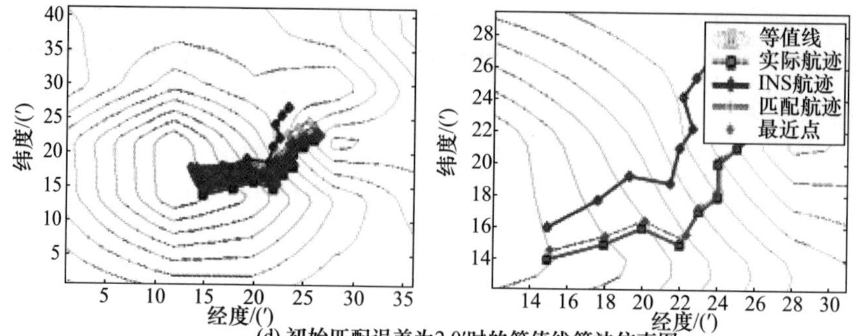

(d) 初始匹配误差为2.0′时的等值线算法仿真图

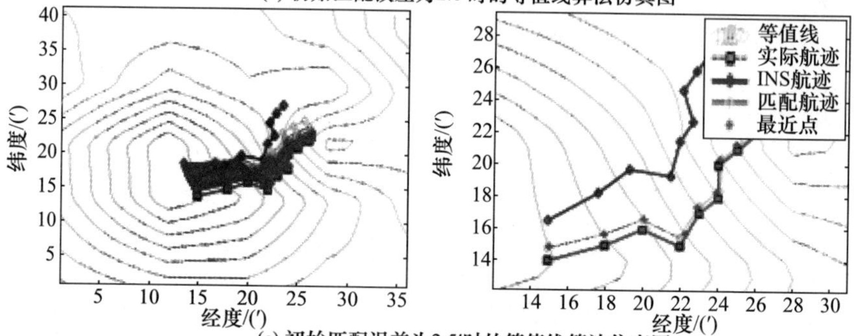

(e) 初始匹配误差为2.5′时的等值线算法仿真图

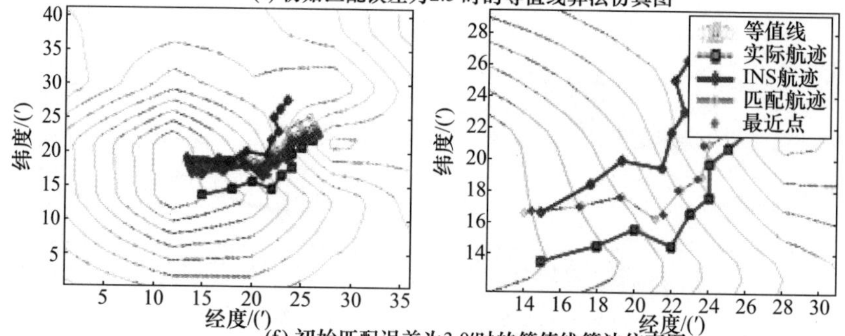

(f) 初始匹配误差为3.0′时的等值线算法仿真图

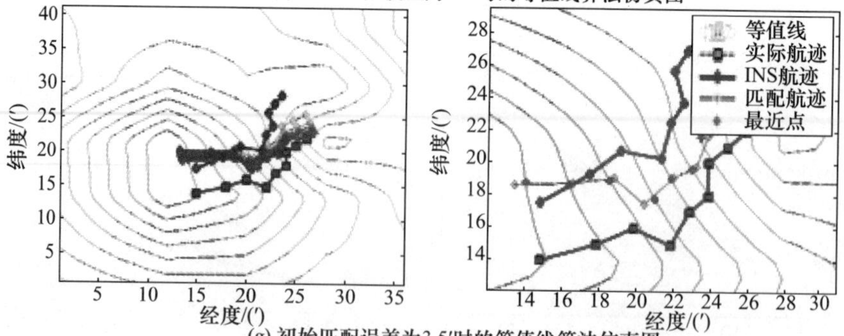

(g) 初始匹配误差为3.5′时的等值线算法仿真图

图6-14 纬度方向上初始匹配误差为0.5′~3.5′时等值线算法仿真图

形线为等值线算法的匹配航迹，粗菱形线为惯性导航系统指示航迹，它是由实际航迹旋转 15°后经过若干平移变换而获得。表 6-6 列出初始匹配误差为0.5′~3.5′时的经度误差、纬度误差、航向误差及匹配所需时间的统计情况。

表 6-6　纬度方向上初始匹配误差为 0.5′~3.5′时匹配误差统计结果

初始匹配误差	匹配误差量及时间	最小值	最大值	平均值
0.5′	经度误差/(′)	0.2050	0.2576	0.2242
	纬度误差/(′)	0.1563	0.2282	0.2013
	航向误差/(′)	6.7980	6.7980	6.7980
	仿真时间/s	3.66		
1.0′	经度误差/(′)	0.2077	0.2598	0.2255
	纬度误差/(′)	0.1917	0.2356	0.2192
	航向误差/(′)	13.7452	13.7452	13.7452
	仿真时间/s	3.65		
1.5′	经度误差/(′)	0.1494	0.2204	0.1809
	纬度误差/(′)	0.2738	0.3724	0.3107
	航向误差/(′)	20.7046	20.7046	20.7046
	仿真时间/s	3.72		
2.0′	经度误差/(′)	0.0690	0.2317	0.1409
	纬度误差/(′)	0.3066	0.5353	0.3924
	航向误差/(′)	70.9501	70.9501	70.9501
	仿真时间/s	3.78		
2.5′	经度误差/(′)	-0.0484	0.2501	0.0828
	纬度误差/(′)	0.3524	0.7797	0.5132
	航向误差/(′)	131.7375	131.7375	131.7375
	仿真时间/s	3.97		
3.0′	经度误差/(′)	-0.9392	0.3338	-0.4069
	纬度误差/(′)	0.8290	2.9663	1.6521
	航向误差/(′)	629.6372	629.6372	629.6372
	仿真时间/s	4.03		
3.5′	经度误差/(′)	-1.4247	0.4801	-0.6578
	纬度误差/(′)	0.9618	4.6044	2.3893
	航向误差/(′)	1040.5478	1040.5478	1040.5478
	仿真时间/s	3.56		

从表6-6中可以知道，在每一个匹配阶段中，等值线算法的每段航向误差角均相同，这是由于设置初始条件时假设惯性导航系统指示航迹为由实际航迹经过15°旋转后再经过若干移动获得的，其航迹形状并没有发生变化，这种假设比较接近实际情况。

在大初始匹配误差下，等值线算法误差很大，上述仿真也证明了这一点，为解决大初始匹配误差下等值线算法的匹配问题，可以考虑利用其他辅助导航算法进行粗匹配来降低初始匹配误差，从而形成待匹配航迹，然后再利用等值线算法进行精匹配的方法。同时，从表6-6中可以知道，当初始匹配位置误差在1.5′以内时，等值线算法具有很小的航向角误差（这里的航向角是指由等值线算法计算出的航迹向），而随着初始匹配位置误差的增长，航向角误差逐渐增大，当初始匹配误差为3.5′时，航向角误差平均值达到1040.55′（17.34°），这样的航向角误差传递给平移矢量，必然会带来混合误差的急剧升高。为提高等值线算法的匹配精度，降低等值线算法旋转与平移变换中的混合误差，可以采用在最近点附近加密的等值线改进方法，分别在两种不同初始匹配位置误差的情况下进行仿真实验分析，其初始匹配位置误差分别为：经度误差0.5′、纬度误差0.2′和经度误差0.9′、纬度误差0.3′，其他仿真条件不变，初始设置的惯性导航系统给定的相邻两点间距离、真实航迹向和惯性导航系统给定的航迹向信息如表6-7所示，其中惯性导航系统航迹是由真实航迹进行了15°的旋转后经过若干移动而获得，惯性导航系统给定的相邻两点间距离是由真实距离加上若干随机噪声得到。

表6-7 仿真参数信息

参数	第1段	第2段	第3段	第4段	第5段	第6段	第7段	第8段
惯性导航距离/(′)	3.1623	2.2361	2.2361	2.2361	1.4142	2.0000	1.4142	1.4142
真实航迹向/(°)	18.4349	26.5651	-26.5651	63.4349	45.0800	90.000	45.0030	45.0070
惯性导航航迹向/(°)	33.4349	41.5651	-11.5651	78.4349	60.0800	-75.000	60.0030	60.0070

在匹配过程中，先利用等值线算法获得航迹向，再利用最近点加密的等值线算法进行进一步匹配，由于陀螺漂移引起惯性导航系统在经度方向上的位置误差随时间增长而发散，选择中等精度的惯性导航系统，陀螺常值漂移和随机漂移均取为0.01°/h，加表零偏为0.0001g，重力梯度仪采样周期设为5min，则所选取惯性导航系统在5min之内位置误差大约为0.083′。本节在该直线上取小间

隔的间距时，即以该位置误差为基准，采取折中的方法，考虑到惯性导航系统呈震荡性发散，则取每个间距为0.0415′，连续地取间隔10个，即上下共取20个数据点，这样可以保证定位误差包含在该区域内，从而降低误匹配的可能。仿真结果如图6-15、图6-16所示。

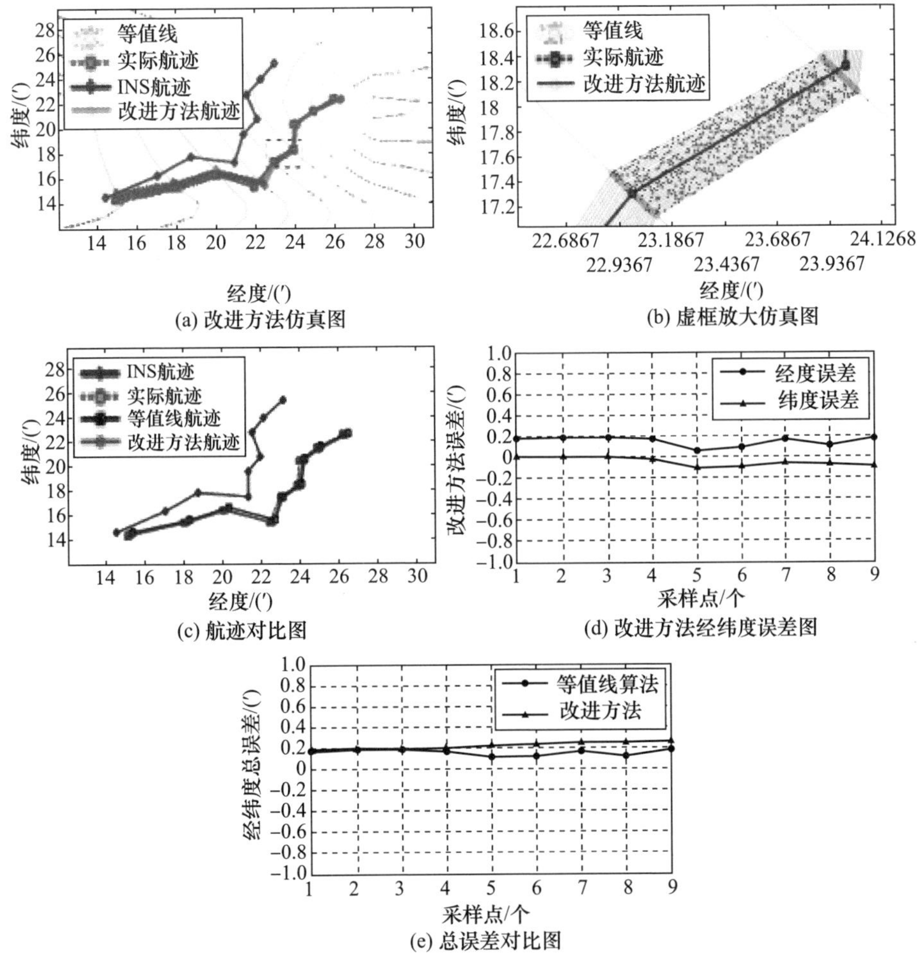

图6-15　经度误差0.5′、纬度误差0.2′改进方法仿真图

图6-15和图6-16表示初始经纬度误差分别为0.5′、0.2′和0.9′、0.3′时的仿真结果图，图6-15(b)、图6-16(b)为图6-15(a)和图6-16(a)的虚框放大图，图6-15(d)、图6-16(d)为改进方法的经纬度误差图，图6-15(c)、图6-16(c)和图6-15(e)、图6-16(e)为改进方法与传统等值线算法的航迹及经纬度总误差的对比图，从图中可以看出，改进方法的定位精度在传统等值线

算法的基础上有了较大的提高。

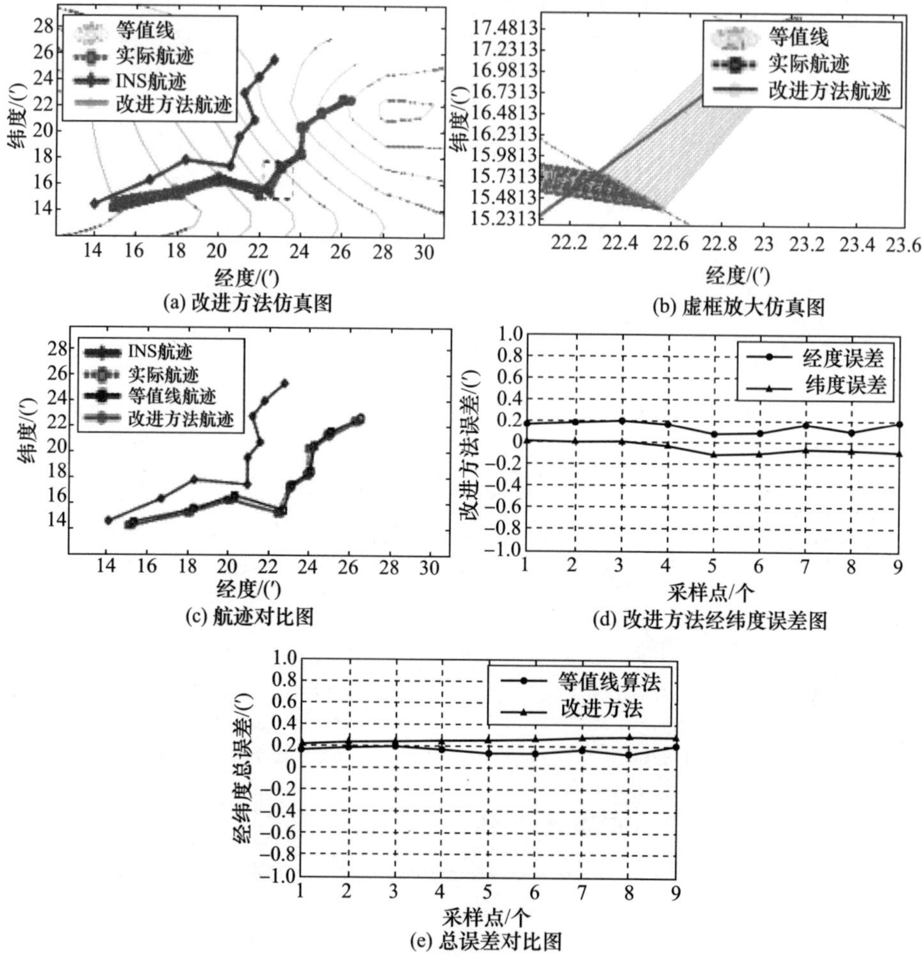

(a) 改进方法仿真图 (b) 虚框放大仿真图 (c) 航迹对比图 (d) 改进方法经纬度误差图 (e) 总误差对比图

图 6-16 经度误差 0.9′、纬度误差 0.3′改进方法仿真图

第7章

水下导航多源数据融合技术

在系统复杂度、成本、技术条件等多种因素的限制下,单一水下导航技术难以在大范围内提供长航时、高精度导航定位信息。因此,融合不同导航技术的优势,构建水下多源融合导航系统可以有效弥补单一导航技术的缺陷,提高无人潜航器的导航性能。由于惯性导航系统能够连续自主地输出导航定位信息,因此通常作为潜航器核心导航设备,并辅以其他导航方式进行多源数据融合从而抑制惯性导航累积误差。基于上述优势,多普勒测速、水声定位、地球物理场匹配等导航技术均在水下导航系统中得到广泛研究和应用。本章主要介绍水下组合导航和水下同步定位与构图(Simultaneous Localization and Mapping,SLAM)这两种常用的水下多源数据融合导航技术。

7.1 组合导航常用滤波方法

组合导航系统利用最优数据融合算法,将多个导航传感器输出的数据进行综合处理,而后输出目标导航参数,因此数据融合算法是组合导航系统的核心。本节主要介绍组合导航系统中常用的几种滤波方法,包括卡尔曼滤波、粒子滤波、联邦滤波以及自适应滤波。

7.1.1 卡尔曼滤波

1. 标准卡尔曼滤波

卡尔曼滤波器是一个最优化自回归数据处理算法。对于很多问题,它是最优、效率最高甚至是最有用的,在包括机器人导航、控制、传感器数据融合以及计算机图像处理等方面均有成功的应用。

假设有线性离散系统:

$$\boldsymbol{x}_k = \boldsymbol{F}_{k-1}\boldsymbol{x}_{k-1} + \boldsymbol{G}_{k-1}\boldsymbol{u}_{k-1} + \boldsymbol{w}_{k-1} \tag{7-1}$$

$$\boldsymbol{y}_k = \boldsymbol{H}_k\boldsymbol{x}_k + \boldsymbol{v}_k \tag{7-2}$$

式中:$\boldsymbol{x}$ 为状态矢量;$\boldsymbol{u}$ 为控制矢量;$\boldsymbol{y}$ 为输出矢量;$\boldsymbol{F}$ 为系统状态传递矩阵,也称系统矩阵;$\boldsymbol{G}$ 为输入矩阵;$\boldsymbol{H}$ 为输出矩阵;$\boldsymbol{w}$ 为过程噪声;$\boldsymbol{v}$ 为量测噪声。这些变量对应的下标 k 或 $k-1$ 表示相应的时刻。$\{\boldsymbol{w}_k\}$ 和 $\{\boldsymbol{v}_k\}$ 是零均值、不相关的白噪声,且有已知的协方差阵 $\boldsymbol{Q}_k$ 和 $\boldsymbol{R}_k$,即

$$\boldsymbol{w}_k \sim (0,\boldsymbol{Q}_k) \quad \boldsymbol{v}_k \sim (0,\boldsymbol{R}_k) \tag{7-3}$$

$$E[\boldsymbol{w}_k\boldsymbol{w}_j^{\mathrm{T}}] = \boldsymbol{Q}_k\delta_{k-j} \quad E[\boldsymbol{v}_k\boldsymbol{v}_j^{\mathrm{T}}] = \boldsymbol{R}_k\delta_{k-j} \quad E[\boldsymbol{v}_k\boldsymbol{w}_j^{\mathrm{T}}] = 0 \tag{7-4}$$

式中:δ_{k-j}为克罗内克函数。

卡尔曼滤波初始化:

$$\hat{\boldsymbol{x}}_0^+ = E(\boldsymbol{x}_0) \tag{7-5}$$

$$\boldsymbol{P}_0^+ = E[(\boldsymbol{x}_0 - \hat{\boldsymbol{x}}_0^+)(\boldsymbol{x}_0 - \hat{\boldsymbol{x}}_0^+)^{\mathrm{T}}] \tag{7-6}$$

按以下步骤进行循环迭代估计,其中 $k=1,2,\cdots$。

(1) 系统状态的先验估计:

$$\hat{\boldsymbol{x}}_k^- = \boldsymbol{F}_{k-1}\hat{\boldsymbol{x}}_{k-1}^+ + \boldsymbol{G}_{k-1}\boldsymbol{u}_{k-1} \tag{7-7}$$

(2) 计算预测协方差矩阵:

$$\boldsymbol{P}_k^- = \boldsymbol{F}_{k-1}\boldsymbol{P}_{k-1}^+\boldsymbol{F}_{k-1}^{\mathrm{T}} + \boldsymbol{Q}_{k-1} \tag{7-8}$$

(3) 计算卡尔曼滤波增益矩阵:

$$\boldsymbol{K}_k = \boldsymbol{P}_k^-\boldsymbol{H}_k^{\mathrm{T}}(\boldsymbol{H}_k\boldsymbol{P}_k^-\boldsymbol{H}_k^{\mathrm{T}} + \boldsymbol{R}_k)^{-1} \tag{7-9}$$

(4) 系统状态的后验估计:

$$\hat{\boldsymbol{x}}_k^+ = \hat{\boldsymbol{x}}_k^- + \boldsymbol{K}_k(\boldsymbol{y}_k - \boldsymbol{H}_k\hat{\boldsymbol{x}}_k^-) \tag{7-10}$$

(5) 更新状态协方差:

$$\boldsymbol{P}_k^+ = (\boldsymbol{I} - \boldsymbol{K}_k\boldsymbol{H}_k)\boldsymbol{P}_k^-(\boldsymbol{I} - \boldsymbol{K}_k\boldsymbol{H}_k)^{\mathrm{T}} + \boldsymbol{K}_k\boldsymbol{R}_k\boldsymbol{K}_k^{\mathrm{T}} \tag{7-11}$$

2. 扩展卡尔曼滤波

当系统状态方程或观测方程为非线性时,无法直接采用卡尔曼滤波进行递推估计,一个有效的方法就是对状态方程或观测方程进行线性化,进而可以用卡尔曼滤波估计方法进行递推估计,即扩展卡尔曼滤波。

设有系统模型:

$$\boldsymbol{x}_k = f_{k-1}(\boldsymbol{x}_{k-1},\boldsymbol{u}_{k-1},\boldsymbol{w}_{k-1}) \tag{7-12}$$

$$\boldsymbol{y}_k = h_k(\boldsymbol{x}_k,\boldsymbol{v}_k) \tag{7-13}$$

同样，系统噪声和量测噪声都是白噪声，存在 $\boldsymbol{w}_k \sim (0,\boldsymbol{Q}_k)$，$\boldsymbol{v}_k \sim (0,\boldsymbol{R}_k)$。

初始化如下：

$$\hat{\boldsymbol{x}}_0^+ = E(\boldsymbol{x}_0) \tag{7-14}$$

$$\boldsymbol{P}_0^+ = E[(\boldsymbol{x}_0 - \hat{\boldsymbol{x}}_0^+)(\boldsymbol{x}_0 - \hat{\boldsymbol{x}}_0^+)^{\mathrm{T}}] \tag{7-15}$$

按以下步骤进行循环迭代估计，其中 $k = 1,2,\cdots$。

（1）计算状态传递雅可比矩阵：

$$\boldsymbol{F}_{k-1} = \left.\frac{\partial f_{k-1}}{\partial \boldsymbol{x}}\right|_{\hat{\boldsymbol{x}}_{k-1}^+} \tag{7-16}$$

$$\boldsymbol{L}_{k-1} = \left.\frac{\partial f_{k-1}}{\partial \boldsymbol{w}}\right|_{\hat{\boldsymbol{x}}_{k-1}^+} \tag{7-17}$$

（2）状态预估计：

$$\hat{\boldsymbol{x}}_k^- = f_{k-1}(\hat{\boldsymbol{x}}_{k-1}^+, \boldsymbol{u}_{k-1}, 0) \tag{7-18}$$

（3）计算预估计预测协方差矩阵：

$$\boldsymbol{P}_k^- = \boldsymbol{F}_{k-1}\boldsymbol{P}_{k-1}^+\boldsymbol{F}_{k-1}^{\mathrm{T}} + \boldsymbol{L}_{k-1}\boldsymbol{Q}_{k-1}\boldsymbol{L}_{k-1}^{\mathrm{T}} \tag{7-19}$$

（4）计算观测方程雅可比矩阵：

$$\boldsymbol{H}_k = \left.\frac{\partial h_k}{\partial \boldsymbol{x}}\right|_{\hat{\boldsymbol{x}}_k^-} \tag{7-20}$$

$$\boldsymbol{M}_k = \left.\frac{\partial h_k}{\partial \boldsymbol{v}}\right|_{\hat{\boldsymbol{x}}_k^-} \tag{7-21}$$

（5）计算滤波增益矩阵：

$$\boldsymbol{K}_k = \boldsymbol{P}_k^-\boldsymbol{H}_k^{\mathrm{T}}(\boldsymbol{H}_k\boldsymbol{P}_k^-\boldsymbol{H}_k^{\mathrm{T}} + \boldsymbol{M}_k\boldsymbol{R}_k\boldsymbol{M}_k^{\mathrm{T}})^{-1} \tag{7-22}$$

（6）状态估计的量测更新：

$$\hat{\boldsymbol{x}}_k^+ = \hat{\boldsymbol{x}}_k^- + \boldsymbol{K}_k(\boldsymbol{y}_k - h_k(\hat{\boldsymbol{x}}_k^-, 0)) \tag{7-23}$$

（7）更新状态协方差矩阵：

$$\boldsymbol{P}_k^+ = (\boldsymbol{I} - \boldsymbol{K}_k\boldsymbol{H}_k)\boldsymbol{P}_k^- \tag{7-24}$$

3. 无迹卡尔曼滤波

扩展卡尔曼滤波是基于非线性方程线性化实现的，无迹变换在传播均值和协方差时比线性化更加准确。因此，用无迹卡尔曼滤波往往可以取得比扩展卡尔曼滤波更好的估计效果。

已知 n 维离散时间非线性系统为

$$\boldsymbol{x}_k = f(\boldsymbol{x}_{k-1}, \boldsymbol{u}_{k-1}, t_{k-1}) + \boldsymbol{w}_{k-1} \tag{7-25}$$

$$\boldsymbol{y}_k = h(\boldsymbol{x}_k, t_k) + \boldsymbol{v}_k \tag{7-26}$$

同理，$\boldsymbol{w}_k \sim (0, \boldsymbol{Q}_k)$，$\boldsymbol{v}_k \sim (0, \boldsymbol{R}_k)$。

无迹卡尔曼滤波初始化如下：

$$\hat{\boldsymbol{x}}_0^+ = E(\boldsymbol{x}_0) \tag{7-27}$$

$$\boldsymbol{P}_0^+ = E[(\boldsymbol{x}_0 - \hat{\boldsymbol{x}}_0^+)(\boldsymbol{x}_0 - \hat{\boldsymbol{x}}_0^+)^{\mathrm{T}}] \tag{7-28}$$

(1) 首先需要在量测时间点间进行状态与协方差的时间更新。

① 选择 sigma 点：

$$\hat{\boldsymbol{x}}_{k-1}^{(i)} = \hat{\boldsymbol{x}}_{k-1}^+ + \tilde{\boldsymbol{x}}^{(i)}, \quad i = 1, 2, \cdots, 2n \tag{7-29}$$

$$\tilde{\boldsymbol{x}}^{(i)} = \left(\sqrt{n\boldsymbol{P}_{k-1}^+}\right)_i^{\mathrm{T}}, \tilde{\boldsymbol{x}}^{(n+i)} = -\left(\sqrt{n\boldsymbol{P}_{k-1}^+}\right)_i^{\mathrm{T}}, i = 1, 2, \cdots, n \tag{7-30}$$

② 用非线性系统方程 $f(\cdot)$ 将 sigma 点转换为 $\boldsymbol{x}_k^{(i)}$，可得

$$\hat{\boldsymbol{x}}_k^{(i)} = f(\hat{\boldsymbol{x}}_{k-1}^{(i)}, \boldsymbol{u}_k, t_k) \tag{7-31}$$

③ 合并 $\hat{\boldsymbol{x}}_k^{(i)}$ 以获得 k 时刻的先验状态估计：

$$\hat{\boldsymbol{x}}_k^- = \frac{1}{2n}\sum_{i=1}^{2n} \hat{\boldsymbol{x}}_k^{(i)} \tag{7-32}$$

④ 计算先验估计误差协方差：

$$\boldsymbol{P}_k^- = \frac{1}{2n}\sum_{i=1}^{2n} (\hat{\boldsymbol{x}}_k^{(i)} - \hat{\boldsymbol{x}}_k^-)(\hat{\boldsymbol{x}}_k^{(i)} - \hat{\boldsymbol{x}}_k^-)^{\mathrm{T}} + \boldsymbol{Q}_{k-1} \tag{7-33}$$

(2) 进行量测更新。

① 选择 sigma 点 $\hat{\boldsymbol{x}}_k^{(i)}$：

$$\hat{\boldsymbol{x}}_k^{(i)} = \hat{\boldsymbol{x}}_k^- + \tilde{\boldsymbol{x}}^{(i)}, \quad i = 1, 2, \cdots, 2n \tag{7-34}$$

$$\tilde{\boldsymbol{x}}^{(i)} = \left(\sqrt{n\boldsymbol{P}_k^-}\right)_i^{\mathrm{T}}, \tilde{\boldsymbol{x}}^{(n+i)} = -\left(\sqrt{n\boldsymbol{P}_k^-}\right)_i^{\mathrm{T}}, i = 1, 2, \cdots, n \tag{7-35}$$

② 用非线性观测方程 $h(\cdot)$ 将 sigma 点转换为 $\hat{\boldsymbol{y}}_k^{(i)}$：

$$\hat{\boldsymbol{y}}_k^{(i)} = h(\hat{\boldsymbol{x}}_k^{(i)}, t_k) \tag{7-36}$$

③ 合并 $\hat{\boldsymbol{y}}_k^{(i)}$ 获得 k 时刻的量测预测：

$$\hat{\boldsymbol{y}}_k = \frac{1}{2n}\sum_{i=1}^{2n} \hat{\boldsymbol{y}}_k^{(i)} \tag{7-37}$$

④ 估计量测预测的协方差：

$$\boldsymbol{P}_y = \frac{1}{2n}\sum_{i=1}^{2n} (\hat{\boldsymbol{y}}_k^{(i)} - \hat{\boldsymbol{y}}_k)(\hat{\boldsymbol{y}}_k^{(i)} - \hat{\boldsymbol{y}}_k)^{\mathrm{T}} + \boldsymbol{R}_k \tag{7-38}$$

⑤ 估计 $\hat{\boldsymbol{x}}_k^-$ 和 $\hat{\boldsymbol{y}}_k$ 之间的协方差：

$$\boldsymbol{P}_{xy} = \frac{1}{2n}\sum_{i=1}^{2n}(\hat{\boldsymbol{x}}_k^{(i)} - \hat{\boldsymbol{x}}_k^-)(\hat{\boldsymbol{y}}_k^{(i)} - \hat{\boldsymbol{y}}_k)^{\mathrm{T}} \tag{7-39}$$

⑥ 状态的量测更新：

$$\boldsymbol{K}_k = \boldsymbol{P}_{xy}\boldsymbol{P}_y^{-1} \tag{7-40}$$

$$\hat{\boldsymbol{x}}_k^+ = \hat{\boldsymbol{x}}_k^- + \boldsymbol{K}_k(\boldsymbol{y}_k - \hat{\boldsymbol{y}}_k) \tag{7-41}$$

$$\boldsymbol{P}_k^+ = \boldsymbol{P}_k^- - \boldsymbol{K}_k\boldsymbol{P}_y\boldsymbol{K}_k^{\mathrm{T}} \tag{7-42}$$

7.1.2　粒子滤波

在系统满足线性、高斯分布的前提条件下，卡尔曼滤波是一种最优选择。但是，这些条件在实际工作中一般较难满足。在非线性系统中，扩展卡尔曼滤波、无迹卡尔曼滤波等方法仍需要求系统噪声满足高斯分布。对于非高斯系统，Hammersley 等提出了序贯重要性采样（Sequential Importance Sampling，SIS）方法。Gordon 等提出了一种基于序贯重要性采样思想的 Bootstrap 非线性滤波方法，从而奠定了粒子滤波算法的基础。粒子滤波的基本思想是，从合适的概率密度函数中采集足够数量的离散样本，即粒子，并将样本点的概率密度值（或概率）作为对应粒子的权值，利用这些样本及其所对应的权值来对待求的后验概率密度进行近似估算，实现对状态量的估计。概率密度越大，粒子相应权值也越大。当样本数量足够大时，这种离散粒子估计的方法将以足够高的精度逼近任意分布（高斯或者非高斯）的后验概率密度，因此该方法不受后验概率分布的限制。

粒子滤波是基于贝叶斯滤波框架的，因此本节首先给出贝叶斯滤波器的基本过程。

1. 贝叶斯状态递推滤波

（1）系统方程和观测方程为

$$\boldsymbol{x}_k = f(\boldsymbol{x}_{k-1}, \boldsymbol{w}_{k-1}) \tag{7-43}$$

$$\boldsymbol{y}_k = h(\boldsymbol{x}_k, \boldsymbol{v}_k) \tag{7-44}$$

式中：$\{\boldsymbol{w}_k\}$ 和 $\{\boldsymbol{v}_k\}$ 是已知概率密度函数的独立白噪声过程。

（2）假设初始状态的概率密度 $p(\boldsymbol{x}_0)$ 已知，初始化估计器为

$$p(\boldsymbol{x}_0 \mid \boldsymbol{Y}_0) = p(\boldsymbol{x}_0) \tag{7-45}$$

（3）对 $k = 1, 2, \cdots$，进行如下迭代估计：

获得先验概率密度函数为

$$p(\boldsymbol{x}_k \mid \boldsymbol{Y}_{k-1}) = \int p(\boldsymbol{x}_k \mid \boldsymbol{x}_{k-1}) p(\boldsymbol{x}_{k-1} \mid \boldsymbol{Y}_{k-1}) \mathrm{d}\boldsymbol{x}_{k-1} \tag{7-46}$$

获得后验概率密度函数为

$$p(\boldsymbol{x}_k \mid \boldsymbol{Y}_k) = \frac{p(\boldsymbol{y}_k \mid \boldsymbol{x}_k) p(\boldsymbol{x}_k \mid \boldsymbol{Y}_{k-1})}{\int p(\boldsymbol{y}_k \mid \boldsymbol{x}_k) p(\boldsymbol{x}_k \mid \boldsymbol{Y}_{k-1}) \mathrm{d}\boldsymbol{x}_k} \tag{7-47}$$

2. 粒子滤波流程

(1) 对于贝叶斯滤波器中的系统方程和观测方程,设初始状态的概率密度函数 $p(\boldsymbol{x}_0)$ 为已知,基于 $p(\boldsymbol{x}_0)$ 可随机产生 N 个初始粒子,记作 $\boldsymbol{x}_{0,i}^{+}(i=1,2,\cdots,N)$。由用户选择参数 N 作为在计算量和估计精度之间的权衡。

(2) 对于 $k=1,2,\cdots$,执行以下步骤:

① 利用已知系统方程和系统噪声的概率密度函数,执行时间更新获得先验粒子 $\boldsymbol{x}_{k,i}^{-}$:

$$\boldsymbol{x}_{k,i}^{-} = f_{k-1}(\boldsymbol{x}_{k-1,i}^{-}, \boldsymbol{w}_{k-1}^{i}), \quad i=1,2,\cdots,N \tag{7-48}$$

式中:每一个噪声矢量 $\boldsymbol{w}_{k-1}^{i}$ 是基于已知的 $\boldsymbol{w}_{k-1}$ 概率密度函数随机产生的。

② 以量测量 $\boldsymbol{y}_k$ 为条件计算每个粒子 $\boldsymbol{x}_{k,i}^{-}$ 的似然概率密度 q_i,可以通过非线性观测方程和量测噪声的概率密度函数估计 $p(\boldsymbol{y}_k \mid \boldsymbol{x}_{k,i}^{-})$ 获得。

③ 利用下式将获得的似然概率密度归一化为

$$q_i = \frac{q_i}{\sum_{j=1}^{N} q_j} \tag{7-49}$$

从而所有似然概率密度的和等于1。

④ 基于似然概率密度 q_i 产生一组后验粒子 $\boldsymbol{x}_{k,i}^{+}$,称作重采样。

⑤ 根据所得的服从概率密度函数 $p(\boldsymbol{x}_k \mid \boldsymbol{y}_k)$ 分布的粒子 $\boldsymbol{x}_{k,i}^{+}$ 计算任意统计量。

7.1.3 联邦滤波

1. 联邦滤波器基本原理

针对一般离散状态空间模型如下式所示:

$$\begin{cases} \boldsymbol{X}_k = \boldsymbol{\Phi}_{k/k-1}\boldsymbol{X}_{k-1} + \boldsymbol{\Gamma}_{k/k-1}\boldsymbol{W}_{k-1} \\ \boldsymbol{Z}_k = \boldsymbol{H}_k\boldsymbol{X}_k + \boldsymbol{V}_k \end{cases} \tag{7-50}$$

联邦滤波的计算包括四个步骤,分别为信息分配、时间更新、量测更新和估计融合:

(1) 信息分配:按照一定的准则,将系统过程信息分配给主滤波器和各子滤波器

$$\boldsymbol{P}_{i,k-1}=\beta_i^{-1}\boldsymbol{P}_{k-1}\quad \boldsymbol{Q}_{i,k-1}=\beta_i^{-1}\boldsymbol{Q}_{k-1}\quad \boldsymbol{X}_{i,k}=\boldsymbol{X}_{k-1}\tag{7-51}$$

式中:根据信息守恒定律有 $\sum_{i=1}^{n}\beta_i=1$。

(2) 时间更新:将系统状态与估计误差协方差按系统转移矩阵进行转移,在各子滤波器和主滤波器中进行

$$\begin{cases}\hat{\boldsymbol{X}}_{i,k/k-1}=\boldsymbol{\Phi}_{i,k/k-1}\hat{\boldsymbol{X}}_{i,k-1}\\ \boldsymbol{P}_{i,k/k-1}=\boldsymbol{\Phi}_{i,k/k-1}\boldsymbol{P}_{i,k-1}\boldsymbol{\Phi}_{i,k/k-1}^{\mathrm{T}}+\boldsymbol{\Gamma}_{i,k/k-1}\boldsymbol{Q}_{i,k/k-1}\boldsymbol{\Gamma}_{i,k/k-1}^{\mathrm{T}}\end{cases}\tag{7-52}$$

(3) 量测更新:基于新的量测信息,更新系统状态和估计误差协方差,在子滤波器中进行

$$\begin{cases}\boldsymbol{K}_{i,k}=\boldsymbol{P}_{i,k/k-1}\boldsymbol{H}_{i,k}^{\mathrm{T}}\boldsymbol{R}_{i,k}^{-1}\\ \hat{\boldsymbol{X}}_{i,k}=\hat{\boldsymbol{X}}_{i,k/k-1}+\boldsymbol{K}_{i,k}(\boldsymbol{Z}_{i,k}-\boldsymbol{H}_{i,k}\hat{\boldsymbol{X}}_{i,k/k-1})\\ \boldsymbol{P}_{i,k}=(\boldsymbol{I}-\boldsymbol{K}_{i,k}\boldsymbol{H}_{i,k})\boldsymbol{P}_{i,k/k-1}\end{cases}\tag{7-53}$$

(4) 估计融合:将各个子滤波器的局部估计进行最优融合

$$\begin{cases}\hat{\boldsymbol{X}}_{\mathrm{g}}=\boldsymbol{P}_{\mathrm{g}}\sum\boldsymbol{P}_{i,k}^{-1}\boldsymbol{X}_{i,k}\\ \boldsymbol{P}_{\mathrm{g}}=(\sum\boldsymbol{P}_{i,k}^{-1})^{-1}\end{cases}\tag{7-54}$$

2. 联邦滤波器基本结构

联邦滤波四种结构原理方框图如图 7-1 所示。

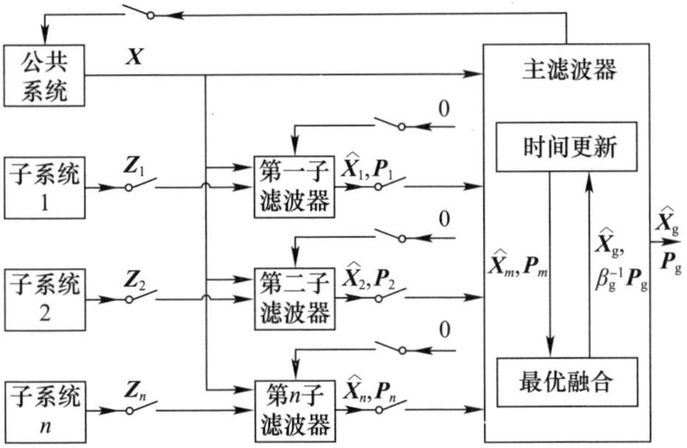

(a) 零重置反馈结构

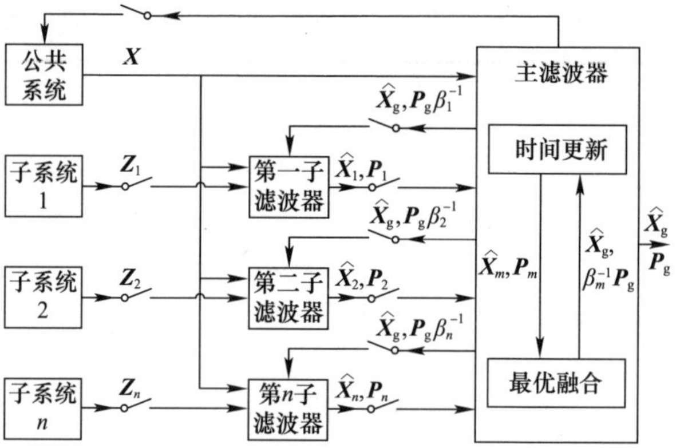

(b) 变比例结构

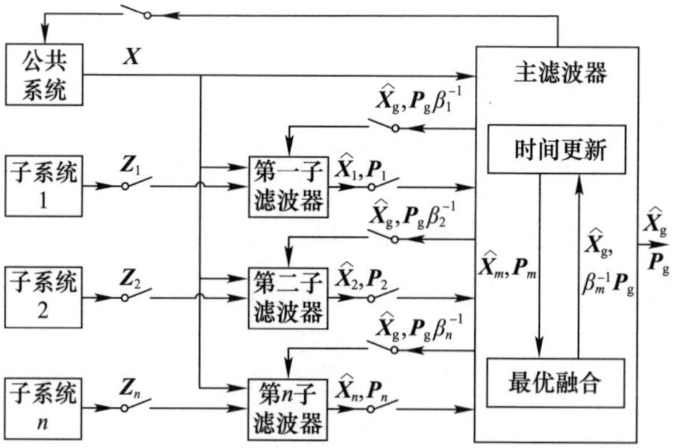

(c) 融合反馈结构

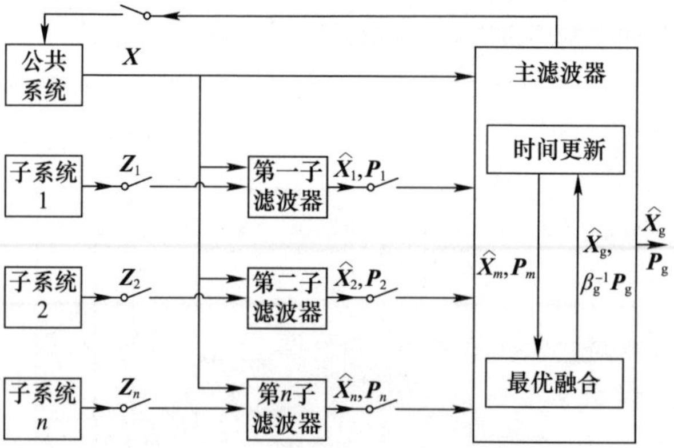

(d) 无重置结构

图 7-1　四种联邦滤波结构

四种结构简要介绍如下：

1）零重置反馈结构($\beta_m=1,\beta_i=0$)

零重置反馈结构如图 7-1(a)所示，主滤波器得到所有信息，$\beta_m=1$，子滤波器因其过程噪声协方差无穷大而无信息，从而对于子滤波器，只需利用量测信息做最小二乘估计。在此模式下，主滤波器可以工作在低于子滤波器的工作频率上，易于实施。

2）变比例结构($\beta_m=\beta_i=1/(n+1)$)

变比例结构如图 7-1(b)所示，信息被平均分配给主滤波器和子滤波器，系统性能较好，但缺点是主滤波器对子滤波器有反馈作用，降低了系统的容错能力。

3）融合反馈结构($\beta_m=0,\beta_i=1/n$)

融合反馈结构如图 7-1(c)所示，是一种基本的联邦滤波结构，信息被平均分配给各子滤波器，即 $\beta_m=0,\beta_i=1/n$，融合后向子滤波器反馈分配信息 $\hat{\boldsymbol{X}}_g$ 和 $\boldsymbol{P}_g$。

4）无重置结构

无重置结构如图 7-1(d)所示，信息只在初始时刻进行一次分配，$\beta_m=0$，主滤波器中只进行信息融合，不具备对子滤波器状态的重置作用，每个子滤波器独立工作并输出局部估计，通过在主滤波器中进行信息融合得到全局估计。

7.1.4　自适应滤波

当导航系统噪声的统计特性具有时变特征时，如果仍将系统模型中的噪声参数设为固定值，将导致估计结果精度下降甚至发散。以 Sage-Husa 自适应滤波方法为例进行介绍。

Sage-Husa 自适应滤波算法一方面利用观测数据进行递推滤波估计，同时利用时变噪声统计估值器，对系统过程噪声与量测噪声的统计特性进行实时估计和修正，实现降低模型误差、提高滤波收敛性和提高估计精度的效果。

设 t_k 时刻离散系统状态方程与观测方程为

$$\begin{cases}\boldsymbol{X}_k=\boldsymbol{\Phi}_{k/k-1}\boldsymbol{X}_{k-1}+\boldsymbol{\Gamma}_{k/k-1}\boldsymbol{W}_{k-1}\\ \boldsymbol{Z}_k=\boldsymbol{H}_k\boldsymbol{X}_k+\boldsymbol{V}_k\end{cases}\tag{7-55}$$

则 Sage-Husa 自适应滤波算法可描述为

$$\hat{\boldsymbol{X}}_{k/k-1}=\boldsymbol{\Phi}_{k/k-1}\hat{\boldsymbol{X}}_{k-1}+\boldsymbol{\Gamma}_{k-1}\boldsymbol{Q}_{k-1}\tag{7-56}$$

$$\tilde{\boldsymbol{Z}}_k=\boldsymbol{Z}_k-\boldsymbol{H}_k\hat{\boldsymbol{X}}_{k/k-1}\tag{7-57}$$

$$\boldsymbol{P}_{k/k-1}=\boldsymbol{\Phi}_{k/k-1}\boldsymbol{P}_{k-1}\boldsymbol{\Phi}_{k/k-1}^{\mathrm{T}}+\boldsymbol{\Gamma}_{k-1}\boldsymbol{Q}_{k-1}\boldsymbol{\Gamma}_{k-1}^{\mathrm{T}} \tag{7-58}$$

$$\boldsymbol{K}_k=\boldsymbol{P}_{k/k-1}\boldsymbol{H}_k^{\mathrm{T}}(\boldsymbol{H}_k\boldsymbol{P}_{k/k-1}\boldsymbol{H}_k^{\mathrm{T}}+\boldsymbol{R}_k)^{-1} \tag{7-59}$$

$$\boldsymbol{P}_k=[\boldsymbol{I}-\boldsymbol{K}_k\boldsymbol{H}_k]\boldsymbol{P}_{k/k-1} \tag{7-60}$$

$$\hat{\boldsymbol{X}}_k=\hat{\boldsymbol{X}}_{k/k-1}+\boldsymbol{K}_k\tilde{\boldsymbol{Z}}_k \tag{7-61}$$

时变噪声递推估计算法为

$$\hat{\boldsymbol{r}}_{k+1}=(1-d_k)\hat{\boldsymbol{r}}_k+d_k(\boldsymbol{Z}_{k+1}-\boldsymbol{H}_{k+1}\boldsymbol{X}_{k+1/k}) \tag{7-62}$$

$$\hat{\boldsymbol{v}}_{k+1}=\boldsymbol{Z}_{k+1}-\boldsymbol{H}_{k+1}\boldsymbol{X}_{k+1/k}-\hat{\boldsymbol{r}}_k \tag{7-63}$$

$$\hat{\boldsymbol{R}}_{k+1}=(1-d_k)\hat{\boldsymbol{R}}_k+d_k(\hat{\boldsymbol{v}}_{k+1}\hat{\boldsymbol{v}}_{k+1}^{\mathrm{T}}+\boldsymbol{H}_{k+1}\boldsymbol{P}_{k+1}\boldsymbol{H}_{k+1}^{\mathrm{T}}) \tag{7-64}$$

$$\boldsymbol{\Gamma}_{k+1}\hat{\boldsymbol{q}}_{k+1}=(1-d_k)\hat{\boldsymbol{q}}_k+d_k(\hat{\boldsymbol{X}}_{k+1}-\boldsymbol{\Phi}_{k+1/k}\hat{\boldsymbol{X}}_k) \tag{7-65}$$

$$\begin{aligned}\boldsymbol{\Gamma}_{k+1}\hat{\boldsymbol{Q}}_k\boldsymbol{\Gamma}_{k+1}^{\mathrm{T}}=&(1-d_k)\boldsymbol{\Gamma}_{k/k-1}\hat{\boldsymbol{Q}}_{k-1}\boldsymbol{\Gamma}_{k/k-1}^{\mathrm{T}}+\\&d_k(\boldsymbol{K}_{k+1}\hat{\boldsymbol{v}}_{k+1}\hat{\boldsymbol{v}}_{k+1}^{\mathrm{T}}\boldsymbol{K}_{k+1}^{\mathrm{T}}+\boldsymbol{P}_{k+1}+\boldsymbol{\Phi}_{k+1/k}\boldsymbol{P}_k\boldsymbol{\Phi}_{k+1/k}^{\mathrm{T}})\end{aligned} \tag{7-66}$$

式中：$d_k=(1-b)(1-b^{k+1})$，b 为遗忘因子，$0<b<1$，一般取值为0.95～0.995。

7.2 水下组合导航系统

组合导航系统的核心是将不同导航传感器输出的导航定位信息借助数据融合技术加以综合以及最优化数学处理，从而得到最优导航信息输出。考虑到无人潜航器水下工作环境，以惯性导航系统为主，辅以其他导航设备对惯性导航系统累积误差进行校正是无人潜航器常用的组合导航工作模式。

7.2.1 惯性/水声组合导航系统

基于水声导航方式可以获得多种辅助惯性导航系统的观测量，如基于水声定位系统（长基线、短基线、超短基线）的定位信息、基于多普勒计程仪的速度信息以及基于水声测距信号的测距信息。以下分别针对这三种惯性/水声组合导航方式进行介绍。

1. 惯性/水声定位组合导航原理

选用捷联惯性导航系统作为组合导航系统的核心导航设备，需要建立捷联惯性导航系统误差方程作为组合导航系统滤波状态方程。

在捷联惯性导航系统/水声定位组合导航系统中，水声定位精度高，其定位误差通常远小于捷联惯性导航系统的积累误差。用高斯白噪声描述水声定位误差统计特性,降低系统复杂程度,系统状态变量中只包含捷联惯性导航系统的导航误差。以东北天(E-N-U)地理坐标系作为导航坐标系,根据 3.3.4 节介绍的捷联惯性导航系统误差方程,选取捷联惯性导航系统/水声定位组合导航系统的状态矢量为

$$\boldsymbol{X}=[\phi_{\mathrm{E}}\quad \phi_{\mathrm{N}}\quad \phi_{\mathrm{U}}\quad \delta V_{\mathrm{E}}\quad \delta V_{\mathrm{N}}\quad \delta L\quad \delta\lambda\quad \varepsilon_x\quad \varepsilon_y\quad \varepsilon_z\quad \nabla_x\quad \nabla_y]^{\mathrm{T}} \tag{7-67}$$

式中:ϕ_{E}、ϕ_{N}、ϕ_{U} 为平台失准角;δV_{E}、δV_{N} 为速度误差;δL、$\delta\lambda$ 为位置误差;ε_x、ε_y、ε_z 为陀螺常值漂移;∇_x、∇_y 为加速度计常值误差。

组合导航系统状态方程为

$$\dot{\boldsymbol{X}}=\boldsymbol{AX}+\boldsymbol{GW} \tag{7-68}$$

将式(7-68)展开,得到

$$\begin{bmatrix}\dot{\boldsymbol{\phi}}\\ \delta\dot{\boldsymbol{V}}\\ \delta\dot{\boldsymbol{P}}\\ \dot{\boldsymbol{\varepsilon}}\\ \dot{\nabla}\end{bmatrix}=\begin{bmatrix}\boldsymbol{F}_{11} & \boldsymbol{F}_{12} & \boldsymbol{F}_{13} & \boldsymbol{F}_{14} & \boldsymbol{0}_{3\times2}\\ \boldsymbol{F}_{21} & \boldsymbol{F}_{22} & \boldsymbol{F}_{23} & \boldsymbol{0}_{2\times3} & \boldsymbol{F}_{25}\\ \boldsymbol{0}_{2\times3} & \boldsymbol{F}_{32} & \boldsymbol{F}_{33} & \boldsymbol{0}_{2\times3} & \boldsymbol{0}_{2\times2}\\ \boldsymbol{0}_{3\times3} & \boldsymbol{0}_{3\times2} & \boldsymbol{0}_{3\times2} & \boldsymbol{0}_{3\times3} & \boldsymbol{0}_{3\times2}\\ \boldsymbol{0}_{2\times3} & \boldsymbol{0}_{2\times2} & \boldsymbol{0}_{2\times2} & \boldsymbol{0}_{2\times3} & \boldsymbol{0}_{2\times2}\end{bmatrix}\begin{bmatrix}\boldsymbol{\phi}\\ \delta\boldsymbol{V}\\ \delta\boldsymbol{P}\\ \boldsymbol{\varepsilon}\\ \nabla\end{bmatrix}+\boldsymbol{G}\begin{bmatrix}\boldsymbol{w}_{\phi}\\ \boldsymbol{w}_{V}\\ \boldsymbol{w}_{P}\\ \boldsymbol{0}_{3\times1}\\ \boldsymbol{0}_{2\times1}\end{bmatrix} \tag{7-69}$$

式中:各矩阵表示形式为

$$F_{11}=\begin{bmatrix}0 & \omega_{ie}\sin L+\dfrac{V_{\mathrm{E}}}{R}\tan L & -\left(\omega_{ie}\cos L+\dfrac{V_{\mathrm{E}}}{R}\right)\\ -\left(\omega_{ie}\sin L+\dfrac{V_{\mathrm{E}}}{R}\tan L\right) & 0 & -\dfrac{V_{\mathrm{N}}}{R}\\ \omega_{ie}\cos L+\dfrac{V_{\mathrm{E}}}{R} & \dfrac{V_{\mathrm{N}}}{R} & 0\end{bmatrix}$$

$$F_{12}=\begin{bmatrix}0 & -\dfrac{1}{R}\\ \dfrac{1}{R} & 0\\ \dfrac{\tan L}{R} & 0\end{bmatrix}\quad F_{13}=\begin{bmatrix}0 & 0\\ -\omega_{ie\mathrm{U}} & 0\\ \omega_{ie\mathrm{N}}+\dfrac{V_{\mathrm{E}}\tan L}{R^2} & 0\end{bmatrix}\quad F_{14}=-\boldsymbol{C}_b^n\quad F_{21}=\begin{bmatrix}0 & -f_{\mathrm{U}} & f_{\mathrm{N}}\\ f_{\mathrm{U}} & 0 & -f_{\mathrm{E}}\end{bmatrix}$$

$$F_{22}=\begin{bmatrix}\dfrac{V_{\mathrm{N}}\tan L-V_{\mathrm{U}}}{R} & 2\omega_{ie}\sin L+\dfrac{V_{\mathrm{E}}}{R}\tan L\\ -2\left(\omega_{ie}\sin L+\dfrac{V_{\mathrm{E}}}{R}\tan L\right) & -\dfrac{V_{\mathrm{U}}}{R}\end{bmatrix}\quad F_{25}=\begin{bmatrix}\boldsymbol{C}_b^n(1,1) & \boldsymbol{C}_b^n(1,2)\\ \boldsymbol{C}_b^n(2,1) & \boldsymbol{C}_b^n(2,2)\end{bmatrix}$$

$$F_{23}=\begin{bmatrix}\left(2\omega_{ie}\cos L+\dfrac{V_{\mathrm{E}}}{R}\sec^2 L\right)V_{\mathrm{N}}+2\omega_{ie}V_{\mathrm{U}}\sin L & 0\\ -\left(2\omega_{ie}\cos L+\dfrac{V_{\mathrm{E}}}{R}\sec^2 L\right)V_{\mathrm{E}} & 0\end{bmatrix}\quad F_{32}=\begin{bmatrix}0 & \dfrac{1}{R}\\ \dfrac{1}{R}\sec L & 0\end{bmatrix}$$

$$F_{33}=\begin{bmatrix}0 & 0\\ 0 & \dfrac{V_{\mathrm{E}}}{R}\tan L\sec L\end{bmatrix}$$

捷联惯性导航系统可以输出载体的姿态、速度以及位置信息，水声定位系统则可以输出载体的3维位置信息。在间接滤波方法中通常将两个系统的导航信息差值作为观测量，在建立捷联惯性导航系统/水声定位组合导航系统观测方程时，同样将捷联惯性导航系统位置信息与水声定位系统位置信息的差值作为观测量，即

$$\boldsymbol{Z}=[L_{\mathrm{S}}-L_{\mathrm{A}}\quad \lambda_{\mathrm{S}}-\lambda_{\mathrm{A}}]^{\mathrm{T}} \tag{7-70}$$

式中：$(L_{\mathrm{S}},\lambda_{\mathrm{S}})$和$(L_{\mathrm{A}},\lambda_{\mathrm{A}})$分别表示捷联惯性导航系统和水声定位系统输出的纬度、经度，考虑到两者所包含的误差，观测方程可进一步表示为

$$\boldsymbol{Z}=\begin{bmatrix}L_{\mathrm{S}}-L_{\mathrm{A}}\\ \lambda_{\mathrm{S}}-\lambda_{\mathrm{A}}\end{bmatrix}=\begin{bmatrix}(L+\delta L_{\mathrm{S}})-(L+\delta L_{\mathrm{A}})\\ (\lambda+\delta\lambda_{\mathrm{S}})-(\lambda+\delta\lambda_{\mathrm{A}})\end{bmatrix}=\begin{bmatrix}\delta L_{\mathrm{S}}\\ \delta\lambda_{\mathrm{S}}\end{bmatrix}-\begin{bmatrix}\delta L_{\mathrm{A}}\\ \delta\lambda_{\mathrm{A}}\end{bmatrix} \tag{7-71}$$

式中：(L,λ)为载体所在真实位置；$(\delta L_{\mathrm{S}},\delta\lambda_{\mathrm{S}})$和$(\delta L_{\mathrm{A}},\delta\lambda_{\mathrm{A}})$分别为捷联惯性导航系统和水声定位系统输出位置信息所包含的误差。

捷联惯性导航系统/水声定位组合导航系统的观测方程可以整理为

$$\boldsymbol{Z}=\boldsymbol{HX}+\boldsymbol{V} \tag{7-72}$$

式中：$\boldsymbol{V}$为水声定位系统的量测白噪声，量测矩阵$\boldsymbol{H}$为

$$\boldsymbol{H}[\boldsymbol{0}_{2\times5}\quad \boldsymbol{I}_{2\times2}\quad \boldsymbol{0}_{2\times5}] \tag{7-73}$$

需要注意的是，这里可以忽略水声定位误差，而此时观测方程显然是线性方程。

2. 惯性/水声测速组合导航原理

惯性/水声测速组合导航系统通常采用间接滤波法中的速度松组合模式，即

将地理坐标系下的捷联惯性导航系统解算速度与多普勒计程仪速度做差,作为组合导航系统观测量。利用滤波器对载体的姿态、速度以及位置等误差状态量进行最优估计并进行闭环修正,从而可以得到精确的导航定位信息。捷联惯性导航/多普勒测速组合导航系统原理如图 7－2 所示。

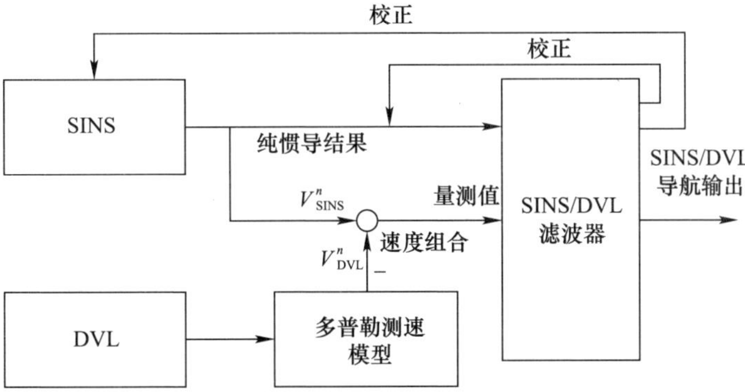

图 7－2　捷联惯性导航/多普勒测速组合导航系统原理图

在捷联惯性导航/多普勒测速组合导航系统中,采用捷联惯性导航系统的误差模型作为组合导航系统状态方程,与基于水声定位的惯性/水声组合导航系统状态方程一致,所以此处不再赘述。由于多普勒计程仪直接测得的载体地速是投影在载体坐标系下的,因此首先需要根据载体姿态将多普勒计程仪输出速度分量投影到导航坐标系下,即东北天地理坐标系。其次,将投影后的多普勒计程仪速度与捷联惯性导航系统输出速度信息做差得到观测量,坐标投影变换中所用的姿态矩阵由惯性导航系统或其他航向参考设备提供。因此,捷联惯性导航/多普勒测速组合导航系统的观测量为

$$\boldsymbol{Z} = [\,V_{\mathrm{ES}} - V_{\mathrm{ED}} \quad V_{\mathrm{NS}} - V_{\mathrm{ND}}\,]^{\mathrm{T}} \tag{7-74}$$

式中:$(V_{\mathrm{ES}}, V_{\mathrm{NS}})$、$(V_{\mathrm{ED}}, V_{\mathrm{ND}})$分别为捷联惯性导航系统和多普勒计程仪输出的东向、北向速度信息,考虑到两者所包含的误差因素,可将式(7－74)改写为

$$\boldsymbol{Z} = \begin{bmatrix} V_{\mathrm{ES}} - V_{\mathrm{ED}} \\ V_{\mathrm{NS}} - V_{\mathrm{ND}} \end{bmatrix} = \begin{bmatrix} (V_{\mathrm{ES}} + \delta V_{\mathrm{ES}}) - (V_{\mathrm{ED}} + \delta V_{\mathrm{ED}}) \\ (V_{\mathrm{NS}} + \delta V_{\mathrm{NS}}) - (V_{\mathrm{ND}} + \delta V_{\mathrm{ND}}) \end{bmatrix} = \begin{bmatrix} \delta V_{\mathrm{ES}} \\ \delta V_{\mathrm{NS}} \end{bmatrix} - \begin{bmatrix} \delta V_{\mathrm{ED}} \\ \delta V_{\mathrm{ND}} \end{bmatrix} \tag{7-75}$$

式中:$(\delta V_{\mathrm{ES}}, \delta V_{\mathrm{NS}})$、$(\delta V_{\mathrm{ED}}, \delta V_{\mathrm{ND}})$分别为捷联惯性导航系统和多普勒计程仪的东向、北向测速误差。

从而可以写出捷联惯性导航/多普勒测速组合导航系统的观测方程为

$$Z = HX + V \tag{7-76}$$

式中：V 为多普勒计程仪量测白噪声，量测矩阵为

$$H[\mathbf{0}_{2\times 5} \quad I_{2\times 2} \quad \mathbf{0}_{2\times 7}] \tag{7-77}$$

与式(7-72)类似，这里可以忽略多普勒测速误差，而此时观测方程显然是线性方程。

3. 惯性/水声测距组合导航原理

在某些场景下，潜航器无法通过其他方式直接获取位置信息，如当只能与1个或2个水声信标进行距离量测时，或者在多潜航器协同导航中，跟随艇可与领航艇之间进行相互距离量测，这种情况下只能用测距信息辅助校正捷联惯性导航系统。

在惯性/水声测距组合导航系统中，仍然将捷联惯性导航系统误差方程作为惯性/水声测距组合导航系统的状态方程。通过水声测距方式获取的是潜航器与位置已知的水声信标之间的几何距离，设已知信标位置为(L_B, λ_B)，捷联惯性导航系统输出的位置为(L_S, λ_S)，则观测方程可写为

$$Z = D((L_B, \lambda_B), (L_S, \lambda_S)) \tag{7-78}$$

式中：$D(\cdot)$表示求两点几何距离的函数。

考虑到捷联惯性导航系统输出经纬度位置所含的误差，可将式(7-78)进一步写为

$$Z = D((L_B, \lambda_B), (L + \delta L_S, \lambda + \delta\lambda_S)) \tag{7-79}$$

式中：$(\delta L_S, \delta\lambda_S)$为捷联惯性导航系统状态方程中对应的位置误差量，显然观测方程是关于状态矢量的非线性函数。

4. 试验结果分析

为验证惯性/水声组合导航系统性能，在吉林松花湖进行惯性/水声测速组合导航系统试验。试验船为准乘16人的小型客运游船，试验设备情况如表7-1所示。

表7-1　松花湖试验设备表

类别	设备名称	数量	指标	研制单位
试验设备	光纤陀螺捷联惯导样机试验系统	1套	航向：0.05°(1σ) 水平：0.01°(1σ)	哈尔滨工程大学
试验设备	Workhorse 300 多普勒计程仪	1台	速度：0.4% ±2mm/s	美国
基准设备	GG24 型 GPS 接收机	1套	速度：0.1m/s(RMS) 位置：10m(RMS)	加拿大

光纤陀螺捷联惯导样机安装在试验船舱室内，GPS天线固定在驾驶室棚顶的栏杆上，多普勒计程仪则通过三脚架安装在试验船的侧面并伸入水中，各设备安装图如图7-3～图7-5所示。

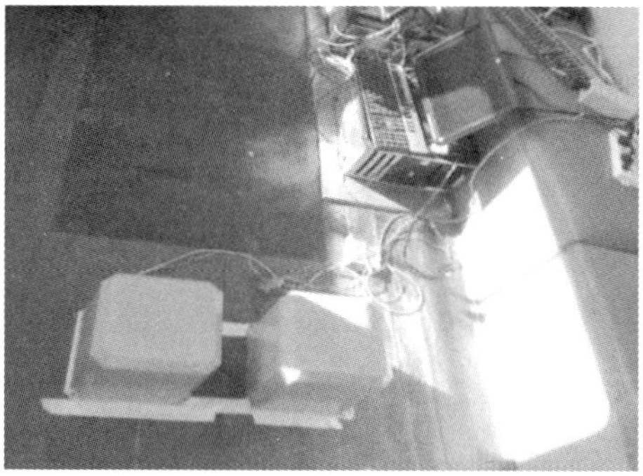

图7-3　光纤陀螺捷联惯导样机舱室内安装图

图7-4　GPS天线安装图

图7-5　多普勒计程仪安装图

计算机采集GPS信息、光纤陀螺捷联惯性导航系统样机的测量数据和多普勒计程仪的速度信息，完成组合导航解算，并以GPS信息作为基准，对光纤陀螺惯性导航系统的组合导航精度进行评估。试验共进行2个航次，定位误差统计结果如表7-2所示，两个航次的航迹图、位置误差、速度误差以及姿态误差如图7-6～图7-13所示。

表7-2　组合导航系统定位误差统计结果

航次	航行时间/h	航程/km	位置最大误差/m
1	7.0	15.4	120.7
2	7.8	36.4	294.8

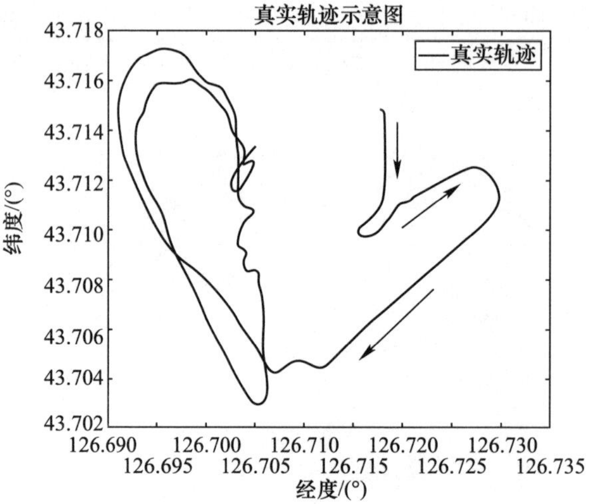

图 7－6　第一航次轨迹图

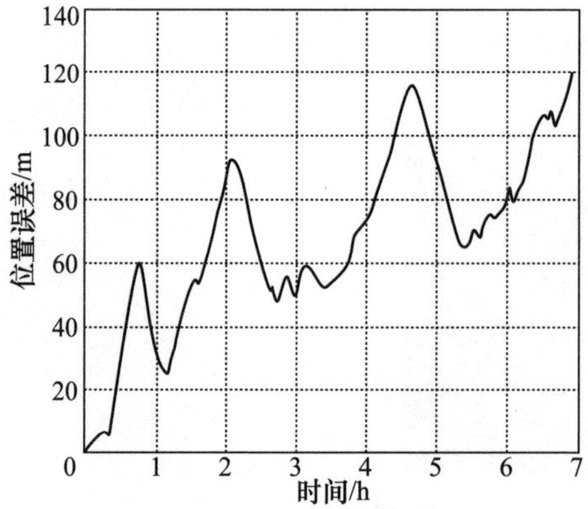

图 7－7　第一航次位置误差

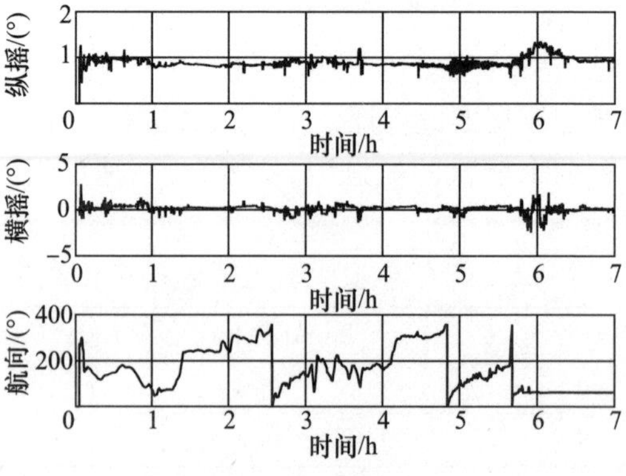

图 7－8　第一航次姿态角

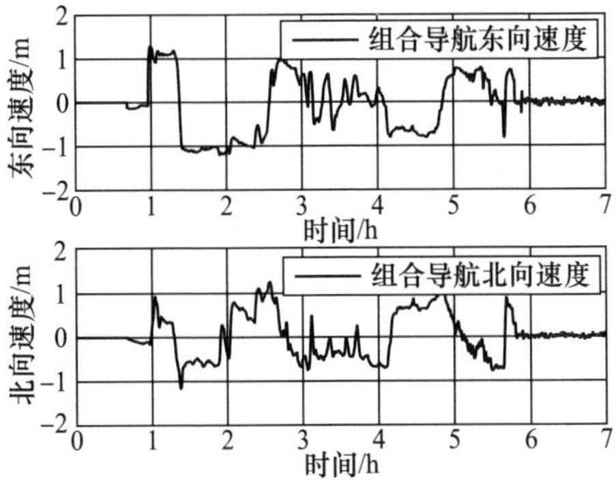

图 7-9　第一航次速度误差

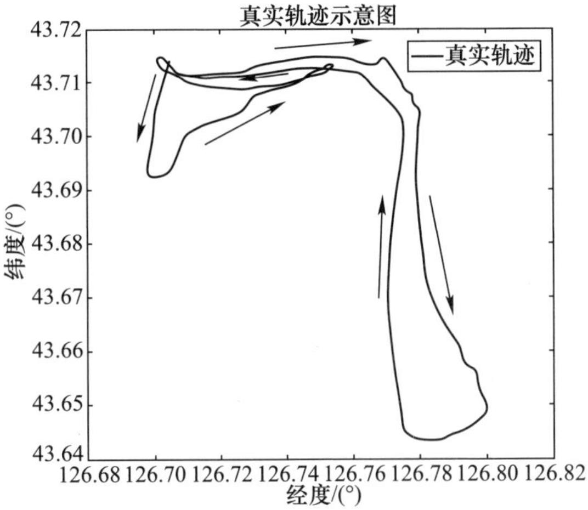

图 7-10　第二航次轨迹图

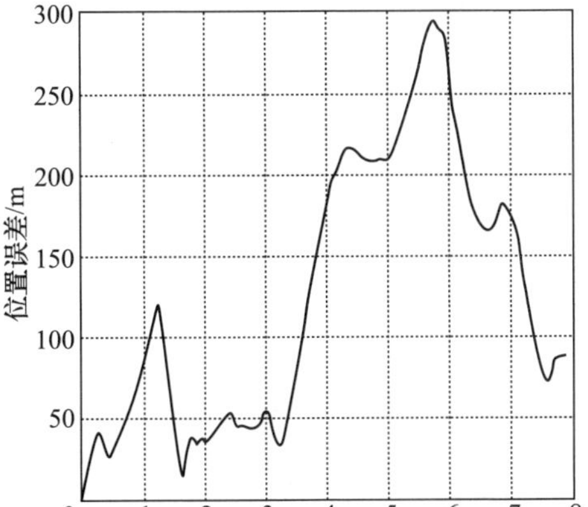

图 7-11　第二航次位置误差

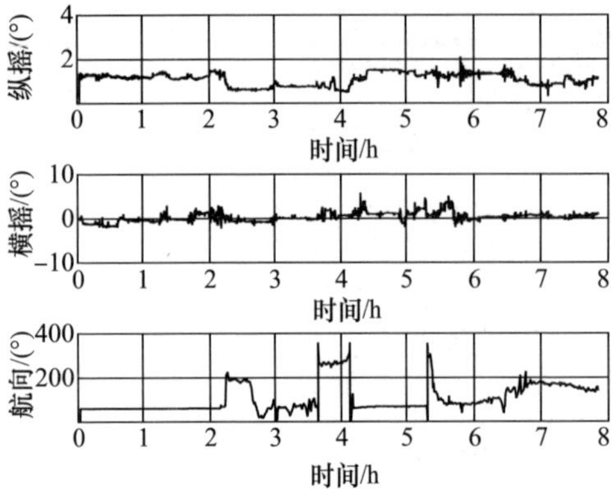

图 7－12　第二航次姿态角

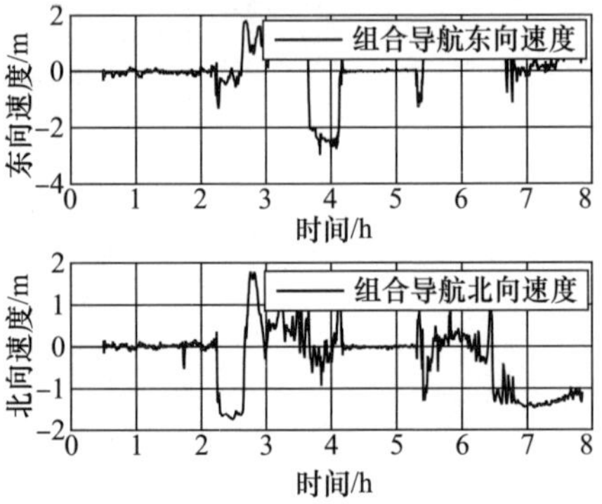

图 7－13　第二航次速度误差

7.2.2　惯性/地球物理场组合导航系统

地球物理场辅助导航从技术实现方式上可分为组合滤波式和匹配辅助式两种，在第 5 章、第 6 章已对地形、地磁以及重力匹配辅助导航原理做了相关介绍，本节将重点介绍地球物理场组合滤波式导航技术，并给出具体实现形式。

1. 惯性/地形组合导航

按地形信息与惯性导航系统的组合方式，可以将惯性/地形组合导航方法分为松组合和紧组合两种形式。在紧组合方式中，地形高度测量数据直接作为组合导航滤波器的观测输入，估计惯性导航系统解算误差；在松组合方式中，将地形匹配定位算法得到的潜航器位置估计信息作为组合导航滤波器的观测输入，进而估计惯性导航系统解算误差。

1）紧组合形式

惯性/地形组合导航的经典方法是美国桑迪亚实验室研制的桑迪亚惯性地形辅助导航算法，这是一种紧组合形式的惯性/地形组合导航系统。它将惯性导航系统输出的三维位置误差以及速度误差为状态变量，把地形高程数据库中惯导指示位置处的深度和当前实测深度之差作为观测量。系统采用卡尔曼滤波估计载体的位置误差并进行位置校正，从而达到最佳导航状态。算法原理如图 7－14所示。

利用卡尔曼滤波器对惯性导航系统误差估计及校正原理如图 7－15 所示。首先，惯性导航系统输出一个参考位置，如图 7－15 中的惯性导航系统指示位置。由于惯性导航系统存在累积误差，导致指示位置和真实位置之间存在偏差。惯性导航系统指示位置处切线斜率为正，可以利用切线的斜率和 $\hat{h}_r - \tilde{h}_r$（$\hat{h}_r$为惯

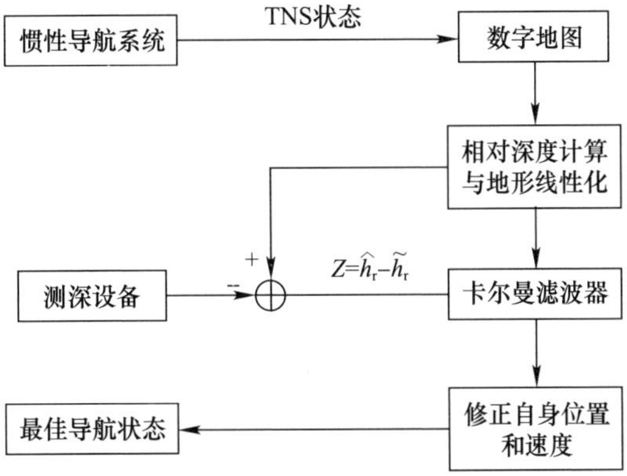

图 7－14　桑迪亚惯性地形辅助导航算法原理框图

性导航系统指示位置深度，$\tilde{h}_r$ 为对应时刻的实测深度）之间的几何关系计算修正误差并进行修正。如此修正之后，导航定位精度明显提升。

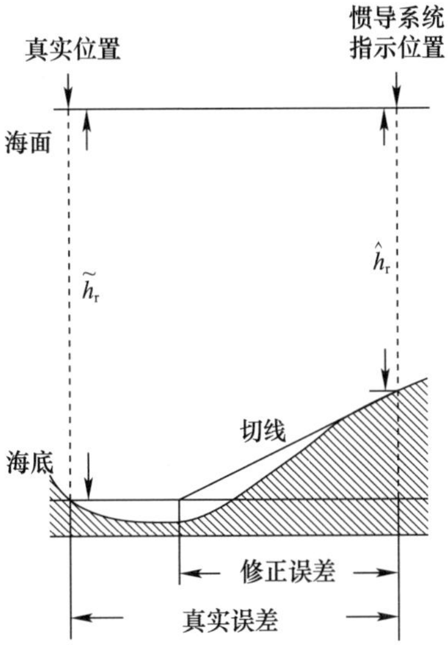

图 7－15　桑迪亚惯性导航系统误差估计及校正原理

状态方程：以惯性导航系统误差方程作为系统状态方程。

观测方程：记数字地形在惯性导航系统指示位置处的深度为 $\hat{h}_r$，记测深仪器测量的正下方的深度为 $\tilde{h}_r$，记 $\hat{h}_r$ 和 $\tilde{h}_r$ 之差为 Z，并把 Z 作为测量方程的观测值。观测值 Z 和潜航器正下方位置处地形的横、纵向斜率的关系即为系统的观测方程。

由于潜航器正下方的深度 h_t 是位置(λ,L)的函数,记为 $h_t(\lambda,L)$,其中(λ,L)为潜航器的真实位置。记惯性导航系统指示的三维位置为$(\hat{L},\hat{\lambda},\hat{h})$,其中 $\hat{h}$ 为绝对深度(相对于海面),根据$(\hat{L},\hat{\lambda})$可以从数字地图中查出海底深度 $h_d(\hat{L},\hat{\lambda})$,则有

$$h_d(\hat{L},\hat{\lambda}) = h_t(\hat{L},\hat{\lambda}) + \gamma_m \tag{7-80}$$

式中:γ_m 为数字地图制作时的测量与量化噪声。

数字地图在惯性导航系统指示位置处的深度 $\hat{h}_r$ 可表示为

$$\hat{h}_r = \hat{h} - h_d(\hat{L},\hat{\lambda}) \tag{7-81}$$

另外,测深仪器可以获得正下方的深度值 $\tilde{h}_r(L,\lambda)$,并有

$$\tilde{h}_r(L,\lambda) = h_r(L,\lambda) + \gamma_r \tag{7-82}$$

式中:h_r 为真实深度;γ_r 为测深仪器的量测噪声。

从而可以得到卡尔曼滤波器的测量值为

$$\begin{aligned}
Z &= \hat{h}_r - \tilde{h}_r = \hat{h} - h_d(\hat{L},\hat{\lambda}) - \tilde{h}_r(L,\lambda) \\
&= h + \delta h - [h_t(L+\delta L,\lambda+\delta\lambda) + \gamma_m] - (h_r + \gamma_r) \\
&= h - h_r - h_t(L,\lambda) - \frac{\partial h_t(L,\lambda)}{\partial L}\delta L - \frac{\partial h_t(L,\lambda)}{\partial \lambda}\delta\lambda + \delta h - \gamma_m - \gamma_r - \gamma_l
\end{aligned} \tag{7-83}$$

式中:对数字地形模型进行一阶泰勒展开,$\frac{\partial h_t(L,\lambda)}{\partial L}$和$\frac{\partial h_t(L,\lambda)}{\partial \lambda}$为地形在$(\lambda,L)$方向上的斜率;$\gamma_l$ 为由此产生的线性化噪声。

潜航器的真实深度 h 可表示为

$$h = h_r + h_t(L,\lambda) \tag{7-84}$$

由以上可得

$$Z = -\frac{\partial h_t(L,\lambda)}{\partial L}\delta L - \frac{\partial h_t(L,\lambda)}{\partial \lambda}\delta\lambda + \delta h - \gamma_m - \gamma_r - \gamma_l \tag{7-85}$$

2）松组合形式

松组合形式是基于实时测量的水下地形特征序列在地形基准图上进行匹配定位,将定位结果为惯性导航系统误差修正提供参考。惯性/地形松组合导航算

法包含两个模块：一是地形匹配定位模块，用于存储先验水下地形图并进行实时匹配定位；二是组合导航滤波模块，利用地形匹配位置信息辅助惯性导航系统进行误差校正。可以看出来，惯性/地形松组合导航系统工作原理类似于惯性/水声定位组合导航系统，同样都是利用位置辅助信息通过卡尔曼滤波可进行递推估计。惯性/地形松组合导航原理框图如图7-16所示。

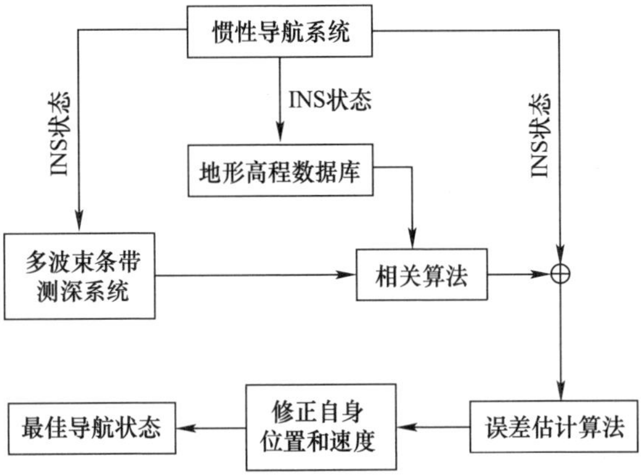

图7-16　惯性/地形松组合导航原理框图

状态方程：以惯性导航系统误差方程作为系统状态方程。

观测方程：设地形匹配定位输出水平位置为(L_T,λ_T)，由于匹配定位通常难以得到潜航器高程信息，因此一般只将水平匹配定位结果作为组合导航位置观测量，若潜航器自身携带压力深度计，可以概略估计高程信息，在此不予考虑。进而可得观测方程为

$$\boldsymbol{Z}=\begin{bmatrix}L_S-L_T & \lambda_S-\lambda_T\end{bmatrix}^{T} \tag{7-86}$$

考虑惯性导航系统输出及地形匹配定位所包含的误差，可将观测方程改写为

$$\boldsymbol{Z}=\begin{bmatrix}L_S-L_T\\ \lambda_S-\lambda_T\end{bmatrix}=\begin{bmatrix}(L+\delta L_S)-(L+\delta L_T)\\ (\lambda+\delta\lambda_S)-(\lambda+\delta\lambda_T)\end{bmatrix}=\begin{bmatrix}\delta L_S\\ \delta\lambda_S\end{bmatrix}-\begin{bmatrix}\delta L_T\\ \delta\lambda_T\end{bmatrix} \tag{7-87}$$

松组合导航算法的核心是地形匹配定位模块，需要注意的是，地形匹配定位系统在初始化时需要知道潜航器的近似位置，以限定匹配时对基准图的搜索区域，提高效率。

2. 惯性/地磁组合导航

按地磁信息与惯性导航系统的组合方式，同样可以将惯性/地磁匹配组合导航方法分为松组合和紧组合两种方式。在紧组合方式中，地磁测量数据直接作

为组合导航滤波器的观测输入，估计惯性导航系统解算误差；在松组合方式中，将地磁匹配定位得到的潜航器位置估计信息作为组合导航滤波器的观测输入，进而估计惯性导航系统解算误差。

1）紧组合形式

使潜航器保持在稳定深度航行，可以提高地磁匹配精度。在航迹平面内，记 $\boldsymbol{r}=(L,\lambda)^{\mathrm{T}}$ 处地磁场特征幅值为 $B(\boldsymbol{r})$。经过测量误差补偿后，磁力仪输出的地磁场场强幅值记为 z，测量误差记为 v_{s}，则有

$$z=B(\boldsymbol{r})+v_{\mathrm{s}} \tag{7-88}$$

通过查询地磁基准图可得 $\boldsymbol{r}=(L,\lambda)^{\mathrm{T}}$ 处的地磁场特征强度参考值，记为 $B_{\mathrm{m}}(\boldsymbol{r})$，读图值的误差记为 v_{m}，即

$$B_{\mathrm{m}}(\boldsymbol{r})=B(\boldsymbol{r})+v_{\mathrm{m}} \tag{7-89}$$

将式(7-89)代入式(7-88)，得到磁力仪测量方程：

$$z=B_{\mathrm{m}}(\boldsymbol{r})-v_{\mathrm{m}}+v_{\mathrm{s}}=B_{\mathrm{m}}(\boldsymbol{r})+v \tag{7-90}$$

式中：v 为磁力仪测量的综合误差，可以看作零均值高斯白噪声。

在紧组合模型下，地磁基准图所表达的特征量是关于位置的非线性函数，采用递推式卡尔曼滤波进行估计，需要对非线性观测方程进行线性化。

对磁场观测模型式(7-90)进行线性化，可得

$$z=B_{\mathrm{m}}(\hat{\boldsymbol{r}})-\frac{\partial B_{\mathrm{m}}}{\partial \boldsymbol{r}}\delta\boldsymbol{r}+v+v'=B_{\mathrm{m}}(\hat{\boldsymbol{r}})-\frac{\partial B_{\mathrm{m}}}{\partial L}\delta L-\frac{\partial B_{\mathrm{m}}}{\partial \lambda}\delta\lambda+v+v' \tag{7-91}$$

式中：v'表示线性化噪声。

利用惯性导航系统输出的潜航器位置 $\hat{\boldsymbol{r}}$ 可以对磁力仪测量结果进行估计，估计测量值与真实测量值之差记作 δz，则有

$$\delta z=B_{\mathrm{m}}(\hat{\boldsymbol{r}})-z=\frac{\partial B_{\mathrm{m}}}{\partial L}\delta L+\frac{\partial B_{\mathrm{m}}}{\partial \lambda}\delta\lambda+n \tag{7-92}$$

式中：$n=v+v'$为零均值高斯白噪声。

观测函数实际为地磁图所反映的地磁场特征强度与位置之间的关系，且往往具有离散特性，此时不能采用基于泰勒级数展开的线性化方式，而需要采用随机线性化技术。随机线性化也称为统计线性化、半线性化，根据对象函数自变量的概率分布，可以得到对象函数的最优线性近似。将随机线性化方法用于地磁图，要将真实位置 $\boldsymbol{r}$ 视作随机变量，并在其分布区域内拟合平面方程 $f(\boldsymbol{r})$，使得用 $f(\boldsymbol{r})$ 代替地磁图 $B_{\mathrm{m}}(\hat{\boldsymbol{r}})$ 引起的误差最小。考虑到区域内各点的函数值精度，仅选取制图点为拟合点。设 $\boldsymbol{r}$ 的分布区域即拟合区域为矩形，其中心为距离估

计位置 $\hat{\boldsymbol{r}}$ 最近的制图点 P，半边长大于位置的估计误差。拟合点在拟合区域内均匀选取，如图 7－17 所示。

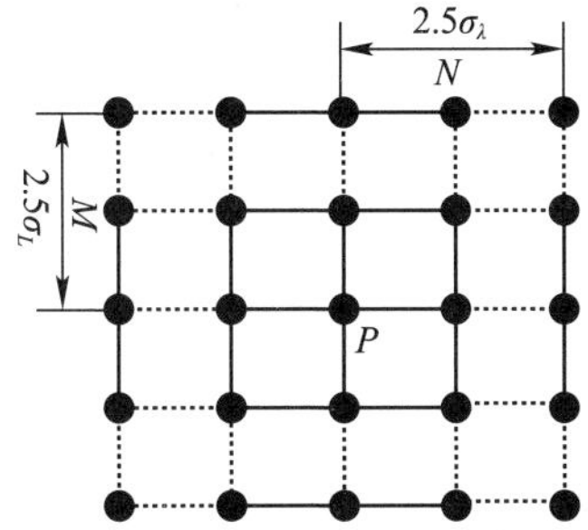

图 7－17　随机线性化区域

设拟合的平面方程式为

$$f(\boldsymbol{r}) = B_0 + \frac{\partial B_{\mathrm{m}}}{\partial L}(L - \hat{L}) + \frac{\partial B_{\mathrm{m}}}{\partial \lambda}(\lambda - \hat{\lambda}) \tag{7-93}$$

式中：$\boldsymbol{r} = (L, \lambda)^{\mathrm{T}}$；$B_0 = B_{\mathrm{m}}(\hat{\boldsymbol{r}})$，$\hat{\boldsymbol{r}} = (\hat{L}, \hat{\lambda})^{\mathrm{T}}$ 为位置估计值。

设地磁图上距离估计位置最近的制图点是 P，网格编号为 (i,j)，地磁图在经度方向和纬度方向的网格间距分别为 d_L 和 d_λ，则平面方程可写为

$$f(p,q) = B_0 + \frac{\partial B_{\mathrm{m}}}{\partial L} d_L(p - i) + \frac{\partial B_{\mathrm{m}}}{\partial \lambda} d_\lambda(q - j) \tag{7-94}$$

式中：(p,q) 为拟合点的网格编号。

利用平均选点法进行拟合，中心思想是取偏差的代数和为零，计算方法如下：

$$B_0 = \frac{1}{(2N+1)(2M+1)} \sum_{\substack{p=i-N, i+N \\ q=j-M, j+M}} B_{\mathrm{map}}(p,q) \tag{7-95}$$

$$\frac{\partial B_{\mathrm{m}}}{\partial L} = \frac{1}{N d_L (N+1)(2M+1)} \left(\sum_{\substack{p=i+1, i+N \\ q=j-M, j+M}} B_{\mathrm{map}}(p,q) - \sum_{\substack{p=i-N, i-1 \\ q=j-M, j+M}} B_{\mathrm{map}}(p,q) \right) \tag{7-96}$$

$$\frac{\partial B_{\mathrm{m}}}{\partial \lambda} = \frac{1}{M d_\lambda (2N+1)(M+1)} \left(\sum_{\substack{p=i-N, i+N \\ q=j-M, j-1}} B_{\mathrm{map}}(p,q) - \sum_{\substack{p=i-N, i+N \\ q=j+1, j+M}} B_{\mathrm{map}}(p,q) \right) \tag{7-97}$$

式中：$B_{\mathrm{map}}(p,q)$为地磁图上网格编号(p,q)处的地磁场特征强度值；M和N分别为半边长的网格数。

拟合区域的尺寸会直接影响随机线性化的结果，在包含真实位置的要求下，拟合区域应当尽量小以保证拟合精度，为此可取$M=2.5\sigma_L$，$N=2.5\sigma_\lambda$，其中σ_L、σ_λ分别表示滤波器中位置估计误差的标准差。过大的拟合区域将使线性化误差明显增大，从而需要约束M和N的最大取值；而地磁图数据精度的限制则需要设定M和N的下限。

2）松组合形式

惯性/地磁松组合导航算法与惯性/地形松组合导航算法一致。同样包含两个部分：一是地磁匹配定位模块，用于进行地磁匹配定位并输出潜航器位置估计信息；二是组合导航滤波模块，利用地磁匹配位置信息辅助惯性导航系统进行误差校正。

状态方程：以惯性导航系统误差方程作为系统状态方程。

观测方程：设地磁匹配定位输出水平位置为$(L_{\mathrm{M}},\lambda_{\mathrm{M}})$，可以得到观测方程为

$$\boldsymbol{Z}=\begin{bmatrix}L_{\mathrm{S}}-L_{\mathrm{M}} & \lambda_{\mathrm{S}}-\lambda_{\mathrm{M}}\end{bmatrix}^{\mathrm{T}} \tag{7-98}$$

考虑惯性导航系统输出及地磁匹配定位所包含的误差，可将观测方程改写为

$$\boldsymbol{Z}=\begin{bmatrix}L_{\mathrm{S}}-L_{\mathrm{M}}\\ \lambda_{\mathrm{S}}-\lambda_{\mathrm{M}}\end{bmatrix}=\begin{bmatrix}(L+\delta L_{\mathrm{S}})-(L+\delta L_{\mathrm{M}})\\ (\lambda+\delta\lambda_{\mathrm{S}})-(\lambda+\delta\lambda_{\mathrm{M}})\end{bmatrix}=\begin{bmatrix}\delta L_{\mathrm{S}}\\ \delta\lambda_{\mathrm{S}}\end{bmatrix}-\begin{bmatrix}\delta L_{\mathrm{M}}\\ \delta\lambda_{\mathrm{M}}\end{bmatrix} \tag{7-99}$$

同样，为简化分析，可以不考虑地磁匹配误差。

3. 惯性/重力组合导航

基于连续观测的序列重力场特征进行匹配定位，并用于惯性导航系统误差校正的松组合方式在此不再介绍，其原理与惯性/地形或惯性/地磁松组合导航方式基本一致。本节主要介绍利用每一时刻重力特征观测基于滤波技术的惯性/重力组合导航系统原理。

惯性/重力组合导航系统同样是以捷联惯性导航系统误差传播方程作为系统滤波状态方程。观测方程的建立包括两种方式：一是将重力异常之差作为观测量；二是将重力梯度之差作为观测量。本节主要介绍以重力异常作为观测量的惯性/重力组合导航系统观测方程建立方式。

对于t时刻的重力异常观测量，其观测方程为

$$D=\Delta g_{\mathrm{M}}(L_i,\lambda_i)-[g(L_{\mathrm{t}},\lambda_{\mathrm{t}})-\gamma(L_i)+E(L_i,V_{\mathrm{N}},V_{\mathrm{E}})] \tag{7-100}$$

式中:$\Delta g_{\mathrm{M}}(L_i,\lambda_i)$为根据惯性导航系统指示位置$(L_i,\lambda_i)$从图中读出的重力异常;$g(L_{\mathrm{t}},\lambda_{\mathrm{t}})$为水下潜航器实际位置$(L_{\mathrm{t}},\lambda_{\mathrm{t}})$处重力仪输出预处理后测得的重力值;$\gamma(L_i)$和$E(L_i,V_{\mathrm{N}},V_{\mathrm{E}})$为根据惯性导航输出计算的相应椭球面上的正常重力值和厄特渥斯改正。

式(7－100)经线性化处理后,可得观测矩阵为

$$\boldsymbol{H}_k=\begin{bmatrix}\boldsymbol{0}_{1\times 3} & \dfrac{\partial E}{\partial V_{\mathrm{E}}} & \dfrac{\partial E}{\partial V_{\mathrm{N}}} & \dfrac{\partial \Delta g_{\mathrm{M}}}{\partial L}+\dfrac{\partial \gamma}{\partial L}-\dfrac{\partial E}{\partial L} & \dfrac{\partial \Delta g_{\mathrm{M}}}{\partial \lambda} & \boldsymbol{0}_{1\times 5}\end{bmatrix} \tag{7-101}$$

式中:中场重力的纬向梯度依据求导可得

$$\frac{\partial \gamma}{\partial L}=\frac{(2k_2+k_1k_3)\sin L\cos L-k_2k_3\sin^3)L\cos L}{(1-k_3\sin^2 L)^{\frac{3}{2}}} \tag{7-102}$$

式中:$k_1=\gamma_{\mathrm{e}}$;$k_2=\dfrac{b\gamma_{\mathrm{p}}-a\gamma_{\mathrm{e}}}{a}$;$\gamma_{\mathrm{e}}$、$\gamma_{\mathrm{p}}$为赤道与两极处正常重力;$k_3=\dfrac{a^2-b^2}{a^2}$,$a$、$b$为椭球长短半径。

在椭球近似条件下,厄特渥斯改正$E(L_i,V_{\mathrm{N}},V_{\mathrm{E}})$可表示为

$$E(L_i,V_{\mathrm{N}},V_{\mathrm{E}})=(R_L-h)\left[\frac{2\omega_{ie}V_{\mathrm{E}}\cos L}{R_L}+\frac{V_{\mathrm{E}}^2}{R_L^2}+\frac{V_{\mathrm{N}}^2}{R_L^2}\right] \tag{7-103}$$

式中:R_L为纬度L处的地球半径;ω_{ie}为地球自转角速度;h为潜航器航行深度。

针对式(7－103)中的纬度、速度求导可得

$$\begin{cases}\dfrac{\partial E}{\partial L}\approx -2\omega_{ie}V_{\mathrm{E}}\sin L\\[2ex]\dfrac{\partial E}{\partial V_{\mathrm{E}}}\approx 2\omega_{ie}\cos L+\dfrac{2V_{\mathrm{E}}}{R_L}\\[2ex]\dfrac{\partial E}{\partial V_{\mathrm{N}}}\approx\dfrac{2V_{\mathrm{N}}}{R_L}\end{cases} \tag{7-104}$$

注意,计算式(7－104)时近似取$h\approx 0$。

由此可知,正常重力纬向梯度与厄特渥斯纬向、速度梯度依据地球参考椭球参数及惯性导航输出可以计算得到,关键是如何求$\dfrac{\partial \Delta g_{\mathrm{M}}}{\partial L}$、$\dfrac{\partial \Delta g_{\mathrm{M}}}{\partial \lambda}$。为此,采用随机线性化技术对这两个重力异常图水平方向梯度参数进行求解,即

$$\begin{cases}\dfrac{\partial \Delta g_{\mathrm{M}}}{\partial L}=-\left(\dfrac{\partial^2 T}{\partial r \partial L}+\dfrac{2}{r}\cdot\dfrac{\partial T}{\partial L}\right)\\ \dfrac{\partial \Delta g_{\mathrm{M}}}{\partial \lambda}=-\left(\dfrac{\partial^2 T}{\partial r \partial \lambda}+\dfrac{2}{r}\cdot\dfrac{\partial T}{\partial \lambda}\right)\\ T(r,L,\lambda)=\dfrac{1}{4\pi}\iint_{\sigma}\Delta g S(r,\psi)\,\mathrm{d}\sigma\end{cases} \tag{7-105}$$

式中:T 为扰动位函数;r 为向径;$S(r,\psi)$ 为广义斯托克斯函数;ψ 为球心角距;$\mathrm{d}\sigma$ 为半径为 R 的球面元素。

4. 惯性/地形/地磁组合导航

地形与地磁都是稳定的空间资源,但其与惯性组合后的系统性能取决于地形与地磁导航区域适配性,而地形与地磁在不同海域分布特征差别较大。为进一步提高组合导航定位性能,本节在惯性/地形与惯性/地磁组合导航系统基础上研究惯性/地形/地磁组合导航方法,并提出多传感器信息集中滤波组合导航方案以及多传感器联邦滤波组合导航方案,从而在多源传感器信息条件下提高组合导航系统性能。

1)多传感器信息集中滤波组合导航方案

惯性导航系统是无人潜航器水下航行时的核心导航设备,将地形、地磁同时应用到无人潜航器组合导航中,可以综合利用相应区域的地形和地磁特征,从而对惯性导航信息进行修正。一种方式是同时将地形和地磁场特征信息作为观测量,并在每个观测时刻对惯性导航误差进行修正;另一种更为简单的方式是利用地磁以及地形匹配得到的航向以及位置信息校正惯性导航系统。

与惯性/地形及惯性/地磁组合导航系统类似,惯性/地形/地磁组合导航系统也采用捷联惯性导航系统误差传播方程作为滤波状态方程,此处不再赘述。但是,与惯性/地形及惯性/地磁组合导航系统不同,本节除了利用地形及地磁匹配位置作为系统观测量以外,同时利用地磁场矢量特性并借助磁航向仪确定的无人潜航器航向信息作为观测量,所以此处将磁航向误差 $\delta\psi_{\mathrm{M}}$ 扩充为状态变量,其误差方程为

$$\delta\dot{\psi}_{\mathrm{M}}=\frac{1}{\tau_{\mathrm{M}}}\delta\psi_{\mathrm{M}}+w_{\mathrm{M}} \tag{7-106}$$

式中:τ_{M} 为相关时间;w_{M} 为白噪声。

惯性/地形/地磁组合导航系统的基本原理如图 7-18 所示。

如图 7-18 所示,惯性/地形/地磁组合导航系统将地形匹配模块、地磁匹配模块输出的位置、航向信息与惯性导航系统输出的位置、航向信息之差作为观测

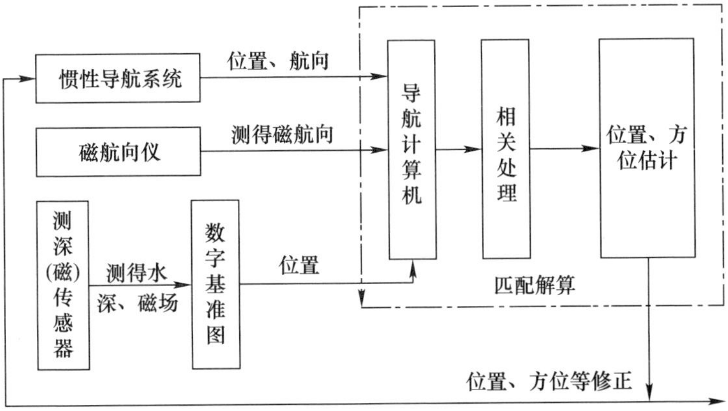

图 7－18　惯性/地形/地磁组合导航系统原理图

量。在水平二维空间中，设潜航器的真实位置分别为 L、λ；地形匹配的经度、纬度误差分别为 δL_{T}、$\delta\lambda_{\mathrm{T}}$；地磁匹配定位经度、纬度误差分别为 δL_{M}、$\delta\lambda_{\mathrm{M}}$，磁航向仪航向误差为 $\delta\psi_{\mathrm{M}}$。可得

$$\boldsymbol{Z}=\begin{bmatrix} L_{\mathrm{S}}-L_{\mathrm{T}} \\ \lambda_{\mathrm{S}}-\lambda_{\mathrm{T}} \\ L_{\mathrm{S}}-L_{\mathrm{M}} \\ \lambda_{\mathrm{S}}-\lambda_{\mathrm{M}} \\ \psi_{\mathrm{S}}-\psi_{\mathrm{M}} \end{bmatrix}=\begin{bmatrix} (L+\delta L_{\mathrm{S}})-(L+\delta L_{\mathrm{T}}) \\ (\lambda+\delta\lambda_{\mathrm{S}})-(\lambda+\delta\lambda_{\mathrm{T}}) \\ (L+\delta L_{\mathrm{S}})-(L+\delta L_{\mathrm{M}}) \\ (\lambda+\delta\lambda_{\mathrm{S}})-(\lambda+\delta\lambda_{\mathrm{M}}) \\ (\psi+\delta\psi_{\mathrm{S}})-(\psi+\delta\psi_{\mathrm{M}}) \end{bmatrix}=\begin{bmatrix} \delta L_{\mathrm{S}} \\ \delta\lambda_{\mathrm{S}} \\ \delta L_{\mathrm{S}} \\ \delta\lambda_{\mathrm{S}} \\ \delta\psi_{\mathrm{S}} \end{bmatrix}-\begin{bmatrix} \delta L_{\mathrm{T}} \\ \delta\lambda_{\mathrm{T}} \\ \delta L_{\mathrm{M}} \\ \delta\lambda_{\mathrm{M}} \\ \delta\psi_{\mathrm{M}} \end{bmatrix} \quad (7-107)$$

为验证惯性/地形/地磁集中滤波组合导航方案有效性，本节通过仿真试验比较惯性/地形/地磁集中滤波组合模型、惯性/地形组合模型以及惯性/地磁组合模型三者的组合导航定位性能。图 7－19 为载体真实位置、速度以及纯惯性解算位置与速度输出。

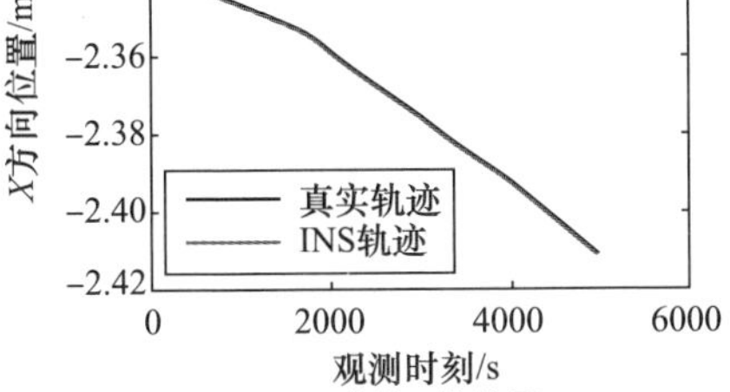

(a) 载体X轴位置

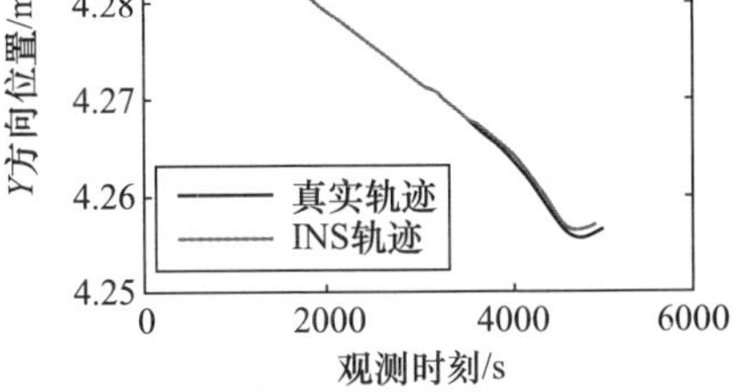

(b) 载体Y轴位置

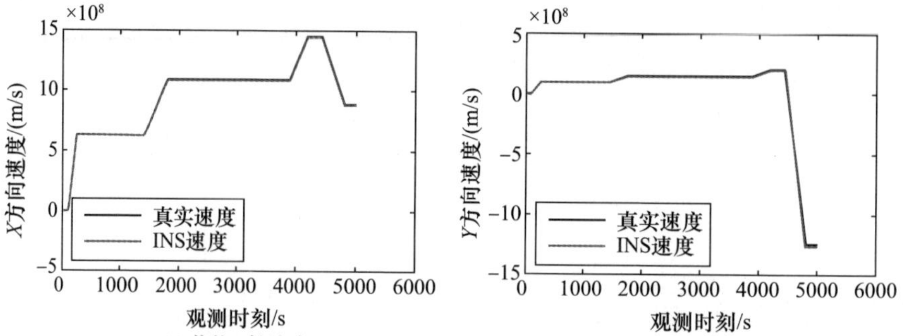

(c) 载体X轴速度　　(d) 载体Y轴速度

图 7－19　载体真实位置、速度及纯惯性解算位置与速度输出(见彩图)

无人潜航器在载体位置、速度误差分段统计如表 7－3 所示。

表 7－3　载体位置、速度误差分段统计

时间段/s	X 轴位置误差/m	Y 轴位置误差/m	X 轴速度误差/(m/s)	Y 轴速度误差/(m/s)
1～1000	2.6029	5.2462	0.1453	0.0923
1001～2000	25.8535	50.5569	0.6298	0.4457
2001～3000	95.7233	167.0203	1.2727	1.0843
3001～4000	231.7929	361.2472	1.8510	1.7424
4001～5000	414.1900	623.9151	2.4142	2.0938

设地形匹配定位误差在 X 轴、Y 轴都是均值为零、方差为 5 的高斯噪声；地磁匹配定位误差在 X 轴、Y 轴都是均值为零、方差为 5 的高斯噪声。同时由于数据量较大，采用了所有数据的 1/10，即 500 组数据进行滤波估计。分别采用惯性/地形滤波、惯性/地磁滤波以及惯性/地形/地磁集中滤波对载体真实位置和速度进行估计，估计结果如图 7－20 所示，对各方案估计结果误差绝对值按时间进行分段统计，如表 7－4～表 7－6 所示。

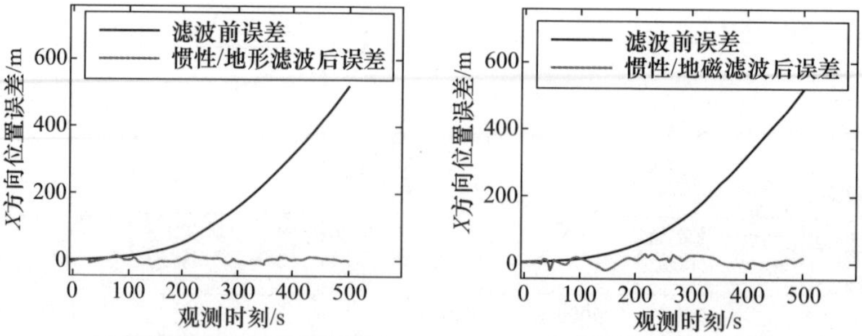

(a) 惯性/地形组合X位置误差　　(b) 惯性/地磁组合X位置误差

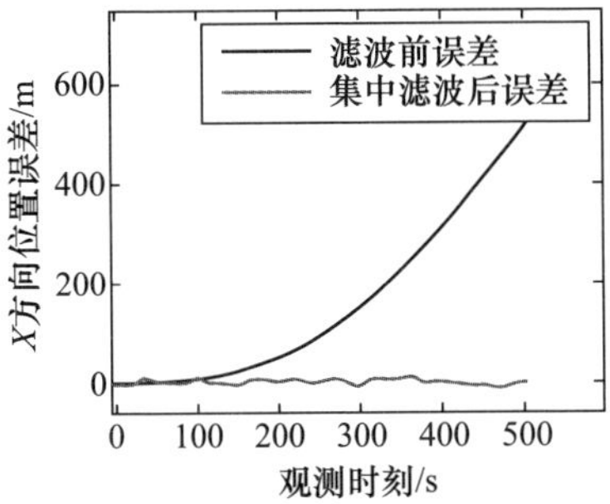

(c) 集中滤波X位置误差

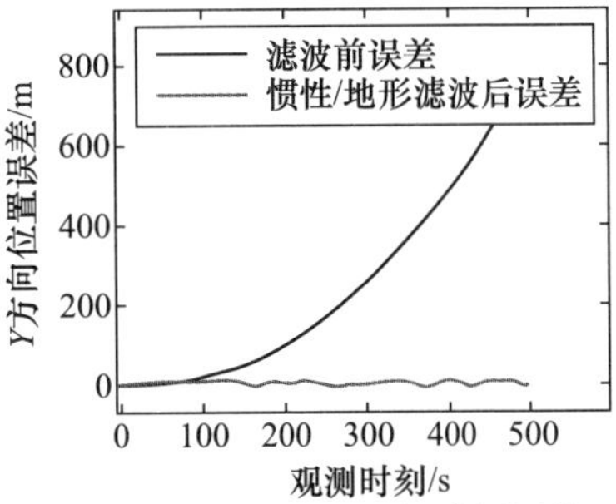

(d) 惯性/地形组合Y位置误差

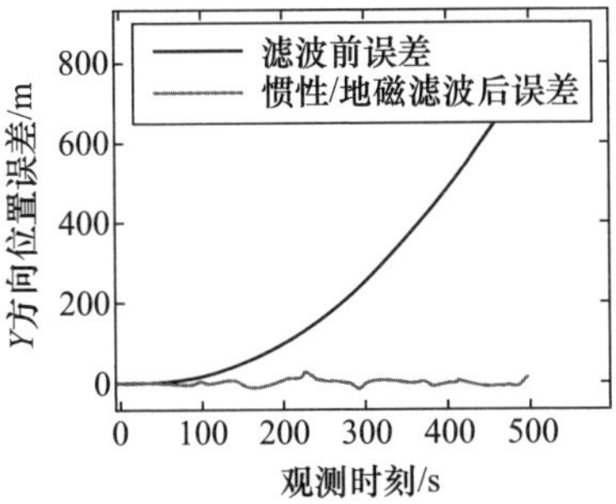

(e) 惯性/地磁组合Y位置误差

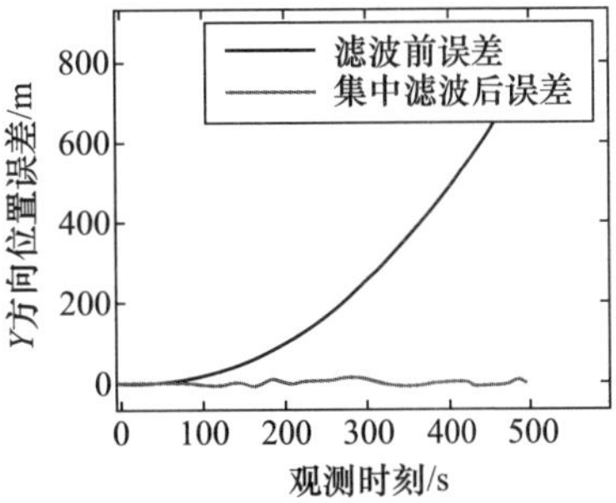

(f) 集中滤波Y位置误差

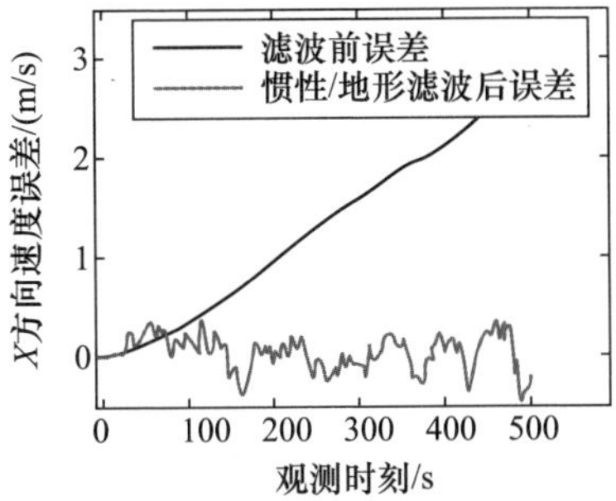

(g) 惯性/地形组合X速度误差

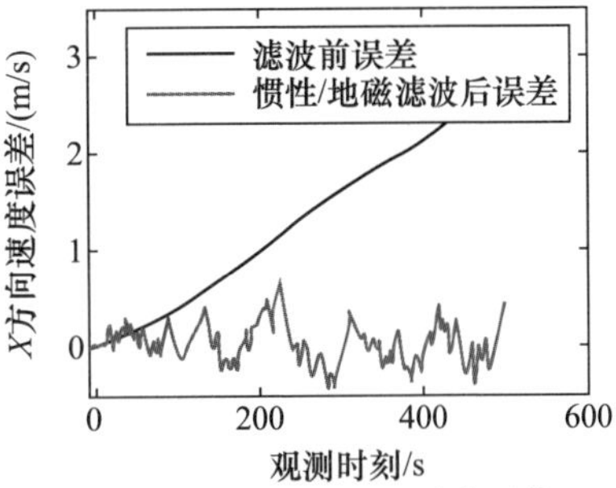

(h) 惯性/地磁组合X速度误差

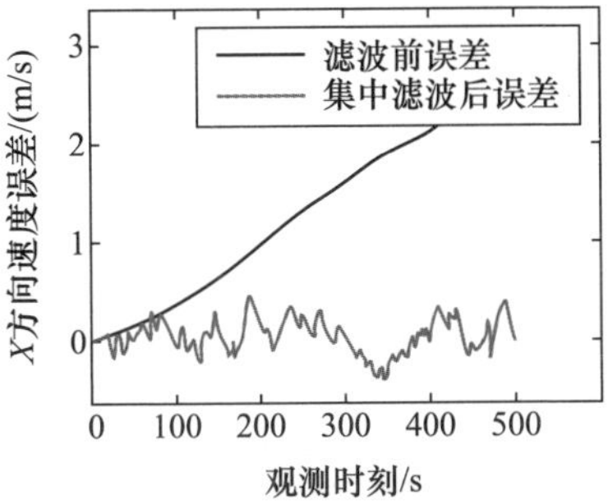

(i) 集中滤波X速度误差

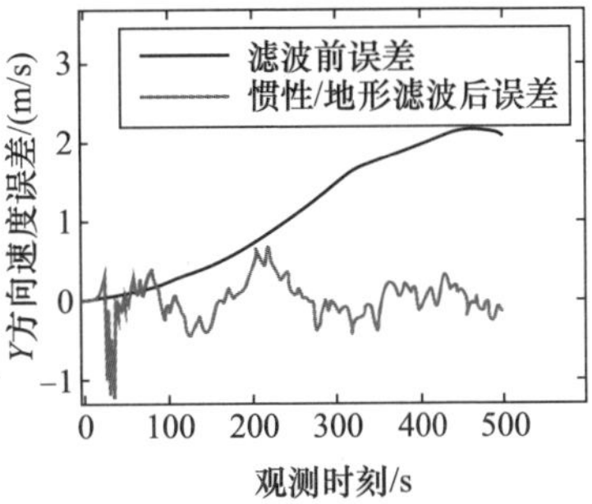

(j) 惯性/地形组合Y速度误差

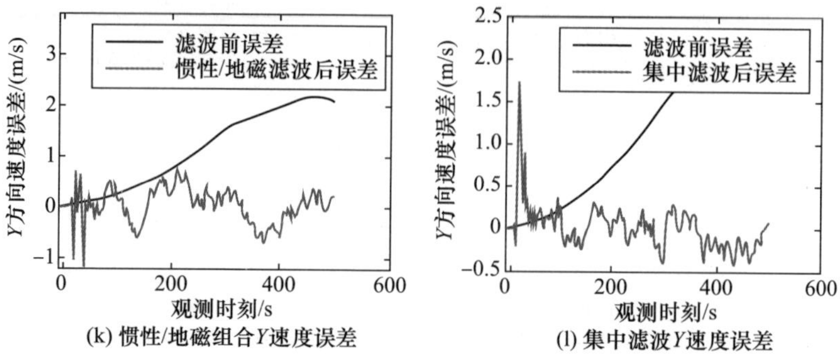

图7－20 不同组合导航模式下位置、速度误差(见彩图)

表7－4 惯性/地形组合位置、速度误差分段统计

时间段/s	X轴位置误差/m	Y轴位置误差/m	X轴速度误差/(m/s)	Y轴速度误差/(m/s)
1～1000	5.8719	2.2473	0.0724	0.2473
1001～2000	10.7218	5.2793	0.1469	0.2622
2001～3000	3.0519	2.7910	0.1050	0.1959
3001～4000	9.7423	3.9213	0.1034	0.2152
4001～5000	6.0714	6.1926	0.1560	0.2400

表7－5 惯性/地磁组合位置、速度误差分段统计

时间段/s	X轴位置误差/m	Y轴位置误差/m	X轴速度误差/(m/s)	Y轴速度误差/(m/s)
1～1000	4.4340	3.3586	0.0819	0.1796
1001～2000	4.4978	7.2101	0.1273	0.1284
2001～3000	7.3059	16.5978	0.4047	0.1725
3001～4000	7.0534	11.5535	0.2955	0.1689
4001～5000	4.9254	5.6810	0.2490	0.1948

表7－6 惯性/地形/地磁集中滤波位置、速度误差分段统计

时间段/s	X轴位置误差/m	Y轴位置误差/m	X轴速度误差/(m/s)	Y轴速度误差/(m/s)
1～1000	4.3109	1.9309	0.0733	0.2544
1001～2000	3.9679	4.3421	0.1330	0.1460
2001～3000	4.2594	9.0051	0.1168	0.1132
3001～4000	5.8786	4.0734	0.1756	0.1488
4001～5000	5.7484	4.5357	0.1499	0.1946

根据以上统计结果可知，将惯性/地形/地磁进行集中滤波，相比于单纯的惯

性/地形或惯性/地磁组合导航,在滤波稳定性上能够得到一定提升。但是,当地形匹配或地磁匹配误差较大时,集中滤波的结果也会随之变差。

2）多传感器联邦滤波组合导航方案

惯性/地形/地磁集中滤波组合导航方案虽然可以利用地形以及地磁匹配导航同时辅助惯性导航系统,但是若其中一种导航系统发生故障则可能导致整个组合导航系统瘫痪。为了解决这个问题,本节提出惯性/地形/地磁联邦组合导航方案,通过采用有重置联邦滤波器结构将惯性/地形以及惯性/地磁设为导航子系统,从而可以在子系统发生故障时实现有效隔离,提高组合导航系统鲁棒性。

根据 7.1.3 节对联邦滤波组合结构的特性分析,为保证组合导航系统精度,使得对系统导航状态估计达到最优,采用有重置联邦组合结构进行滤波,惯性/地形/地磁联邦组合导航结构如图 7－21 所示。

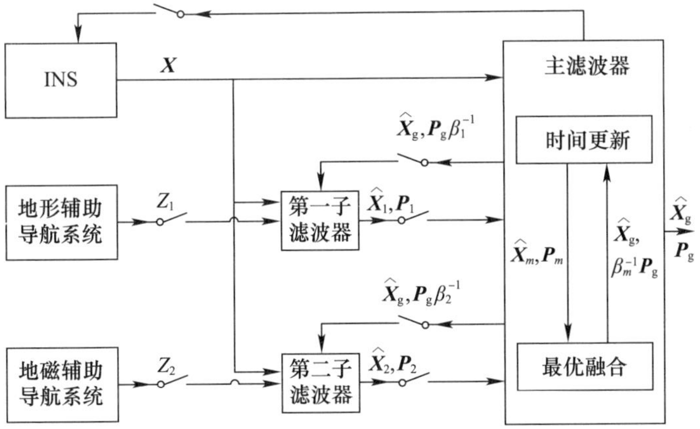

图 7－21　惯性/地形/地磁联邦组合结构图

为验证联邦组合导航系统有效性,采用信息分配因子 $\beta_m = \beta_i = 1/(N+1)$ 的联邦组合结构进行惯性/地形/地磁组合导航仿真试验,在惯性/地形和惯性/地磁子系统中,将观测噪声设为均值为零,方差时变噪声,不同阶段观测噪声的方差如表 7－7 所示。

表 7－7　联邦子系统观测噪声情况表

滤波步骤	1～1250s	1251～2500s	2501～3750s	3751～5000s
地形子系统	2	7	3	4
地磁子系统	3	6	4	2

满足表 7－7 中统计特性的地形和地磁观测噪声如图 7－22 所示。进行两

组仿真试验,第一组仿真试验中子滤波器均采用标准卡尔曼滤波器,在惯性/地形和惯性/地磁子系统中分别将观测噪声设定为方差为 3 和 4 的零均值高斯噪声,滤波结果如图 7-23 所示;第二组仿真试验中子滤波器均采用 Sage-Husa 自适应卡尔曼滤波器,根据子滤波器估计残差实时调整系统观测噪声,滤波估计结果如图 7-24 所示。

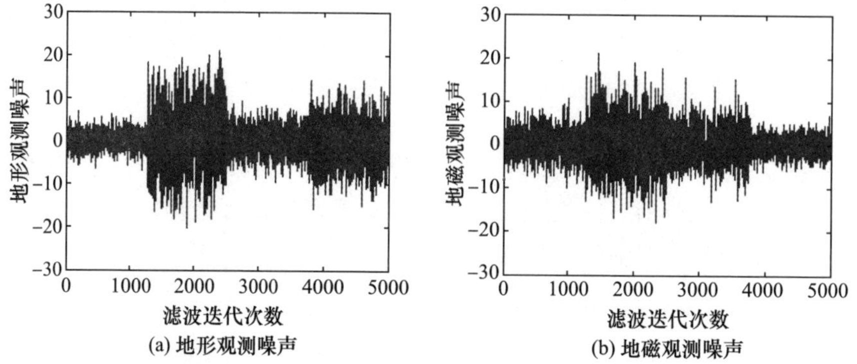

图 7-22 导航子系统实际观测噪声

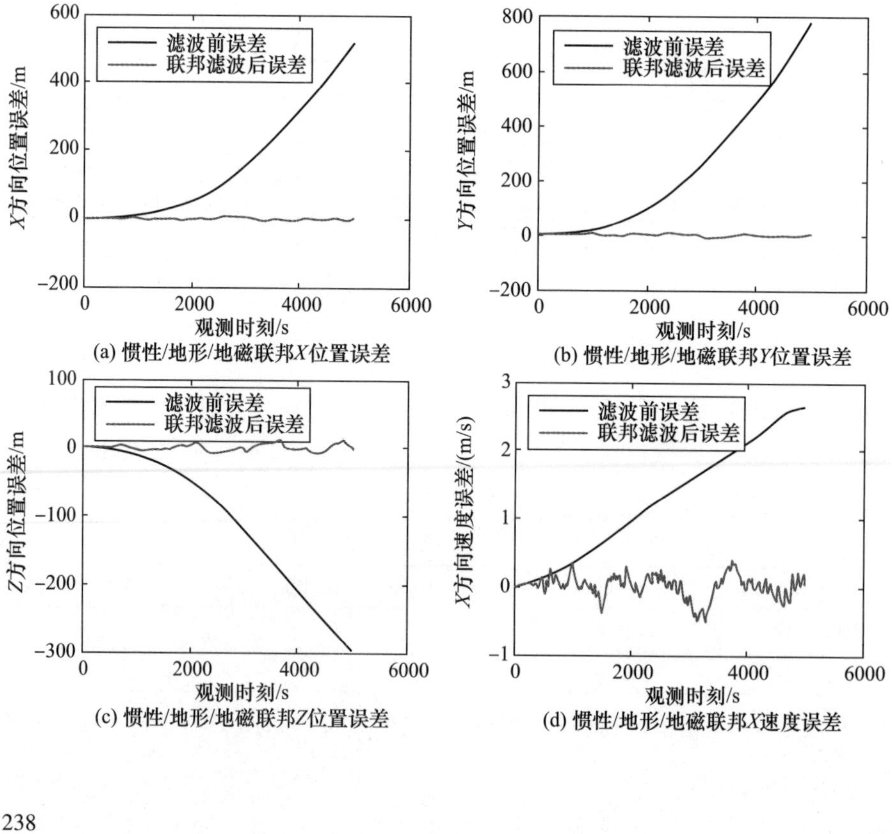

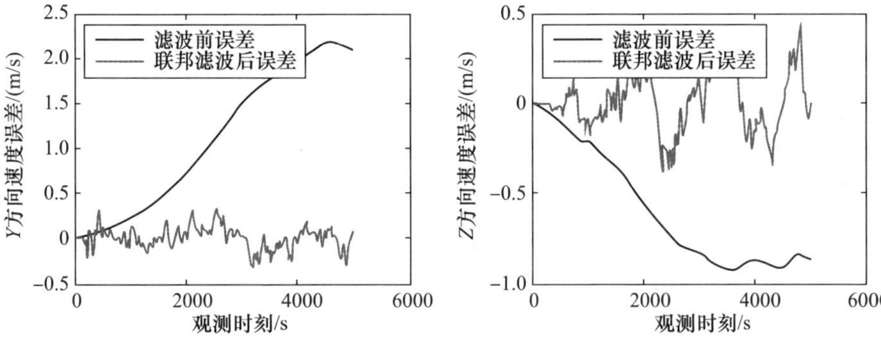

(e) 惯性/地形/地磁联邦Y速度误差　　(f) 惯性/地形/地磁联邦Z速度误差

图 7-23　惯性/地形/地磁联邦滤波结果(见彩图)

从滤波结果对比来看,子滤波器采用 Sage-Husa 自适应滤波器时对系统误差估计更准确,滤波结果更加稳定。当组合导航系统观测噪声时变情况更加剧烈时,如果不对噪声进行实时自适应调整,联邦滤波器性能将会急剧下降,甚至导致发散。仿真试验结果在一定程度上说明,由于外界环境的变化及其对量测影响较大且往往不可预测,因此有必要采用自适应方法优化系统对环境的适应性。

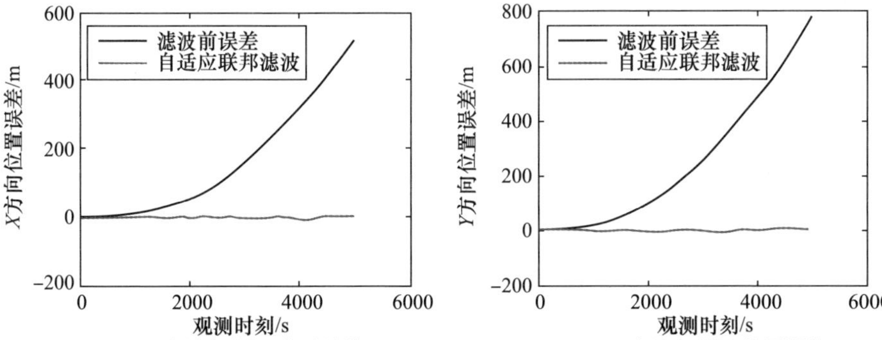

(a) 自适应联邦X位置误差　　(b) 自适应联邦Y位置误差

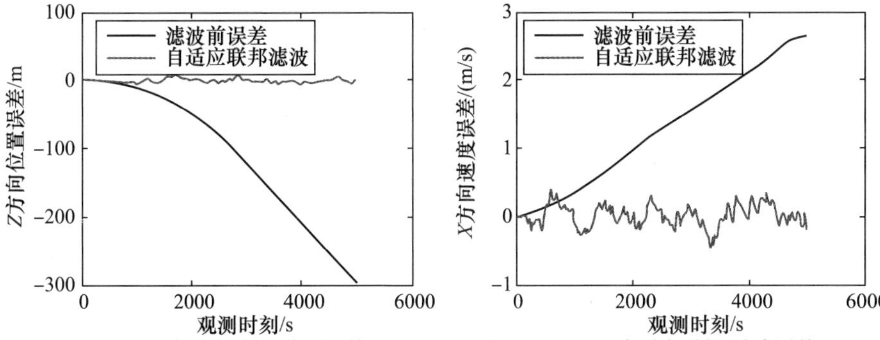

(c) 自适应联邦Z位置误差　　(d) 自适应联邦X速度误差

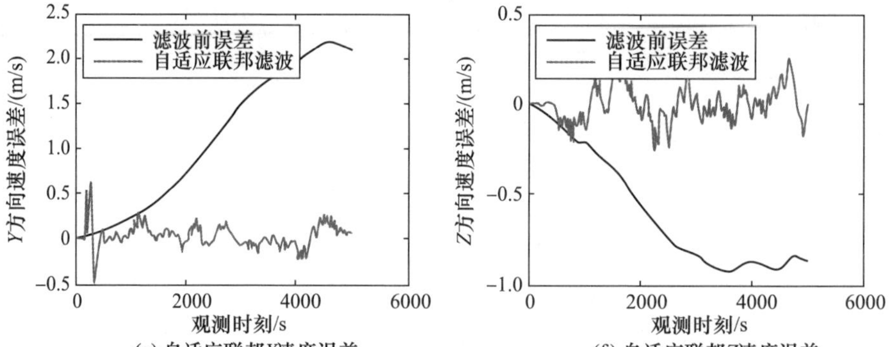

(e) 自适应联邦Y速度误差 (f) 自适应联邦Z速度误差

图 7-24 惯性/地形/地磁自适应联邦滤波结果(见彩图)

5. 多种物理场信息辅助导航总结

前面讨论了惯性/地形、惯性/地磁、惯性/重力以及惯性/地形/地磁组合导航系统的基本工作原理,表 7-8 比较了三种地球物理场匹配辅助惯性导航系统的性能。在不同地区、不同地球物理场参数以及不同参考地图分辨率的情况下,可以综合考虑不同因素,采用不同的组合辅助方式,从而获得最优导航定位精度。

表 7-8 三种地球物理场辅助惯性导航系统的性能对比

导航类型	地形辅助	地磁辅助	重力辅助
被动	否	是	是
地图数据获取的难易性	高	中	高
地图数据的可靠性	中	低	高
地图分辨率	高	中	低
传感器复杂性	中	中	高
传感器平台负载	中	低	高
与惯导的整合程度	中	中	高

7.3 水下同步定位与构图技术

近年来,基于声纳探测技术的潜航器同步定位与构图方法受到越来越多的关注。由于其本质仍然是利用潜航器与水下固定可探测特征之间的距离、方位信息为惯性导航系统提供误差校正观测量,并且已成为水下导航技术发展的重要趋势之一,因此本节将重点介绍。

7.3.1　水下特征检测

基于声纳的水下特征检测主要是基于声纳图像进行特征提取，在此对声纳图像特征检测方法进行简单介绍。

1. 声纳成像特点

1）前视声纳成像特点

可识别目标在声纳图像中一般表现为亮斑。在潜航器运动的过程中，前视声纳在前端连续探测前方扇形区域，因此目标亮斑在连续声纳图像中位置不断改变。连续声纳图像帧之间最显著的区别是灰度变化，即使相邻两帧图像通常也会有一定的像素有明显灰度变化。主要有两点原因：一是潜航器处于运动过程中，其平移、旋转都会导致与目标之间相对位置的变化，声波入射角度随之变化；二是环境对目标及潜航器均有一定影响，如环境中声要素的变化、海流干扰等。因此，声纳图像中目标的特点及目标检测环节可能面临以下问题。

（1）目标不稳定：潜航器平移、升沉、旋转等运动使得目标到声纳的入射角实时变化，目标在不同图像帧中的形状将有所不同。同时，由于在某些角度下目标不能完全反射声波，以及探测噪声等因素的影响，会导致目标残缺。

（2）断帧现象：潜航器的升沉以及俯仰运动会使得声纳探测区域发生明显变化，因此在连续图像帧中目标可能会在部分帧中消失，即断帧现象。

（3）亮度干扰多：与有效探测目标在图像中的表现形式类似，干扰即随机噪声也呈高亮状态，如何在图像中有效排除干扰、提取有效目标，是特征检测的难点。

（4）多途及旁瓣效应：探测目标在图像上可能出现重影现象，有时单个目标也可能被分裂多个亮斑。此外，水体中的某些物体或者海底区域会在声纳图像中表现为弧线状亮区，成为对特征检测的干扰。

2）侧扫声纳成像特点

侧扫声纳是一种重要的回波成像设备，向海底发射声波并按距离近到远采集反射声波。强回波信号对应着明确的目标。在潜航器航行过程中，侧扫声纳连续发射和接收回波信号从而构成侧扫声纳图像。其缺点是无法测出海底目标的准确高度，只能粗略估算，不能准确反应海底地形。侧扫声纳图像的像素高低取决于声波频率，频率越高，像素越高，图像的灰度表示海底反向回波信号的强弱。侧扫声纳图像主要有以下特点：

（1）侧扫声纳正下方有盲区，无法成像。

（2）只有地形的起伏变化或目标出现才会引起图像特征的变化。

（3）侧扫声纳图像中深色部分是反射较为强烈的部分。

(4) 侧扫声纳的成像属于近距离水平成像。

(5) 正常工作情况下,侧扫声纳图像中横向比例是固定的,纵向比例同拖鱼的前进速度相关。

(6) 侧扫声纳图像中任何一点都可以在一定精度范围内推算,这是侧扫声纳图像中进行特征处理的理论依据。

3) 多波束声纳成像特点

多波束测深声纳又称为条带测深声纳或多波束回声测深仪等。多波束声纳利用换能器发射阵向海底发射声脉冲,声波经海底反射和散射后被换能器接收阵采集,通过利用换能器接收波束到达角和声波传播时间,计算载体坐标系下的波束脚点三维坐标,进而结合载体自身位姿信息可以求得波束脚点的大地坐标。多波束声纳发射一次扇形声脉冲可在海底与船行方向垂直的条带区域形成由数以百计的波束脚点组成的地形测线,多波束测深声纳沿指定航线连续测量并将多条地形测线合理拼接后,便可得到该区域的海底地形图。由于每条地形测线都是载体坐标系下的二维图像,多波束声纳又被称为一种 2.5D 测绘手段。

多波束图像有如下特点:

(1) 多波束声纳按等角度发射声学脉冲信号,随着测深脚点逐渐偏离垂向后脚点间距不断增大,导致海底采样不均匀。

(2) 当利用测量船搭载多波束声纳完成海底地形测绘时,海洋环境的动态复杂特性使得测量船运动具有较强的不规则性,海底地形测量同时受到较大影响,并使得多波束声纳测量结果包含噪声,测量结果中出现明显畸变。

(3) 多波束测深结果横向覆盖范围与海底地形高程和多波束声纳作业深度相关,船载大功率多波束声纳可实现极广覆盖范围。

(4) 多波束声纳横向分辨率随着距离声脉冲垂向中心点距离增加不断减小,纵向比例同拖鱼的前进速度相关。

4) 水下光学成像特点

水下光学成像原理和空气中的相同,但生成的图像质量却差很多。由于介质不同,自然光在水中传播时会迅速衰减,即使是纯水也是如此。水影响光学成像主要有两个因素:①水对光的吸收特性。水会吸收光能,对不同波长的光具有不同的吸收强度。在海水中,吸收最严重的是红光和紫外光,对蓝光吸收较弱,但每米要衰减约 4% 的能量。例如,在清澈的海水中,光学成像超过 2m,颜色就会失真,超过 30m,只剩下蓝绿色。②水对光的散射特性。散射主要体现在水自身的散射和悬浮粒子的散射,使光在水中传播发生偏离,前者受温度和压力影响,后者则和粒子的浓度与大小有关。因此,水下光学成像往往对比度低、纹理细节模糊,需要使用主动照明,然后利用图像处理技术,以反映更真实的水下环境。

水下图像具有如下特点：

(1) 由于水下环境特性，导致成像距离短，成像质量差。

(2) 水下成像往往需要主动光源，但会造成光照不均。

(3) 水下相机需要特定的标定，以修正畸变。

(4) 水下图像根据不同的任务需求进行处理。

(5) 水下成像较声学成像反映的信息丰富，但是作用距离偏小。

(6) 水下成像较声学成像成本低，实际操作简单。

2. 声纳图像特征检测方法

图像所包含的特征是区别于其他图像的本质属性，前视声纳图像和侧扫声纳图像与常规图像的区别主要是包含了与普通图像所不同的形状或纹理等特征。

在前视声纳成像的全过程中都会受到自身设备噪声、水下混响、噪声以及下悬浮物等因素的干扰，使得成像对比度较低，边缘模糊，甚至目标失真。

侧扫声纳图像呈现了自然海底地貌特征，这类自然特征能够从不同视角范围内被重复快速地检测。一般将侧扫声纳的图像特征分为点特征、面特征和线特征三类，但是其声学系统的性能在水下环境受噪声的限制和其他干扰也比较严重。因此，必须首先对声纳图像进行预处理，以增强图像特征，减少噪声影响。声纳图像的预处理一般包括灰度增强（灰度变换、二值化处理等）和滤波去噪（均值滤波、中值滤波、高斯滤波等）步骤，具体方法在此不进行展开介绍。完成声纳图像预处理后，即需要采用合适方法从图像中进行典型特征提取。

点特征是指声纳图像中的高强度回波信号点，是最基本且重要的特征之一，其形态有拐角点、边缘点、线交点等。点特征的优势在于不会随图像的旋转、缩放、投影、仿射等变化，非常有利于特征的识别提取及应用。在图像中提取点特征是基于特征灰度分布与图像背景的灰度差异来实现，典型的提取方法包括：①基于灰度梯度的点特征提取，如 Forstner 算法和 Moravec 算法；前者的优势在于定位准确性较高，后者则原理简单、性能适中。②基于亮度对比的提取方法，如 Harris 点特征检测法。该方法的优点在于效率高，对噪声鲁棒性强，缺点是容易丢失部分有效的点特征。③基于模板的提取方法，如 Susan 算法。此算法利用灰度模型参数模拟影像信号，从而判断特征点的情况，Susan 算法抗边缘干扰，但在提取点特征之前需预设模板阈值。

最常用的线特征提取方法主要有分割 - 聚合法、随机抽样一致性法和霍夫变换法，以及基于这三种方法的改进算法。分割 - 聚合法的主要步骤：首先在区域内选定两点，计算其他所有点到这两点确定的直线的距离，并找到距离最大的点，而后以此点为一端将原直线划分成两条直线，其次分别对它们重复以上操作，直至点到直线距离小于设定阈值。随机抽样一致性方法的提出基于以下假设：①与直线相关的数据由局内点组成；②与直线无关的数据称为局外点，主要由错误的测量方法、噪声等导致；③其他数据属于噪声；④给定的局内点通常规模较小。其主要步骤：首先以随机方式在区域内选定一些点并拟合出一条直线，进而计算其他点与这条直线的隶属度，阈值之外的点称为局外点，若局内点满足要求，则算法结束，否则，重复以上部分，直至达到迭代终止条件。该算法的优点是对噪声和部分遮盖现象的鲁棒性强。

7.3.2 水下同步定位与构图原理

1. 同步定位与构图问题的基本过程

同步定位与构图方法是指处于未知位置的机器人创建环境地图并用于自身导航定位的方法。其中的关键问题是机器人必须能够获得参考环境中参考特征或路标的观测量（一般设定具有时间不变性）来创建地图，通过跟踪其相对位置和重复观测来估计机器人在地图中的位置。解决同步定位与构图问题的关键思想是利用两个模型（即定位模型和观测模型），通过作为相互输入和输出来迭代执行估计过程。

定位模型是通过对环境特征或路标的重复观测来获取的，因此所估计的机器人位置也是相对于这些被观测并被注册到特征矢量中的环境特征来实现的。对于给定的地图，机器人能够在其中对自己进行定位。对于移动机器人，这个概念可以用一个运动模型来更好地描述，运动模型中所包含的位置和航向参数可以通过机器人搭载的导航传感器和预测模型来实现，而后对路标位置的估计也可以实现。定位中所包含的问题主要是传感器噪声和模型不准确性导致的误差，在没有其他校正信息的情况下，可能会导致估计结果不确定。反之，观测模型根据传感器输出创建地图，用来获取环境特征的传感器被安装在机器人上，并在观测中附加观测噪声，它的位置不确定性也将被添加到地图中。

图 7－25 阐释了同步定位与构图过程中的估计过程和数据融合，其中数据融合是同步定位与构图方案的核心。在图像中进行特征提取的过程决定了环境特征感知的效果，在数据关联过程中由预测和观测地图中的特征集被匹配以用于地图和位置更新中。未被匹配的特征既可以作为新特征添加在地图中，也可以从地图中移除。

同步定位与构图问题可以分为基于环境特征和基于视域的两种方式。在基于环境特征的同步定位与构图模式下，环境特征由传感器测量，状态矢量包括机

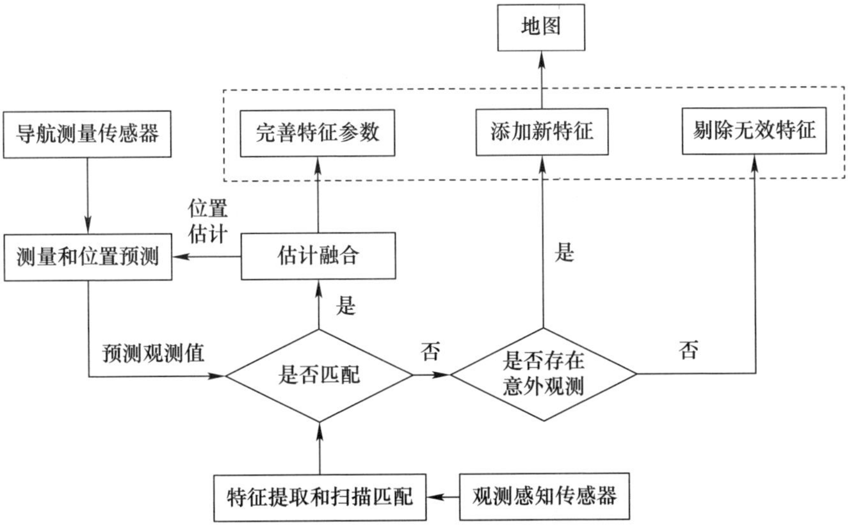

图 7－25　同步定位与构图问题过程的原理框图

器人位姿和特征位置以及被加入矢量的新环境特征。在基于视域的同步定位与构图模式下，机器人在每个位姿状态下的视域特征均被保留和处理。对于同步定位与构图估计问题，利用卡尔曼滤波框架有多种不同的方法，如扩展卡尔曼滤波可以处理非线性模型，快速同步定位与构图（Fast Simultaneous Localization and Mapping，FastSLAM）是基于粒子滤波和扩展卡尔曼滤波实现的。大多数水下环境中的同步定位与构图应用都是基于上述方法。

根据信息源的不同，水下同步定位与构图方法又可以细分为水下视觉同步定位与构图方法、前视声纳同步定位与构图方法、海底地形/地磁/重力等地球物理场同步定位与构图方法等。

2. 水下环境同步定位与构图数学模型

1）基于扩展卡尔曼滤波的同步定位与构图模型

基于扩展卡尔曼滤波的同步定位与构图模型可用概率传递函数表示为

$$P(\boldsymbol{x}_k,\boldsymbol{m}\mid z_{0:k},\boldsymbol{u}_{0:k},\boldsymbol{x}_0) \tag{7-108}$$

运动方程可以表示为

$$P(\boldsymbol{x}_k\mid\boldsymbol{x}_{k-1},\boldsymbol{u}_k)\leftrightarrow\boldsymbol{x}_k=f(\boldsymbol{x}_{k-1},\boldsymbol{u}_k)+\boldsymbol{w}_k \tag{7-109}$$

式中：$f(\cdot)$表示潜航器运动学方程；$\boldsymbol{w}_k$ 为运动噪声。

观测模型为

$$P(z_k\mid\boldsymbol{x}_k,\boldsymbol{m})\leftrightarrow z_k=h(\boldsymbol{x}_k,\boldsymbol{m})+\boldsymbol{v}_k \tag{7-110}$$

式中：$h(\cdot)$表示观测量的几何特性，即传感器数据描述环境特征信息的具体形式；$\boldsymbol{v}_k$ 表示观测噪声。

扩展卡尔曼滤波通常用作状态估计的滤波器，通过给定两个或更多的具有一定不确定性的不同数据源或采样信息来降低不确定性。同步定位与构图算法通过一个迭代运动更新（预测）和观测更新（校正）来进行。在水下同步定位与构图算法中，更新是通过导航传感器和环境探测传感器来进行的。

运动更新或时间更新（预测）为

$$\hat{\boldsymbol{x}}_{k|k-1}=f(\hat{\boldsymbol{x}}_{k-1|k-1},\boldsymbol{u}_k) \tag{7-111}$$

$$\boldsymbol{P}_{xx,k|k-1}=\nabla f\boldsymbol{P}_{xx,k-1|k-1}\nabla f^{\mathrm{T}}+\boldsymbol{Q}_k \tag{7-112}$$

式中：$\boldsymbol{x}_{k|k-1}$为位姿更新；$f(\cdot)$为运动学方程并表示系统状态每一步如何变化；雅可比矩阵∇f为一个状态变化方式的估计；$\boldsymbol{P}_{xx,k}$为位姿更新及噪声协方差。

观测更新（校正）为

$$\begin{bmatrix}\hat{\boldsymbol{x}}_{k|k}\\ \hat{\boldsymbol{m}}_k\end{bmatrix}=[\hat{\boldsymbol{x}}_{k|k-1}\quad \hat{\boldsymbol{m}}_{k-1}]+\boldsymbol{W}_k[\boldsymbol{z}_k-h(\hat{\boldsymbol{x}}_{k|k-1},\hat{\boldsymbol{m}}_{k-1})] \tag{7-113}$$

$$\boldsymbol{P}_{k|k}=\boldsymbol{P}_{k|k-1}-\boldsymbol{W}_k\boldsymbol{S}_k\boldsymbol{W}_k^{\mathrm{T}} \tag{7-114}$$

$$\boldsymbol{S}_k=\nabla h\boldsymbol{P}_{k|k-1}\nabla h^{\mathrm{T}}+\boldsymbol{R}_k \tag{7-115}$$

$$\boldsymbol{W}_k=\boldsymbol{P}_{k|k-1}\nabla h^{\mathrm{T}}\boldsymbol{S}_k^{-1} \tag{7-116}$$

式中：$\boldsymbol{m}_k$ 为给定位姿、观测量及几何关系 $h(\cdot)$下观测到的地图。

2）快速同步定位与构图模型

快速同步定位与构图方法由 Montemerlo 等提出，同步定位与构图的概率分布通过利用粒子滤波和扩展卡尔曼滤波进行 Rao－Blackwellization 操作而分成若干要素。

图7－26 表示在给定控制信号 $\boldsymbol{u}_t$、观测量 z_{i-1}、位姿 $\boldsymbol{x}_t$ 和路标 $\boldsymbol{m}_i$ 下，由位姿矢量 $\boldsymbol{x}_{t-1}$到 $\boldsymbol{x}_t$ 的转换过程，箭头表示直接依赖关系。由于位姿和路标之间没有直接关联，因此建立一个条件独立性。路标和位姿矢量之间的条件独立性由 Rao－Blackwellization 操作来获取，并用来在位姿已知的时候对潜航器轨迹采样进行建模和计算路标。

粒子滤波是替代扩展卡尔曼滤波用于定位估计的方法，尤其针对非线性、非高斯噪声分布的模型非常有效。通过对低维状态矢量进行有限采样（对三维状态矢量效果较好），可以有效降低计算量。对于高维状态矢量，粒子表示形式变得非常稀疏，这种情况下 Rao－Backwellized 粒子滤波得到重要应用。

粒子滤波使用多个具有权重的采样来表示概率密度函数的估计或后验状

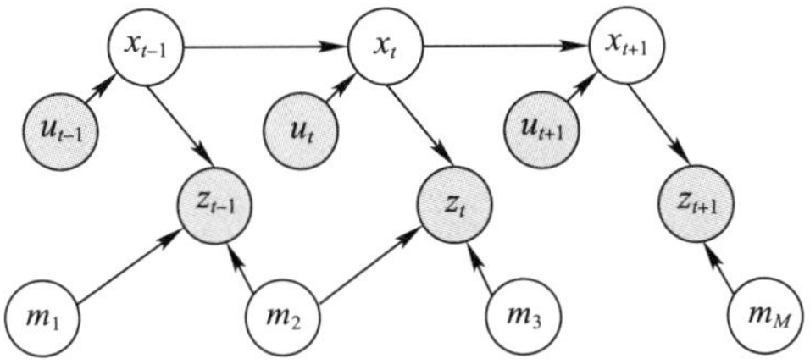

图 7-26　同步定位与构图图示模型

态，它起始于一个随机量测，即

$$\boldsymbol{x} = \{\boldsymbol{x}^{[i]}, \boldsymbol{w}^{[i]}\}_{i=1,2,\cdots,N} \tag{7-117}$$

式中：$\boldsymbol{x}^{[i]}$ 为一个与权重 $\boldsymbol{w}^{[i]}$ 相关联的状态假设；N 为采样个数。

权重需要归一化以使得和为 1，从而后验状态表示为

$$\boldsymbol{P}(\boldsymbol{x}) = \sum_{i=1}^{N} \boldsymbol{w}^{[i]} \boldsymbol{\delta}_{\boldsymbol{x}^{[i]}}(\boldsymbol{x}) \tag{7-118}$$

权重系数通过重要性采样原则进行选择，重要性密度通过运动模型和与观测模型成比例的权重系数给定。权重系数表示了估计粒子（后验估计）与真实值（观测量）的一致程度。在最开始，所有粒子均具有相同权重。随着迭代过程进行，潜航器不断获得新的观测量，采样值改变权重并使得估计结果更加准确。

粒子滤波在低维空间非常高效，但是维数的增加会要求更多粒子来表示状态。在同步定位与构图中，状态矢量包括载体的位姿和地图特征，这使得其维数对于普通粒子滤波过高。为了使得粒子滤波能够适用，根据特征能够在给定位姿估计后进行计算的特性，来移除状态矢量中的依赖性。对于每个粒子（每个位姿假设），地图可以被计算并随后赋予权重。

同步定位与构图概率模型可以分解如式（7-119）所示。其中，第一项和第二项分别与路径和地图的后验估计相对应，即

$$\boldsymbol{P}(\boldsymbol{x}_{0:k}, \boldsymbol{m}_{1:M} | z_{1:k}, \boldsymbol{u}_{1:k}) = \boldsymbol{P}(\boldsymbol{x}_{0:k} | z_{1:k}, \boldsymbol{u}_{1:k}) \boldsymbol{P}(\boldsymbol{m}_{1:M} | \boldsymbol{x}_{0:k}, z_{1:k}) \tag{7-119}$$

由于在给定位姿后路标是条件独立的，因此地图后验估计是条件路标的因式分解。从而，航迹后验估计可以通过粒子滤波、条件路标，利用低维扩展卡尔曼滤波进行计算。

$$\boldsymbol{P}(\boldsymbol{x}_{0:k}, \boldsymbol{m}_{1:M} | z_{1:k}, \boldsymbol{u}_{1:k}) = \boldsymbol{P}(\boldsymbol{x}_{0:k} | z_{1:k}, \boldsymbol{u}_{1:k}) \prod_{i=1}^{M} \boldsymbol{P}(\boldsymbol{m}_i | \boldsymbol{x}_{0:k}, z_{1:k}) \tag{7-120}$$

每个粒子表示一个不同的航迹，对于每个航迹后验估计需要对地图进行一

次计算。每个粒子根据每个计算值与观测模型之间一致性进行赋值。因此,地图可以基于扩展卡尔曼滤波进行更新。

3. 水下环境同步定位与构图方法

同步定位与构图方法在水下环境有很多应用,这些应用定义了环境感知传感器和潜航器导航传感器,如表7-9所示。同步定位与构图方法可以根据路标的数量、覆盖的区域、计算实时性要求、灵活性等进行不同的描述。常用同步定位与构图方法的重要特性总结如表7-10所示。

表7-9 水下同步定位与构图常用设备

导航传感器	特性	环境感知传感器	特性
GPS	提供航行初始时刻的位置基准	多波束回波测深仪	利用水声换能器阵列发出信号,并接收海床反射信号
深度传感器	利用压力传感器提供纵向位置信息	机械式扫测成像声纳	机械式转动换能器,扫描二维水平区域
惯性测量单元(加速度计和陀螺仪)	提供3轴线性加速度和角速度	前视声纳	给出航行前方区域的水声图像
磁力仪	感应磁场来估计横滚、纵摇和航向角度	侧扫声纳	提供水下声图像
多普勒计程仪	测量速度	录像机	提供高分辨率图像,但作用距离受限

表7-10 水下同步定位与构图方法的重要特性总结

	卡尔曼滤波	粒子滤波	GraphSLAM
计算复杂度	m^2,m表示路标数量	$N\cdot\log(m)$ N:采样数量 m:路标数量	与观测数量和节点数呈线性关系
概率分布假设	高斯	位姿:任意 路标分布:高斯	高斯或不同交叉函数
线性化	卡尔曼滤波:均为线性 扩展卡尔曼滤波:需要线性化	运动方程不需要线性化	每个方向进行重新线性化
路标数量承载能力	数百	数千	数千
灵活性	中等	较高	高
大尺度适用性	差	优	与稀疏度有关

所列举方法已经得到一些扩展和应用。表7-11列举了一些具体的水下应

用。其中,水下结构化环境多应用机械式扫测成像声纳、前视声纳和视频录像机。为了将同步定位与构图方法应用于这些场景,如墙体、边界和点状特征均被作为特征。非结构环境特征多指海底应用如侧扫声纳、视频录像机和前视声纳等。这些应用中大部分会采用多普勒计程仪和惯性测量单元辅助定位估计。

表7-11　水下同步定位与构图具体应用

应用	传感器	SLAM模型	场景	大尺度环境	闭环
1	前视声纳	EKF	非结构化浅水环境		
2	机械式扫测成像声纳	EKF	结构化环境		
3	侧扫声纳	EKF	非结构化环境	子图	是
4	侧扫声纳	GraphSLAM	非结构化环境	适用	是
5	前视声纳	EKF-ESEIF	结构化环境		
6	机械式扫测成像声纳	EIF	结构化环境	适用	是
7	机械式扫测成像声纳	FastSLAM	结构化环境	适用	是
8	前视声纳	GraphSLAM	结构化环境/非结构化环境		
9	机械式扫测成像声纳	GraphSLAM ASEKF	结构化环境		是
10	录像机	GraphSLAMVAN	结构化环境/非结构化环境	适用	是

4. 基于海底地形的无人潜航器图优化同步定位与构图方法

通过前面分析可以看出,同步定位与构图方法多是在贝叶斯估计理论框架下,利用卡尔曼滤波、粒子滤波及各种优化改进方法对系统状态矢量进行迭代估计。但是,这种方法有如下缺点:①采用递推增量式的地图创建过程,线性化点的变化会导致状态估计不一致;②系统参数和传感器观测的不确定性会随迭代累积;③计算复杂度高;④无法实现对历史数据关联结果的更新、剔除等操作,算法精度依赖于精确的初始估计;⑤大范围建图能力较差。除此之外,此类方法主要利用声学、光学探测方式获取地形特征来开展,这使得当可探测水下地貌或高程变化信息贫乏时,同步定位与构图系统将转变为无固定位置参照的经典导航模式,连续导航能力大大下降。为了解决这个问题,本节介绍作者提出的一种基于海底地形的无人潜航器图优化同步定位与构图方法。该海底地形同步定位与构图通过多波束声纳感知海底地形实现,目前随着激光技术的发展,激光雷达也已成为了海底地形起伏的重要感知设备,但由于算法原理与以多波束声纳为传感器的海底地形同步定位与构图相同,这里就不再进行赘述。

1）水下图优化同步定位与构图的基本原理

图优化同步定位与构图将整个过程分为前端和后端,前端负责因子图构建,利用潜航器航行过程中自身内部导航传感器的导航输出,以及环境探测传感器对环境特征的探测,完成图节点(包括位姿节点和环境特征节点)、图因子(包括推位因子和特征观测因子)及其拓扑关系的构建,其中一个关键问题是通过数据关联进行闭环检测;后端则综合利用一段时间或空间范围内的约束因子集合,设计目标优化函数,对相应节点集合的位姿状态进行优化估计。图优化同步定位与构图原理如图7-27所示。

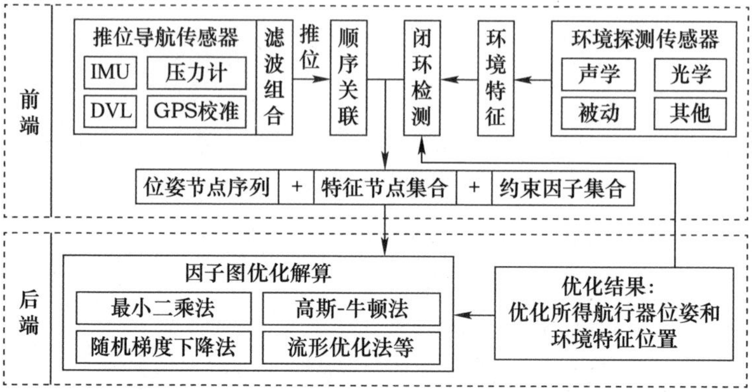

图7-27　图优化同步定位与构图原理

无人潜航器在前端以推位的形式进行连续导航状态估计,主要有三种形式:①采用单一惯性导航系统进行连续位姿信息输出,但误差会快速积累;②组合导航形式,融合惯性导航和多普勒测速等信息进行导航状态组合估计;③利用多普勒计程仪获得高精度速度矢量观测量,同时结合航向信息进行推位估计。利用推位系统在离散时间点输出信息构成因子图位姿节点,显然潜航器最终输出的位姿误差直接体现在所有相邻位姿节点之间的推位估计之中。当潜航器在相邻位姿节点之间能够以其他方式构建不包含累积误差的相对位姿观测时,这些观测可构成位姿变化约束因子;当潜航器能够利用自身携带环境探测传感器获取环境信息时,如水深、地磁、重力信息,每个位姿节点均对应着各自的环境信息集合,当潜航器当前航迹与历史航迹重合时,即可通过环境观测信息匹配确定数据关联,形成闭环,可在相应的当前位姿节点和历史位姿节点之间构建闭环约束因子。在上述情形下,因子图中只包含有位姿节点和位姿节点之间的因子集合,称为位姿因子图。而当潜航器可通过前视声纳、侧扫声纳等方式进行海底成像并提取空间稳定的环境特征时,可将这些环境特征融入进来作为特征节点,并利用对应的观测量(距离、方位等),在位姿和特征节点之间建立特征观测约束因子,此时图中既有位姿节点,又有环境特征节点,称为全因子图。在后端设计优化函数,基于约束因子集合,用最小二乘、高斯-牛顿法等对潜航器位姿节点和环境特征节点进行优化求解。

相比于滤波方法的迭代估计模式，图优化同步定位与构图方法从全局优化的角度处理系统状态估计问题。它综合利用潜航器在一定空间范围内的传感器观测信息对相应的潜航器位姿及环境特征位置进行优化估计，在状态估计精度上有明显优势，而基于图增量信息的优化方法则大大提高了优化解算的效率，因此正逐渐取代滤波方法成为大规模环境中同步定位与构图研究的主要方向。目前，潜航器图优化同步定位与构图方法的研究主要包含在“水下自然环境导航”和“大型船体检测”两个场景当中。但是，当前水下同步定位与构图研究主要利用地形、地貌特征提供导航位置参照，系统可靠性不足，欠缺对其他水下环境信息的综合利用以提升系统性能；而且大多以完全准确的数据关联为前提条件，这在实际当中很难实现，错误的闭环检测将导致优化结果的巨大偏差。

2）海底地形同步定位与构图前端因子图构建

由于多波束声纳仅仅能够获得声学测线的回波时间和回波角度数据，需要将其转化为大地坐标系下的三维测深点信息。为了简化计算，一般不考虑无人潜航器在垂直面的运动，即将三维的地图转化为每点代表不同高度值的2.5D点云模型。

由船位推算导航和光纤罗经可以获得无人潜航器的位置$(x_V, y_V, z_V, \theta_V)$，其中$\theta_V$为无人潜航器首尾向角，对于每一个测点测深侧扫系统会返回声速值，接收到波束的时间值和回波角度的正弦值，通过计算可以得到测线相对于无人潜航器的位置为(r,β)，其中r为连接无人潜航器载体坐标系圆心与测点的半径长度，β为相对于z_V的有向开角，将其转化为大地坐标系下，即

$$\begin{cases} x_M = x_V + r\cos\beta\sin\theta_V \\ y_M = y_V + r\cos\beta\cos\theta_V \\ z_M = z_V + r\sin\beta \end{cases} \tag{7-121}$$

从而将关联在载体坐标系下的极坐标转化为大地坐标系下带有高度值的2.5D点阵。

考虑到地形匹配耗时的问题，通过将路径划分为一个个子地图的形式。子地图根据路径上绘制2.5D地图的信息量和路径的长度创建，信息量根据法线间差计算。法线间差是利用不同支持半径下的法线值的差值检测点云数据有明显变化区域，利用其检测地形中存在较为剧烈起伏的区域，即

$$\Delta\hat{n}(p, r_1, r_2) = \frac{\hat{n}(p, r_1) - \hat{n}(p, r_2)}{2} \tag{7-122}$$

式中：$\hat{n}(p, r_1)$，$\hat{n}(p, r_2)$分别为取半径r_1、r_2时地形剖面与圆的最外侧交点连线的法线，且满足$r_1 < r_2$。当无人潜航器作业时，实时计算当前子地图各点法线间

差的和，当其大于阈值时存储当前子地图并开始下一子地图的构建。

每当子地图被存储，将其与之前的所有子地图进行地形匹配。假设子地图1与子地图2在绿色区域重叠，重叠区域的形心为$\boldsymbol{Z}_{ij}$。考虑观测噪声$\boldsymbol{w}$满足零均值的高斯分布，形心$\boldsymbol{Z}_{ij}$坐标的预测值$\boldsymbol{Z}_{ij}^{-}$和观测值$\boldsymbol{Z}_{ij}^{+}$可以分别表示为

$$\boldsymbol{Z}_{ij}^{-}=\boldsymbol{X}_j+\boldsymbol{l}_j \tag{7-123}$$

$$\boldsymbol{Z}_{ij}^{+}=\boldsymbol{X}_i+\boldsymbol{l}_i+\boldsymbol{w} \tag{7-124}$$

式中：$\boldsymbol{X}_i$（或$\boldsymbol{X}_j$）为无人潜航器在路径所有时刻中与$\boldsymbol{Z}_{ij}^{+}$（或$\boldsymbol{Z}_{ij}^{-}$）欧几里得距离最近的点；$\boldsymbol{l}_i$和$\boldsymbol{l}_j$分别表示在子地图1和子地图2中由距离$\boldsymbol{Z}_{ij}^{+}$（或$\boldsymbol{Z}_{ij}^{-}$）最近的点指向$\boldsymbol{Z}_{ij}^{+}$（或$\boldsymbol{Z}_{ij}^{-}$）的矢量。应用Δ表示$\boldsymbol{X}_i$与$\boldsymbol{X}_j$之间的相对距离，$\boldsymbol{X}_j$处的观测方程可以写作

$$\boldsymbol{X}_i-\boldsymbol{X}_j=\boldsymbol{l}_j-\boldsymbol{l}_i+\Delta-\boldsymbol{\omega} \tag{7-125}$$

若使用在$\boldsymbol{X}_i$与$\boldsymbol{X}_j$处的惯性导航偏移量$\Delta\boldsymbol{X}_i$和$\Delta\boldsymbol{X}_j$代替$\boldsymbol{X}_i$和$\boldsymbol{X}_j$，式(7-125)可以写为

$$\Delta\boldsymbol{X}_i-\Delta\boldsymbol{X}_j=\Delta-\boldsymbol{\omega} \tag{7-126}$$

在使用高斯过程回归地形外推估计方法获得$i+1$时刻地形外推估计结果后，可以通过与$i+1$时刻多波束实测数据之间的相似程度对弱数据关联进行求解。结合多波束声纳的测量信息，对i到$i+1$时刻建立状态模型，即

$$\begin{cases}\boldsymbol{X}_{i+1}=f(\boldsymbol{X}_i,\boldsymbol{u}_i)+\boldsymbol{v}_i\\ \boldsymbol{z}_{i+1}=h(\boldsymbol{X}_{i+1})+\boldsymbol{\omega}_i\end{cases} \tag{7-127}$$

式中：$\boldsymbol{X}_i$为i时刻无人潜航器状态；$\boldsymbol{v}_i$为状态转移过程噪声；f为无人潜航器的状态转移方程；$\boldsymbol{z}_i$为多波束声纳的测量值；h为多波束声纳的测量方程；$\boldsymbol{\omega}_i$为多波束声纳测量噪声。通过$\boldsymbol{X}_{i+1}$计算测深点坐标并输入上述模型，就可以得到$i+1$多波束测点位置处的先验估计值$\boldsymbol{z}_{i+1}^{-}$。

因而，弱数据关联$p(\boldsymbol{X}_{i+1}|\boldsymbol{X}_i,\boldsymbol{u}_i)$可以表示为

$$\begin{aligned}p(\boldsymbol{X}_{i+1}|\boldsymbol{X}_i,\boldsymbol{u}_i)&=p(\boldsymbol{z}_{i+1}-\boldsymbol{z}_{i+1}^{-})=\frac{1}{\sqrt{(2\pi)^N\det(\boldsymbol{C}_\mathrm{e})}}\exp\left(-\frac{1}{2}\|\boldsymbol{z}_{i+1}-\boldsymbol{z}_{i+1}^{-}\|_{\boldsymbol{C}_\mathrm{e}}\right)\\&=\frac{1}{(2\pi\sigma_\mathrm{e}^2)^{N/2}}\exp\left(-\frac{1}{2\sigma_e^2}\sum_{k=1}^{N}(\boldsymbol{z}_{i+1,k}-\boldsymbol{z}_{i+1,k}^{-})^2\right)\end{aligned} \tag{7-128}$$

式中：$\boldsymbol{C}_\mathrm{e}=\mathrm{diag}(\sigma_1^2,\sigma_2^2,\cdots,\sigma_k^2)$为每个测深点的方差组成的对角阵，是由各个采样点方差组成的对角阵；N为每一个时间节点的采样点个数；$\boldsymbol{z}_{i+1,k}$为第$i+1$时

刻第 k 条测线获得的地形高度数据;$z_{i+1,k}^{-}$ 为对应通过高斯过程回归的地形高程外推估计计算的第 $i+1$ 时刻第 k 条测线获得的地形高度数据。控制输入 $\boldsymbol{u}_i$ 为已知的观测结果,为简化起见在后文中使用 $p(\boldsymbol{X}_{i+1}|\boldsymbol{X}_i)$ 表示 i 时刻和 $i+1$ 时刻之间的弱数据关联。

3)后端优化器设计

搭建基于全局路径修正和局部路径修正的后端优化器。全局路径修正的前提就是选取合适的状态转移方程和观测方程。对于无人潜航器而言,存在很多种表示状态转移过程的方式,包括六自由的操纵性方程等。但由于一阶、二阶水动力系数带来的高昂计算开销,在传统的同步定位与构图方法中一般选择简化的运动模型,即

$$\boldsymbol{X}_i = f(\boldsymbol{X}_{i-1}, \boldsymbol{u}_i) + \boldsymbol{v}_i \tag{7-129}$$

全局路径修正所要计算的是关联于环形闭合的时刻无人潜航器的惯导偏移量,因而首先提取所有关联于环形闭合的时刻,并将其定义为关键帧。关键帧的惯性导航系统偏移量表示为 $\Delta\boldsymbol{X} = \{\Delta\boldsymbol{X}_i^{\text{key}}(i=1,2,\cdots,n)\}$,其中 $\Delta\boldsymbol{X}_i^{\text{key}}(i=1,2,\cdots,n)$ 为个 n 关键帧的惯导偏移量,而 $\Delta\boldsymbol{X}_0^{\text{key}}$ 和 $\Delta\boldsymbol{X}_{n+1}^{\text{key}}$ 则分别是路径起始点和终点的惯导偏移量。

由于惯性导航系统给出的导航误差是逐渐累加的,在路径上相邻关键帧之间导航偏移量的增量同样可以近似为是与时间相关的。如果已知惯性导航系统偏移量在 $[i-1,i]$ 和 $[i,i+1]$ 两个时间段内的比例关系,就可以使用 $i-1$ 和 $i+1$ 两个关键帧的惯性导航系统偏移量 $\Delta\boldsymbol{X}_{i-1}^{\text{key}}$ 和 $\Delta\boldsymbol{X}_{i+1}^{\text{key}}$ 对于 i 时刻关键帧的惯性导航系统偏移量 $\Delta\boldsymbol{X}_i^{\text{key}}$ 进行近似,因此 $f(\boldsymbol{X}_{i-1}^{\text{key}}, \boldsymbol{u}_i) - \boldsymbol{X}_i^{\text{key}}$ 通过 $a_i\Delta\boldsymbol{X}_{i-1}^{\text{key}} + (1-a_i)\Delta\boldsymbol{X}_{i+1}^{\text{key}} - \Delta\boldsymbol{X}_i^{\text{key}}$ 进行近似表示。其中,a_i 是通过使用所有时刻而非仅是关键帧上的无人潜航器位姿数据进行计算的,如果第 $i-1$、i、$i+1$ 个关键帧分别是从路径上第 k、$k+m$、$k+m+n$ 时刻提取获得的话,$\boldsymbol{X}_{i-1}^{\text{key}}$、$\boldsymbol{X}_i^{\text{key}}$ 和 $\boldsymbol{X}_{i+1}^{\text{key}}$ 就可以写为 $\boldsymbol{X}_k$、$\boldsymbol{X}_{k+m}$ 和 $\boldsymbol{X}_{k+m+n}$,结合弱数据关联 $p(\boldsymbol{X}_j|\boldsymbol{X}_{j-1})$,$a_i$ 可以表示为

$$a_i = \frac{\sum_{j=k+1}^{k+m} 1/p(\boldsymbol{X}_j \mid \boldsymbol{X}_{j-1})}{\sum_{j=k+1}^{k+m+n} 1/p(\boldsymbol{X}_j \mid \boldsymbol{X}_{j-1})} \tag{7-130}$$

关键帧 i 处的导航偏移量连续性方程可以表示为

$$\Delta\boldsymbol{X}_i^{\text{key}} = \begin{bmatrix} a_i & 0 \\ 0 & 1-a_i \end{bmatrix} \begin{pmatrix} \Delta\boldsymbol{X}_{i-1}^{\text{key}} \\ \Delta\boldsymbol{X}_{i+1}^{\text{key}} \end{pmatrix} \tag{7-131}$$

因此,可以将导航偏移量连续性方程表示为矩阵的形式,即

$$\Delta \boldsymbol{X}^{\text{key}} = \boldsymbol{H}\Delta \boldsymbol{X}^{\text{key}} \tag{7-132}$$

式中:$\Delta \boldsymbol{X}^{\text{key}}$是$\Delta \boldsymbol{X}_0^{\text{key}}, \Delta \boldsymbol{X}_1^{\text{key}}, \cdots, \Delta \boldsymbol{X}_{n+1}^{\text{key}}$等一系列导航偏移量组成的矢量;$\boldsymbol{H}$ 表示由 a、$1-a$ 或 0 组成的系数矩阵。

另外,环形闭合的观测方程也可以表示为

$$\boldsymbol{D}_{ij}^{\text{S}} = \begin{bmatrix} 1 & 0 \\ 0 & -1 \end{bmatrix} \begin{bmatrix} \Delta \boldsymbol{X}_i^{\text{key}} \\ \Delta \boldsymbol{X}_j^{\text{key}} \end{bmatrix} \tag{7-133}$$

而对 $\boldsymbol{D}_{ij}^{\text{S}}$的观测结果可以表示为

$$\bar{\boldsymbol{D}}_{ij}^{\text{S}} = \boldsymbol{D}_{ij}^{\text{S}} + \hat{\boldsymbol{D}}_{ij}^{\text{S}} = \Delta \boldsymbol{X}_i^{\text{key}} - \Delta \boldsymbol{X}_j^{\text{key}} = \boldsymbol{l}_{ij} + \hat{\boldsymbol{D}}_{ij}^{\text{S}} \tag{7-134}$$

式中:$\hat{\boldsymbol{D}}_{ij}^{\text{S}}$为观测过程噪声,该噪声满足均值为 $\mathbf{0}$ 协方差为 $\boldsymbol{\Gamma}_{ij}$的高斯分布;$\boldsymbol{l}_{ij}$为通过闭环检测获得的 i 时刻与 j 时刻无人潜航器位姿之间的环形闭合。给定一系列的环形闭合的观测结果 $\bar{\boldsymbol{D}}_{ij}^{\text{S}}$,全局路径修正的目标就是寻找无人潜航器在所有关键帧上位姿序列的最优估计。

若将观测方程表示为矩阵形式,可以得到

$$\boldsymbol{D}^{\text{S}} = \boldsymbol{H}^{\text{S}}\Delta \boldsymbol{X}^{\text{key}} \tag{7-135}$$

式中:$\boldsymbol{D}^{\text{S}}$ 为对所有环形闭合结果观测的集合;$\Delta \boldsymbol{X}^{\text{key}}$为所有关键帧上的无人潜航器导航偏移量;$\boldsymbol{H}^{\text{S}}$ 为由 1, −1 和 0 组成的系数矩阵。

在得到无人潜航器在关键帧的位置修正结果后,局部路径修正解决的就是如何将通过全局路径修正求得的无人潜航器在关键帧处的导航偏差传递到整条路径上。

假设无人潜航器惯性导航轨迹为 $\widehat{\boldsymbol{X}} = \{\widehat{\boldsymbol{X}}_0, \widehat{\boldsymbol{X}}_1, \cdots, \widehat{\boldsymbol{X}}_n\}$,轨迹 $\boldsymbol{X} = \{\boldsymbol{X}_0, \boldsymbol{X}_1, \cdots, \boldsymbol{X}_n\}$,且$\boldsymbol{X}_0 = \widehat{\boldsymbol{X}}_0 = \boldsymbol{X}_n + \boldsymbol{d}$,其中 $\boldsymbol{d}$ 表示无人潜航器在起点和终点之间的相对距离。无人潜航器的运动模型可以表示为

$$\begin{cases} \widehat{\boldsymbol{X}}_{i+1} = \widehat{\boldsymbol{X}}_i + \boldsymbol{u}_i + \boldsymbol{v}_i \\ \boldsymbol{X}_{i+1} = \boldsymbol{X}_i + \boldsymbol{u}_i \\ \sum\limits_{i=0}^{n-1} \boldsymbol{u}_i = \boldsymbol{d} \end{cases} \tag{7-136}$$

需要注意的是,与传统的运动模型不同,$\boldsymbol{u}_i$不再表示控制输入,而是表示 i 时刻无人潜航器真实的位移,而v_i则代表了 i 时刻无人潜航器惯性导航值相对于

真实位移的偏移量。在 n 时刻无人潜航器惯性导航的偏移量 $\boldsymbol{\varepsilon}$ 可以表示为

$$\begin{aligned}\boldsymbol{\varepsilon} &= \widehat{\boldsymbol{X}}_n - \boldsymbol{X}_n + \boldsymbol{d} \\ &= \widehat{\boldsymbol{X}}_n - \widehat{\boldsymbol{X}}_0 + \boldsymbol{d} \\ &= \sum_{i=1}^{n} (\widehat{\boldsymbol{X}}_i - \widehat{\boldsymbol{X}}_{i-1}) + \boldsymbol{d}\end{aligned} \tag{7-137}$$

可以看到，n 时刻无人潜航器惯性导航的偏移量 $\boldsymbol{\varepsilon}$ 实际是由所有时刻的惯性导航系统偏移量 $\boldsymbol{v}_i$ 累加而成的。为简化计算，假设惯性导航系统偏移量满足高斯分布 $p(\boldsymbol{v}_i) = N(\mu, \sigma_v^2)$。

参考弹簧系统提出一种误差修正方法，同样将无人潜航器各时刻的状态看作弹簧的端点。由于惯性导航系统存在误差，现阶段系统是受力并且不稳定的，其系统能量模型为

$$\begin{aligned}\frac{\prod_{i=1}^{n}\theta_i}{\prod_{i=1}^{n}\prod_{j=1,i\neq j}^{n}\theta_i}\boldsymbol{\varepsilon}^2 &= \sum_{i=1}^{n}\theta_i(\widehat{\boldsymbol{X}}_i - \boldsymbol{X}_i - (\widehat{\boldsymbol{X}}_i - \boldsymbol{X}_{i-1}))^2 \\ &= \sum_{i=1}^{n}\theta_i(\boldsymbol{v}_i - \boldsymbol{v}_{i-1})^2 = \widehat{\boldsymbol{X}}_n - \widehat{\boldsymbol{X}}_0 + \boldsymbol{d}\end{aligned} \tag{7-138}$$

式中：$\boldsymbol{X}_0 = \widehat{\boldsymbol{X}}_0$；$\boldsymbol{v}_0 = 0$；$\theta_i$ 为第 i 段位移的刚度，可以通过弱数据关联计算得到，即

$$\theta_i = -\ln p(\boldsymbol{X}_i | \boldsymbol{X}_{i-1}) \tag{7-139}$$

将能量模型转化为受力模型，根据串联弹簧的受力形变公式

$$\begin{aligned}\frac{\prod_{i=1}^{n}\theta_i}{\prod_{i=1}^{n}\prod_{j=1,i\neq j}^{n}\theta_i}\boldsymbol{\varepsilon} &= \theta_1(\widehat{\boldsymbol{X}}_1 - \boldsymbol{X}_1 - (\widehat{\boldsymbol{X}}_0 - \boldsymbol{X}_0))^2 = \theta_n(\widehat{\boldsymbol{X}}_n - \boldsymbol{X}_n - (\widehat{\boldsymbol{X}}_{n-1} - \boldsymbol{X}_{n-1}))^2 \\ &= \theta_1(\boldsymbol{v}_1 - \boldsymbol{v}_0)^2 = \cdots = \theta_n(\boldsymbol{v}_n - \boldsymbol{v}_{n-1})^2\end{aligned} \tag{7-140}$$

建立递推模型，依次计算 $\boldsymbol{v}_1$ 一直到 $\boldsymbol{v}_n$。

4）试验分析

使用于中国胶州湾获取的海试数据，试验数据时长 3613s，试验船航速约 4kn，共行驶约 8km。处理后的试验数据以 1s 为一个数据更新节拍，同时更新无人潜航器状态信息（包括 GPS 数据、光纤罗经数据）和多波束数据。

为验证局部路径修正的效果，在对位姿图进行全局路径修正的基础上，分别使用均匀分配方法和提出的局部路径修正算法将关键帧的惯性导航系统偏差分

配到整条轨迹上，为方便下文中表示，分别将使用了两种非关键帧误差计算方法的海底地形同步定位与构图算法称为非完全海底地形同步定位与构图算法（均匀分配关键帧惯性导航偏差）和海底地形同步定位与构图算法（局部路径修正方法）。

图7－28 表示使用惯性导航系统、非完全海底地形同步定位与构图算法和海底地形同步定位与构图算法构建的海底地形图及对应的测深点定位误差直方图。误差直方图统计了任务结束后所有时刻测深点位置的误差，以 i 时刻为例，该时刻所有测深点的误差可以表示为

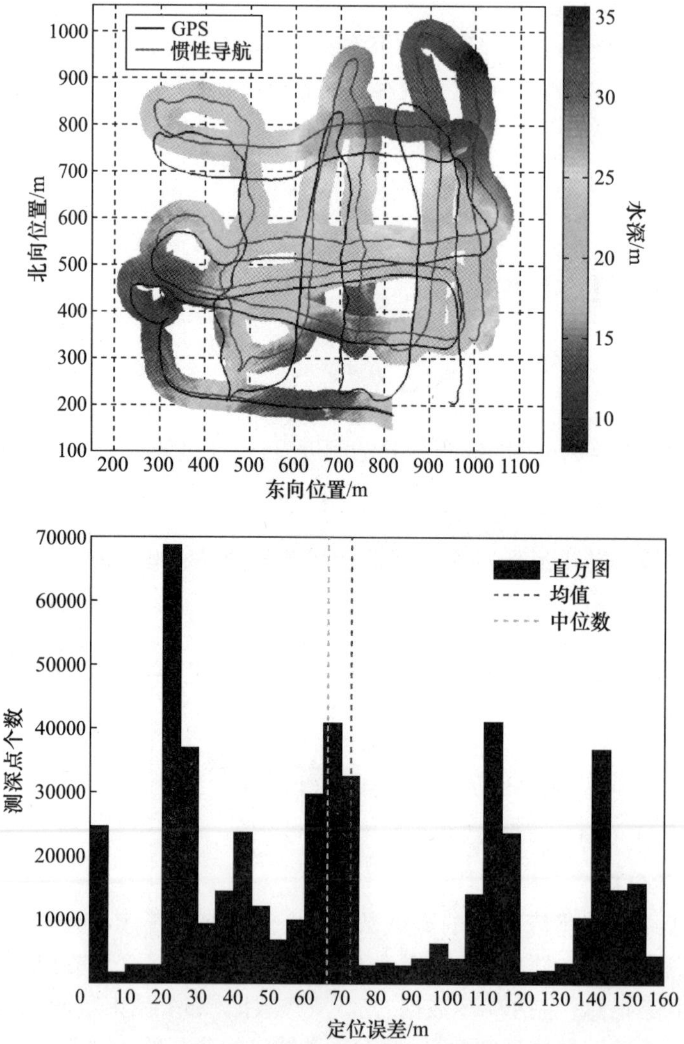

(a) 惯性导航建图结果及其测点定位误差直方图

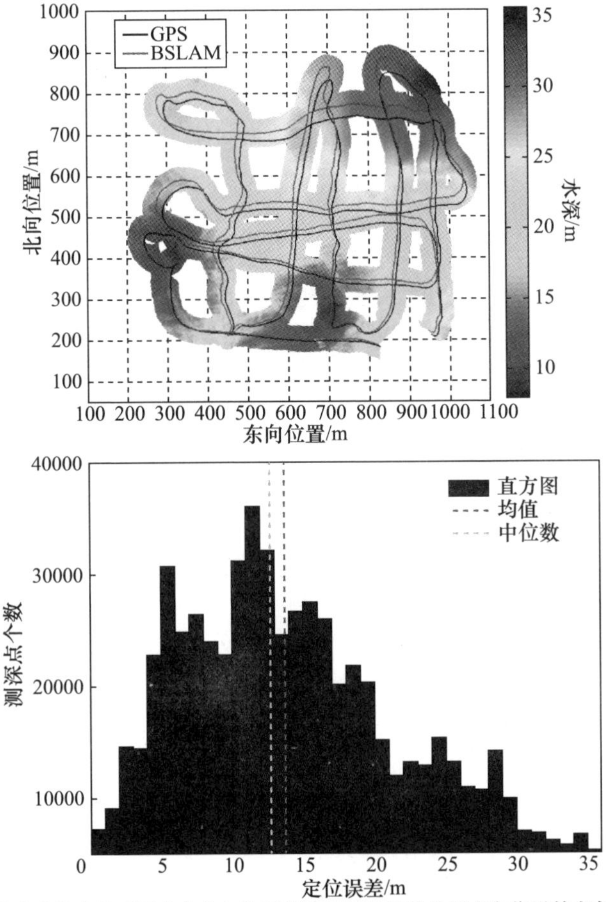

(b) 非完全海底地形同步定位与构图算法建图结果及其测点定位误差直方图

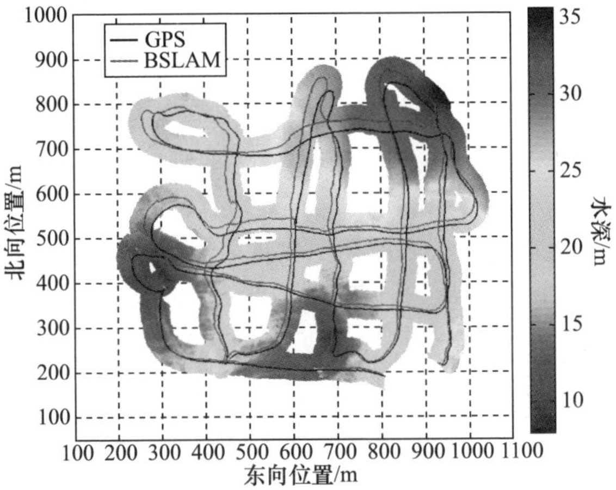

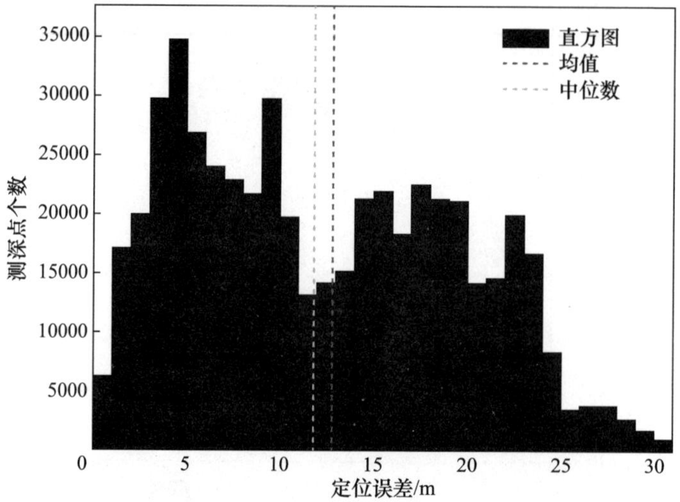

(c) 海底地形同步定位与构图算法建图结果及其测点定位误差直方图

图 7－28　海底地形同步定位与构图算法优化结果(见彩图)

$$E_i = \sqrt{(x^i_{\text{SLAM}} - x^i_{\text{GPS}})^2 + (y^i_{\text{SLAM}} - y^i_{\text{GPS}})^2} \qquad (7-141)$$

式中:x^i_{GPS}、y^i_{GPS}分别为 GPS 给出的 i 时刻无人潜航器在东向和北向的真实位置;x^i_{SLAM}、y^i_{SLAM}则为海底地形同步定位与构图算法给出的修正后航迹中 i 时刻无人潜航器位置。

如图 7－28 所示,惯性导航系统、非完全海底地形同步定位与构图算法和海底地形同步定位与构图算法给出的测深点定位误差的均值为 72.62m、13.74m 和 12.25m,而对应的中位数则是 65.98m、12.68m 和 11.27m。试验结果证明,全局路径修正和局部路径修正都在海底地形同步定位与构图算法位姿图优化中起到了重要作用。相比于非完全海底地形同步定位与构图算法,海底地形同步定位与构图算法给出的结果其均值减小了 10.82% ,中位数减小了 8.87% ;而和惯性导航结果的对比海底地形同步定位与构图算法的效果更加明显,较惯性导航,海底地形同步定位与构图系统给出的定位误差均值和中位数分别减小了 83.13% 和 82.92% 。

5. 融合地形/地磁的无人潜航器图优化同步定位与构图方法

受海流冲刷侵蚀,海底地形趋于平坦且特征贫乏,仅利用海底地形完成同步定位与构图过程易由于特征不足导致定位误差发散。本节提出的融合地形/地磁的无人潜航器图优化同步定位与构图方法首先通过融合地形、地磁信息构建高准确性的因子图,同时利用潜航器局部航迹形态的稳定性改进了传统的鲁棒优化器,在实现对前端错误闭环因子在线识别的同时,提升了优化效率和解算准确性。

1）融合地形地磁的前端因子图构建

无人潜航器利用惯性导航系统进行航向、姿态测量和导航推位估计，利用离散时间序列上 $\boldsymbol{T}=\{t_1 \quad t_2\cdots t_m\}$ 的位姿信息构建因子图中的位姿节点，记为 $\boldsymbol{P}=\{P_1 \quad P_2\cdots P_m\}$，其中 $P_i(1\leqslant i\leqslant m)$ 为对应 t_i 时刻点的惯导位姿。设真实位姿序列为 $\boldsymbol{P}^{\mathrm{R}}=\{P_1^{\mathrm{R}} \quad P_2^{\mathrm{R}}\cdots P_m^{\mathrm{R}}\}$，由于惯导的误差累计特性，$\boldsymbol{P}$ 与 $\boldsymbol{P}^{\mathrm{R}}$ 之间存在随时间积累的偏差，如图 7－29 所示。其中，真实航迹 R1 和 R5 相重合，但由于误差积累，推位系统输出航迹 D1 和 D5 相分离。

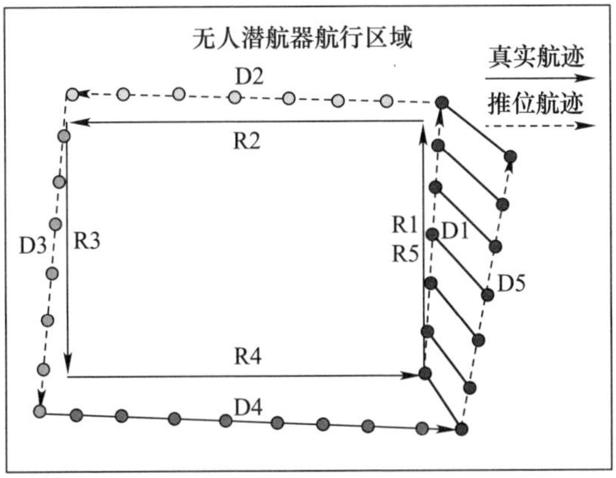

图 7－29　无人潜航器前端因子图构建示意图

无人潜航器在航行过程中利用测深仪和海洋磁力仪进行连续的水深和磁场测量，得到与位姿序列相关联的水深和水下磁场特征序列，分别记为 $\boldsymbol{B}=\{B_1 \quad B_2\cdots B_p\}$ 和 $\boldsymbol{M}=\{M_1 \quad M_2\cdots M_q\}$。由于测深仪和磁力仪工作频率一般不同，因此在相同的时间内，p、q 的值一般不同，但为了数据关联运算，一般只保留对应时间序列 $\boldsymbol{T}$ 上的测量值用于匹配，可认为 $p=q$。

基于以上分析，设定当前局部位姿序列为 $\boldsymbol{P}^{\mathrm{C}}$，对应的水深序列 $\boldsymbol{B}^{\mathrm{C}}$ 和地磁序列 $\boldsymbol{M}^{\mathrm{C}}$，制定无人潜航器匹配策略如下：

（1）计算水深序列 $\boldsymbol{B}^{\mathrm{C}}$ 和地磁序列 $\boldsymbol{M}^{\mathrm{C}}$ 的信息量，确定综合匹配权重系数。

（2）判断 $\boldsymbol{P}^{\mathrm{C}}$ 之前 N 个点位距离范围内的历史局部航迹是否有成功匹配结果，若没有，则标记为无；若有，则将距离 $\boldsymbol{P}^{\mathrm{C}}$ 最近的得以成功匹配的局部航迹所对应的匹配结果为中心，以 N 个点位为半径的范围作为待匹配范围，进行下一步。

（3）将待匹配范围内的所有节点分别作为起点和终点，确定待匹配局部航迹集合，首先将集合内所有局部航迹与当前航迹进行形态一致性判断，具体包括：

① 航向一致性判断（两条航迹各自所有位置点航向角均值分别为 $\mathrm{Dir}^{\mathrm{C}}$ 和 $\mathrm{Dir}^{\mathrm{H}}$，若 $\|\mathrm{Dir}^{\mathrm{C}}-\mathrm{Dir}^{\mathrm{H}}\| \leqslant \delta\mathrm{Dir}$，认为一致，否则不一致）。

② 形态一致性（计算两条航迹相对航向的均方差，以当前局部航迹为例，设所有位置点航向角为 $\mathrm{Dir}_1^{\mathrm{C}},\mathrm{Dir}_2^{\mathrm{C}},\cdots,\mathrm{Dir}_m^{\mathrm{C}}$，相对航向为 $\mathbf{Dir}_{\mathrm{R}}^{\mathrm{C}}=[0,\mathrm{Dir}_2^{\mathrm{C}}-\mathrm{Dir}_1^{\mathrm{C}},\cdots,\mathrm{Dir}_m^{\mathrm{C}}-\mathrm{Dir}_1^{\mathrm{C}}]$，同理可得历史相对航迹的相对航向 $\mathbf{Dir}_{\mathrm{R}}^{\mathrm{H}}$。进而计算相对航向之差，即 $\mathbf{Dir}_{\mathrm{R}}^{\mathrm{C}}-\mathbf{Dir}_{\mathrm{R}}^{\mathrm{H}}$ 的均方差，记为 σD_{R}，当 $\sigma D_{\mathrm{R}}<\sigma$ 时，认为一致）。

（4）将 $\boldsymbol{P}^{\mathrm{C}}$ 与第（2）步中所确定的集合内满足第（3）步要求的航向和形态一致性的所有局部航迹进行匹配计算，确定将符合成功匹配策略的最优匹配点。

（5）根据最优匹配结果，确定的当前航迹点和历史航迹中对应的航迹点之间的闭环约束因子，添加到因子图中。

以上过程中，通过第（3）步可以用较小的运算量大幅缩减不合理的待匹配集合的规模，可以大幅提升后端优化效率。

2）鲁棒后端优化器设计

在自然地形地磁环境以及观测噪声的限制下，前端因子图中所确立的闭环约束因子难以保证完全的准确性，若不加以排除，将会导致优化器输出结果的巨大偏差，为进一步增强系统的抗干扰能力，研究在优化过程中在线识别并排除错误的闭环约束因子。

根据无人潜航器航行过程中的惯导推位估计、导航传感器的输出，以及前端因子图中确定的闭环约束，建立目标优化函数，使得当目标函数值最小时，函数解应最为接近真实的无人潜航器位置。

设计优化目标函数为

$$E(\boldsymbol{X})=E_{\mathrm{odm}}(\boldsymbol{X})+E_{\mathrm{LC}}(\boldsymbol{X})+E_{\mathrm{P}}(\boldsymbol{X}) \tag{7-142}$$

式中：$E_{\mathrm{odm}}(\boldsymbol{X})$ 为推位约束项。

因此，优化结果应满足

$$\boldsymbol{X}^{*}=\mathrm{argmin}E(\boldsymbol{X}) \tag{7-143}$$

无人潜航器位姿序列初始值由惯性导航推位获得，由于惯导速度信息由加速度累积获取，因此存在累积误差，随着时间的推移，相同时间间隔内的导航推位估计所包含的误差也越来越大；而多普勒计程仪所获取的速度是即时速度，不包含累积误差，因此将多普勒计程仪测得的速度矢量在相邻时刻点之间进行积分获得无人潜航器在该时间段内的距离变化，将其作为因子图位姿节点之间距离变化的观测量，利用两者之差的范数构建推位约束项，即

$$E_{\mathrm{odm}}(\boldsymbol{X}_{ij})=\sum_{i}\|(\boldsymbol{X}_i-\boldsymbol{X}_j)-D_{\mathrm{DVL}}^{ij}\|^{2},\quad i=j+1 \tag{7-144}$$

式中：$\boldsymbol{X}_i$ 为因子图中第 i 个节点的坐标。

$E_{\mathrm{LC}}(\boldsymbol{X})$ 为闭环约束项，理想情况下，闭环约束因子所对应的两个航迹点应为同一位置点，即相互之间的距离方位变化为零，而且在无人潜航器运动状态下，这两点在时间顺序上必然是不相邻的，基于此可构建闭环约束项

$$E_{\mathrm{LC}}(\boldsymbol{X}) = \sum_{ij} \| \boldsymbol{X}_i - \boldsymbol{X}_j \|^2, \quad i \neq j + 1 \tag{7-145}$$

但式(7－145)是以完全信任前端构图中所确立的闭环约束因子为前提的，当某些因子是由错误闭环检测所确定时，会对优化结果带来很大的偏差，因此为闭环约束项增加判定系数，其他条件不变，即

$$E_{\mathrm{LC}}(\boldsymbol{X}) = \sum_{ij} \| \omega_{ij}(\boldsymbol{X}_i - \boldsymbol{X}_j) \|^2 \tag{7-146}$$

式中：ω_{ij}为闭环因子有效性判定系数，理想情况下，若对应的闭环因子为错误项，优化过程中将使得该系数趋向于 0，从而消除其对优化解算的影响；若对应的闭环因子为正确项，则优化过程使得该系数趋向于 1，因此需要将该系数作为未知项与节点状态信息一起优化。首先，确定 ω_{ij}的函数形式如式（7－147）所示，函数图如图 7－30 所示。

$$\omega_{ij} = \frac{1}{(1 + \mathrm{e}^{-S_{ij}})} \tag{7-147}$$

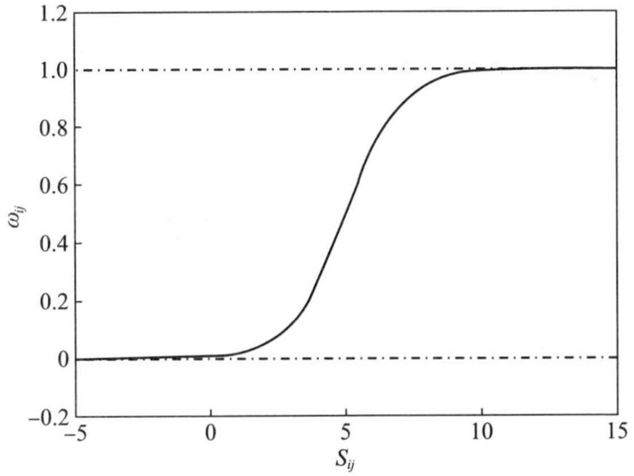

图 7－30　闭环因子判决系数函数图

当优化函数仅包含式(7－145)、式(7－146)时，为了使函数值最小化，所有的判决系数 ω_{ij}都将在优化过程中趋向于 0，为了避免这一问题，需要在目标函数中补充约束项，以使得只有错误闭环因子系数趋向于 0，而正确的因子系数趋向于 1，补充约束项如式(7－148)所示。

$$E_{\mathrm{P}}(\boldsymbol{X}) = \sum_{ij} \| S_{ij} - \zeta_{ij} \|^2 \tag{7-148}$$

式中：ζ_{ij}为S_{ij}的初始值，其取值一般使得系数函数值近似为1；$\sum_{ij} \| S_{ij} - \zeta_{ij} \|$为针对闭环判决系数的惩罚项，以使得只有对应于错误闭环因子的系数值趋向于0。

为了加强鲁棒优化解算的收敛性，对补充约束项改进如下：

$$E_{\mathrm{P}}(\boldsymbol{X}) = \sum_{ij} \| S_{ij} - \zeta_{ij} \|^2 + \sum_{i} \| \theta_i^{\mathrm{b}} - \theta_i^{\mathrm{o}} \|^2 \tag{7-149}$$

式(7-149)相比于式(7-148)，增加了约束项$\sum_{i} \| \theta_i^{\mathrm{b}} - \theta_i^{\mathrm{o}} \|^2$，该项为优化航迹的相对航向惩罚项，其中$\theta_i^{\mathrm{b}}$和$\theta_i^{\mathrm{o}}$分别为原始因子图和优化因子图中以第$i$个节点为中心的局部航迹的相对航向。以原始因子图为例，局部节点序列为$\{P_{i-n} \cdots P_i \cdots P_{i+n}\}$，相邻节点之间的航向角为$\{\theta_{i-n}^{i-n+1} \cdots \theta_i^{i+1} \cdots \theta_{i+n-1}^{i+n}\}$，将其中所有航向角均减去该航迹的首个航向角得到相对航向$\theta_i^{\mathrm{b}} = \{0 \cdots \theta_i^{i+1} - \theta_{i-n}^{i-n+1} \cdots \theta_{i+n-1}^{i+n} - \theta_{i-n}^{i-n+1}\}$，同理可计算得到$\theta_i^{\mathrm{o}}$。该惩罚项的意义在于无人潜航器搭载的惯性导航系统输出的航向信息虽然具有误差积累效应，但在一定的局部时间内的误差累计是很有限的，具有相对稳定性，因此根据惯导输出构建的原始因子图虽然在整体上与真实状态有较大偏差，但局部航迹与对应真实航迹应具有较高的形态一致性。正确的闭环因子可以在一定范围内改变原始因子图的局部形态，但改变过大时，可以确定对应的约束因子是由错误数据关联造成的，因此优化结果和原始序列的局部形态一致性作为约束项，若错误因子不被剔除（即系数不趋于0），该项将使目标函数值明显增大，从而实现在优化过程中促使错误关联因子的系数函数值快速收敛于0。

3）仿真试验分析

基于实际水下地形和地磁异常测量数据，并基于惯性导航系统、多普勒计程仪等传感器的特点，设计无人潜航器航线和导航观测信息，开展仿真试验分析。仿真试验共包括两方面：一是验证地形/地磁相融合图优化同步定位与构图系统与单纯依赖于地形或地磁情形下的优势；二是验证所设计的鲁棒优化器相比于不处理错误闭环因子的普通优化器的优势。仿真试验所采用的地形、地磁数据均是范围为20km×20km、间隔为20m的均匀分布网格数据，如图7-31所示。

首先，基于地形/地磁融合、单一地磁、单一地形三种情形，分别验证在前端进行错误闭环因子排除的效果。设定地磁测量噪声是均值为0nT、均方差为5nT的高斯噪声，地形高程测量噪声是均值为0m、均方差为0.3m的高斯噪声。

仿真试验结果如图7-32所示，其中前三幅为三种情形下联合地形、地磁建

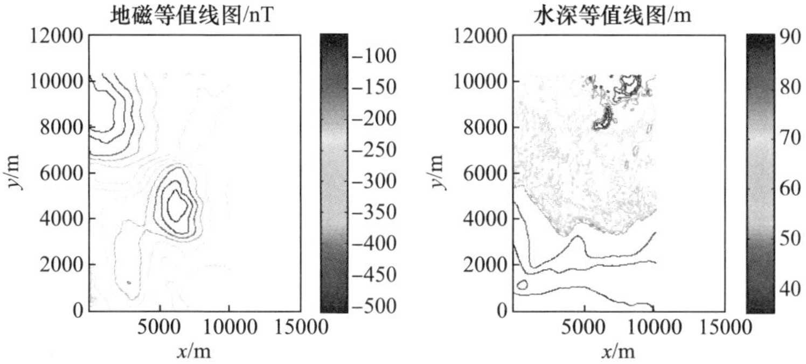

图 7－31　实验地形地磁数据等值线图(见彩图)

立闭环约束因子集合的过程,实线所连接的两个航迹点即为通过数据匹配确定的约束航迹点对,闭环约束因子数量分别为 70、84、158;后三幅则是不对匹配结果进行航向、形态一致性判断而生成的原始闭环约束因子集合,显然其中包含了明显过多的错误因子,主要体现在:①在航向没有明显变化的局部航迹上,前后航迹点会出现关联;②形态明显不同的局部航迹之间会生成数据关联,如直线航迹与曲折航迹,闭环约束因子数量分别为 375、412、440。利用上述航向、形态一致性准则,可以在前端利用较小的数据量大幅缩减错误闭环约束因子数量,降低后端优化解算的负担。

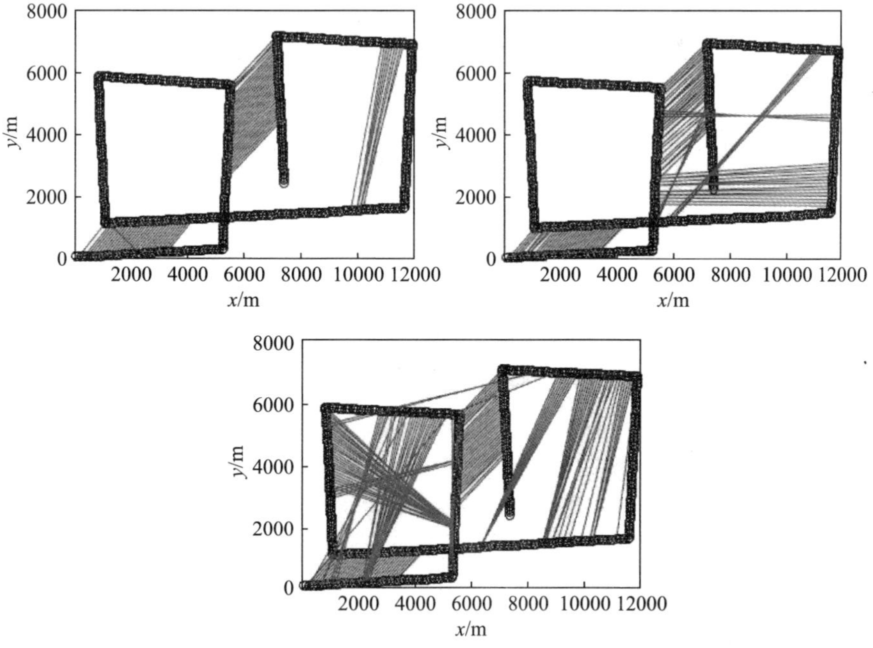

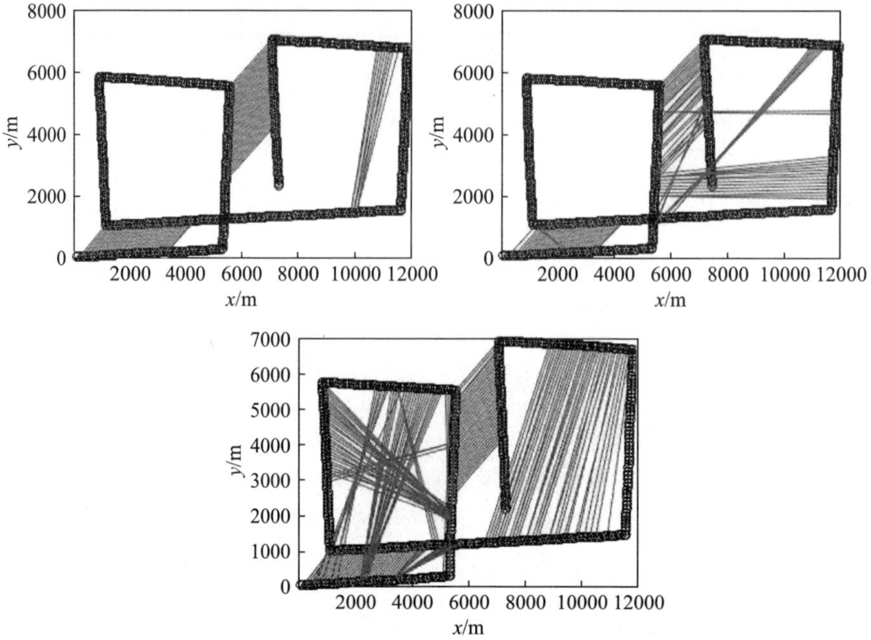

图 7 - 32　前端错误因子排除效果(前三幅为在前端排除,后三幅为不在前端排除)

在联合地形、地磁进行前端因子图构建的基础上,利用最小二乘方法作为优化解算方法,并利用上述鲁棒优化器进行系统状态解算,优化迭代次数均为 30。为验证有效性,把式(7 - 148)作为补充约束项的优化目标函数形式作为对比,优化结果如图 7 - 33 所示。其中,前三幅为基于地形/地磁融合、单一地磁、单一地形三种情形下,分别以式(7 - 149)作为补充约束项的优化目标函数所得到的优化结果;后三幅则是分别以式(7 - 148)作为补充约束项得到的优化结果。采用最小二乘方法进行优化,迭代优化循环均为 30 次,优化结果的误差统计如表 7 - 12所示。

同时,将上述两种方法对前端错误闭环约束因子的识别结果统计如表 7 - 13 所示。对比发现两者均能够准确地识别出错误闭环因子,而两种优化器优化结果的差异则主要由闭环约束因子有效性判决系数的收敛性来决定,将三种场景下,最终所有闭环约束因子有效性判决系数结果如图 7 - 34 所示。根据仿真实验结果,本方法判决系数函数中的关键参数 S_{ij} 在迭代结束后基本能够收敛到 2 以下,对应的判决函数值小于 0. 0474,而传统方法的 S_{ij} 只能收敛到 2 ~ 4,对应的判决函数值约为 0. 1225,显然本方法对错误闭环约束的影响屏蔽更加彻底,也可以得到更优的优化结果。

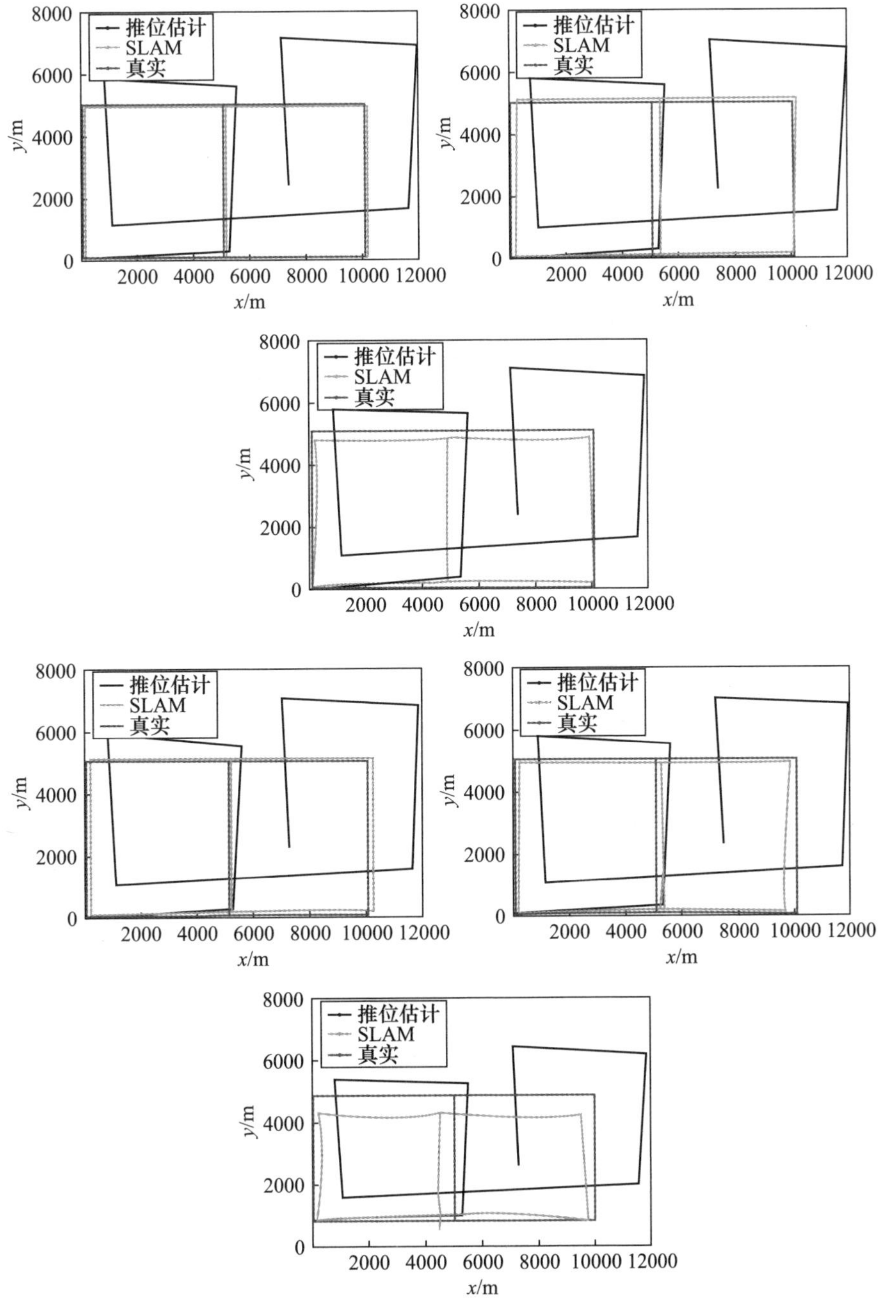

图 7 – 33　地形/地磁联合图优化同步定位与构图算法效果图
（前三幅为本书鲁棒优化器，后三幅为传统鲁棒优化器）（见彩图）

表7-12 同步定位与构图算法优化结果误差统计

应用场景	地形地磁融合	单一地磁	单一地形
未优化误差/m	84.2815	81.5716	80.2582
本书优化器误差/m	3.7441	9.6515	11.2130
传统鲁棒优化器误差/m	7.2240	12.6514	23.7923

表7-13 错误闭环约束因子识别结果统计

应用场景	地形地磁融合	单一地磁	单一地形
前端总闭环因子	70	84	158
前端错误因子数	8	23	92
本书优化器排除因子	9	25	96
传统优化器排除因子	10	27	99

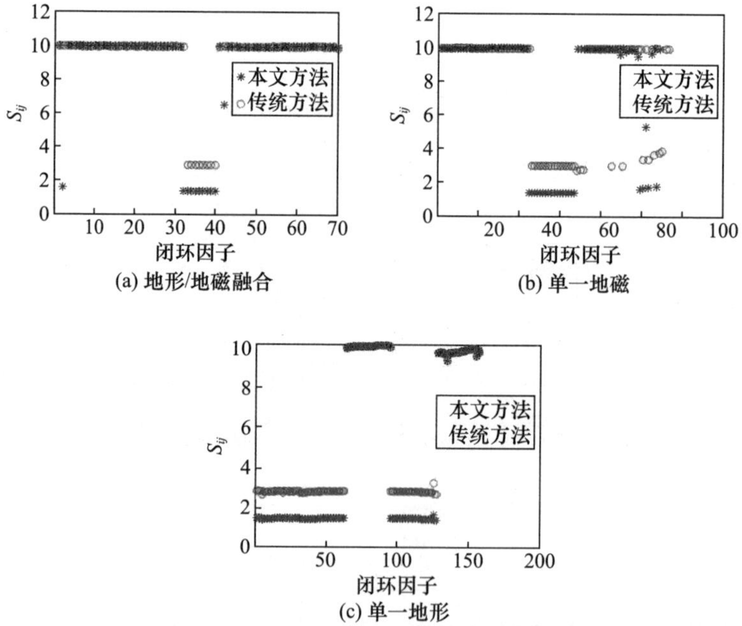

图7-34 闭环约束因子判决系数结果图

上述融合地形/地磁的无人潜航器图优化同步定位与构图方法综合利用实测地形、地磁信息,通过特征匹配实现高可靠性的数据关联,从而构建前端因子图。为克服前端因子图构建中不可避免的错误关联问题,改进了传统的鲁棒性优化器,增强了对错误闭环约束因子识别的收敛性,提高了优化准确性。基于模糊准确的综合匹配方法可以很好地适用于多地球物理场综合匹配的应用场景中，但准则中权系数的分配需要根据观测数据的质量灵活掌握。

6. 无人潜航器的视觉同步定位与构图方法

视觉同步定位与构图方法是陆地和空中机器人常用的自主导航方法，同样也是无人潜航器导航算法的研究重心。但与陆地和空中不同，由于水体对光线的吸收、折射和散射，摄像机在水下环境中存在色彩吸收、镜头折射、前向和后向散射等问题，造成摄像机成像质量下降。本节对水下视觉扩展卡尔曼滤波－同步定位与构图技术实施细节展开介绍。

1）水下视觉同步定位与构图方法图像预处理及特征提取

首先，采用图像预处理的方法来解决由于散射现象导致的图像模糊问题，一般图像预处理包括平滑、归一化、增强、裁剪和恢复等环节，在水下视觉同步定位与构图方法中主要通过空域和频域手段实现图像处理和增强。

空域图像增强方法直接对像素的灰度值进行处理，即

$$g(x,y)=E_{\mathrm{H}}[f(x,y)] \tag{7-150}$$

式中：$g(x,y)$为增强后所得图像；$f(x,y)$为原始图像；E_{H}为增强函数，可分为两种形式：点操作（作用于每个像素点）和模板运算（作用于像素点）。

空域增强方法的关键是增强函数E_{H}，线性变换方法最为常用，它对图像中所有像素的灰度值加以处理，从而改变图像对比度。直方图均衡化是一种使原始图像分布较为集中的灰度值均衡化来达到图像增强的方法，像素值的均衡化提升了图像对比度，但该方法具有一定的盲目性，而且对像素进行均匀化处理将丢失部分细节信息。

直方图规定化是直方图均衡化的进一步发展，其主要流程包括：①原始图像均衡化；②计算规定直方图变换函数；③原始图像直方图变换至规定直方图。不同于直方图均衡化是对图像做同一种均衡化处理，直方图规定化可自定义处理方法。在实际场景下所获得的图像往往各不相同，这使得规定化方法的应用会受到明显限制。

频域图像增强方法是间接方法，该方法把原始图像从空间域转换到频率域进行处理，傅里叶变换是最常用的变换方法，其中常用的处理手段包括低通和高通滤波。

在低通滤波中，截止频率以上的信息被滤除从而实现图像滤波和平滑，难点在截止频率的设定，设定得过高会弱化增强效果，过低会导致有用信息丢失，使图像模糊化。因此，低通滤波方法的优势主要在于处理包含较多高频噪声的图像。

高通滤波则将滤波截止频率以下的信息，这种方法可以增强图像的边缘信息，实现图像锐化，增强辨识度。但缺点是高频噪声被保留下来，使得图像模糊。

类似的，截止频率的确定也是高通滤波的一个重要问题。

为解决水下图像增强问题，引入适用于水下环境暗原色图像增强算法，暗原色原理图像定义为

$$J^{\text{dark}}(x) = \min_{c \in (r,g,b)} \left\{ \min_{y \in \Omega(x)} [J^{c}(y)] \right\} \tag{7-151}$$

式中：J^c 为 J 的一个颜色通道；$\Omega(x)$ 为以 x 为中心的区域。实验证明，J^{dark} 的值很低且趋近于 0。令 J 为先验图像，则 J^{dark} 为 J 的暗原色，把基于实验得到的经验性规律称作暗原色先验规律。利用本方法进行图像增强的一个要求是需要推算透射率。假定光因子在某个小区域中是恒定的，然后对等式(7-151)两边的像素坐标和颜色通道同时取最小值，得

$$\min_{c}\left\{ \min_{y \in \Omega(x)} [E^{c}(y)] \right\} = \min_{c}\left\{ \min_{y \in \Omega(x)} [S^{c}(y)] \right\} t(x) + E_{\infty}^{c}[1 - t(x) \tag{7-152}$$

$$t(x) = \mathrm{e}^{-\beta d} \tag{7-153}$$

根据暗原色先验规律，$\min_{c}\left\{ \min_{y \in \Omega(x)} [S^{c}(y)] \right\}$ 趋于 0，可得

$$t(x) = 1 - \min_{c}\left\{ \min_{y \in \Omega(x)} \left[\frac{E^{c}(y)}{E_{\infty}^{c}} \right] \right\} \tag{7-154}$$

式中：$\Omega(x)$ 为固定矩阵，从而处理所得 $t(x)$ 会出现块状效应，去除块状效应将提高透射率的准确性。此外，为避免当 $t(x)$ 过小使得 $t(x)J(x)$ 趋于零。因而需要为透射因子 $t(x)$ 设定下限 t_0。由此可计算出

$$S(x) = \frac{E(x) - E_{\infty}}{\max[t(x), t_0]} + E_{\infty} \tag{7-155}$$

式中：E 为光成分；E_{∞} 表示光成分中的最大密度像素，从暗原色图像中选取出最亮的 10% 的像素，并选出其中亮度最大的点作为 E_{∞}；$S(x)$ 为经过处理后的图像。该处理过程实现了图像对比度增强，局部区域增强的程度由透射率 $t(x)$ 决定，而透射率由图像暗原色先验计算得出。

完成图像增强后，考虑到算法实时性，只对特征明显的区域即感兴趣的区域进行特征提取，对特征不明显和不稳定区域不做处理，提取算法流程如下：

(1) 对原始图像进行边缘提取，并对边缘进行膨胀处理。

(2) 判断当前连通区域是否均大于原图 1/5，是则执行步骤(3)，否则填充小于原图 1/5 的区域并执行步骤(3)。

(3) 改善边缘毛刺，提取边缘曲线并裁剪特征区域。

2）针对水下视觉信息的扩展卡尔曼滤波－同步定位与构图框架

在解决原始图像信息增强和特征提取后，水下视觉同步定位与构图方法的特征关联技术同陆地机器人基本一致，即通过欧几里得距离判断特征点是否能够匹配，判断公式如下：

$$d = \sqrt{\sum (x_i^1 - x_t^2)^2}, \quad i = 1,2,\cdots,n \tag{7-156}$$

$$\frac{d_1}{d_2} < r \tag{7-157}$$

式中：i 为欧几里得距离的维数，水下视觉同步定位与构图方法所针对的一般是3维环境；d 为待匹配特征点与另一图像中其他特征点之间的欧几里得距离。比较有效的方法是取图像Ⅰ中的一个特征点，然后从图像Ⅱ中求出与它欧几里得距离最近的次近的两个点，最近距离和次近距离分别为 d_1 和 d_2，最后设定一个阈值 r，如果 d_1 和 d_2 距离小于阈值 r，则判定该点为图像Ⅰ中特征点的匹配点。

在实现水下图像处理后，基于图优化的水下视觉同步定位与构图算法实施流程同传统图优化同步定位与构图算法不存在明显区别，本节不再进行详述。

3）试验分析

国外研究人员针对船体检测任务开展了基于图优化水下视觉同步定位与构图方法试验，试验通过搭载多普勒计程仪、深度传感器以及光纤陀螺仪的悬浮式无人潜航器进行，通过 Prosilica GC1380C 12 位高分辨率单眼相机收集水下光学图像。在整个试验过程中，无人潜航器作业距离为在距船体 1.5m 处，水平轨迹速度为 0.5m/s，同时船体安装六个声学基阵，提供声学导航信息，并作为水下视觉同步定位与构图方法导航精度判定的依据。所应用无人潜航器、目标母船以及测绘航线如图 7－35 所示。试验过程中水下视觉同步定位与构图方法定位置信度如图 7－36 所示。

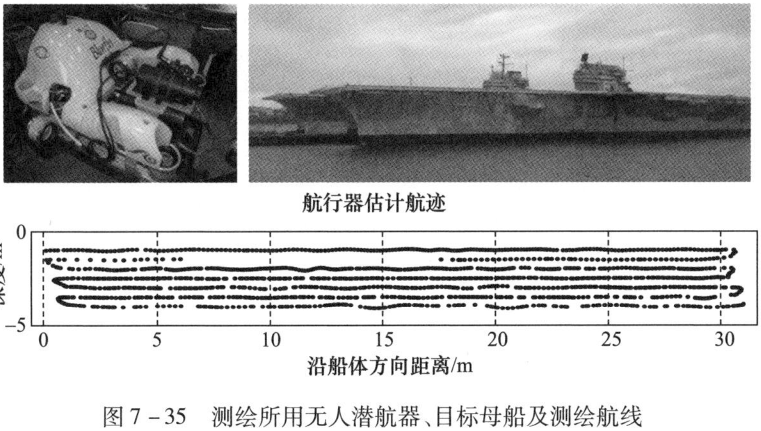

图 7－35　测绘所用无人潜航器、目标母船及测绘航线

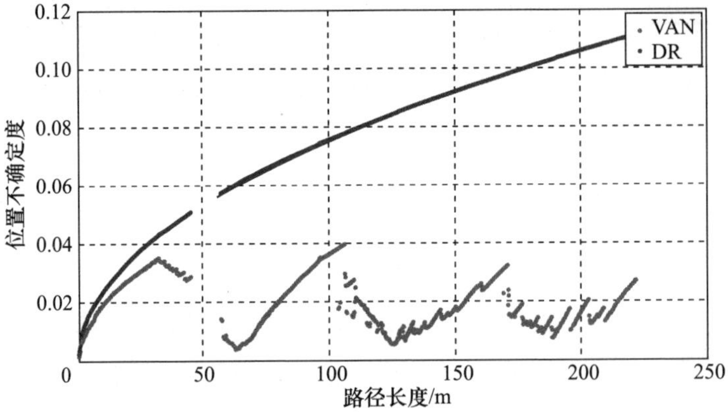

图 7-36 基于图优化的水下视觉同步定位与构图方法定位置信度试验结果
(DR 表示参考导航系统,VAN 表示水下视觉同步定位与构图方法导航)(见彩图)

可以看出,与结合多普勒计程仪的惯性导航结果相比,水下视觉同步定位与构图方法中使用的光学图像约束显著地减小了无人潜航器导航不确定性,从而阻止了其不确定性单调增加。水下视觉同步定位与构图方法不确定性估计中的锯齿形是无人潜航器运动到靠近船尾的视觉上无特征的区域,然后返回到特征更丰富的弓形区域的结果。

参考文献

[1] 王巍. 惯性技术研究现状及发展趋势[J]. 自动化学报,2013,39(6):723 - 729.

[2] 王巍. 新型惯性技术发展及在宇航领域的应用[J]. 红外与激光工程,2016,45(3):1 - 6.

[3] 邵哲明,尹业宏. 原子干涉技术在惯性导航领域的进展[J]. 光学与光电技术,2017,15(4):90 - 94.

[4] 杨元喜,刘焱雄,孙大军,等. 海底大地基准网建设及其关键技术[J]. 中国科学:地球科学,2020,50(7):936 - 945.

[5] 杨元喜,徐天河,薛树强. 我国海洋大地测量基准与海洋导航技术研究进展与展望[J]. 测绘学报,2017,46(1):1 - 8.

[6] 杨元喜,李晓燕. 微 PNT 与综合 PNT[J]. 测绘学报,2017,46(10):1249 - 1254.

[7] 李林阳,吕志平,崔阳. 海底大地测量控制网研究进展综述[J]. 测绘通报,2018,1:8 - 13.

[8] 刘经南,陈冠旭,赵建虎,等. 海洋时空基准网的进展与趋势[J]. 武汉大学学报(信息科学版),2019,44(1):20 - 40.

[9] 彭富清,霍立业. 海洋地球物理导航[J]. 地球物理学进展,2007,22(3):759 - 764.

[10] 袁书明,孙枫,刘光军,等. 重力图形匹配技术在水下导航中的应用[J]. 中国惯性技术学报,2004,12(2):13 - 17.

[11] 张红伟. 水下重力场辅助导航定位关键技术研究[D]. 哈尔滨:哈尔滨工程大学,2013.

[12] 黄玉. 地磁场测量及水下磁定位技术研究[D]. 哈尔滨:哈尔滨工程大学,2011.

[13] 田峰敏. 基于先验地形数据处理的水下潜器地形辅助导航方法研究[D]. 哈尔滨:哈尔滨工程大学,2007.

[14] 田峰敏. 水下地形导航模型求解与导航区初选策略研究[D]. 哈尔滨:哈尔滨工程大学,2009.

[15] 刘承香. 水下潜器的地形匹配辅助定位技术研究[D]. 哈尔滨:哈尔滨工程大学,2003.

[16] 任治新,罗诗途,吴美平,等. 基于改进 ICP 算法的地磁图匹配技术[J]. 计算机应用,2008,28(6):351 - 354.

[17] Aggarwal P, Syed Z, El - Sheimy N. Hybrid extended particle filter(HEPF) for integrated civilian navigation system[C]//Position, Location and Navigation Symposium, 2008 IEEE/ION. Monterey: IEEE, 2008: 984 - 992.

[18] Yang G, Wang W, Xu Y, et al. Research on installation error analysis and calibration for LSINS based on rotation modulation[J]. Chinese Journal of Scientific Instrument, 2011, 32(2): 302 - 308.

[19] 李闻白,刘明雍,李虎雄,等. 基于单领航者相对位置测量的多 AUV 协同导航系统定位性能分析[J]. 自动化学报,2011,37(6):724 - 736.

[20] Morrow R B J, Heckman D W. High precision IFOG insertion into the strategic submarine navigation system [C]//Position, Location and Navigation Symposium, 1998 IEEE/ION. Palm Springs: IEEE, 1998: 332 - 338.

[21] 马腾,李晔,赵玉新,等. AUV 的图优化海底地形同步定位与建图方法[J]. 导航定位与授时,2020,7

(02):42 – 49.

[22] Liu F, Lin M A. Status Quo and Trends of Marine Inertial Navigation Technology[J]. Shipbuilding of China, 2011, 52(4):282 – 293.

[23] 邹明达,徐继渝. 船用测速声纳原理及其应用[M]. 北京:人民交通出版社,1992.

[24] Koczy F F, Kronengold M, Lowenstein J M. A Doppler current meter[M]. New York: Plenum press, 1963.

[25] Hackett B, Lohrmann A, Roed L. Bottom currents measured with a pulse – to – pulse coherent sonar[C]// OCEANS 2011. Halifax: IEEE, 2011:83 – 88.

[26] Cabrera R, Deines K, Brumley B, et al. Development of a practical coherent acoustic doppler current profiler [C]//OCEANS 1987. Halifax: IEEE, 1987:93 – 97.

[27] Brumley B H, Cabrera R G, Deines K L, et al. Performance of a broad – band acoustic Doppler current profiler[J]. IEEE Journal of Oceanic Engineering, 1991, 16(4):402 – 407.

[28] Schoeberlein H C, Baker M A, Fetter J E. Comparison of broad – band acoustic doppler current profiler performance with theoretical predictions[C]//OCEANS 1991. Honololu: IEEE, 1991:992 – 996.

[29] Yu X, Gordon L. 38kHz broadband phased array acoustic Doppler current profiler[C]//IEEE Fifth Working Conference on Current Measurement. St. Petersburg: IEEE, 1995:53 – 57.

[30] Ånonsen K B, Hagen O K. An analysis of real – time terrain aided navigation results from a HUGIN AUV [C]//OCEANS 2010. Seattle: IEEE, 2010:1 – 9.

[31] Ånonsen K B, Hallingstad O, Hagen O K. Bayesian terrain – based underwater navigation using an improved state – space model[C]//Symposium on Underwater Technology and Workshop on Scientific Use of Submarine Cables and Related Technologies. Tokyo: IEEE, 2007:499 – 505.

[32] Hagen O K, Anonsen K B, Mandt M. The HUGIN real – time terrain navigation system[C]//OCEANS 2010. San Diego: IEEE, 2010:1 – 7.

[33] Anonsen K B, Hagen O K. Terrain aided underwater navigation using pockmarks [C]//OCEANS 2009. Biloxi: IEEE, 2009:1 – 6.

[34] Hagen O K. TerrLab – a generic simulation and post – processing tool for terrain referenced navigation [C]//OCEANS 2006. Boston: IEEE, 2006:1 – 7.

[35] Hagen O K, Anonsen K B. Using terrain navigation to improve marine vessel navigation systems[J]. Marine Technology Society Journal, 2014, 48(2):45 – 58.

[36] Nygren I, Jansson M. Terrain navigation for underwater vehicles using the correlator method[J]. IEEE Journal of Oceanic Engineering, 2004, 29(3):906 – 915.

[37] Nygren I. Robust and efficient terrain navigation of underwater vehicles[C]//Position, Location and Navigation Symposium, IEEE/ION. Monterey: IEEE, 2008:923 – 932.

[38] Meduna D K, Rock S M, Mcewen R S. Closed – loop terrain relative navigation for AUVs with non – inertial grade navigation sensors[C]//Autonomous Underwater Vehicles. Monterey: IEEE, 2011:1 – 8.

[39] Morice C, Veres S, Mcphail S. Terrain referencing for autonomous navigation of underwater vehicles[C]// OCEANS 2009. Bremen: IEEE, 2009:1 – 7.

[40] 王数甫. 重力梯度仪及其与惯导组合技术的研究[D]. 哈尔滨:哈尔滨工程大学,2001.

[41] 武凤德. 水下导航技术的最新发展[J]. 舰船导航,2001(6):1 – 8,29.

[42] 武凤德,侯全新. 无源重力导航技术[C]//全国水下导航应用技术研讨会. 青岛:中国电子学会,中国航海学会,2001:70 – 76.

[43] 方剑. 中国海及邻域重力场特征及其构造解释[J]. 地球物理学进展,2002,17(1):42 - 49.

[44] Affleck C A,Jircitano A. Passive gravity gradiometer navigation system[C]//IEEE Position Location and Navigation Symposium. Las Vegas:IEEE,1990:60 - 66.

[45] Bishop G C. Gravitational field maps and navigational errors[C]//International Symposium on Underwater Technology. Tokyo:IEEE,2002:149 - 154.

[46] Jircitano A,Dosch D E. Gravity aided inertial navigation system:US,US5339684[P]. 1994 - 8 - 23.

[47] Moryl J,Rice H,Shinners S. The universal gravity module for enhanced submarine navigation[C]//IEEE Position Location and Navigation Symposium. Palm Springs:IEEE,1998:324 - 331.

[48] Tyrén,Carl. Magnetic anomalies as a reference for ground - speed and map - matching navigation[J]. Journal of Navigation,1982,35(02):242 - 254.

[49] Tyren C. Magnetic terrain navigation[C]//International Symposium on Unmanned Untethered Submersible Technology. Durham:IEEE,1987:245 - 256.

[50] Lohmann K J,Lohmann C M F,Ehrhart L M,et al. Animal behavior:geomagnetic map used in sea - turtle navigation[J]. Nature,2004,428(6986):909 - 910.

[51] Dhanak M R,Xiros N I. Springer handbook of ocean engineering[M]. USA:Springer,2016.

[52] 杨功流,李士心,姜朝宇. 地磁辅助惯性导航系统的数据融合算法[J]. 中国惯性技术学报,2007,15(1):47 - 50.

[53] 张辉,赵磊,陈龙伟. 球面泊松小波在全球地磁场建模中的应用[J]. 中国惯性技术学报,2010(4):450 - 454.

[54] 徐世浙,王瑞,周坚鑫,等. 从航磁资料延拓出海面磁场[J]. 海洋学报,2007,29(6):53 - 57.

[55] 陈龙伟,张辉,郑志强,等. 水下地磁辅助导航中地磁场延拓方法[J]. 中国惯性技术学报,2007,15(6):693 - 697.

[56] 赵建虎,张红梅,王爱学. 利用 ICCP 的水下地磁匹配导航算法[J]. 武汉大学学报·信息科学版,2010,35(3):261 - 264.

[57] 赵建虎,王胜平,王爱学. 一种改进型 TERCOM 水下地磁匹配导航算法[J]. 武汉大学学报·信息科学版,2009,34(11):1320 - 1323.

[58] 薛连莉,陈少春,陈效真. 2016 年国外惯性技术发展与回顾[J]. 导航与控制,2017,16(3):105 - 112.

[59] Yu H,Yang T C,Rigas D,et al. Modelling and control of magnetic suspension systems[C]//Proceedings of the International Conference on Control Applications. Glasgow:IEEE,2002:944 - 949.

[60] 王巍. 干涉型光纤陀螺仪技术[M]. 北京:中国宇航出版社,2010.

[61] Sanders G A,Szafraniec B,Liu R Y,et al. Fiber optic gyros for space,marine and aviation applications[C]//Fiber Optic Gyros:20th Anniversary Conference. USA:SPIE,1996:61 - 67.

[62] Gripton A. The application and future development of a MEMS SiVS for commercial and military inertial products[C]//Position Location and Navigation Symposium. Palm Springs:IEEE,2002:28 - 35.

[63] 王巍,何胜. MEMS 惯性仪表技术发展趋势[J]. 导弹与航天运载技术,2009(3):23 - 28.

[64] 张良通,李影. 推荐使用的 IEEE 哥氏振动陀螺仪标准和其他惯性传感器标准[J]. 舰船导航,2003(3):1 - 9.

[65] 邓宏论. 石英振梁加速度计概述[J]. 战术导弹控制技术,2004(4):52 - 57.

[66] Traon O L,Janiaud D,Muller S,et al. The VIA vibrating beam accelerometer:concept and performance

[C]//Position Location and Navigation Symposium, IEEE 1998. Palm Springs: IEEE, 1998: 25 - 29.

[67] Kramer D. DARPA looks beyond GPS for positioning, navigating, and timing[J]. Physics Today, 2014, 67(10): 23 - 26.

[68] Lautier J, Bouyer P. Development of compact cold - atom sensors for inertial navigation[C]//SPIE Photonics Europe. Brussels: SPIE, 2016: 990004.

[69] Rice H, Kelmenson S, Mendelsohn L. Geophysical navigation technologies and applications[C]//Position Location and Navigation Symposium, 2004. Monterey: IEEE, 2004: 618 - 624.

[70] Rice H, Mendelsohn L, Aarons R, et al. Next generation marine precision navigation system[C]//Position Location and Navigation Symposium, 2000. San Diego: IEEE, 2000: 200 - 206.

[71] 张红梅. 水下导航定位技术[M]. 武汉:武汉大学出版社,2010.

[72] Moryl J. Advanced submarine navigation system[J]. Sea Technology, 1996, 37(11): 33 - 39.

[73] Lowreys J A, Shellenbarger J C. Passive navigation using inertial navigation sonsorsandrnaps[J]. Naval Engineers Journal, 1997, 5(1): 245 - 251.

[74] 蔡体菁,周百令. 重力梯度仪的现状和前景[J]. 中国惯性技术学报,1999(1):41 - 44.

[75] 边少锋. 新型重力测量技术及其在导航和重力测量中的应用[J]. 测绘科学,2006,31(6):47 - 48.

[76] 程力. 重力辅助惯性导航系统匹配方法研究[D]. 南京:东南大学,2007.

[77] 胡银丰,朱辉庆,夏铁坚. 现代深水多波束测深系统简介[J]. 声学与电子工程,2008(1):46 - 48.

[78] Bergman N, Ljung L, Gustafsson F. Terrain navigation using bayesian statistics[J]. IEEE Control Systems Magazine, 1999, 19(3): 33 - 39.

[79] Stalder S, Bleuler H, Ura T. Terrain - based navigation for underwater vehicles using side scan sonar images [C]//OCEANS 2008. Quebec City: IEEE, 2008: 1 - 3.

[80] Garcia R, Puig J, Ridao P, et al. Augmented state Kalman filtering for AUV navigation[C]//Proceedings 2002 IEEE International Conference on Robotics and Automation. Washington: IEEE, 2002: 4010 - 4015.

[81] Lerner R, Rivlin E. Direct method for video - based navigation using a digital terrain map[J]. IEEE Transactions on Pattern Analysis and Machine Intelligence, 2011, 33(2): 406 - 11.

[82] Williams S B, Newman P, Dissanayake G, et al. Autonomous underwater simultaneous localisation and map building[C]//IEEE International Conference on Robotics and Automation. San Francisco: IEEE, 2000: 481 - 496.

[83] Xu X S, Wu J F, Xu S B, et al. ICCP algorithm for underwater terrain matching navigation based on affine correction[J]. Journal of Chinese Inertial Technology, 2014, 22(3): 362 - 367.

[84] Tena Ruiz I, De Raucourt S, Petillot Y, et al. Concurrent mapping and localization using sidescan sonar [J]. IEEE Journal of Oceanic Engineering, 2004, 29(2): 442 - 456.

[85] Fallon M F, Kaess M, Johannsson H, et al. Efficient AUV navigation fusing acoustic ranging and side - scan sonar [C]//IEEE International Conference on Robotics and Automation. Shanghai: IEEE, 2011: 2398 - 2405.

[86] Jaulin L. A nonlinear set membership approach for the localization and map building of underwater robots [J]. IEEE Transactions on Robotics, 2009, 25(1): 88 - 98.

[87] Barkby S, Williams S B, Pizarro O, et al. Bathymetric particle filter SLAM using trajectory maps [J]. International Journal of Robotics Research, 2012, 31(12): 1409 - 1430.

[88] Barkby S, Williams S B, Pizarro O, et al. A featureless approach to efficient bathymetric SLAM using distrib-

uted particle mapping[J]. Journal of Field Robotics,2011,28(1):19 - 39.
[89] Barkby S,Williams S B,Pizarro O,et al. An efficient approach to bathymetric SLAM[C]//2009 IEEE/RSJ International Conference on Intelligent Robots and Systems. St. Louis:IEEE,2009:219 - 224.
[90] Fairfield N, Wettergreen D. Active localization on the ocean floor with multibeam sonar[C]//OCEANS 2008. Quebec City:IEEE,2008:1 - 10.
[91] Newman P,Leonard J. Pure range - only sub - sea SLAM[C]//2003 IEEE International Conference on Robotics and Automation. Taipei:IEEE,2003:1921 - 1926.
[92] Olson E,Leonard J J,Teller S. Robust range - only beacon localization[J]. IEEE Journal of Oceanic Engineering,2007,31(4):949 - 958.
[93] Leonard J J,Newman P M. Consistent,convergent,and constant - time SLAM[C]//International Joint Conference on Artificial Intelligence. Acapulco:International Joint Conferences on Artificial Intelligence,2003:1143 - 1150.
[94] 王丽荣,徐玉如. 水下机器人传感器故障诊断[J]. 机器人,2006,28(1):25 - 29.
[95] 王宏健,王晶,边信黔,等. 基于组合 EKF 的自主水下航行器 SLAM[J]. 机器人,2012,34(1):56 - 64.
[96] 曾文静. 基于水下机器人 EKF - SLAM 的数据关联算法研究[D]. 哈尔滨:哈尔滨工程大学,2009.
[97] Kaess M,Johannsson H,Roberts R,et al. iSAM2:Incremental smoothing and mapping using the Bayes tree [J]. The International Journal of Robotics Research,2012,31(2):216 - 235.
[98] Kaess M,Johannsson H,Roberts R,et al. iSAM2:Incremental smoothing and mapping with fluid relinearization and incremental variable reordering[C]//IEEE International Conference on Robotics and Automation. Shanghai:IEEE,2011:3281 - 3288.
[99] Eustice R M,Singh H,Leonard J J,et al. Visually mapping the RMS titanic:conservative covariance estimates for SLAM information filters[J]. International Journal of Robotics Research,2006,25(12):1223 - 1242.
[100] Pizarro O,Eustice R M,Singh H. Large area 3 - D reconstructions from underwater optical surveys[J]. IEEE Journal of Oceanic Engineering,2009,34(2):150 - 169.
[101] Newman P. On the Structure and solution of the simultaneous localisation and map building problem[D]. Sydney:University of Sydney,1999.
[102] Williams,Stefan B,Newman,et al. Autonomous underwater navigation and control[J]. Robotica,2001,19(5):481 - 496.
[103] Ruiz I T,Petillot Y,Lane D M,et al. Feature extraction and data association for AUV concurrent mapping and localisation[C]//IEEE International Conference on Robotics and Automation. Seoul:IEEE,2001:2785 - 2790.
[104] Bo H,Yan L,Xiao F,et al. AUV SLAM and experiments using a mechanical scanning forward - looking sonar[J]. Sensors,2012,12(7):9386 - 9410.
[105] He B,Wang B R,Yan T H,et al. A distributed parallel motion control for the multi thruster autonomous underwater vehicle[J]. Mechanics Based Design of Structures and Machines,2013,41(2):236 - 257.
[106] He B,Zhang H,Li C,et al. Autonomous navigation for autonomous underwater vehicles based on information filters and active sensing[J]. Sensors,2011,11(12):10958 - 10980.
[107] Marco D B,Healey A J. Command,control,and navigation experimental results with the NPS ARIES AUV

[J]. IEEE Journal of Oceanic Engineering,2001,26(4):466 - 476.

[108] Woolsey M,Asper V L,Diercks A,et al. Enhancing NIUST's SeaBED class AUV,Mola Mola[C]//Autonomous Underwater Vehicles. Monterey:IEEE,2010:1 - 5.

[109] 陆元九. 惯性器件[M]. 北京:宇航出版社,1990.

[110] 秦永元. 惯性导航[M]. 2 版. 北京:科学出版社,2014.

[111] Titterton D H,Weston J L. Strapdown inertial navigation technology[M]. 2nd ed. USA:American Institute of Aeronauticsand Astronautics,Inc,2004.

[112] 万德钧. 展望 FOG 在舰艇导航中的应用[J]. 中国惯性技术学报,2002,10(1):1 - 5.

[113] 罗兵,王安成,吴美平. 基于相位控制的硅微机械陀螺驱动控制技术[J]. 自动化学报,2012,38(2):206 - 212.

[114] Lee P M,Jun B H,Choi H T,et al. An integrated navigation systems for underwater vehicles based on inertial sensors and pseudo LBL acoustic transponders [C]//OCEANS 2005. Washington: IEEE, 2005: 555 - 562.

[115] 毕兰金,刘勇志. 精确制导武器在现代战争中的应用及发展趋势[J]. 战术导弹技术,2004(6):1 - 4.

[116] Schmidt G,Schmidt G. GPS/INS technology trends for military systems[C]//Guidance,Navigation,and Control Conference. New Orleans:American Institute of Aeronautics and Astronautics,Inc,2013:1018 - 1025.

[117] Watanabe Y,Ochi H,Shimura T,et al. A tracking of AUV with integration of SSBL acoustic positioning and transmitted INS data[C]//OCEANS 2009. Bremen:IEEE,2009:1 - 6.

[118] 田坦. 水下定位与导航技术[M]. 北京:国防工业出版社,2007.

[119] 贾丽,李一博,杜非,等. 深水 AUV 电子海图监测系统设计与实现[J]. 船舶工程,2013,35(3):71 - 75.

[120] 包玖红,郭秉义. 水声测速技术及其国内外研究状况[J]. 舰船论证参考,2002(3):27 - 30.

[121] 孙大军,郑翠娥. 水声导航、定位技术发展趋势探讨[J]. 海洋技术学报,2015,34(3):64 - 68.

[122] 孙玉山,代天娇,赵志平. 水下机器人航位推算导航系统及误差分析[J]. 船舶工程,2010,32(5):67 - 72.

[123] 曹忠义. 水下航行器中的声学多普勒测速技术研究[D]. 哈尔滨:哈尔滨工程大学,2014.

[124] 王燕. 宽带声学多普勒计程仪测速算法研究及仿真分析[D]. 杭州:杭州电子科技大学,2016.

[125] 魏晓昐,王永格. 基于复相关技术相控水声多普勒速度仪测速研究[J]. 水雷战与舰船防护,2018,26(01):50 - 53.

[126] 崔凯兴. 多普勒声纳系统原理及应用[J]. 科技广场,2010(5):169 - 171.

[127] 陈希信. 声相关速度计程仪研究[D]. 哈尔滨:哈尔滨工程大学,1999.

[128] 冯雷,王长红,汪玉玲,等. 相关测速声纳工作原理及海试验证[J]. 声学技术,2005,24(2):70 - 75.

[129] 朱坤. 声相关计程仪测速技术研究[D]. 哈尔滨:哈尔滨工程大学,2010.

[130] 任茂东. 国外船用水声计程仪概述[J]. 世界海运,1994(2):18 - 20.

[131] Chen P,Ye L,Su Y,et al. Review of AUV Underwater Terrain Matching Navigation[J]. Journal of Navigation,2015,68(6):1155 - 1172.

[132] 李雄伟,刘建业,康国华. TERCOM 地形高程辅助导航系统发展及应用研究[J]. 中国惯性技术学报,2006,14(1):34 - 40.

[133] 丁继胜,周兴华,刘忠臣,等. 多波束测深声纳系统的工作原理[J]. 海洋测绘,1999(3):15-22.
[134] 张异彪. 多波束测深系统的组成、特点及其应用[C]//1999 年中国地球物理学会年刊——中国地球物理学会第十五届年会论文集. 合肥:中国地球物理学会,1999:241.
[135] 魏二虎,董翠军,刘建栋,等. 改进 TERCOM 算法用于重力场辅助惯性导航[J]. 测绘地理信息,2017,42(6):29-31,100.
[136] 杨绘弘. 基于 ICCP 的水下潜器地形辅助导航方法研究[D]. 哈尔滨:哈尔滨工程大学,2009.
[137] 张红伟. 基于 ICCP 算法的水下潜器地形辅助定位改进方法研究[D]. 哈尔滨:哈尔滨工程大学,2011.
[138] 徐晓苏,吴剑飞,徐胜保,等. 基于仿射修正技术的水下地形 ICCP 匹配算法[J]. 中国惯性技术学报,2014,22(3):362-367.
[139] 张红梅,赵建虎,邵楠,等. 基于海床特征地貌的水下导航方法研究[J]. 测控技术,2011,30(11):96-98.
[140] 刘莹,曹剑中,许朝晖,等. 基于灰度相关的图像匹配算法的改进[J]. 应用光学,2007,28(5):536-540.
[141] 张洁. 基于声纳的水下机器人同时定位与地图构建技术研究[D]. 青岛:中国海洋大学,2008.
[142] 孙明琦. 基于水下地貌的匹配导航算法研究[D]. 哈尔滨:哈尔滨工程大学,2015.
[143] 孔华生,张斌. 基于一种快速搜索策略的图像匹配[J]. 系统工程与电子技术,2006,28(11):1628-1630.
[144] 王胜平,张红梅,赵建虎,等. 利用 TERCOM 与 ICCP 进行联合地磁匹配导航[J]. 武汉大学学报(信息科学版),2011,36(10):1209-1212.
[145] 王立辉,乔楠,余乐. 水下地形导航匹配区选取的模糊推理方法[J]. 西安电子科技大学学报(自然科学版),2017,44(1):140-145.
[146] 辛廷慧. 水下地形辅助导航方法研究[D]. 西安:西北工业大学,2004.
[147] 张毅,高永琪,梁锦强. 水下地形匹配导航中的地形可导航性分析[J]. 兵器装备工程学报,2013,34(11):55-58.
[148] 刘佳,傅卫平,王雯,等. 基于改进 SIFT 算法的图像匹配[J]. 仪器仪表学报,2013,34(5):1107-1112.
[149] 杨世沛,陈杰,周莉,等. 一种基于 SIFT 的图像特征匹配方法[J]. 电子测量技术,2014,37(6):50-53.
[150] 冯亦东,孙跃. 基于 SURF 特征提取和 FLANN 搜索的图像匹配算法[J]. 图学学报,2015,36(4):650-654.
[151] 赵璐璐,耿国华,李康,等. 基于 SURF 和快速近似最近邻搜索的图像匹配算法[J]. 计算机应用研究,2013,30(3):921-923.
[152] 杜振鹏,李德华. 基于 KD-Tree 搜索和 SURF 特征的图像匹配算法研究[J]. 计算机与数字工程,2012,40(2):96-98.
[153] 翟雨微. 基于改进的 SIFT 图像匹配算法研究[D]. 长春:吉林大学,2017.
[154] 郝燕玲,成怡,孙枫,等. Tikhonov 正则化向下延拓算法仿真实验研究[J]. 仪器仪表学报,2008,29(3):605-609.
[155] 赵亚博,刘天佑. 迭代 Tikhonov 正则化位场向下延拓方法及其在尕林格铁矿的应用[J]. 物探与化探,2015,39(4):743-748.

[156] 朱占龙,董建彬,李亚梅. 地磁图适配性评价的多属性权重灵敏度分析[J]. 计算机工程与应用,2017,53(12):45-49.

[157] 邓翠婷,黄朝艳,赵华,等. 地磁匹配导航算法综述[J]. 科学技术与工程,2012,12(24):6125-6131.

[158] 徐世浙. 迭代法与FFT法位场向下延拓效果的比较[J]. 地球物理学报,2007,50(1):285-289.

[159] 彭富清. 海洋重力辅助导航方法及应用[D]. 郑州:解放军信息工程大学,2009.

[160] 刘晓刚,孙中苗,管斌,等. 航空重力测量数据向下延拓模型的病态性分析[C]//第四届高分辨率对地观测学术年会. 武汉:第四届高分辨率对地观测学术年会论文集,2017:1-16.

[161] 马妍. 基于多波束测量数据的海底地形可导航性分析[D]. 哈尔滨:哈尔滨工程大学,2010.

[162] 马妍. 水下运载器惯性/地形/地磁组合导航系统关键技术研究[D]. 哈尔滨:哈尔滨工程大学,2015.

[163] 王文晶. 基于重力和环境特征的水下导航定位方法研究[D]. 哈尔滨:哈尔滨工程大学,2009.

[164] 付梦印,刘飞,袁书明. 水下惯性/重力匹配自主导航综述[J]. 水下无人系统学报,2017,25(2):31-43.

[165] 李姗姗. 水下重力辅助惯性导航的理论与方法研究[D]. 郑州:解放军信息工程大学,2010.

[166] 李姗姗,吴晓平,马彪. 水下重力异常相关极值匹配算法[J]. 测绘学报,2011,40(4):464-469.

[167] 刘晓刚,李迎春,肖云,等. 重力与磁力测量数据向下延拓中最优正则化参数确定方法[J]. 测绘学报,2014,43(9):881-887.

[168] 王艳杰,王虎彪,王勇. 重力辅助导航仿真及适配性分析[J]. 测绘通报,2016(10):58-60.

[169] 陈龙伟,徐世浙,胡小平,等. 位场向下延拓的迭代最小二乘法[J]. 地球物理学进展,2011,26(3):894-901.

[170] 许大欣,王勇,王虎彪,等. 重力垂直梯度和重力异常辅助导航SITAN算法结果分析[J]. 大地测量与地球动力学,2011,31(1):127-131.

[171] 程力,张雅杰,蔡体菁. 重力辅助导航匹配区域选择准则[J]. 中国惯性技术学报,2007,15(5):559-563.

[172] Felipe G, Luan S, Silvia B, et al. Challenges and State-of-the-Art Solutions to Underwater SLAM[C]//2014 Symposium on Automation and Computation for Naval, Offshore and Subsea (NAVCOMP). Rio Grande: IEEE, 2014:10-13.

[173] Mallios A, Ridao P, Ribas D, et al. EKF-SLAM for AUV navigation under probabilistic sonar scan-matching[C]//2010 IEEE/RSJ International Conference on Intelligent Robots and Systems. Taipei: IEEE, 2010:4404-4411.

[174] Hidalgo F, Bräunl T. Review of underwater SLAM techniques[C]//2015 6th International Conference on Automation, Robotics and Applications. Queenstown: IEEE, 2015:306-311.

[175] Deng Z, Yuetao G E, Guan W, et al. Underwater map-matching aided inertial navigation system based on multi-geophysical information[J]. Frontiers of Electrical and Electronic Engineering in China, 2010, 5(4):496-500.

[176] 王丽娜. 侧扫声纳目标特征提取方法研究[D]. 哈尔滨:哈尔滨工程大学,2014.

[177] 代志国. 基于SITAN算法的水下地磁辅助惯性导航原理及仿真研究[D]. 哈尔滨:哈尔滨工程大学,2015.

[178] 李海滨,滕惠忠,宋海英. 基于侧扫声纳图像海底目标物提取方法[J]. 海洋测绘,2010,30(6):

71 - 73.

[179] 吴丽媛,徐国华,余琨．基于前视声纳的成像与多目标特征提取[J]．计算机工程与应用,2013,49(2):222 - 225.

[180] 王冲,曾庆军．自适应滤波算法在 AUV 组合导航中的方法[J]．中南大学学报(自然科学版),2013,44(S2):155 - 159.

[181] 耿妍,张端金．自适应滤波算法综述[J]．太赫兹科学与电子信息学报,2008,6(4):315 - 320.

[182] 袁克非．组合导航系统多源信息融合关键技术研究[D]．哈尔滨:哈尔滨工程大学,2012.

[183] 薛翔．AUV 前视声纳成像与目标特征提取方法研究[D]．青岛:中国海洋大学,2011.

[184] Wu L,Ma J,Tian J. A self - adaptive unscented kalman filtering for underwater gravity aided navigation[C]//IEEE/ION Position,Location and Navigation Symposium. Indian Wells:IEEE,2010:142 - 145.

[185] Panish R,Taylor M. Achieving high navigation accuracy using inertial navigation systems in autonomous underwater vehicles[C]//OCEANS 2011. Santander:IEEE,2011:1 - 7.

[186] Caiti A,Corato F D,Fenucci D,et al. Experimental results with a mixed USBL/LBL system for AUV navigation[C]//Underwater Communications and Networking. Sestri Levante:IEEE,2015:1 - 4.

[187] Phaneuf M D. Experiments with the REMUS AUV[D]. South Carolina:University of South Carolina,2004.

[188] Allotta B,Caiti A,Chisci L,et al. An unscented Kalman filter based navigation algorithm for autonomous underwater vehicles[J]. Mechatronics,2016,39:185 - 195.

[189] Ridolfi A,Allotta B,Bartolini F,et al. Typhoon at CommsNet 2013:Experimental experience on AUV navigation and localization[J]. IFAC Proceedings Volumes,2014,47(3):3370 - 3375.

[190] Hungkyu L. An integration of GPS with INS sensors for precise long - baseline kinematic positioning[J]. Sensors,2010,10(10):9424 - 9438.

[191] Wang H,Wu L,Chai H,et al. Location accuracy of INS/gravity - integrated navigation system on the basis of ocean experiment and simulation[J]. Sensors,2017,17(12):2961.

[192] Klein I,Diamant R. Observability analysis of DVL/PS aided INS for a maneuvering AUV[J]. Sensors,2015,15(10):26818 - 26837.

[193] Zhang F,Chen X,Sun M,et al. Simulation study of underwater passive navigation system based on gravity gradient[C]//2004 IEEE International Geoscience and Remote Sensing Symposium. Anchorage:IEEE,2004:3111 - 3113.

[194] Zhang T,Xu X. SINS/DVL/LBL interactive aiding positioning technology based on AUV[C]//Instrumentation and Measurement Technology Conference. Pisa:IEEE,2015:745 - 750.

[195] Juriga J T. Terrain aided navigation for REMUS autonomous underwater vehicle[D]. Maryland:United States Naval Academy,2014.

[196] Wang B,Zhu Y,Deng Z,et al. The gravity matching area selection criteria for underwater gravity - aided navigation application based on the comprehensive characteristic parameter[J]. IEEE/ASME Transactions on Mechatronics,2016,21(6):2935 - 2943.

[197] Claus B,Bachmayer R. Towards online terrain aided navigation of underwater gliders[C]//Autonomous Underwater Vehicles. Oxford:IEEE,2014:1 - 5.

[198] Allotta B,Bartolini F,Caiti A,et al. Typhoon at CommsNet13:Experimental experience on AUV navigation and localization[J]. Annual Reviews in Control,2015,40:157 - 171.

[199] Organ D,Fleming M,Terry T,et al. Continuous meshless approximations for nonconvex bodies by diffrac-

tion and transparency[J]. Computational Mechanies,1996,18(3):225 - 235.

[200] Yvonnet J,Ryckelynck D,Lorong P,et al. A new extension of the natural element method for non - convex ans discontinuous problems:the constrained natural element method(C - NEM)[J]. International Journal for Numerical Methods in Engineering,2017,60(8):1451 - 1474.

[201] Yvonnet J,Chinesta F,Lorong P,et al. The constrained natural element method(C - NEM)for treating thermal models involving moving interfaces[J]. International Journal of Thermal Sciences,2005,44(6):559 - 569.

[202] 张立,杨惠珍. 基于ICCP和TERCOM的水下地形匹配组合算法研究[J]. 弹箭与制导学报,2008,28(3):230 - 232.

[203] Zhao J,Wang S,Wang A. Study on underwater navigation system based on geomagnetic match technique[C]//International Conference on Electronic Measurement and Instruments. Beijing:IEEE,2009:255 - 259.

[204] 冯庆堂. 地形匹配新方法及其环境适应性研究[D]. 长沙:国防科学技术大学,2004.

[205] 袁信,俞济祥. 导航系统[M]. 北京:航空工业出版社,1993.

[206] 郑彤,蔡龙飞,王志刚,等. 地形匹配辅助导航中匹配区域的选择[J]. 中国惯性技术学报,2009,17(2):191 - 196.

[207] 赵亮. 水下机器人视觉SLAM方法中的图像特征点提取技术研究[D]. 成都:电子科技大学,2014.

[208] Kim A,Eustice R. Pose - graph visual SLAM with geometric model selection for autonomous underwater ship hull inspection[C]//IEEE/RSJ International Conference on Intelligent Robots and Systems International Conference on Intelligent Robots and Systems. St. Louis:IEEE,2009:1559 - 1565.

[209] 张皓渊. 基于多源信息融合的ROV导航系统设计[D]. 哈尔滨:哈尔滨工程大学,2018.

[210] 王晓迪. 捷联惯导系统导航算法研究[D]. 哈尔滨:哈尔滨工程大学,2007.

[211] 刘柱. 捷联导航算法的研究与实现[D]. 哈尔滨:哈尔滨工程大学,2007.

[212] 聂水茹. 高动态环境下捷联惯导的优化算法研究[D]. 西安:西北工业大学,2003.

[213] 吴发超. 基于卡尔曼滤波的惯导系统误差阻尼技术研究[D]. 哈尔滨:哈尔滨工程大学,2015.

[214] 胡一峰. 声相关计程仪测速技术研究[D]. 杭州:杭州电子科技大学,2013.

内容简介

本书旨在系统和全面地介绍无人潜航器导航技术概念、原理、系统设计及主要特点,涵盖惯性导航、水声导航等无人潜航器常用导航技术,以及水下地形、重力、地磁匹配与水下同步定位与构图等新兴导航技术,涉及水下地形匹配算法及可导航性分析、水下重力与地磁导航基准图制备及适配性评价、水下图优化同步定位与构图算法等最新研究成果。本书主要针对无人潜航器导航技术当前需求的热点与瓶颈,在详细分析传统导航技术基础上,深入探讨水下导航多源数据融合技术,尝试解决单一导航技术无法在大范围内为无人潜航器提供长航时、高精度导航定位信息的问题。

本书既可供从事无人潜航器及其他水下运载体设计与相关导航技术研究等专业领域的科研和工程技术人员阅读参考,也可以作为导航、制导与控制和精密仪器及机械等相关专业本科生、研究生的教学用书。

The goal of this book is to give a discussion about the concept, principle, system design and main characteristic of navigation technology for UUV. This book includes inertial navigation technology, acoustic navigation technology, underwater terrain/gravity/geomagnetic matching navigation technology, underwater Simultaneous Localization and Mapping (SLAM) technology, and some recent studies about terrain match algorithm, topographic analysis method, underwater gravity/geomagnetic reference map preparation, suitability evaluation method and graph optimization – based SLAM algorithm. This book mainly focuses on the current requirements of UUV technology, and gives a deep discussion about underwater navigation data fusion technology based on traditional navigation technology, which attempts to realize long-term and high-precision navigation for UUV.

As amonograph on the navigation technology for UUV, this book can be used as a reference for researchers and engineering staff in the fields of UUV and other underwater carriers design and navigation technology. In addition, this book can also be used as textbook for undergraduate and postgraduate majoring in navigation, guidance and control and precision instrument and mechanology.

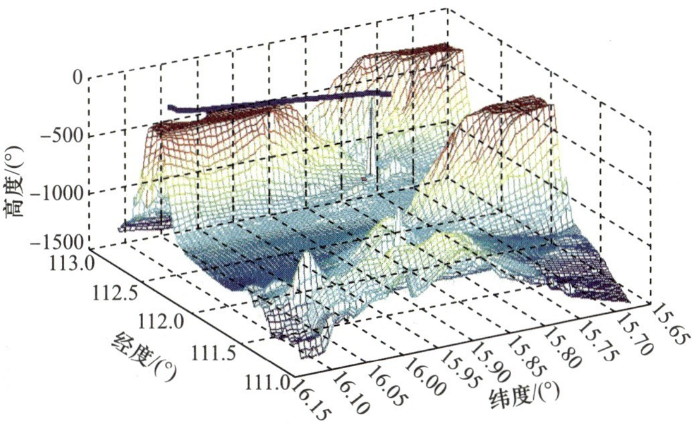

(a) 匹配用某视角三维地形

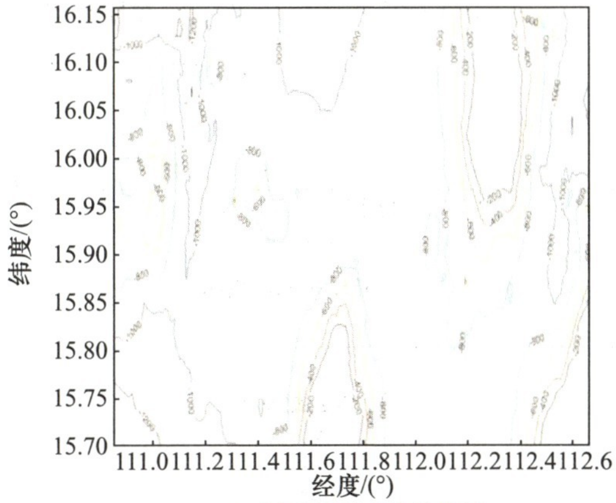

(b) 匹配用等高线地形图

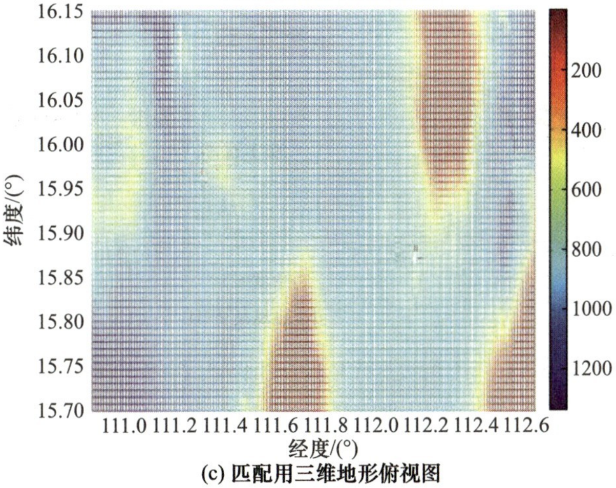

(c) 匹配用三维地形俯视图

图 5－13　匹配用地形图

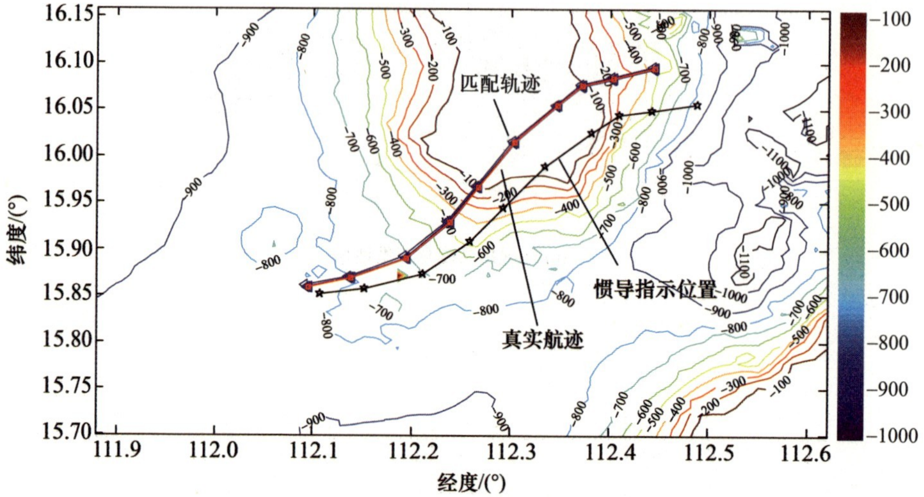

(a) 算法仿真结果图

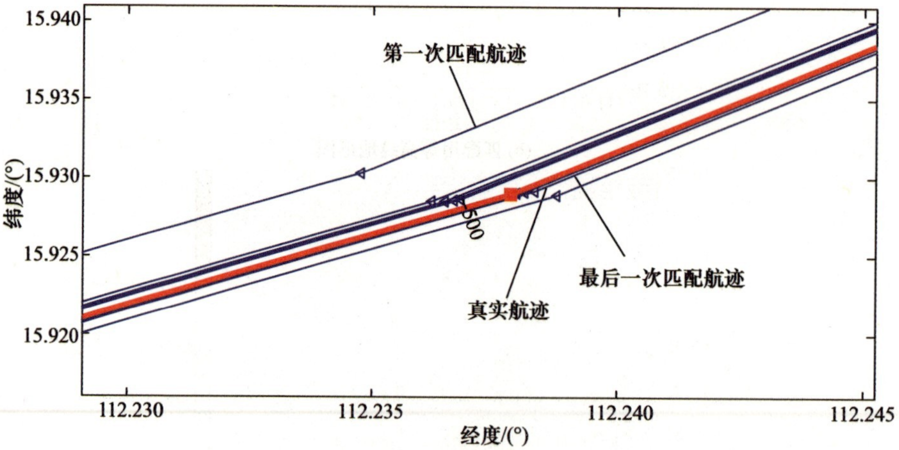

(b) 局部放大图

图 5 - 14　等值线迭代最近点匹配导航算法仿真结果图

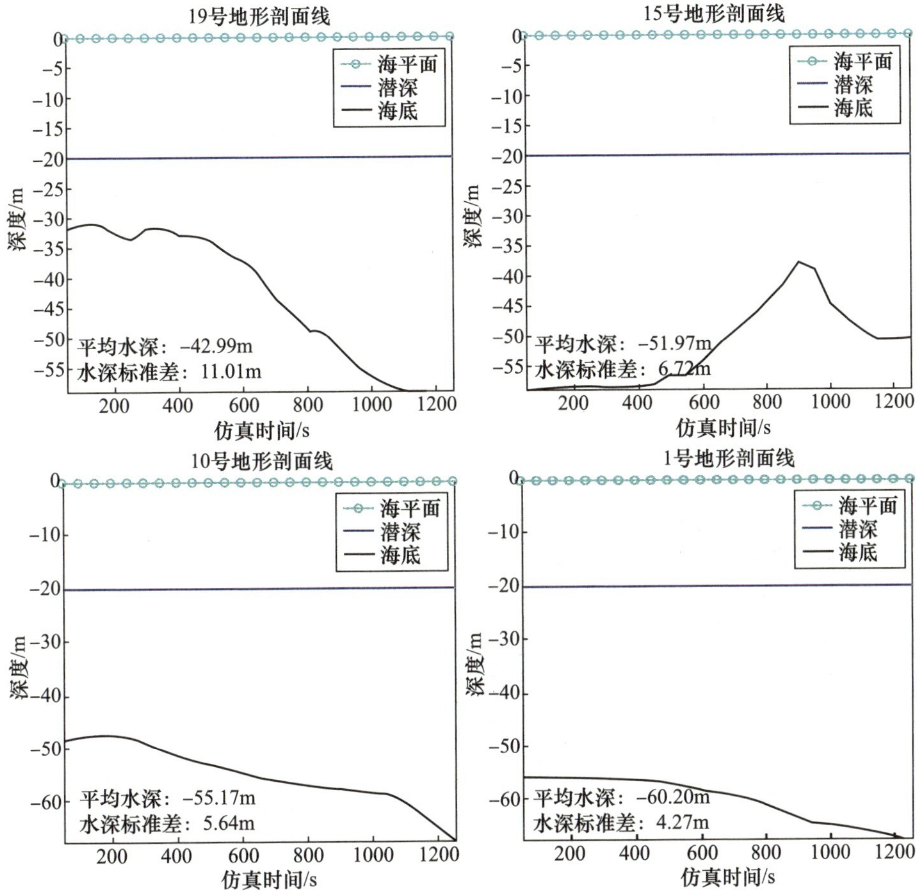

图 5－29　仿真航迹对应的地形剖面图

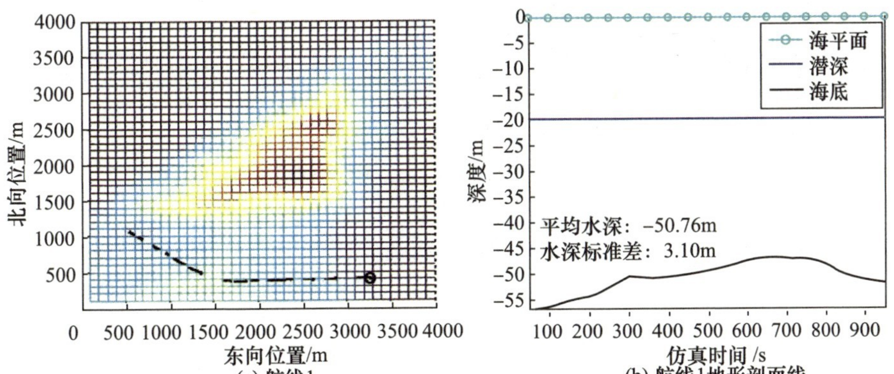

(a) 航线1　　(b) 航线1地形剖面线

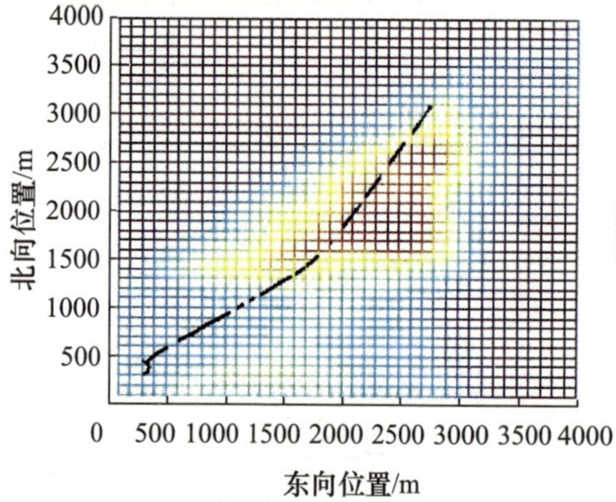

(c) 航线2

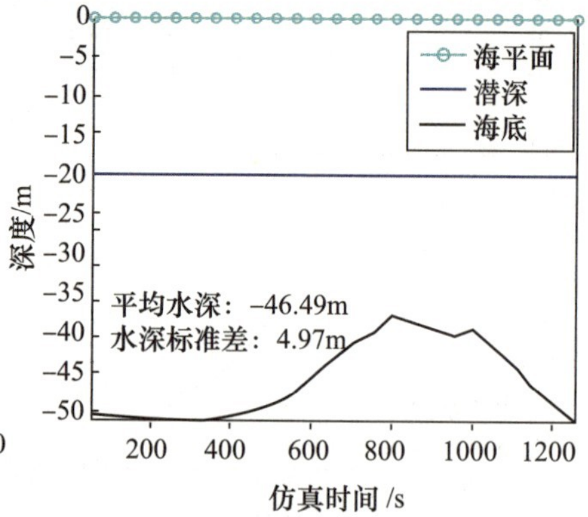

(d) 航线2地形剖面线

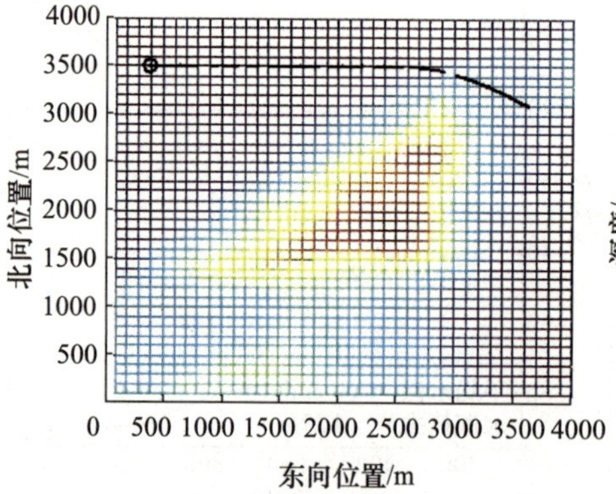

(e) 航线3

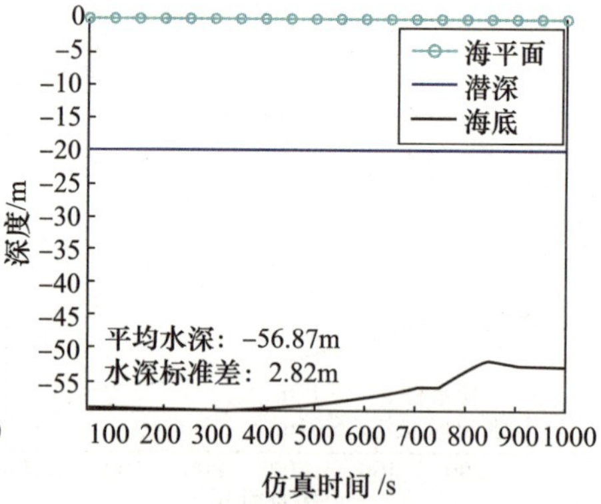

(f) 航线3地形剖面线

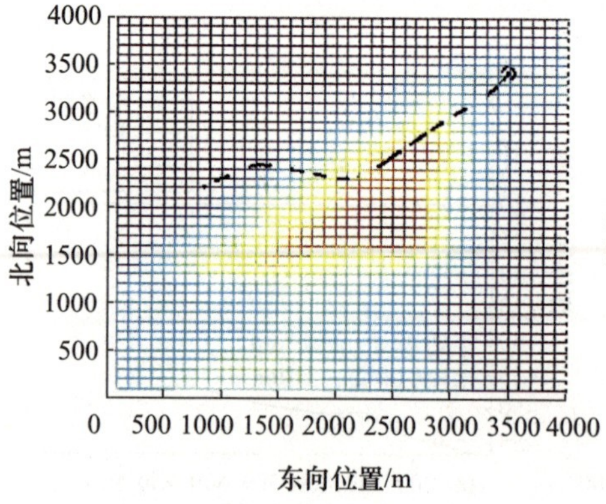

(g) 航线4

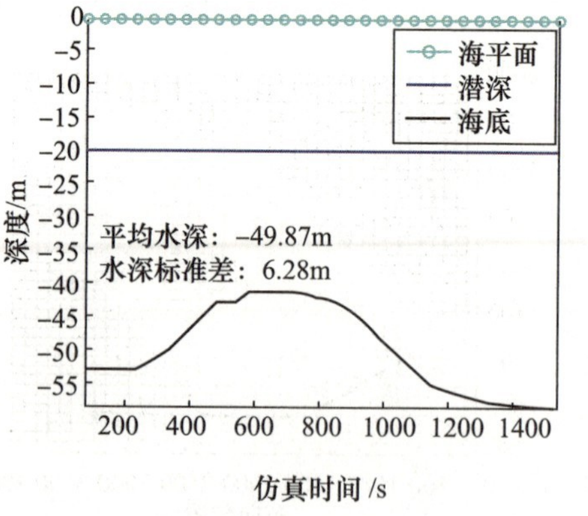

(h) 航线4地形剖面线

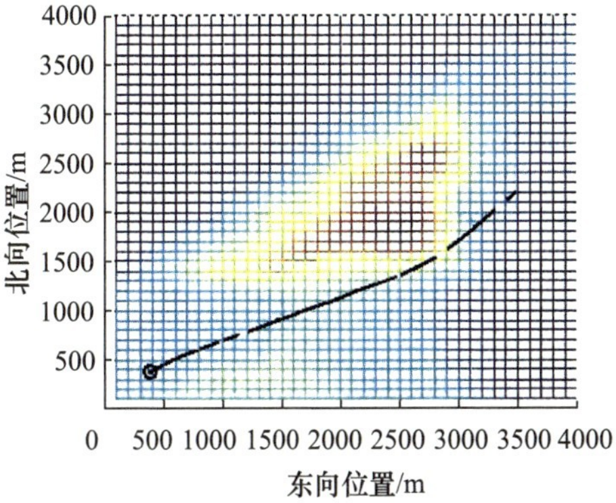

(i) 航线5

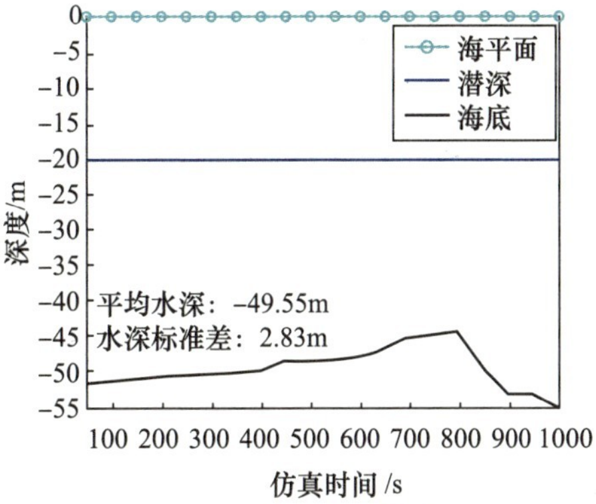

(j) 航线5地形剖面线

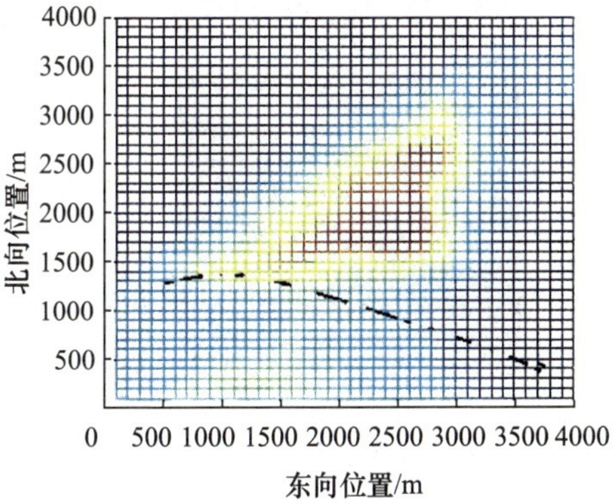

(k) 航线6

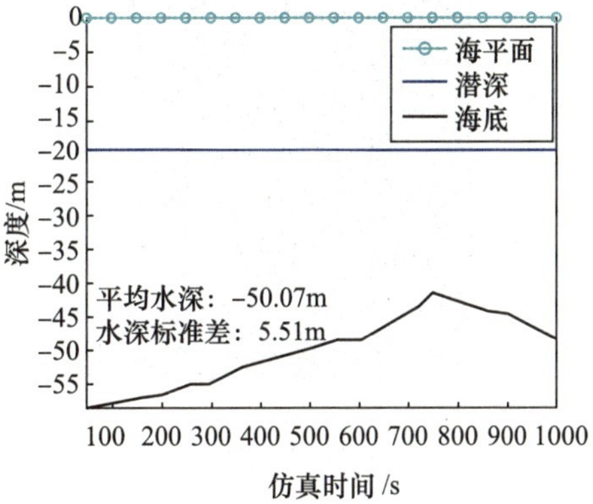

(l) 航线6地形剖面线

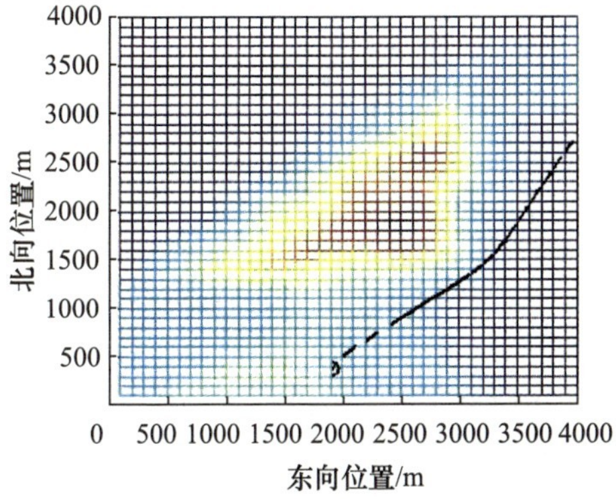

(m) 航线8

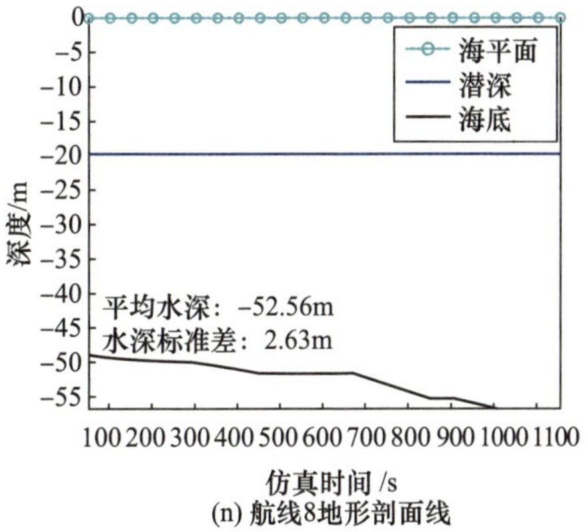

(n) 航线8地形剖面线

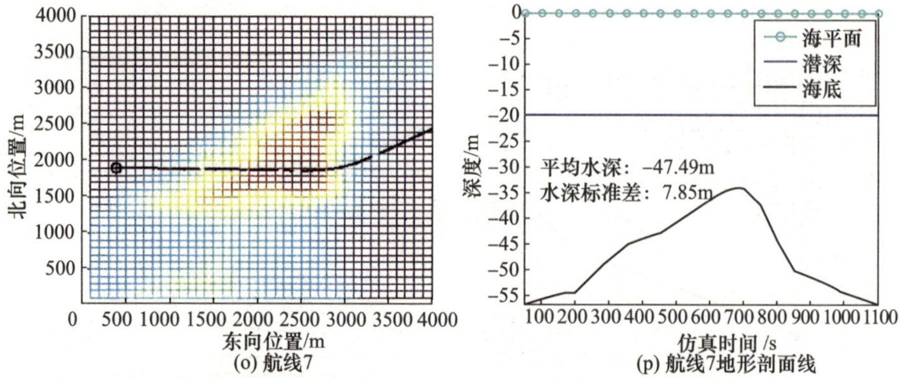

图 5－31　不同航线对应的地形剖面线图

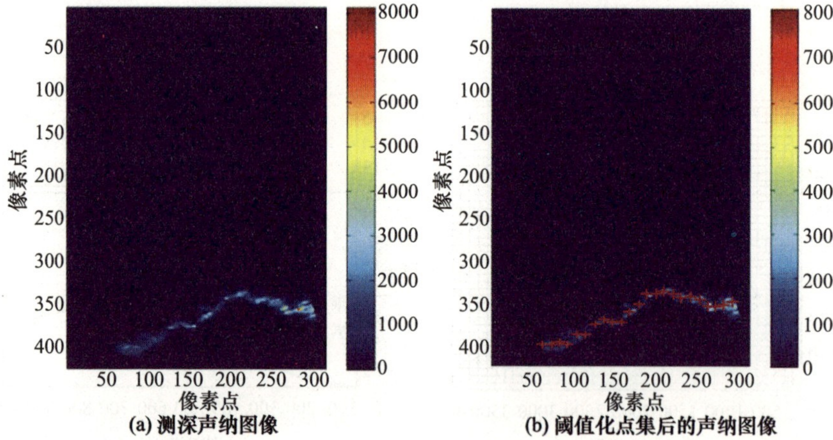

图 5－33　声纳图像

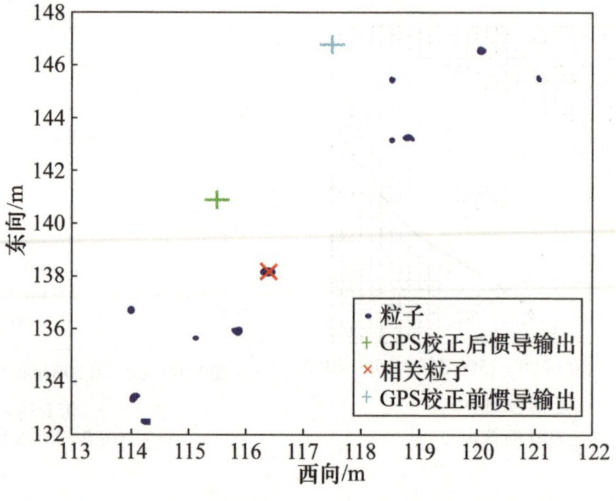

图 5－35　使用 1000 个粒子进行滤波的最终迭代结果

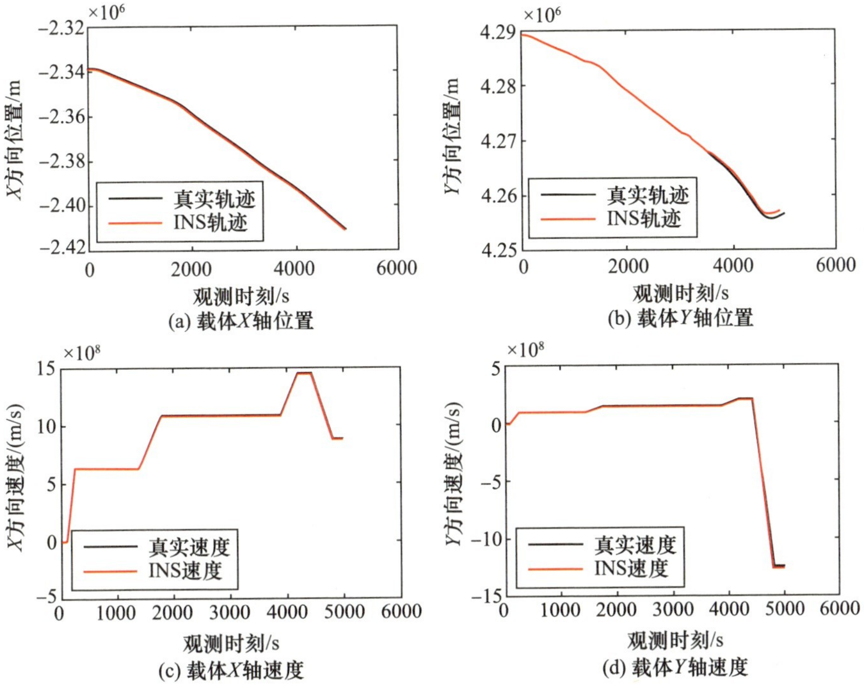

(a) 载体X轴位置　(b) 载体Y轴位置

(c) 载体X轴速度　(d) 载体Y轴速度

图 7-19　载体真实位置、速度及纯惯性解算位置与速度输出

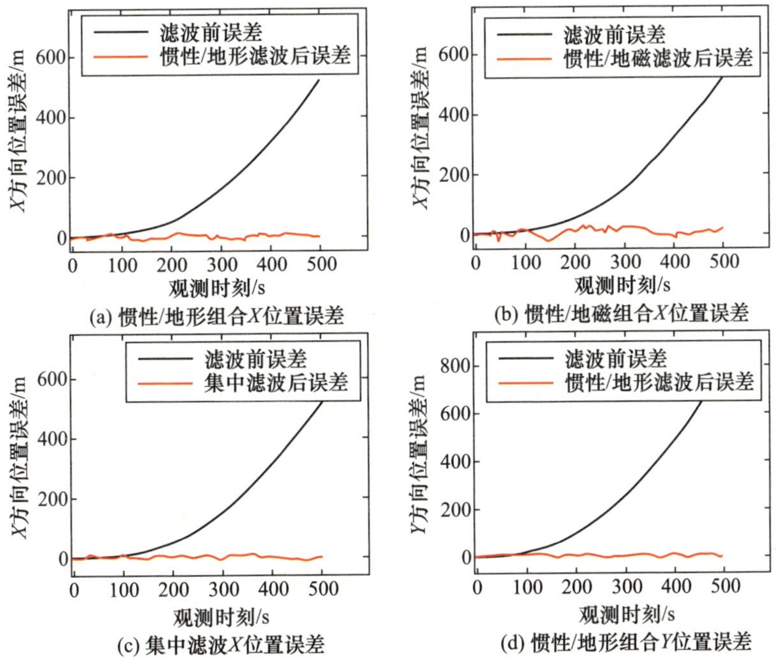

(a) 惯性/地形组合X位置误差　(b) 惯性/地磁组合X位置误差

(c) 集中滤波X位置误差　(d) 惯性/地形组合Y位置误差

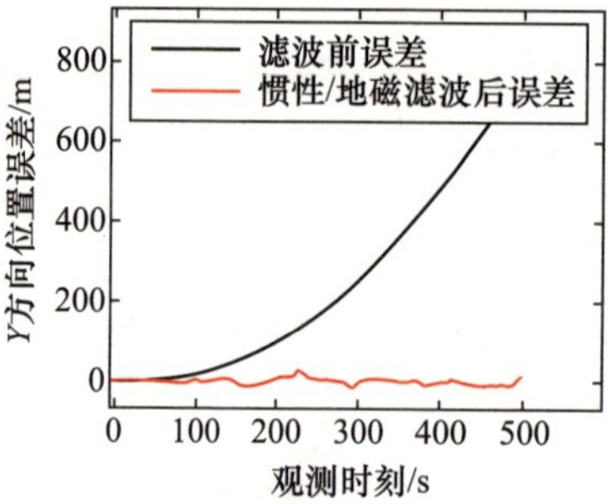

(e) 惯性/地磁组合Y位置误差

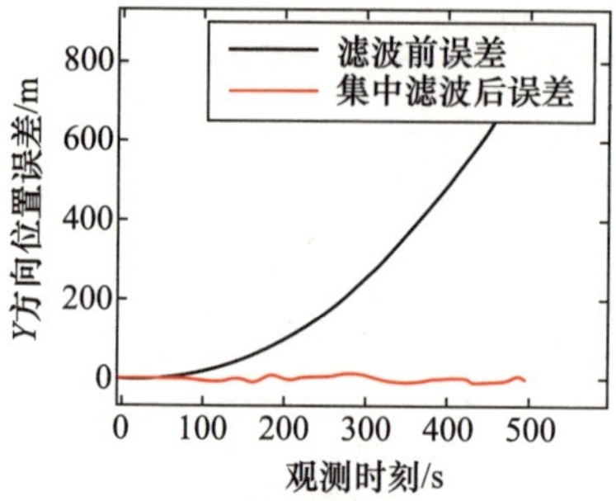

(f) 集中滤波Y位置误差

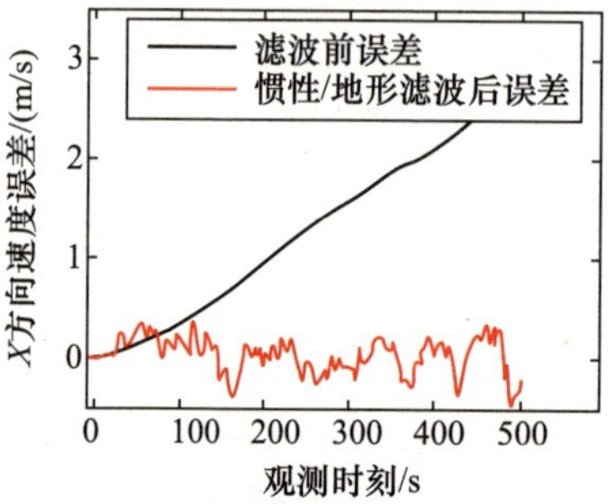

(g) 惯性/地形组合X速度误差

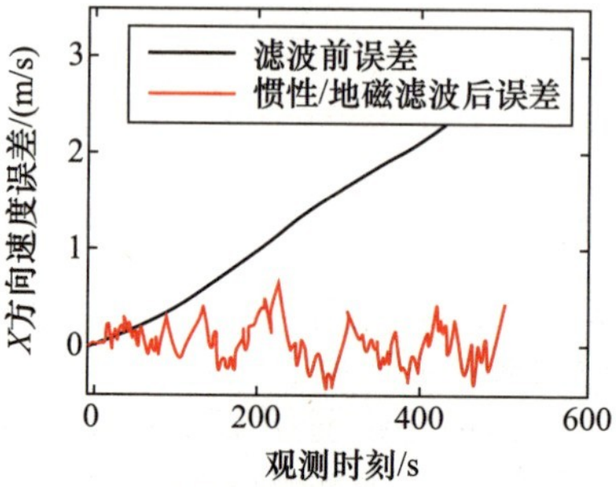

(h) 惯性/地磁组合X速度误差

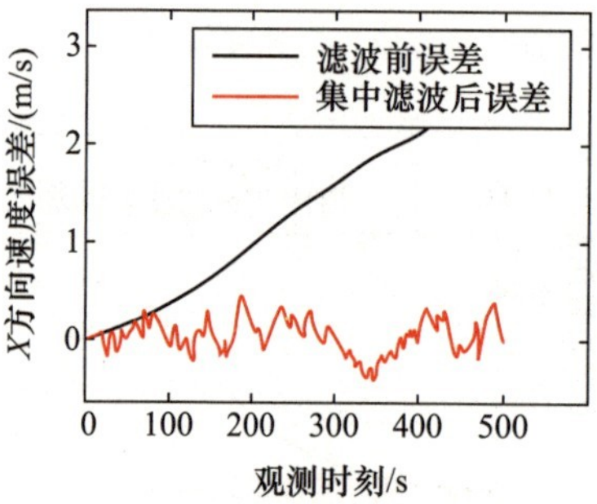

(i) 集中滤波X速度误差

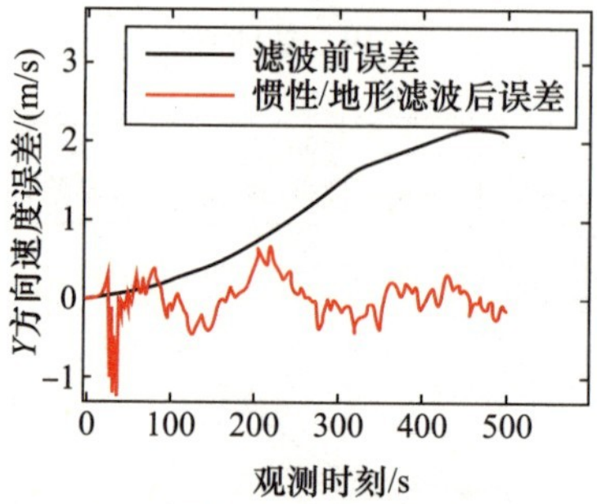

(j) 惯性/地形组合Y速度误差

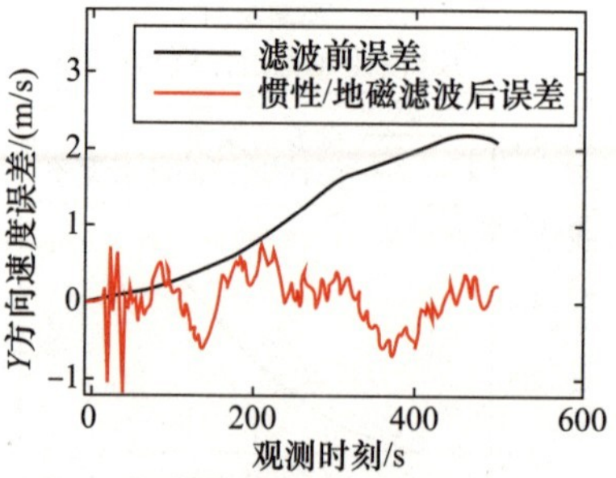

(k) 惯性/地磁组合Y速度误差

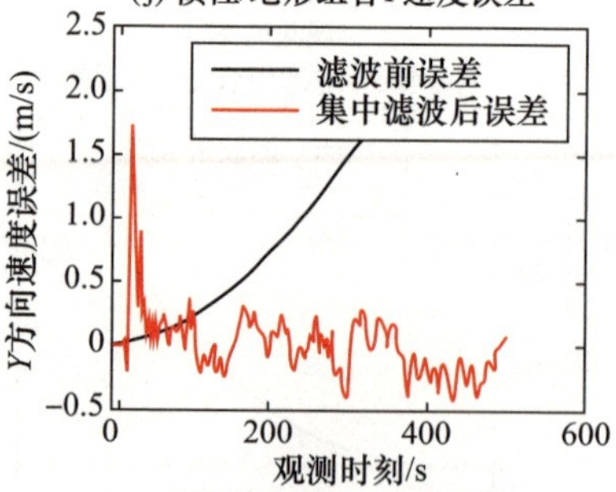

(l) 集中滤波Y速度误差

图 7－20　不同组合导航模式下位置、速度误差

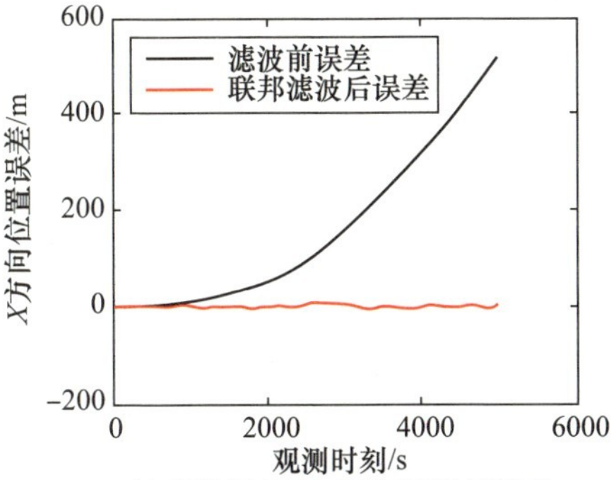

(a) 惯性/地形/地磁联邦X位置误差

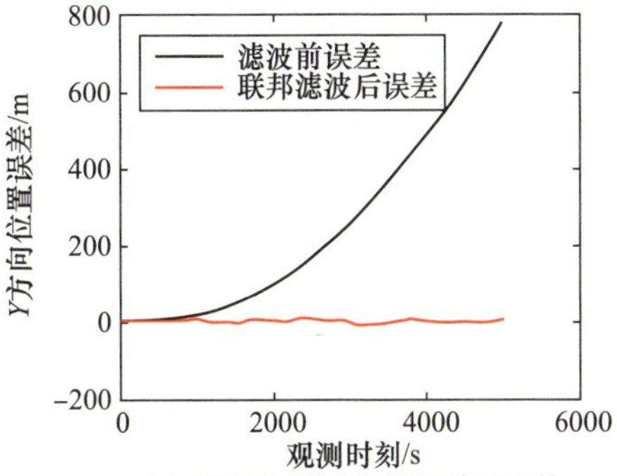

(b) 惯性/地形/地磁联邦Y位置误差

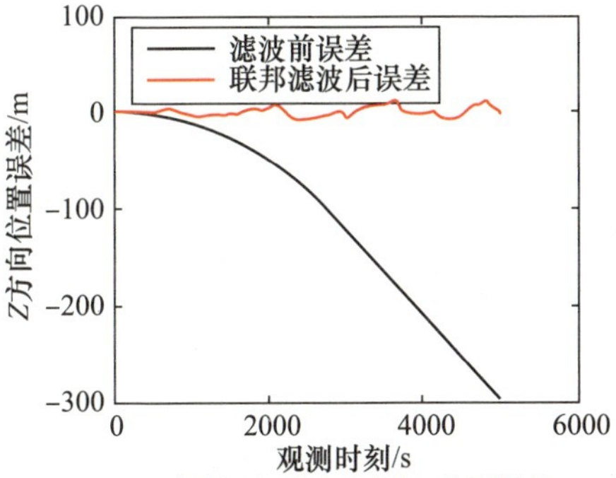

(c) 惯性/地形/地磁联邦Z位置误差

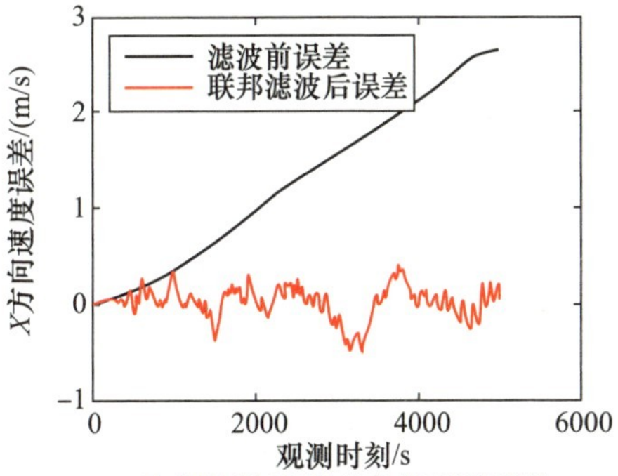

(d) 惯性/地形/地磁联邦X速度误差

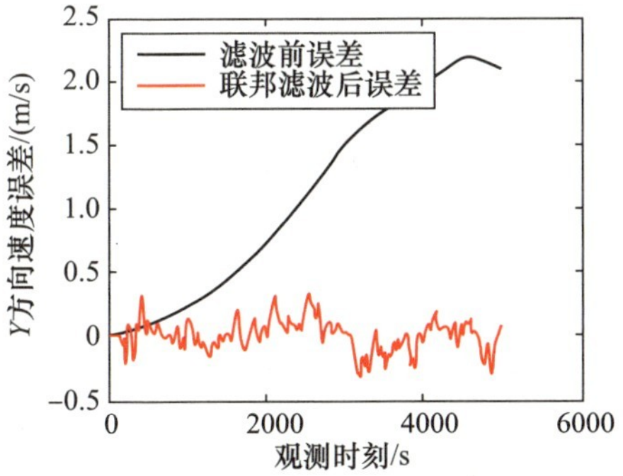

(e) 惯性/地形/地磁联邦Y速度误差

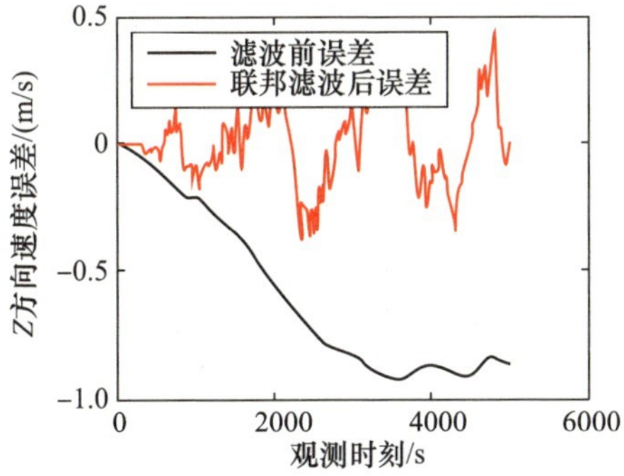

(f) 惯性/地形/地磁联邦Z速度误差

图 7－23　惯性/地形/地磁联邦滤波结果

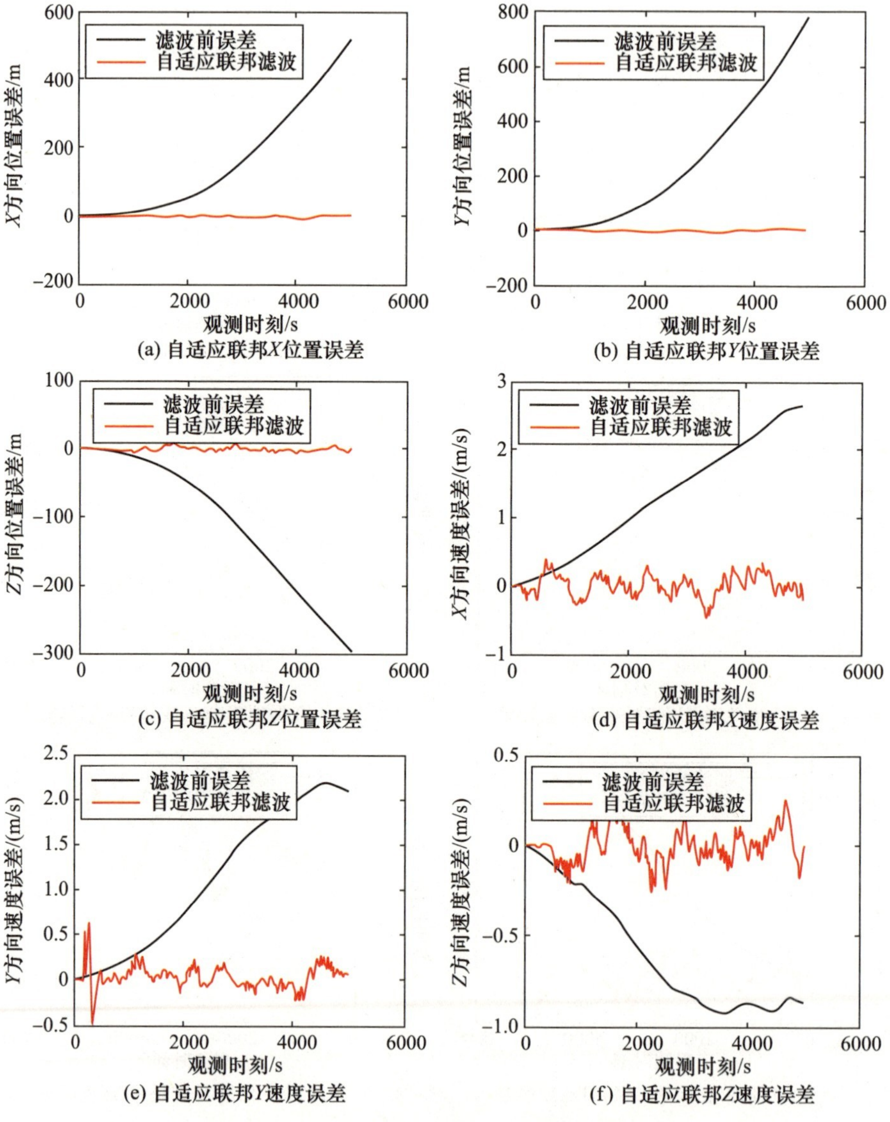

图 7－24　惯性/地形/地磁自适应联邦滤波结果

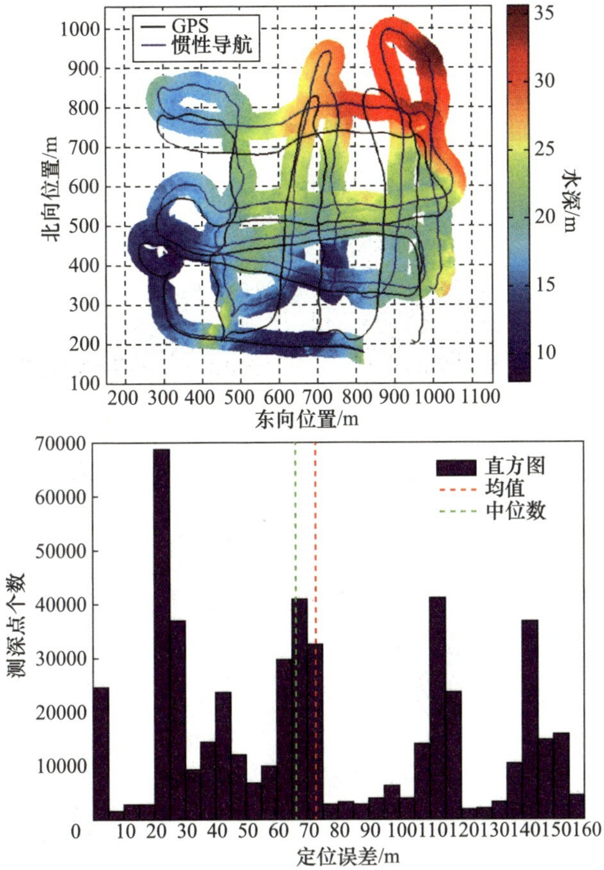

(a) 惯性导航建图结果及其测点定位误差直方图

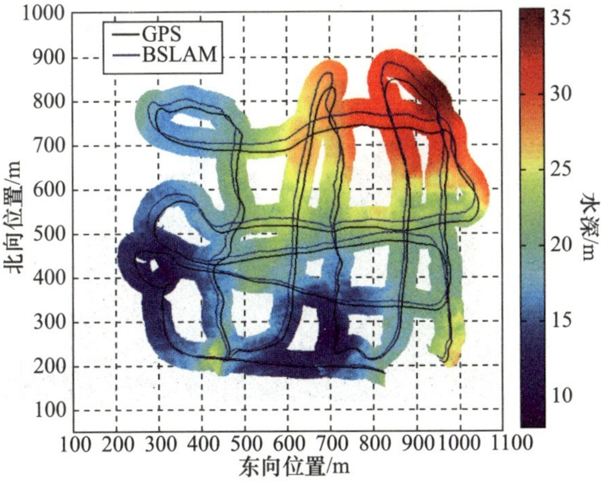

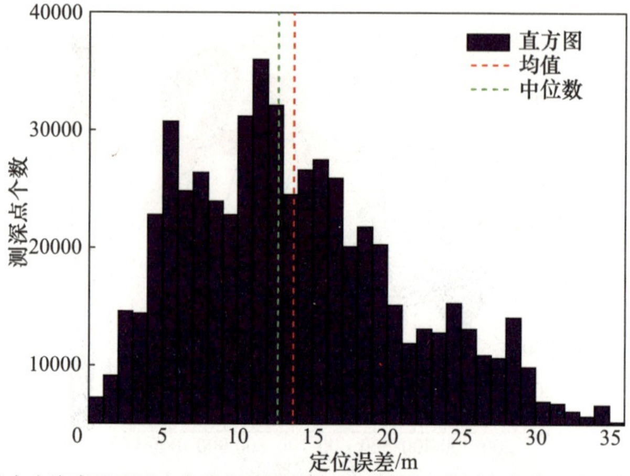

(b) 非完全海底地形同步定位与构图算法建图结果及其测点定位误差直方图

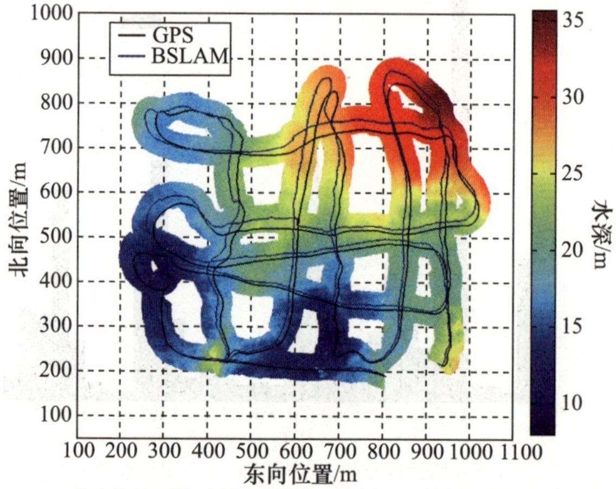

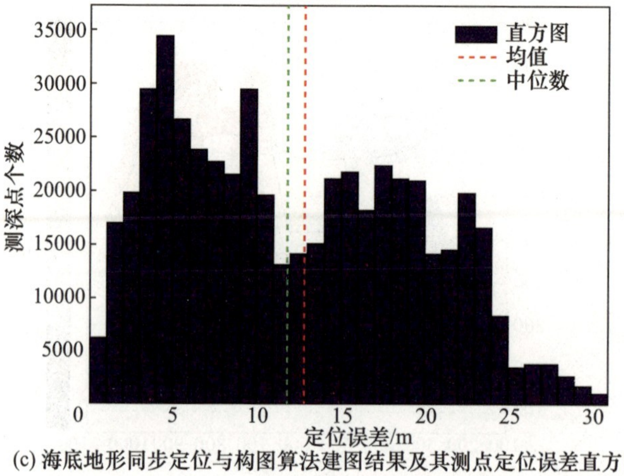

(c) 海底地形同步定位与构图算法建图结果及其测点定位误差直方图

图 7 – 28　海底地形同步定位与构图算法优化结果

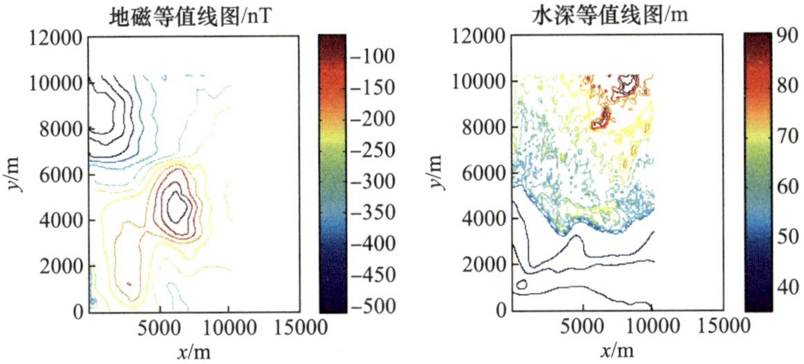

图 7 - 31　实验地形地磁数据等值线图

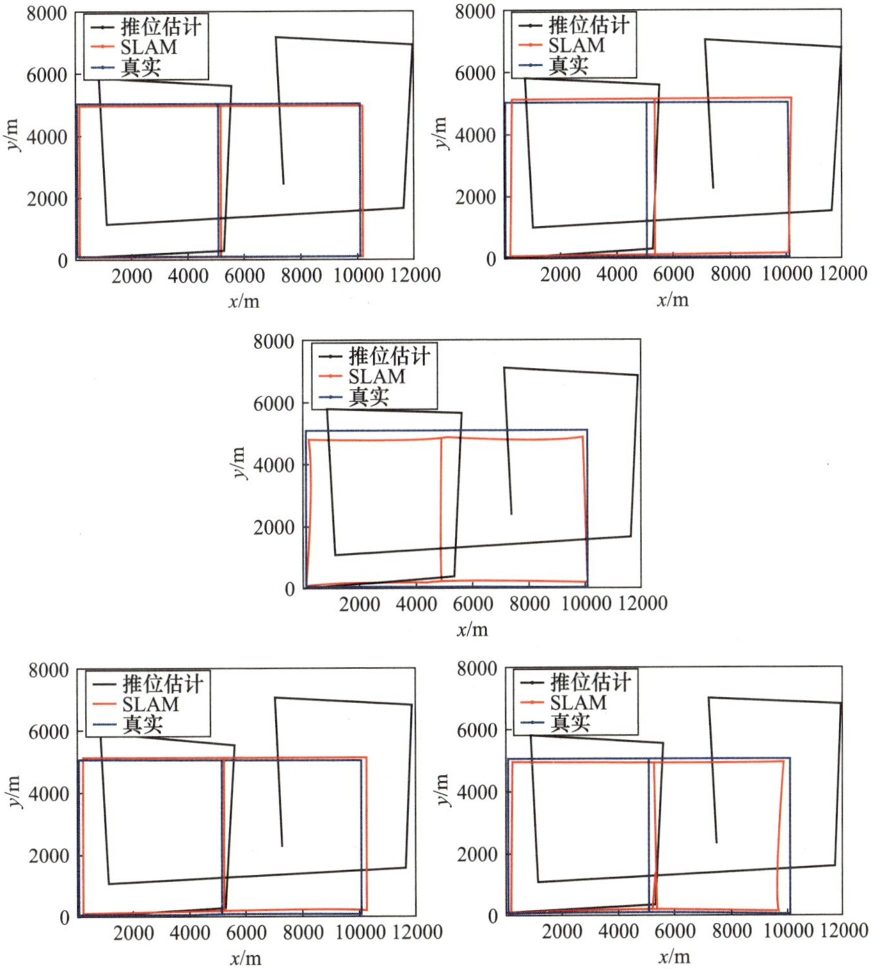

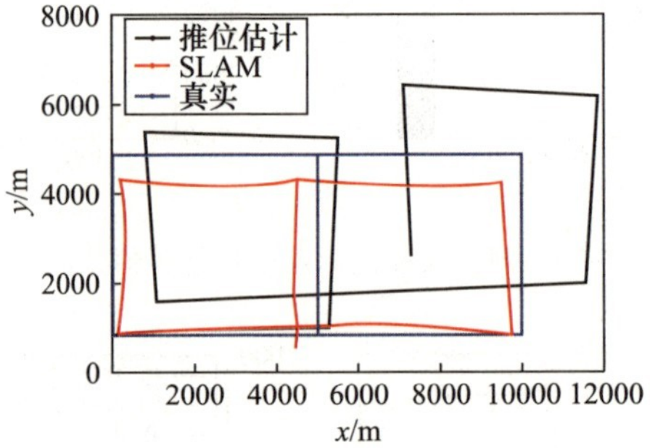

图 7－33　地形/地磁联合图优化同步定位与构图算法效果图
（前三幅为本书鲁棒优化器，后三幅为传统鲁棒优化器）

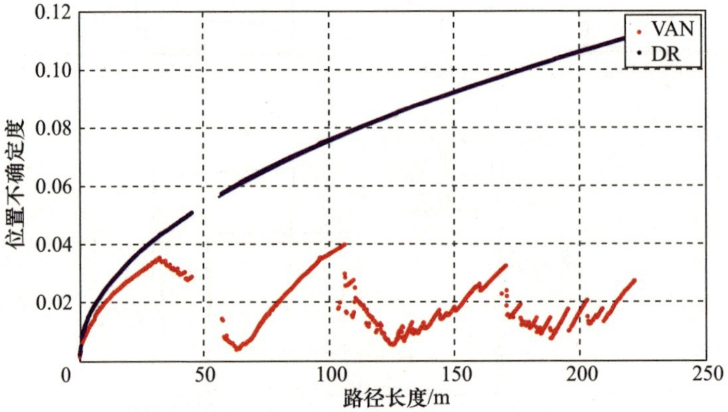

图 7－36　基于图优化的水下视觉同步定位与构图方法定位置信度试验结果
（DR 表示参考导航系统，VAN 表示水下视觉同步定位与构图方法导航）